河南省“十二五”普通高等教育规划教材

高等学校物理实验教学示范中心系列教材

大学物理实验

DAXUE WULI SHIYAN

主　编　侯晓强　侯秀梅　闫书霞

副主编　张腊花　史新伟　薛新莲

编　委　(按姓氏笔画排序)

马润香　王　军　方华圣　史新伟　闫书霞

朱志立　刘利娟　朱靖玉　李云涛　苏金瑞

宋开兰　张腊花　张　敏　张　欢　张建民

陈秋芳　侯晓强　侯秀梅　郭　娟　郜超军

胡振纲　莫　炯　薛新莲

高等教育出版社·北京

内容提要

本书依据教育部高等学校物理学与天文学教学指导委员会编制的《理工科类大学物理实验课程教学基本要求》(2010 年版)和教育部物理学类专业教学指导委员会制订的《高等学校物理学类专业本科生教学质量国家标准》,结合多年的教学改革的实际情况,在原教材的基础上重新编写而成。本书内容包括:绪论、物理实验基本知识、基础性实验、综合性实验、设计性和研究性实验、附表六部分。

本书可作为高等学校理工科各专业不同层次的物理实验课程教学用书,也可供其他相关教学、研究和技术人员参考。

图书在版编目(CIP)数据

大学物理实验/侯晓强,侯秀梅,闫书霞主编.--北京:高等教育出版社,2016.6(2022.8重印)

ISBN 978-7-04-044959-4

Ⅰ.①大… Ⅱ.①侯… ②侯… ③闫… Ⅲ.①物理学-实验-高等学校-教材 Ⅳ.①O4-33

中国版本图书馆 CIP 数据核字(2016)第 035154 号

策划编辑 缪可可　责任编辑 高聚平　封面设计 于文燕　版式设计 杜微言
插图绘制 杜晓丹　责任校对 张小镝　责任印制 赵　振

出版发行 高等教育出版社
社　　址 北京市西城区德外大街4号
邮政编码 100120
印　　刷 天津鑫丰华印务有限公司
开　　本 787mm×1092mm　1/16
印　　张 20.25
字　　数 430 千字
购书热线 010-58581118
咨询电话 400-810-0598
网　　址 http://www.hep.edu.cn
　　　　 http://www.hep.com.cn
网上订购 http://www.hepmall.com.cn
　　　　 http://www.hepmall.com
　　　　 http://www.hepmall.cn
版　　次 2016年6月第1版
印　　次 2022年8月第8次印刷
定　　价 36.80 元

物 料 号　44959-00

前　言

本书参照教育部高等学校物理学与天文学教学指导委员会编制的《理工科类大学物理实验课程教学基本要求》(2010年版)和教育部物理学类专业教学指导委员会制订的《高等学校物理学类专业本科生教学质量国家标准》,结合我校物理实验教学改革的实际情况,在原书的基础上重新编写而成.

本书从整体结构和具体内容上,主要考虑了以下几个方面:

1. 总体结构上,以系统的实验知识、方法、技能及相关的仪器设备的使用为主线,所有的实验项目都为使学生获得系统的实验知识服务,有利于学生掌握系统的实验知识、方法和技能,有利于学生后续实验及实践性课程的学习.

2. 项目分类上,按实验训练的性质和层次分基础性实验、综合提高性实验和设计性实验三个层次,按照从基础到综合,再到设计、由浅入深、逐步提高的原则编排;加强了综合性和设计性实验项目,新增了一些能够反映现代科学技术的综合性实验项目,如液晶电光效应等;给出了设计性实验一般的设计程序、必要的提示和参考资料,有利于学生提高运用知识和设计创新的能力,为今后从事科学研究工作打下基础.

3. 在具体内容上,注意实验背景和设计思路的介绍,并尽可能地介绍一些与所做实验相关的实验技术、应用情况及展望;为适应不同专业、不同层次学生的需求,实验内容分为必做、选做和拓展内容.

4. 数据处理上,加强了对学生的引导,使学生逐步掌握数据处理的基本方法;专门介绍了数据处理软件 Origin 在物理实验中的应用,使学生得到运用专业软件处理实验数据的训练.

本书共分五章.第一章是绪论,介绍物理实验的地位、作用,实验课的教学环节及实验学生须知;第二章介绍物理实验的基本知识;第三章是基础性实验,为物理实验知识、能力、素质的基本训练阶段,为了使学生尽快养成良好的实验素养,该阶段对每个实验的步骤、数据记录及处理都做了详尽的介绍;第四章是综合提高性实验,该阶段为提高性阶段,主要培养学生综合运用实验方法和仪器,解决实际问题的能力;第五章是设计性和研究性实验,首先介绍了科学实验的一般方法、步骤等,然后每个实验提出一些要求,由学生自主完成实验,学生也可自拟题目,由实验室提供条件,通过设计性实验的训练,进一步提高学生的实验设计能力和创新素质,为提高科研能力奠定基础.

实验课程建设是一项集体合作的工作,需要长期努力、日积月累、不断改革.多年来,所有在物理实验室工作过的人员,都为本课程的建设做出了贡献,在本书出版之际,在此一并致谢.

参加本书编写的人员都是多年从事物理实验教学的教师,具有丰富的教学经验,编写方案经过多次讨论,专人分工编写,反复修改而成.

具体编写人员有马润香(3.2.2,3.15),王军(4.15,4.16,4.17),方华圣(3.18,3.21),史新伟(3.4,3.6),闫书霞(3.2.1,3.8,3.14.1,4.6),朱志立(3.13),刘利娟(3.7,3.23),朱静玉(4.9),李云涛(4.7),苏金瑞(4.4,4.12),宋开兰(4.13),张腊花(3.3,4.14),张敏(1,2,附表),张欢(3.5,4.1,4.2),张建民(3.16),陈秋芳(3.1),侯晓强(4.8,4.10,4.11),侯秀梅(3.17,3.19,3.20,4.5,),郭娟(3.10,3.14.2),郜超军(3.11,3.12),胡振刚(3.22),莫炯(3.9,5),薛新莲(3.3,4.3).本书由侯晓强、侯秀梅、闫书霞完成统稿工作.

由于我们水平有限,书中难免存在不妥之处,恳请读者批评指正.

编者

2015 年 6 月

目 录

第一章

绪　　论

1.1 物理实验课的地位和作用

物理学是自然科学中最重要、最活跃的带头学科之一.物理学的发展不仅在于自身的学科体系内生长和发展出许多新的学科分支,而且它是许多新兴学科、交叉学科和新技术学科的基础和前导.

物理学本质上是一门实验科学,物理理论和实验的发展,哺育着近代高新技术的成长和发展.物理实验的思想、方法、技术和装置常常是自然科学研究和工程技术发展的生长点.现代高新技术的发明和突破,无不源于物理学上的重大发现,而高新技术的发展,又不断推动着实验物理研究的手段、方法和设备的发展,极大改变着人类对物质世界认识的深度和广度.

物理实验反映了各个自然学科科学实验的共性和普遍性问题,在培养学生严谨的科学思维能力和创新能力,培养学生理论联系实际,特别是在培养学生与科学技术发展相适应的综合能力,适应新世纪人才培养目标方面有着不可替代的重要作用.

大学物理实验课覆盖了广泛的学科领域,具有多样化的实验方法和手段以及综合性很强的基本实验技能训练,它是培养学生创新意识和创新能力,引导学生确立正确的科学思想和科学方法,提高学生科学素质的重要基础.

本课程的任务是:

(1) 培养学生的基本科学实验技能,提高学生的科学实验基本素质,使学生初步掌握实验科学的思想和方法.培养学生的科学思维和创新意识,使学生掌握实验研究的基本方法,提高学生的分析能力和创新能力.

(2) 提高学生的科学素养,培养学生理论联系实际和实事求是的科学作风,认真严谨的科学态度,积极主动的探索精神,遵守纪律、团结协作、爱护公共财产的优良品德.

1.2 实验课的教学环节

物理实验课是在教师指导下,由学生独立进行的运用实验手段、研究问题解决问题的学习过程,其学习过程分为以下三个阶段.

(1) 课前预习:一次实验课的时间有限,为保证实验的顺利进行,课前必须做好预习.课前要认真阅读实验教材或相关资料,明确实验原理、实验目的、测量内容和方法、实验步骤和注意事项,根据实验任务画好数据记录表格,并写出预习报告.预习报告的内容应包括实验名称、目的、原理、数据表格.没有预习报告不准做实验.

(2) 课堂实验:这是实验课的中心环节. 做实验前应先认识和清点所用仪器,了解仪器的使用方法和注意事项,将仪器安装调试好,再按照操作规程进行实验.实验时要注意安全,要细心观察实验现象,实事求是地记录实验数据;要做到手脑并用,能够随时判断实验是否在正常进行,出现实验故障尽可能自己排除,若不能排除再找指导教师帮助查明原因并加以解决(发现问题、分析原因、找出解决方案是培养实验能力的重要途径).实验完成后,要将实验数据交教师审查、签字,然后将仪器整理好以后才能离开实验室.

(3) 撰写实验报告:要求层次分明,语言简洁通顺,字迹清楚,图表规范,结果或结论明确,讨论认真.

实验报告内容包括:

实验名称

实验目的

实验原理　简要叙述实验的理论依据(包括文字简述、公式、原理图),公式中各量的物理含义及单位,公式成立的实验条件等.

实验步骤　根据实际的实验过程写明关键步骤和操作要点.

数据记录　一个实验通常有多个被测量,而且一个量往往要进行多次测量,为此常采用列表法记录数据.要树立"原始数据神圣不可侵犯"的观念,绝不能因误差大而采取随意"修正"数据的自欺欺人的做法.对于错误数据也不要涂掉,可在旁边注明作废.

数据处理　按实验的要求采用适当的方法(如计算法、作图法、逐差法、最小二乘法等)给出实验结论.

小结或讨论　内容不限,可以是实验现象的分析、对实验关键问题的研究体会、实验的收获和建议、解答思考题等.

值得强调的是,撰写实验报告是一份十分细致而艰苦的工作,特别是初学者经常会出现这样那样的问题或错误,但只要认真对待,及时纠正发生的错误,就一定能掌握实验报告的写作技能,为我们以后的学习打下扎实的基础.

1.3 实验学生须知

实验课和理论课不同,遇到的问题不像听课、看书或做习题那么单纯、明确.因此,学生发挥主观能动性的空间很大.实验课不能仅靠老师的讲解来传授,更多的需要通过自身的实践来学习.因此,一定要养成主动学习、理论联系实际地思考问题的习惯.

1.3.1 怎样学好物理实验课

(1) 思想重视:要充分理解和认识实验的地位和作用,克服重理论轻实验的思想观念.

(2) 目的明确:本课程有总的教学目标,各实验又有具体目的.在学习中一定要明确实验目的,用它指导和检验自己的学习.

(3) 手脑并用:动手是实验课的特点之一,但绝不能为动手而动手、盲目动手,抱有试试看的态度.重视实验的各个环节,遇到问题要积极思考、努力解决、随时总结,才能不断地提高自己的实验素质.

(4) 严肃认真:要认真对待实验的每个环节,养成良好的实验习惯.

1.3.2 学生实验守则

(1) 必须按规定的时间上课,不得迟到、早退和无故旷课.

(2) 进实验室后不得喧哗,按序号对号入座,不得随意拨弄仪器.

(3) 使用仪器前,务必看懂说明书或听懂教师的使用指导.

(4) 严格按操作规则使用仪器.仪器发生故障后立即报告教师,不得自行处理或更换.

(5) 认真听教师讲解,积极参与课堂讨论,主动积极地进行实验.

(6) 实验完毕,将数据表交教师检查,教师签字后,将仪器用具整理好,方可离开实验室.

第二章

物理实验基本知识

物理实验离不开对物理量的测量,由于测量仪器、测量方法、测量条件和测量人员等因素的限制,测量结果不可避免地存在着测量误差,误差的范围由不确定度来评定.本章从实验教学的角度出发,主要介绍误差和不确定度的基本概念、测量结果的不确定度计算、实验数据处理和实验结果表示等方面的基本知识.这些知识不仅在每个物理实验中要用到,而且对今后从事科学实验也是必须了解和掌握的.

误差分析、不确定度的计算以及数据处理贯穿于实验的全过程,它表现在实验前的设计与论证,实验进行中的控制与监视,实验结束后的数据处理和结果分析.通过本章的学习和今后实验中的应用,要求达到:

(1) 建立误差和不确定度的概念,正确估算不确定度,正确表示测量结果.

(2) 了解系统误差对测量结果的影响,学习发现系统误差、减小系统误差的方法.

(3) 掌握有效数字的概念及其运算规则,了解有效数字与不确定度的关系.

(4) 掌握列表法、作图法、逐差法、最小二乘法等常用的数据处理方法.

2.1 测量及误差

2.1.1 测量及其分类

以确定被测对象量值为目的的操作称为测量.测量过程就是把被测物理量与选作计量标准单位的同类物理量进行比较的过程,所以测量值应包括数值和单位.

按测量值获得的途径,测量分为直接测量和间接测量两类.可以从测量仪器上直接读出测量值的测量称为直接测量.例如用米尺测长度、用天平称质量等.实际的测量工作中,许多物理量值不能从测量仪器直接获得,而是通过直接测量量间的函数关系计算得到,这类测量称为间接测量.例如测量球的体积是通过测量球的直径,利用球的体积公式计算出球的体积.球体积的测量即为间接测量.

按测量条件的不同,测量又分为等精度测量和非等精度测量两类.等精度测量是指在相同的测量条件下(同一测量者、同样的方法、同样的仪器、同样的环境条件等)对同一物理量进行的重复测量.如果在重复测量过程中,诸多的实验条件只要有一个条件发生了变化,这时所进行的测量就是非等精度测量.本书中的重复测量,除特别说明外,均指等精度测量.

2.1.2 测量误差及其分类

1. 测量误差

在一定条件下,任何一个物理量都有一个客观存在的量值,称为真值.从测量的要求来说,人们总希望测量值能很好地符合客观实际值即真值.但是在实际的测量过程中,由于受测量仪器、测量方法、测量条件和测量人员等多种因素的限制,测量值与真值不可能完全相同,测量值与真值之间的差异称为测量误差.测量误差可以用绝对误差表示,也可以用相对误差表示.若某物理量的测量值为 x,真值为 x_0,则绝对误差 Δx 定义为

$$\Delta x = x - x_0 \tag{2.1.1}$$

相对误差 E 定义为

$$E = (\Delta x / x_0) \times 100\% \tag{2.1.2}$$

绝对误差反映了测量值偏离真值的程度,相对误差反映了测量值的优劣.一般来说,真值是不知道的也是不可求的,实际测量中,通常只能根据测量值确定测量的最佳值,我们取多次重复测量的平均值作为最佳值.

测量总是存在着误差,而且贯穿于测量过程的始终.因此,研究测量误差的性质和产生的原因,研究如何有效地减小测量误差和怎样科学地表达含有误差的测量结果就很重要.而测量误差理论是一门专门的科学,需要有丰富的实验经验和较多的概率统计知识,考虑到物理实验课的特点,这里只能做基本的介绍.我们学习误差理论要着重了解它的物理意义,逐步建立起分析误差、减小误差的思想,这对于做好物理实验非常重要.

2. 误差的分类

误差的产生有多方面的原因,根据误差的特点,可将其分为系统误差和随机误差两类.

(1) 系统误差

系统误差:重复测量时误差的大小和符号保持恒定或以可预知的方式变化的误差分量.其特点是确定性、规律性、可修正性,不能用增加测量次数的方法使其减小.

系统误差按对其掌握的程度可分为已定系统误差和未定系统误差.

已定系统误差是指大小和符号都能确定的系统误差.对已定系统误差,一经发现要设法将其消除或用它对测量数据进行修正,如千分尺的零点误差.

未定系统误差是指大小或符号不能确定的系统误差.对未定系统误差我们只能估计其限值,如仪器的允差.

① 系统误差的来源

系统误差的来源主要有以下几个方面:

(a) 仪器误差　由于仪器本身的固有缺陷或没有按照规定条件使用引起的误差.如仪器的刻度不准、天平臂长不相等、零点没有校准等.

(b) 方法、理论误差　由于理论、公式本身的近似性,或者实验装置和方法不能满足理论公式成立的条件引起的误差.如单摆周期公式 $T=2\pi\sqrt{\dfrac{l}{g}}$ 的成立条件是摆角趋于零,而摆角趋于零的条件实验中根本不能实现;用落球法测重力加速度时没有考虑空气阻力的影响等.

(c) 个人误差　由于实验者个人的心理和生理因素引起的误差.如有些人对准标志线读数时头总是偏左或偏右,致使读数偏大或偏小;有些人的反应速度相对大多数人总是超前或滞后等.

(d) 环境误差　外界环境因素引起的误差.如 20 ℃标定的仪器在高于或低于 20 ℃的温度下使用等.

实验中发现和消除系统误差非常重要,因为系统误差是影响实验结果准确程度的主要因数.而消除或减小系统误差是一件复杂而困难的事情,主要靠对具体问题作具体的分析和处理,靠不断地积累丰富的实验经验.对于初学者来说,从一开始就应该注意积累这方面的经验.

② 系统误差的处理

用任何仪器在任何条件下进行的测量都存在着系统误差.对测量中的已定系统误差可以考虑从以下几方面进行消除或减小.

(a) 消除产生系统误差的根源　从理论模型、实验仪器、实验条件和测量方法等方面考虑,找出产生系统误差的根源,针对产生系统误差的原因使其更完善,从而消除或减小系统误差的影响,例如采用符合实际的理论公式、保证仪器装置良好且满足规定的使用条件等.

(b) 修正测量结果　用修正值对测量结果进行修正.例如用标准仪器校准一般仪器,作出校正曲线修正测量结果;用千分尺的零点读数修正测量数据等.

(c) 选择合适的测量方法　例如用交换法消除惠斯通电桥实验中由于比例不合适带来的系统误差;用异号抵消法消除霍尔效应实验中由于附加效应产生的系统误差;用半周期偶数测量法消除分光计的偏心差等.

对于未定系统误差,由于其具有不确定性,实验中无法消除,只能估算其范围,评定实验结果必须予以考虑.

(2) 随机误差

随机误差:重复测量中误差的大小和符号以不可预知的方式变化的误差分量.其特点是随机性,是不可避免的,可通过增加测量次数取平均值的方法减小其影响.

随机误差是由于实验中各种因素的微小波动引起的.例如实验环境条件的波动、测量仪器指示值的波动、被测量本身的不确定性以及实验者本人在判断和估计读数时的随机性等都会造成随机误差. 由于实验中随机因素很多,各种因素又相互混杂,不能确定各种因素的影响大小,因此,随机误差不能消除也无法控制.

就一次测量来看,随机误差是随机的,没有确定的规律,也不能预知,但当测量次数足够多时,随机误差的分布符合一定的统计规律,可以用统计的方法研究诸因素的综合作用结果.

当测量次数很多时,随机误差的分布近似服从正态分布规律:数值较小的误差出现的机会较多;数值很大的误差在没有错误的情况下通常不出现;正误差和负误差出现的次数大体相等;测量次数 $n\to\infty$ 时,算术平均值趋近于真值.

设对某一物理量 x 进行了 n 次等精度测量,其算术平均值 $\bar{x}$ 为

$$\bar{x}=\frac{1}{n}\sum_{i=1}^{n}x_i \tag{2.1.3}$$

当系统误差被消除时,测量次数越多,算术平均值越接近真值,因此可以用算

术平均值表示测量结果,减小随机误差的影响.测量值和平均值的差值称为偏差,可以用标准偏差 S_x 描述各测量值对平均值的离散程度.标准偏差 S_x 为

$$S_x = \sqrt{\frac{\sum_{i=1}^{n}(x_i - \bar{x})^2}{n-1}} \tag{2.1.4}$$

(2.1.4)式称为贝塞尔公式.标准偏差反映了各测量值的离散程度,标准偏差小表示各测量值比较接近,标准偏差大表示各测量值比较分散.

2.2 测量结果不确定度的评定

由于测量误差的存在,使得测量结果具有一定的不确定性,表示测量结果时,除了要给出测量值的大小,还要对测量值的可靠性进行评定.1980 年,国际计量局提出了用不确定度评定测量结果.

严格的不确定度估算是比较复杂的,国家计量标准上有明确的规定.考虑到我们物理实验课的性质,本教材介绍的估算方法是在保证科学性的前提下,经过简化经过约定后的估算方法,并且把公式直接给出来.这样做的目的是让学生建立误差和不确定度的概念,学会简单估算测量结果的不确定度,将来在工作中用到不确定度时要按国标上的规定进行计算.

2.2.1 不确定度及其分类

定义:不确定度是表征被测量的真值所处的量值分布范围的评定.它表示由于测量误差的存在而对被测量值不能确定的程度,反映了测量值的误差可能存在的范围,即测量值的误差以一定置信概率存在的范围.

测量时,误差的来源很多,在修正了已定系统误差之后,余下的全部误差按评定方法分为 A、B 两类不确定度.

A 类不确定度:多次测量时,用统计方法评定的不确定度分量,用 Δ_A 表示.

B 类不确定度:用非统计方法评定的不确定度分量,用 Δ_B 表示.

总不确定度 Δ 是两类分量用方和根法合成:

$$\Delta = \sqrt{\Delta_A^2 + \Delta_B^2} \tag{2.2.1}$$

评定测量结果也可以用相对不确定度表示,相对不确定度用符号 E 表示:

$$E = \frac{\Delta}{\bar{x}} \times 100\% \tag{2.2.2}$$

2.2.2 直接测量量的不确定度估算

在实际测量中,一般只能进行有限次测量,这时随机误差不服从正态分布规律,而服从 t 分布规律.

设在相同的实验条件下对某一物理量 x 测量了 $n(n>1)$ 次,它的 A 类不确定度

$$\Delta_A=\frac{t_P}{\sqrt{n}}\sqrt{\frac{\sum_{i=1}^{n}(x_i-\bar{x})^2}{n-1}}=\frac{t_P}{\sqrt{n}}S_x \tag{2.2.3}$$

(2.2.3)式中，t_P 是与测量次数 n、置信概率 P 有关的常量，可以从 t 分布数据表中查到.在测量次数一定时，t_P 的取值和置信概率有关.实验中，我们按国家约定的置信概率，取 $P=0.95$.当 $P=0.95$ 时，$\frac{t_P}{\sqrt{n}}$的部分数据可以从下表中查得：

n	2	3	4	5	6	7	8	9	10
$\frac{t_P}{\sqrt{n}}$	8.98	2.48	1.59	1.24	1.05	0.93	0.84	0.77	0.72

由上表可知，当测量次数 $n=6$ 时，$\frac{t_P}{\sqrt{n}}\approx 1$.因此，为计算方便，通常对物理量进行的多次测量选择 6 次，取$\frac{t_P}{\sqrt{n}}$为 1.

关于 B 类不确定度，按国家计量标准需要考虑测量中多种因素的影响.我们实验课给予简化，主要考虑仪器误差.在置信概率取 0.95 时，简化约定 B 类不确定度等于仪器误差.即

$$\Delta_B=\Delta_{仪} \tag{2.2.4}$$

仪器误差可以由以下几种方法获得：

(1) 从仪器说明书或国家标准上查找.大多数常用仪器的误差在国家标准上可以查到；也可以从仪器的说明书上获得，例如，示值误差、最大允差等.

(2) 根据仪器的级别计算.有的仪器说明书上没有给出仪器误差，但给出仪器的准确度等级，等级和仪器误差有一定的函数关系，由此可以计算出仪器误差.不同的仪器，计算公式也不同，例如指针式电表的仪器误差=量程×级别%.

(3) 取最小分度值作为仪器误差.有些仪器，根据其特点规定仪器误差取最小分度值，如游标卡尺、数字仪表等.

(4) 取约定值作为仪器误差.有些仪器用上面的三种方法取仪器误差都不合适.例如手拿秒表测时间，是实验者主观判断计时，所以按大多数人反应的快慢，约定 0.2 s 作为秒表的仪器误差.

(5) 根据具体情况合理选取.有些测量不能按上面的方法取仪器误差，需要根据实际情况合理取值.例如要测量空间一段水平距离，长度约 1.8 m，用 2 m 长的普通钢卷尺测量.按国家标准，2 m 长的钢卷尺仪器误差为 1.2 mm.实际测量时，我们不能做到让卷尺绝对水平，卷尺稍微有点倾斜，误差就大于 1.2 mm.如此，仪器误差就应该根据具体情况合理的选取.

由(2.2.3)式、(2.2.4)式可得直接测量量的不确定度：

$$\Delta = \sqrt{\Delta_{\mathrm{A}}^{2} + \Delta_{仪}^{2}} = \sqrt{\left(\frac{t_P}{\sqrt{n}}S_x\right)^2 + \Delta_{仪}^{2}} \tag{2.2.5}$$

实验时,如果我们对测量结果的准确度要求不高,没必要进行多次测量,或者受条件限制不能进行多次测量,或者仪器精度低多次测量的数值很接近,我们只进行了一次测量.我们约定单次测量的不确定度等于B类不确定度.即

$$\Delta = \Delta_{仪} \tag{2.2.6}$$

当对一个物理量只进行一次测量时,不确定度等于仪器误差并不说明只测一次比测多次时的不确定度小,只说明所有被测量中对该物理量不确定度的要求能够放宽或者是必须放宽,或者是单次测量的不确定度和多次测量时计算的不确定度相差很小.

2.2.3 间接测量量的不确定度估算

在很多实验中,我们进行的测量都是间接测量.间接测量的结果是由直接测量结果根据一定的数学公式计算得到的,因此,直接测量结果的不确定度必然影响到间接测量结果.

设间接测量量 N 与直接测量量 $x,y,z,\cdots$ 互相独立,它们间的函数关系为

$$N=f(x,y,z,\cdots) \tag{2.2.7}$$

可以证明,间接测量量的平均值是把各直接测量量的算术平均值带入函数关系式计算得到.即

$$\overline{N}=f(\overline{x},\overline{y},\overline{z},\cdots) \tag{2.2.8}$$

因为不确定度是微小量,所以可借助数学上的微分来研究.

对(2.2.7)式两边取微分

$$\mathrm{d}N=\frac{\partial f}{\partial x}\mathrm{d}x+\frac{\partial f}{\partial y}\mathrm{d}y+\frac{\partial f}{\partial z}\mathrm{d}z+\cdots$$

其中 $\mathrm{d}N,\mathrm{d}x,\mathrm{d}y,\mathrm{d}z,\cdots$ 是微小量,换成对应的不确定度项 $\Delta_N,\Delta_x,\Delta_y,\Delta_z,\cdots$

$$\Delta_N=\frac{\partial f}{\partial x}\Delta_x+\frac{\partial f}{\partial y}\Delta_y+\frac{\partial f}{\partial z}\Delta_z+\cdots$$

等号右边各求和项称为不确定度项,相当于 Δ_N 的不确定度分量.当 $x,y,z,\cdots$ 互相独立时,间接测量量 N 的不确定度为各分量的均方根

$$\Delta_N=\sqrt{\left(\frac{\partial f}{\partial x}\right)^2\Delta_x^2+\left(\frac{\partial f}{\partial y}\right)^2\Delta_y^2+\left(\frac{\partial f}{\partial z}\right)^2\Delta_z^2+\cdots} \tag{2.2.9}$$

求相对不确定度时,将(2.2.7)式两边取自然对数

$$\ln N=\ln f(x,y,z\cdots)$$

两边取微分

$$\frac{\mathrm{d}N}{\overline{N}}=\frac{\partial \ln f}{\partial x}\mathrm{d}x+\frac{\partial \ln f}{\partial y}\mathrm{d}y+\frac{\partial \ln f}{\partial z}\mathrm{d}z+\cdots$$

把微分量换为对应的不确定度分量,等号左边是 N 的相对不确定度,等号右边

各求和项称为相对不确定度项，相当于 N 的相对不确定度分量. N 的相对不确定度是各分量的均方根

$$E=\frac{\Delta_N}{\overline{N}}=\sqrt{\left(\frac{\partial \ln f}{\partial x}\right)^2\Delta_x^2+\left(\frac{\partial \ln f}{\partial y}\right)^2\Delta_y^2+\left(\frac{\partial \ln f}{\partial z}\right)^2\Delta_z^2+\cdots} \tag{2.2.10}$$

如果函数是直接测量量间的和差运算，可用(2.2.9)式先求不确定度再用(2.2.10)式求相对不确定度比较简便；如果函数是直接测量量间的乘除运算，可先求相对不确定度再求不确定度比较简便.

2.2.4　测量结果的表示

一个完整的测量结果应给出被测量的数值、单位及其不确定度，并表示成如下形式，即

$$x=\overline{x}\pm\Delta \quad (\text{单位}) \tag{2.2.11}$$

或

$$x=\overline{x}(1\pm E) \quad (\text{单位}) \tag{2.2.12}$$

x 是被测物理量，它可以是直接测量量也可以是间接测量量；$\overline{x}$ 是被测量的算术平均值；Δ 是 $\overline{x}$ 的不确定度；E 是相对不确定度. 如果 $P=0.95$（国家公认的置信概率），可以不注明 P 的大小，否则要在单位后面注明概率 P 的数值.

(2.2.11)式、(2.2.12)式表示被测量的真值在 $[\overline{x}-\Delta,\overline{x}+\Delta]$ 区间内的概率是 95%，或者说，平均值的误差在 $[-\Delta,+\Delta]$ 区间内的概率是 95%.

测量结果表示中不确定度的取位：不确定度的首位是 1 或 2 时取两位，其他情况取一位；相对不确定度取两位. 截取剩余尾数一律采取进位法处理，即只要保留的末位数后面不全为零，都向上进位. 其目的是为了保证不降低测量结果的置信概率.

测量结果表示中算术平均值的取位：算术平均值的最后一位和不确定度的最后一位对齐. 截取剩余尾数时，按“五下舍五上进，奇进偶舍指整五”的规则，即要保留的末位数后，首位小于五的舍去大于五的入上，如果是五且后面不全是零进位，如果五后面全为零就凑偶数进位，也就是如果五进位能使保留的末位数是偶数就进位，否则就舍掉.

例 1　已知质量 $m=(213.04\pm0.05)$ g 的铜圆柱体，用 0～125 mm、分度值为 0.02 mm 的游标卡尺测量其高度 h 六次；用一级 0～25 mm 的千分尺测量其直径 D 六次，其测量结果如下表，求铜的密度.

$h_0=0$；　$D_0=0.006$ mm

次数	1	2	3	4	5	6
h/mm	80.38	80.38	80.36	80.38	80.36	80.36
D'/mm	19.465	19.466	19.465	19.464	19.467	19.466
$(D'-D_0)=D$/mm	19.459	19.460	19.459	19.458	19.461	19.460

解 铜的密度 $\rho=\dfrac{4m}{\pi D^2 h}$,$\rho$ 是间接测量量.由题意,质量 m 是已知量,直径 D、高度 h 是直接测量量.

(1) 高度 h 的平均值和不确定度

$$\bar{h}=80.37\ \text{mm}$$

$$\Delta_{Ah}=\frac{t_P}{\sqrt{6}}\sqrt{\frac{1}{5}\sum_{i=1}^{6}(h_i-\bar{h})^2}=0.017\ \text{mm}$$

游标卡尺的仪器误差

$$\Delta_{Bh}=0.02\ \text{mm}$$

$$\Delta_h=\sqrt{\Delta_{Ah}^2+\Delta_{Bh}^2}=0.027\ \text{mm}$$

(2) D 的平均值和不确定度

修正零点误差

$$\bar{D}=19.460\ \text{mm}$$

$$\Delta_{AD}=\frac{t_P}{\sqrt{6}}\sqrt{\frac{1}{5}\sum_{i=1}^{6}(D_i-\bar{D})^2}=0.001\,2\ \text{mm}$$

一级千分尺的仪器误差

$$\Delta_{BD}=0.004\ \text{mm}$$

$$\Delta_D=\sqrt{\Delta_{AD}^2+\Delta_{BD}^2}=0.005\ \text{mm}$$

(3) 密度的平均值

$$\bar{\rho}=\frac{4\,\bar{m}}{\pi\,\bar{D}^2\,\bar{h}}=8.917\ \text{g}\cdot\text{cm}^{-3}$$

(4) 密度的不确定度

$$\ln\bar{\rho}=\ln 4+\ln\bar{m}-\ln\pi-2\ln\bar{D}-\ln\bar{h}$$

$$E_\rho=\frac{\Delta_\rho}{\bar{\rho}}=\sqrt{\left(\frac{\Delta_m}{\bar{m}}\right)^2+\left(2\frac{\Delta_D}{\bar{D}}\right)^2+\left(\frac{\Delta_h}{\bar{h}}\right)^2}=0.045\%$$

因此

$$\Delta_\rho=\bar{\rho}\cdot E_\rho=0.005\ \text{g}\cdot\text{cm}^{-3}$$

(5) 密度的测量结果为

$$\rho=(8.917\pm0.005)\ \text{g/cm}^{-3}$$

$$E_\rho=0.045\%$$

2.3 有效数字的记录与运算

由于测量总存在着误差 ,因而直接测量值、间接测量值都只是一个近似数,都具有一定的不确定性.测量不确定度决定了测量值只能是有限位数,不能随意取舍.因此,在物理测量中,必须按照有效数字及其运算规则正确表达和计算测量结果.

2.3.1 有效数字

测量结果中几位可靠数字加上一位可疑数字称为有效数字.从仪器上读出的最小分度值的整数部分是准确的数字,称为可靠数字;最小分度值以下估读的数字是不准确的,称为可疑数字.

运用有效数字时应注意以下几点:

(1) 有效数字的位数与测量仪器的精度有关,与被测量的大小有关.对同一物理量用不同精度的仪器测量,测得的有效数字位数是不同的.例如用游标卡尺和千分尺分别测同一物体的长度,则千分尺测得的有效数字位数比游标卡尺测得的位数多一位.有效数字的位数还和被测量的大小有关.若用同一仪器测量大小不同的物理量,其有效数字的位数也不相同.被测量越大测得的有效数字位数就越多.

(2) 数据前面的零不是有效数字,数据后面的零是有效数字,不能随意增减,单位换算不能改变有效数字的位数.例如 0.058 6 和 3.20 都是三位有效数字.7.80 cm 以米或毫米单位表示,则是 0.078 0 m 或 78.0 mm,仍然是三位有效数字不变.

(3) 对很大或很小的数值采用科学表示法,用 $A\times10^n$ 表示,A 是一位整数和若干位小数的数,n 是整数.例如 0.006 3 可以写为 6.3×10^{-3}.

2.3.2 有效数字的运算规则

当测量值进行运算时,为了使运算过程中不引入计算误差影响测量结果的精度,约定以下有效数字的运算规则:可靠数字和可靠数字运算,结果为可靠数字;可疑数字和其他数字运算,结果为可疑数字;运算结果只保留一位可疑数字,其余位数按"五下舍五上进,奇进偶舍指整五"取舍.

根据以上约定的有效数字运算规则,特总结常用数字运算的结果取位方法如下:

(1) 和差运算:运算结果有效数字的末位和参与运算的数据中末位数最高的对齐.

(2) 乘除运算:运算结果有效数字的位数和参与运算的数据中有效数字位数最少的相同.

(3) 乘方开方:运算结果有效数字的位数和底数的有效数字位数相同.

(4) 三角函数:让角度变化一个最小分度值,结果差异产生在哪一位,运算结果就保留到哪一位.

计算公式中的常数,参与运算时其有效位数可视为无穷多位.无理数如 π,$\sqrt{2}$,$\sqrt{3}$等在公式中参与运算时,其取位应比参与运算的测量数据中有效数字位数最少的多取一位.

在不确定度未知时,测量数据进行有效数字的运算结果可以比按规则保留的位数多一位.不确定度确定后表示测量结果时,测量结果的取位要根据不确定度取

舍.例如:

(1) $3.72+14.37-1.235=16.86$

(2) $35.26\times28.2\div6.8=1.5\times10^2$

(3) $5.689^2=32.36$

(4) $\sqrt{61.9}=7.87$

(5) $\sin 60°16'=0.868\ 343\ 121$

因为 $\sin 60°17'=0.868\ 487\ 354$

所以 $\sin 60°16'=0.868\ 3$

(6) $13.69\times12.6\pi=13.69\times12.6\times3.142=5.42\times10^2$

2.4 数据处理方法

实验必然要采集大量的数据,实验人员对实验数据进行记录、整理、计算分析,从而寻找出测量对象的内在规律,正确给出实验结果,这要靠正确的数据处理方法.本节着重介绍几种常用的数据处理方法.

2.4.1 列表法

在记录和处理数据时,常常将所得数据列成表格.这样做可以使大量数据清晰醒目、条理化,易于检查数据和发现问题,避免错误,同时有助于反映出物理量之间的对应关系,进而求出经验公式等.

列表格没有统一的格式,但在设计表格时要注意以下问题:

(1) 要给出表格名称.

(2) 要标明各物理量及其单位.

(3) 如果是多次等精度测量,应标明测量序号,留有平均值、不确定度的空位,以便进一步做数据处理.

(4) 如果记录两组相关的物理量,一般把作为自变量的数据列在上方,把作为因变量的数据列在下方,便于反映物理量之间的内在联系.

2.4.2 作图法

物理量之间的关系既可以用解析函数关系表示,也可以用图示法表示.作图法是把实验数据按其对应关系在坐标纸上描点,并绘出曲线,以此曲线揭示物理量之间对应的函数关系,求出经验公式.作图法是一种被广泛采用的很重要的数据处理的方法,它的优点是能把一系列实验数据之间的关系或变化情况直观的表示出来;同时作图连线对各数据点有平均的作用,从而减小随机误差;还可以从图线上简便求出实验需要的某些结果,例如求直线的斜率和截距等;从图上还可以读出没有观测的对应点(称内插法);此外,在一定条件下还可以从图线延伸部分读到测量范围以外的对应点(外推法).

实验作图不是示意图,它既要表达物理量间的关系,又要能反映测量的精确

度.作图时要注意以下问题:

(1) 选用合适的坐标纸　根据所测的物理量,经过分析研究后确定应选用哪种坐标纸.常用的坐标纸有:直角坐标纸,对数坐标纸,极坐标纸等.

(2) 选坐标轴及其标定　作图时以自变量为横坐标,因变量为纵坐标,用粗实线在坐标纸上画出坐标轴,以箭头代表坐标轴的方向,在轴的末端近旁标明所代表的物理量及其单位.横轴和纵轴的标度比例可以不同,其交点的标度值也不一定是零.通过选择交点的标度值来调整图形的位置,使曲线不偏于坐标的一边或一角;选择适当的分度比例来调整图形的大小,使图线占据图纸的大部分.坐标比例的选取,原则上做到数据中的准确数字在图上有准确的刻线与之对应.

(3) 描点　根据实验数据在图上描点,并以该点为中心用"+"、"×"、"⊙"等符号中的一种标出.

(4) 连线　根据实际情况把点连成直线、光滑曲线或折线.如果是校准曲线应通过校准点连成折线.当连成直线或光滑曲线时,应使图线两侧的实验点与图线最为接近且分布大体均匀.如果图线需要延伸到测量范围以外时,则应按其趋势用虚线表示.

(5) 写图名和图注　要在图的下方写出图名、实验条件等.

2.4.3　逐差法

在一定条件下,设一物理量(称自变量)作等间隔改变时测得另一物理量(称因变量)一系列的对应值.逐差法就是把因变量的测量数据逐项相减,或者把因变量的数据前后分为两组,用第二组的第一个数据与第一组的第一个数据相减,第二个数据与第二个数据相减……依次逐项相减的方法.把因变量的测量数据逐项相减的方法叫做逐项逐差法;把因变量的数据分组进行逐差的方法叫做分组逐差法.

物理实验中常用分组逐差法(简称逐差法)求因变量变化的平均值、求多项式的系数.

设在一定条件下,自变量 x 作等间距变化时,测得因变量 y 一组对应数据如下

$$x_1,x_2,\cdots,x_k,\cdots,x$$

$$y_1,y_2,\cdots,y_k,\cdots,y$$

当 $y=a_0+a_1x$ 时,用一次逐差法即可求得系数 a_0,a_1 和 y 的平均值.

设测量数据有 $n=2l$,将其从中间平分为两组,每组有 l 项.

有

$$\begin{gathered}y_1=a_0+a_1x_1\\y_2=a_0+a_1x_2\\\cdots\cdots\cdots\cdots\\y_l=a_0+a_1x_l\\y_{l+1}=a_0+a_1x_{l+1}\\\cdots\cdots\cdots\cdots\\y_n=a_0+a_1x_n\end{gathered}\tag{2.4.1}$$

两组的对应项做逐差有

$$y_{k+l}-y_k=a_1(x_{k+l}-x_k) \quad k=1,2,\cdots,l$$

上式的左边为 y 隔 l 项的逐差值,记为 Δy_l;右边的括号内是自变量间隔的 l 倍,为 $l\Delta x$.则上式可写为

$$\Delta y_l=a_1 l\Delta x$$

一共有 l 个 Δy_l 值,求出其平均值带入上式得 a_1 的平均值为

$$\bar{a}_1=\sum_{k=1}^{l}\frac{\Delta y_k}{l^2\Delta x} \tag{2.4.2}$$

当自变量 x 等间距变化 Δx 时,因变量 y 相应的变化量的平均值为

$$\overline{\Delta y}=\sum_{k=1}^{l}\frac{\Delta y_k}{l^2} \tag{2.4.3}$$

将$\bar{a}_1$ 代入(2.4.1)式中,可求出 n 个 a_0,其平均值为

$$\bar{a}_0=\sum_{k=1}^{n}\frac{y_k-\bar{a}_1x_k}{n}=\bar{y}-\bar{a}_1\bar{x} \tag{2.4.4}$$

当 $y=a_0+a_1x+a_2x^2$ 时,须将第一次逐差得到的 Δy_l 再分为两组进行第二次逐差,求得系数 a_2,然后求出 a_1 和 a_0.依此类推,可进行多次分组逐差求出多项式的系数.

逐差法是测量工作中常用的一种处理数据的方法.它可以充分利用测量数据,保持多次测量取平均值减小随机误差的优越性;可以绕过某些定值未知量求得测量结果,如 y 和 x 是线性关系,不需知道 a_0 的大小可由(2.4.2)式求出 a_1;可以求出多项式的系数.

用逐差法处理数据要满足以下条件:两个物理量的函数关系可表达为多项式;自变量必须是等间距变化,且较因变量有更高的测量准确度,以致自变量的测量不确定度可以忽略不计.

2.4.4 最小二乘法

若两个物理量 x,y 满足线性关系,并等精度测得一组数据(x_i,y_i),$i=1,2,\cdots,n$.如何作出一条最佳直线来反映两变量间的线性关系呢? 常用最小二乘法求出直线的最佳截距和斜率.

简便起见,假设 x 的测量是相对准确的,y 的测量存在误差.最小二乘原理是:若拟合的最佳直线为 $y=f(x)$,则所测各 y_i 值与拟合直线上相应点 $Y_i=f(x_i)$之间的偏差 S 的平方和最小.即

$$S=\sum(y_i-Y_i)^2=\min$$

将直线方程 $y=a+bx$ 代入上式

$$S=\sum_{i=1}^{n}[y_i-(a+bx_i)]^2=\min$$

令 S 对 a 和 b 的偏导数为零,即可解出满足上式的 a,b 值:

$$\frac{\partial S}{\partial a}=-2\sum_{i=1}^{n}(y_i-a-bx_i)=0$$

$$\frac{\partial S}{\partial b}=-2\sum_{i=1}^{n}(y_i-a-bx_i)x_i=0$$

得

$$\sum_{i=1}^{n}y_i-na-b\sum_{i=1}^{n}x_i=0$$

$$\sum_{i=1}^{n}x_iy_i-a\sum_{i=1}^{n}x_i-b\sum_{i=1}^{n}x_i^2=0$$

其解为

$$b=\frac{\bar{x}\cdot\bar{y}-\overline{xy}}{(\bar{x})^2-\overline{x^2}} \tag{2.4.5}$$

$$a=\bar{y}-b\,\bar{x} \tag{2.4.6}$$

上面介绍的用最小二乘法求经验公式中的常数 a 和 b 的方法，是一种直线拟合法，它在科学实验中的运用很广泛，特别是有了计算机后，计算工作量大大减小，计算精度也能保证，现在用计算机运算速度更快，因此它是很有用又很方便的方法.

为了检验线性拟合的好坏，用线性相关系数 r 来描述拟合直线与实验数据的符合程度.相关系数 r 的定义为

$$r=\frac{(\overline{xy}-\bar{x}\cdot\bar{y})}{\sqrt{\overline{x^2}-\bar{x}^2}\sqrt{\overline{y^2}-\bar{y}^2}} \tag{2.4.7}$$

r 在 0 和 ±1 之间变化.从 r 的值可以判断实验数据与所得直线的关系：如果 r 很接近 ±1，则各实验点基本在一条直线上；相反，相关系数 $r=0$ 或趋近于零，说明实验数据很分散.

如果经验公式的函数形式是根据物理理论已知的，则 r 值可用于判断实验中随机误差的大小.如果经验公式的函数形式是根据实验数据的变化趋势推测得出的，则可能需要取几种不同的函数形式进行试探（用最小二乘法之前，要对函数作线性化处理），并依据线性相关系数作出判断，选择 $|r|$ 值最接近于 1 的那种函数作为拟合的结果.

2.4.5　Origin 软件在数据处理中的应用

Origin 为 OriginLab 公司出品的较流行的专业函数绘图软件，是公认的简单易学、操作灵活、功能强大的软件，既可以满足一般用户的制图需要，也可以满足高级用户数据分析、函数拟合的需要.

Origin 具有两大主要功能：数据分析和绘图.Origin 的数据分析主要包括统计、

信号处理、图像处理、峰值分析和曲线拟合等各种完善的数学分析功能.准备好数据后,进行数据分析时,只需选择所要分析的数据,然后再选择相应的菜单命令即可.

Origin 可以导入包括 ASCII、Excel、pClamp 在内的多种数据.另外,它可以把 Origin 图形输出到多种格式的图像文件,譬如 JPEG、GIF、EPS、TIFF 等.

例 2 用 Origin 软件处理光电效应测定普朗克常量实验数据.实验测量数据如下表所示:

波长对应的截止电压

序号	波长/nm	频率 $\nu/10^{14}$ Hz	截止电压 U_s/V
1	365.0	8.216	−1.718
2	404.7	7.410	−1.263
3	435.8	6.882	−1.140
4	546.1	5.492	−0.645
5	579.1	5.198	−0.451

数据处理步骤:

(1) 启动 Origin 软件,将测量数据分别键入工作表 data1 的第一二列.

(2) 选中数据表中两列数据,点击主菜单 Plot 中的 Scatter,自动绘出 Graph1 图 2.4.1.

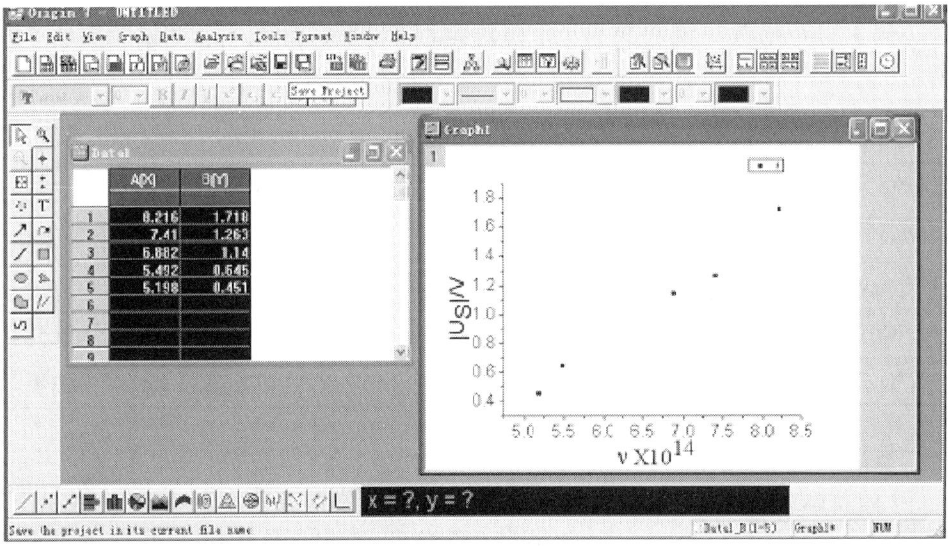

图 2.4.1

(3) 单击主菜单中的“Analysis”从打开的下拉菜单中选择“Fit linear”,软件即可在离散图 2.4.2 内绘制出拟合直线,同时在“Result Log”窗口输出拟合结果.

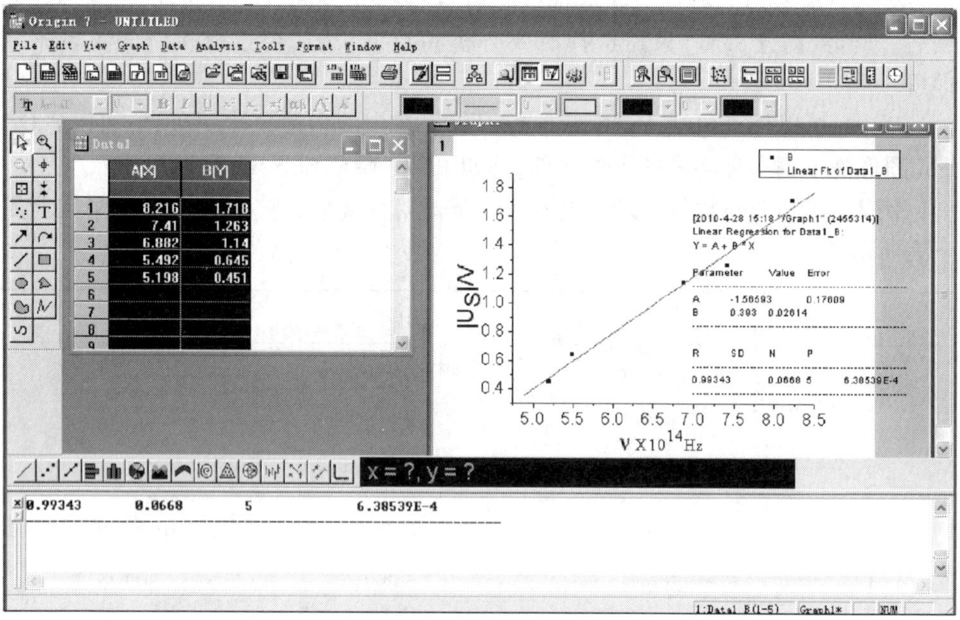

图 2.4.2

（4）拟合直线方程为：$U_s=0.393\times10^{-14}\nu-1.565\ 93$ V 从而可以求出截止频率 $\nu_0=\dfrac{A}{B}=3.98\times10^{14}$ Hz，普朗克常量 $h=Be=6.288\times10^{-34}$ J · s，与公认值 $h=6.626\times10^{-34}$ J · s 相比较，不确定度 $E_h=\dfrac{\Delta h}{h}=5\%$.

例 3 用 Origin 软件处理热敏电阻特性的研究实验数据.实验测量数据如下表所示：

NTC 电阻	$t=22.7$ ℃		$R=2\ 829\ \Omega$				
t/℃	35	40	45	50	55	60	65	70
R/Ω	1 663	1 351	1 109	861.7	704.8	580.5	480.4	398.8
PTC 电阻	$t=34.0$ ℃		$R=1\ 274\ \Omega$					
t/℃	70	75	80	85	90	95	100	105
R/Ω	1 042	1 030	1 018	1 016	1 033	1 077	1 165	1 340

数据处理步骤（以 NTC 热敏电阻为例）：

（1）启动 Origin 软件，将实验数据温度、电阻分别键入工作表 data1 的 A、B 列.

（2）点击主菜单 Column 中的“Add Columns”，在对话框中输入 2，工作表增加 C、D 两列.

（3）鼠标选中 C 列，点击主菜单 Column 中的 Set Column Values，如图 2.4.3 所示.

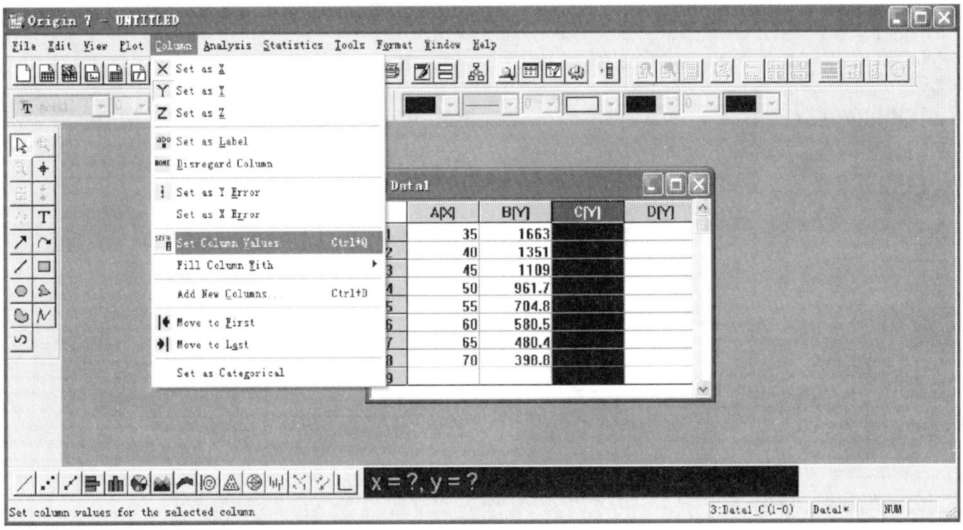

图 2.4.3

（4）如图 2.4.4 所示令 Col(C)= 1/(273.15+Col(A))，将温度转化成热力学温度，并取倒数.选中 D 列，令 Col(D)= lnCol(B)，将电阻取对数.

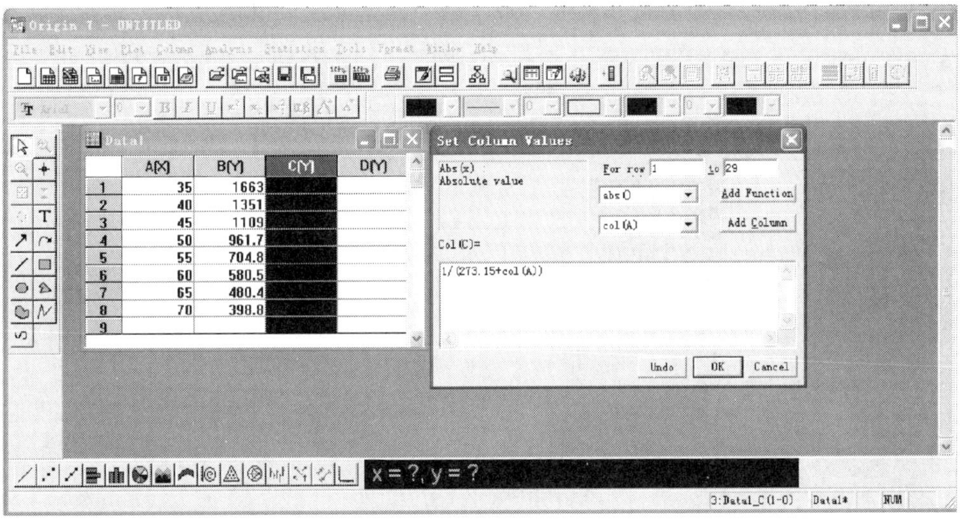

图 2.4.4

（5）选中 C 列，单击主菜单中的“Column”，在下拉菜单中，点击“Set as X”，相同方法，把 D 列设为 Y2.然后，点击主菜单 Plot 中的 Scatter，自动绘出 Graph1 图 2.4.5.

（6）单击主菜单中的“Analysis”从打开的下拉菜单中选择“Fit linear”，绘出拟合直线，同时在“Result Log”窗口输出拟合结果.

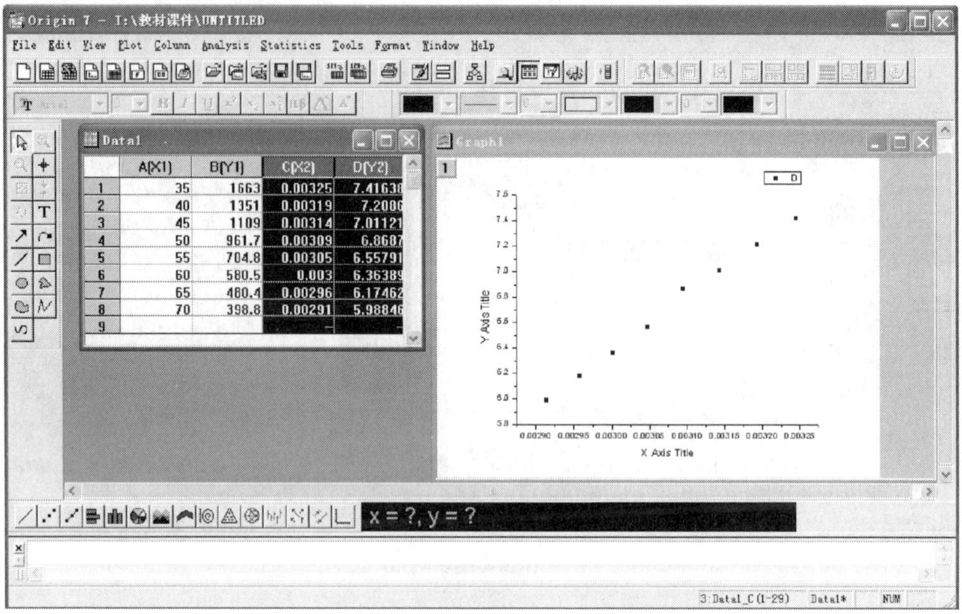

图 2.4.5

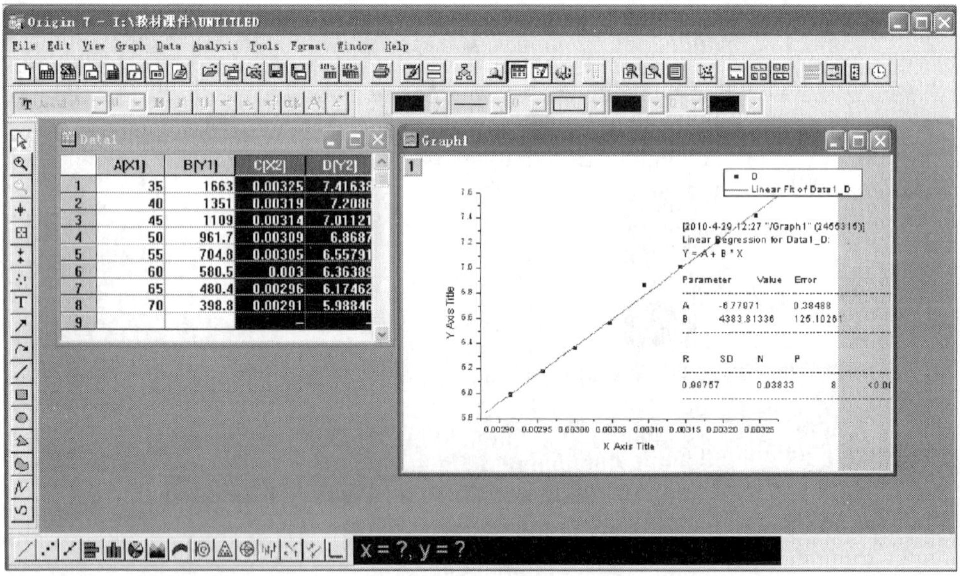

图 2.4.6

（7）如图 2.4.6 所示，根据拟合直线方程，$\ln R = 4\ 383.813\ 36\ \dfrac{1}{T} - 6.779\ 71$，由 $R_T = Ae^{B/T}$ 和 $\ln R_T = \ln A + B/T$，计算 A 和 B.

Origin 软件具有强大的功能，感兴趣的同学们可以更深入地学习和掌握.

2.5 实验的基本方法

2.5.1 比较法

测量的实质是将待测量与一个已知的标准量相比较,因此,在物理实验中比较法是最基本、最普遍的测量方法,又可分为直接比较和间接比较.

(1) 直接比较　就是将待测量与同种类型标准量直接进行比较从而得得出测量结果,如用米尺测长度、用天平测质量等.

(2) 间接比较　就是将待测量与同种类型的标准量通过测量装置进行比较,当两者的效应相同时,认为其结果相等,如用电表测电流、电压等.

2.5.2 补偿法

实验中,由于种种原因,实验所需要满足的条件往往会受到破坏.这时,如果采用某种手段对测量状态受到的影响加以弥补,实验将会得到更好的结果,这种方法称为补偿法.如:

(1) 电压补偿法　弥补因仪表的接入而引起的被测支路工作电压的变化;

(2) 电流补偿法　弥补因仪表的接入而引起的被测支路电流的变化;

(3) 温度补偿法 弥补因某些物理量(如电阻)随温度变化而对测试状态带来的影响;

(4) 光程补偿法　弥补光路中光程的不对称等.

由于补偿法可消除或减弱测量状态所受到的影响,从而大大提高实验的精度,因此,这种方法在高精密测量和自动控制等许多场合得到广泛应用.

2.5.3 放大法

实验中,如果待测物理量过小将不易测量,这时可设法将其放大.

(1) 机械放大　通过机械原理或机械装置将待测量放大,如游标卡尺、千分尺就是使用差分原理、丝杠鼓轮机械将读数放大,使读数更为准确.

(2) 光学放大法　光学放大有两种,一种是使被测物通过光学仪器形成放大像,便于观察判别,如测微目镜、读数显微镜;另一种是通过测量被放大的物理量来获得本身较小的物理量.例如,在测量物体的微小形变时经常使用的光杠杆法就是一典型用例,其放大倍数可达几十至上百倍.光杠杆的原理已被广泛应用于其他测量技术或测量仪器中,许多高灵敏度的电表,如冲击电流计、复射式光点检流计等,都应用了光杠杆的放大原理.

(3) 电子学放大法　微弱的电信号可以经放大器放大后进行观测.若待测量为非电学量,可采用转换测量法将其转化为电学量,再经电子放大器放大后测量.这种方法在电磁测量中应用很广泛.

(4) 累计放大法　用秒表测量单摆的周期,通常不是测一个周期的时间,而是测量 50 或 100 个周期的时间,这样可以将误差降低到原来的五十或一百分之一;测量干涉条纹的间距 a,不必一个间隔一个地测量,而是测量 N 个条纹间的总间距 Na,这样可以大大提高测量的精度.这就是累计放大法.

2.5.4 模拟法

模拟法是一种间接的测量方法,它不直接研究物理现象或过程本身,而是用与该现象或过程相似的模型来研究和测量.

采用模拟法的基本条件是模拟量与被模拟量必须是等效或相似的.模拟法用途广泛,对许多难以测量甚至无法测量的物理量或物理过程,可通过模拟法进行测量和研究.

从原理上讲,模拟法分为数学模拟和物理模拟两大类.

(1) 数学模拟 是把两个不同本质的物理现象或过程用相同的数学方程来描述的模拟.例如在研究静电场时就运用了这种模拟法.即用一种易于实验、便于测量的恒定电流场来模拟难以测量的静电场.当然,前提是这两种场的分布具有相同的数学形式.

(2) 物理模拟 是保持同一物理本质的模拟,这种模拟法不仅运用于物理实验上,而且更多地被运用到其他科学.例如:用振动台模拟地震对工程结构强度的影响;用"风洞"(一种高速气流装置)中的飞机模型来模拟实际飞机在大气中的飞行等.

把物理模拟和数学模拟两者互相配合运用,就能更见成效.随着微机的引入,用微机进行模拟实验更为方便.

2.5.5 换测法

换测法是根据物理量之间的各种效应和定量函数关系,利用变换原理进行测量的方法.由于自然界存在多种效应,所以有各种各样的换测法,这正是物理实验最富有启发性和开创性的一面.随着科学技术的发展,物理实验方法渗透到各学科领域,实验物理学也不断向高精度、实时、非接触和自动化等方向发展,这一切都与换测法紧密相关.

换测法可分为参量换测法和能量换测法.

(1) 参量换测法 是利用各种参量之间的关系(函数关系),达到测量某一物理量的方法.这种方法几乎贯穿于整个物理实验中,应用十分广泛.例如,利用应变与应力之间的线性关系可以测定材料的杨氏弹性模量;利用光栅方程 $d\sin\phi = k\lambda$ 可以测定光栅常量 d 或光波波长 λ 等.

(2) 能量换测法 是利用传感器将一种形式的物理量转换成另一种形式的物理量进行测量的方法.常用的有:

热电转换 将热学量转换成电学量.

压电转换 将压力转换成电学量.

光电转换 将光学量转换成电学量.

磁电转换　将磁信号转换成电学量.

随着材料科学的发展,传感器技术已形成了一个新型的科学技术领域,有着广阔的发展前景.

采用换测法时应注意:

① 确定变换原理和参量关系式的正确性;

② 传感器要有足够的输入量和稳定性;

③ 判断并确定变换过程中是否有伴随效应,若有,则应以有效的措施来补偿或消除;

④ 要考虑方案的技术可行性和经济可行性.

2.5.6　振动与波动方法

(1) 振动法　振动是一种基本运动形式,许多物理量均可作为某振动系统的振动参量.只要测出振动系统的振动参量,利用被测量与参量的关系就可得到被测量.利用三线摆测转动惯量即是振动法的应用.

(2) 李萨如图法　两个振动方向互相垂直的振动可合成为新的运动图像.图像因振幅、频率、相位的不同而不同.此图称李萨如图,利用李萨如图可测频率、相位差等.李萨如图通常用示波器显示.

(3) 共振法　一个振动系统受到另一系统周期性的激励,若激励系统的激励频率与振动系统的固有频率相同,振动系统将获得最多的激励能量,此现象称为共振.共振现象存在于自然界的许多领域,诸如机械振动、电磁振荡等,共振频率往往与系统的一些重要物理特性(例如压力)有关,而频率测量可以达到很高的准确度,因此共振法在频率和物理量的转换测量中有重要的应用.

(4) 驻波法　驻波是入射波与反射波叠加的结果,机械波、电磁波均会发生,由于驻波有稳定的振幅分布,测量比较容易,故常用驻波法测波的波长,再测出频率,则可求出波的传播速度.

(5) 相位法　波是相位的传播.在传播方向上,两相邻同相点的距离是一个波长,可通过比较相位变化而测出波的波长.

2.5.7　光学实验方法

(1) 干涉法　在精密测量中,以光的干涉原理为基础,利用对干涉条纹明暗交替间距的量度,实现对微小长度、微小角度、透镜曲率、光波波长等的测量.双棱镜干涉、牛顿环干涉等实验即为干涉测量,迈克耳孙干涉仪即为典型的干涉测量仪器.

(2) 衍射法　在光场中置一线度与入射光波长相当的障碍物(如狭缝、细丝、小孔、光栅等),在其后方将出现衍射花样.通过对衍射花样的测量与分析,可定出障碍物的大小.利用射线在晶体中的衍射,可进行物质结构分析.

(3) 光谱法　利用分光元件(棱镜或光栅),将发光体发出的光分解为按波长排列的光谱.光谱的波长、强度等参量给出了物质结构的信息.

(4) 光测法　用单色性好、强度高、稳定性好的激光做光源,再利用声-光、电-

光、磁-光等物理效应，可将某些需要精确测量的物理量转换为光学量测量.

上述基本实验方法，在物理实验中得到广泛应用.事实上，在许多具体实验中，这些方法往往是交织在一起.大家在实验中，一定要勤于思考，认真分析，不断总结，以逐步积累提高自己的实验知识和技能.

2.6 基本实验仪器

2.6.1 力学实验仪器

(1) 游标与螺旋测微原理

游标是为了能够比较准确地对量尺最小刻度后面的读数进行估读而加在量尺上的一个附件，常见的有直游标、角游标.

① 直游标——游标卡尺

游标卡尺的结构和各部分名称如图 2.6.1 所示.

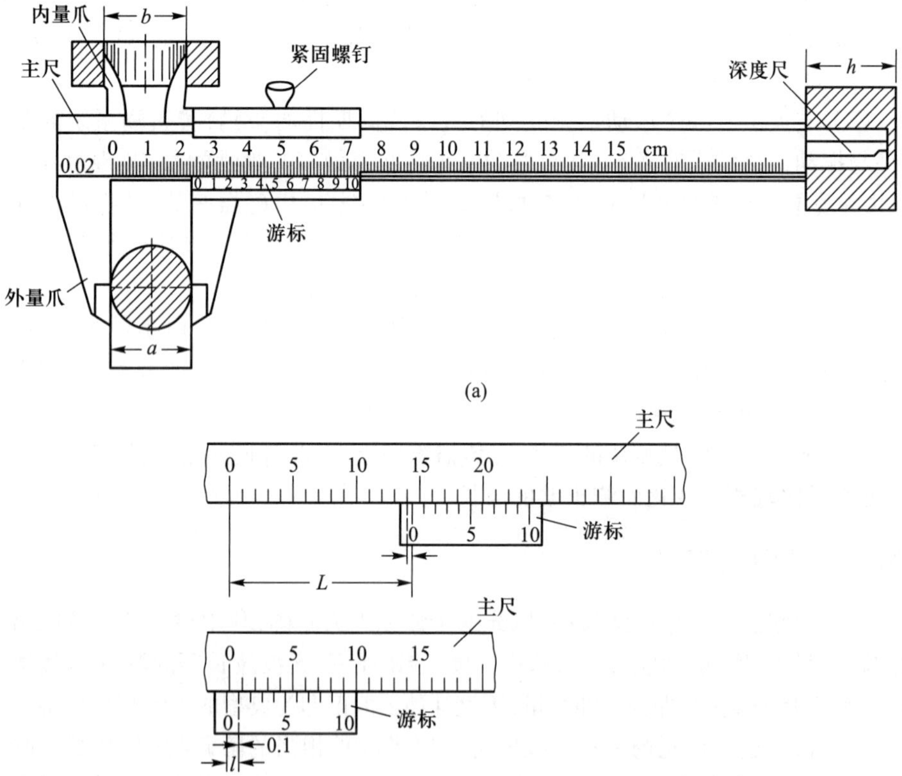

图 2.6.1

游标卡尺的结构特点是：主尺上每个分格是 1 mm，而游标上 p 个分格的长度与主尺上 $(p-1)$ 分格的长度相等.称游标上一个分格的长度 Δx 为游标卡尺的分度值.

游标卡尺的读数值 L 由量尺的零线与游标的零线之间的长度来表示.其中 mm 以上部分由主尺上的读数 l 给出,mm 以下部分 Δl 在游标上读出.设游标上第 k 条刻线与量尺上某刻线对齐,则 $\Delta l=k\Delta x$,所以 $L=l+\Delta l$ 即为测量值.

② 角游标——分光计

角游标是一个沿着弧形主尺并可与之同轴转动的小弧尺,如图 2.6.2 所示.

若游标上有 N 个刻度,其总弧长与主尺上 $N-1$ 个分刻度的弧长相等,则游标精度为主尺分度值/角游标刻度线数,读数方法与直游标相同.

③ 螺旋测微原理

比游标更精密的测长量具是利用螺旋测微原理制成的,有千分尺、读数显微镜等.螺旋测微量具均由一根精密螺杆和与之配套的螺母套筒两部分组成.螺杆后端连接一个可旋转的微分套筒,如图 2.6.3 所示.

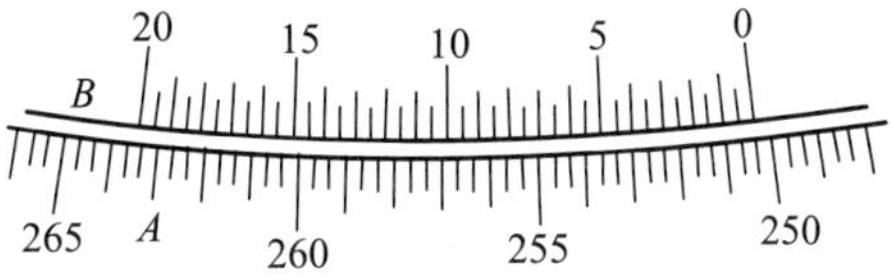

(a) $A=250°20'$ $B=2'$
$\theta=A+B=250°20'+2'=250°22'$

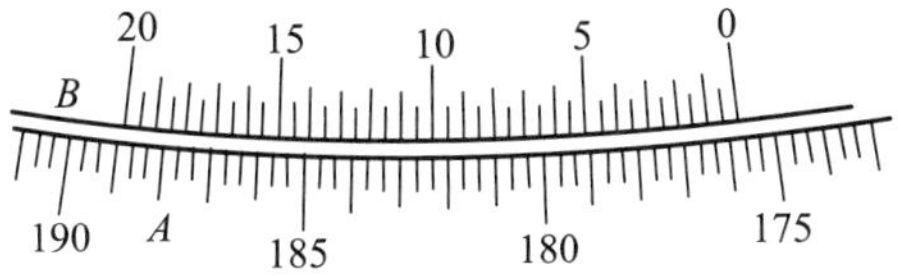

(b) $A=175°40'$ $B=6'30''$
$\theta=A+B=175°40'+6'30''=175°46'30''$

图 2.6.2

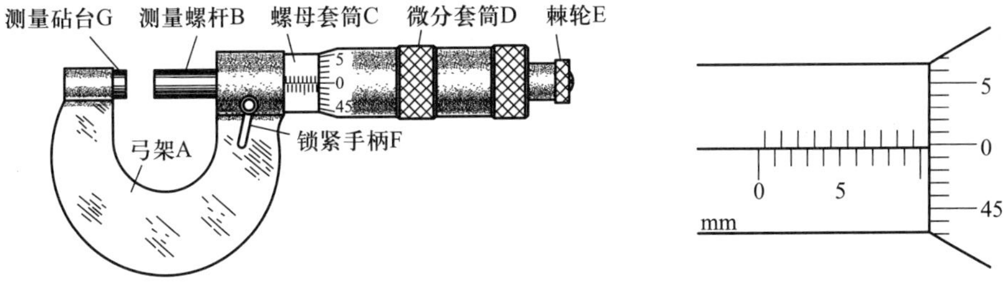

图 2.6.3

微分套筒每旋转一周,螺杆前进(或后退)一个螺距.若微分套筒圆周上刻有 N 个分度,螺距为 a mm,则每转动一个分度,螺杆移动的距离为 a/N mm,如图 2.6.3 所示读数为 10.497 mm.

(2) 物理天平

测量物体质量的常用仪器之一是天平.图 2.6.4 为物理实验室常用的物理天平示意图.

物理天平主要部分是横梁 B,在横梁中央固定一个钢质三角刀口 A,刀刃向下,置于支柱 H 的刀承上,梁两边装有两个刀口 b、b′,刀刃向上,用以悬挂吊耳,两个托盘分别挂在吊耳上.天平横梁是一个等臂杠杆,在支柱 H 的下端有一个制动旋钮 K,用来升降天平的横梁.横梁下降时,由支柱 H 将它托承,这时中间刀口 A 和刀承分离,两侧刀口 b、b′也由于托盘落在底座上而减去负担,以避免刀口磨损.在横梁两端装有调平螺丝 E、E′,当天平空载时用它们来调节天平平衡.横梁下有一根指针 J,下端 S 为标尺,用来观察和确定横梁的水平状态.当横梁水平时,指针 J 应指

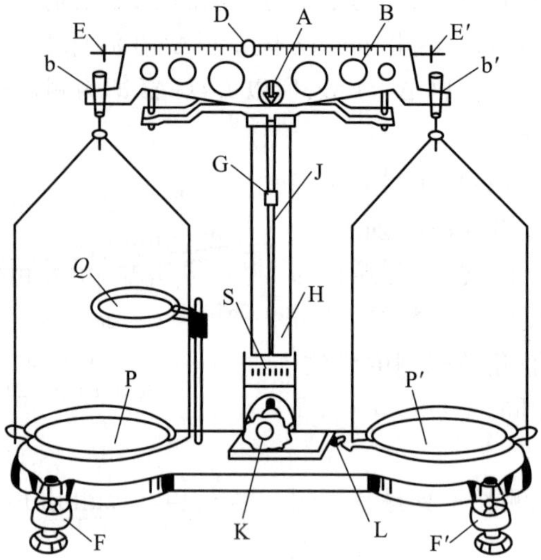

图 2.6.4

A—主刀口;B—横梁;b′,b—刀口;D—游码;E,E′—平衡螺母;H—支柱;L—水准仪;J—指针;S—标尺;P,P′—托盘;K—制动旋钮;Q—托板;F,F′—底脚调节螺钉

在标尺 S 的中央刻线上.在支柱左侧有一托板 Q,可以托住未被称衡的物体.在天平的底座上或支柱上装有圆形气泡水准器 L 或铅垂体,用来判断支柱是否竖直.调节 F、F′两个螺旋可使支柱竖直.

天平横梁上有游码标尺和游码 D,用来称衡 100 mg 以下的物体.在调节天平平衡时应先将游码置于 0 刻线处.

① 天平的技术指标

(a) 称量(极限负载).称量是指允许称衡的最大质量.

(b) 感量或灵敏度.感量是指天平指针偏转标尺±1 个分度格时,天平秤盘上应增加(或减少)的砝码值.感量的倒数称为天平的灵敏度.

天平的仪器误差一般可取感量的 1/2.例如: TW-1 型物理天平,称量为 1 000 g,感量为 100 mg,仪器误差 $\Delta_{仪}=50$ mg.

② 天平的调整

(a) 调节水平.调节底脚螺旋 F、F′使 L 中的气泡居中.

(b) 调节平衡(或称调整零点).将游码移至零线,吊耳连同托盘架于刀口 b、b′上,慢慢地转动 K,升起横梁,指针将左右摆动,观察摆动的平衡点,若平衡点不在标尺中央 0 刻线上,应转动 K,放下横梁,调整平衡螺丝 E 或 E′,然后再升起横梁,检查平衡点,直至平衡点在中央 0 刻线上.

2.6.2　电学实验仪器

(1) 电源

① 交流电源.

电路中以符号 AC 表示.实验室中常用的有 220 V 和 0~220 V 连续可调两种.后一种叫做调压器(亦称自耦变压器),如图 2.6.5 所示.

从①、②两接线柱输入 220 V 交流电压,调节手柄 A 从③、④接线柱可输出 0~220 V 连续可调的交流电压,其重要技术指标有容量和最大允许电流.

② 直流电源.

电路中以 DC 表示.实验室常用的有化学电源(通常用干电池,1.5 V)和稳压电源.后一种电源具有稳定性好、内阻小等特点.

(2) 磁电式电表

① 检流计(又称直流电流计) 检流计通常用作指零的仪表,即确定电路中有无电流通过;有时也用作测量微小电流.它的构造如图 2.6.6 所示.

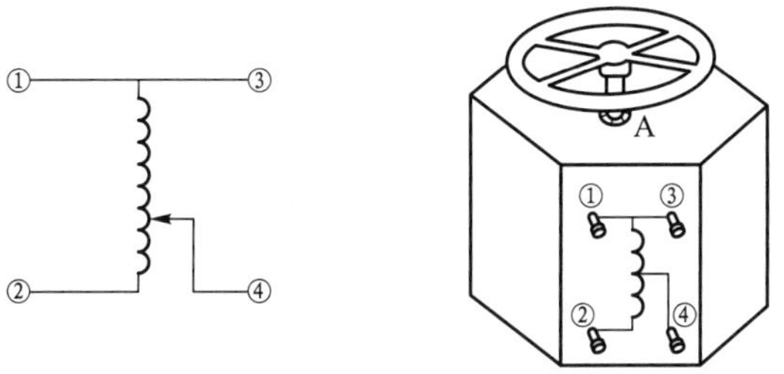

图 2.6.5

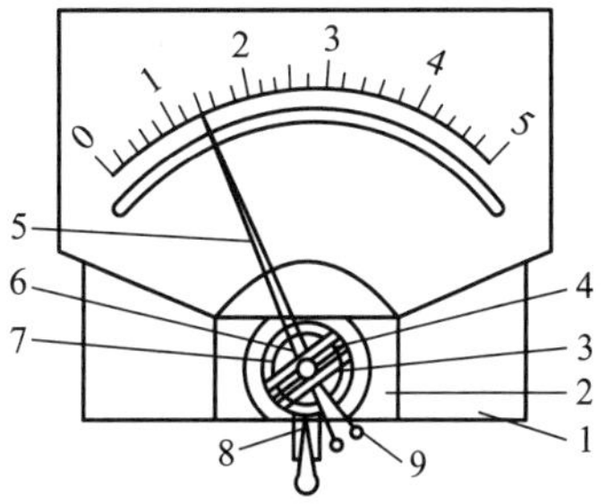

图 2.6.6

检流计工作原理如下:

将一个可以自由转动的线圈放在永久磁铁的磁场内,当被测电流流过这个线圈时,由于受磁力矩作用而转动,同时弹簧游丝又给线圈一个反向恢复力矩使线圈平衡在某一角度,此偏转角度与电流大小成正比.

检流计所允许通过的电流非常小,一般约 10^{-6} A.所以常作指零仪表,不可任意接在电路中去测量较大的电流.对于 10^{-6} A 以下的弱电流,要用灵敏电流计去测量.灵敏电流计采用了弹性细丝(称为张丝)、悬挂转动线圈的结构,从而消除了接触摩擦,提高了灵敏度.

当检流计作为指零仪表使用时,一般平衡位置(零点)在标尺中央,指针可以向左右两个方向偏转,使用前应调节零点.电路图中检流计用符号 G 表示.

② 直流电流表 按所测电流大小分为微安表、毫安表、安培表,其所能测量的最大电流称为量程.电流表通常有多个量程.

在检流计上并联一个小阻值的分流电阻就得到了电流表.

③ 直流电压表 按所测电压图可分为毫伏表、伏特表、千伏表,其所能测量最大电压称为量程.电压表通常有多个量程.

在检流计上串联一个高阻值的分压电阻就可做成电压表.

④ 万用表 是一种多用表.可用来测量交、直流电流,交、直流电压,直流电阻,音频电平,电容,电感,晶体管参量等.其每个测量挡均具有多个量程.

万用表主要由表头、测量电路、转换开关组成.表头作为指示数值部分在表盘上刻有各功能量程的刻度.万用表的准确度主要取决于表头的质量和性能;测量电路的作用是把被测电学量转换成指针的角位移在表盘上指示出来.

(3) 数字仪表

数字仪表以离散的数字显示被测物理量,因而消除了视差,并能减少某些人为误差.同时数字仪表的精度通常要比模拟仪表高,并且大都具有自动极性选择和自动量程选择,能够减少测量误差和由于过载而引起的损坏.另外,数字仪表还具有量程大、有记忆能力等特点.因此,和模拟仪表相比,数字仪表具有明显的优越性.近年来,由于生产成本降低,影响人们使用数字表的最后一道门槛将会越来越低,数字仪表的使用会越来越普及.

物理实验中经常使用的数字仪表有数字电流表、数字电压表、数字万用表.

数字仪表的仪器误差限有多种表达式,下面给出一种最常用的方式:

$$\Delta_{仪}=a\%N+n\cdot 字 \tag{2.6.1}$$

式中 a 是数字电表的准确度等级,N 是显示的读数,"字"表示仪器的最小量化单位,n 是仪器固定项误差,相当于最小量化单位的倍数,只取 1,2,…等数字.例如,有数字电压表,$a=0.02$,$n=2$,最小量化单位为 0.000 1 V,观测得读数 $Nx=1.478\,6$ V,由(2.6.1)式可计算出该仪器误差

$$\Delta_{仪}=(0.02\%\times1.478\,6+2\times0.000\,1)\text{ V}=5\times0.000\,1\text{ V}$$

(4) 电表的技术指标

① 量程　指的是仪表满刻度时所指示的量值,也是仪表允许承受的最大载荷.有的仪表有若干不等的量程,使用时应注意根据情况来选择.

② 等级　即准确度等级,用来表示仪表额定相对误差的极限.例如 1.0 级的电流表,其测量值的相对误差应该在 1.0%以内.按照《GB 776—76 电气测量指示仪表通用技术条件》的规定,电气仪表的准确度分为 0.1、0.2、0.5、1.0、1.5、2.5、5.0 七个等级.

③ 仪器误差　仪器误差和仪表的量程、准确度等级有一定的函数关系,由此可以计算出仪器误差.不同的仪器,计算公式也不同.例如电表的仪器误差=量程×级别%.

(5) 常用电气元件符号、仪器面板标记

常用仪器、元件及其重要技术指标常以一定的符号表示,见表 2.6.1,且标记在仪表面板上.

表 2.6.1　常用电气元件符号、仪器面板标记

直流电源	—┤├—	直流	—
交流电源	—○～○—	交流	～
固定电阻	—▭—	交直流两用	≃

续表

可变电阻		接地	
滑线电阻	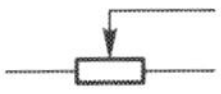	二极管	
电容器	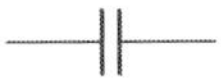	稳压二极管	
可变电容		晶体三极管	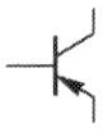
电感线圈		磁电式仪表	
有铁芯线圈		准确度等级	
检流计		仪表垂直放置	
调零器		仪表水平放置	
二级防外磁场及电场	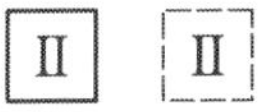	绝缘试验电压 500 V	
变压器	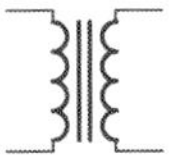	调压变压器	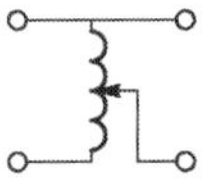

(6) 电表使用注意事项

① 根据待测量的大小合理选择量程,并由此确定此时的分度值.

② 注意电表的极性.

③ 正确连接电表.

④ 读数时避免视差.读数时须使视线垂直于刻度尺,有的仪表刻度槽下装有反射镜,读数时应使指针与其在镜中的像重合.

(7) 变阻器

① 滑线电阻器

它有三个接头(图 2.6.7).其中 C 为滑动触头,A、B 为固定接头,AB 之间的电阻值是固定不变的,AC 和 BC 之间的电阻值随 C 的移动而改变.在限流电路中改变 C 的位置可改变电路中电流的大小;在分压电路中改变 C 的位置则可在 M、T 间得到连续可变的电压.其主要技术指标为:全电阻值、额定电流,具体值见铭牌.

② 旋钮式电阻箱

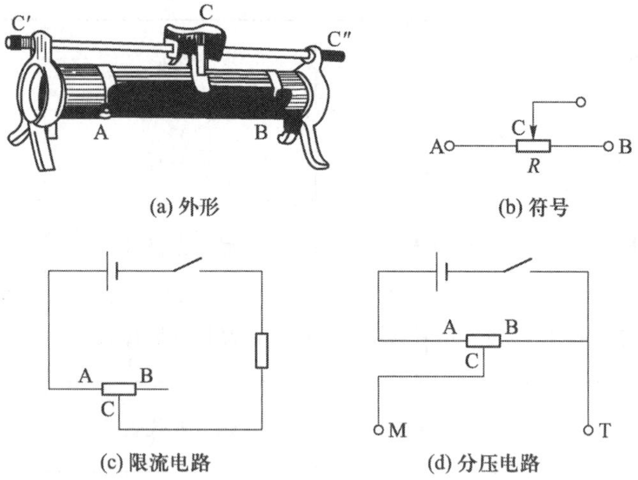

图 2.6.7

这是一种由若干个标准的固定电阻元件按照一定的组合方式接在特殊的变换开关装置上构成的可变电阻.其电路及面板图如图 2.6.8 所示.箱面上有 4 个接线柱和 6 个旋钮,每个旋钮的边缘上都标有 0,1,2,…,9 十个数字,下面分别有×0.1,×1,…,×10 000 的字样,(称为倍率).某个旋钮上的数字旋到对准所示的倍率时,用倍率乘上旋钮上的数字,即为该旋钮所指示的电阻值.4 个接线柱上分别标有 0、0.9 Ω、9.9 Ω、99 999.9 Ω 等字样.使用 0 与 0.9 Ω 两接线柱则调节范围为 0~0.9 Ω;使用 0 与 9.9 Ω 两接线柱则调节范围为0~9.9 Ω;使用 0 与 99 999.9 Ω 两接线柱则调节范围为 0~99 999.9 Ω.使用时可根据需要选择适当的接法.应当指出,如只需要 0.1~0.9 Ω 的阻值变化,则就将导线接到"0"和"0.9 Ω"两接线柱上,这样可以避免电阻箱其余部分的接触电阻对低阻值带来不可忽略的误差.使用时,根据具体情况,将接入电路中的旋钮所指示的数值相加,就是电阻箱的

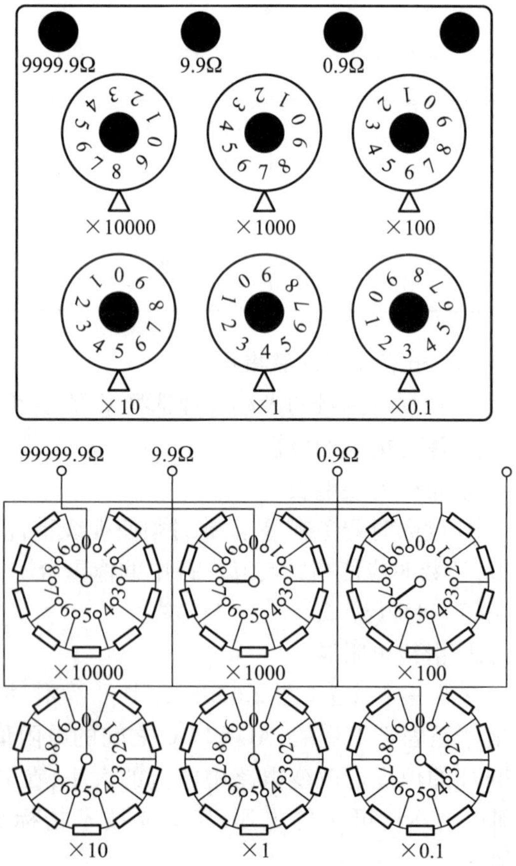

图 2.6.8

总电阻值.如图 2.6.8 所示,若使用“0”和“99 999.9 Ω”两个接线柱,那么 6 个旋钮都用上了,电阻箱的总电阻值为(3×0.1+4×1+5×10+6×100+7×1 000+8×10 000) Ω=87 654.3 Ω.

电阻箱的主要技术指标有:绝缘电阻、额定电流、额定功率、精度等级.

在通常的教学实验条件,我们约定 0.1 级电阻箱的不确定度用下式简化地表示

$$\Delta_{仪}=0.1\%R+0.005n \tag{2.6.2}$$

上式中 R 是电阻箱的指示值,n 是实际所用的电阻盘的个数.$0.005n$ 项考虑了旋钮的接触电阻引入的不确定度.

③ 电位器.

小型的变阻器通常称为电位器,其外形如图 2.6.9 所示,它的额定功率只有零点几瓦到数瓦,视体积大小而定.电阻值较小的,多用电阻丝绕成,称线绕电位器;电阻值较大的用碳质薄膜作为电阻,称碳膜电位器.

电位器在电子线路中应用极为普遍.使用电阻时,除了要注意其阻值大小外,还应注意其额定功率,即允许通过的最大电流$\left(I=\sqrt{\dfrac{W}{R}}\right)$.

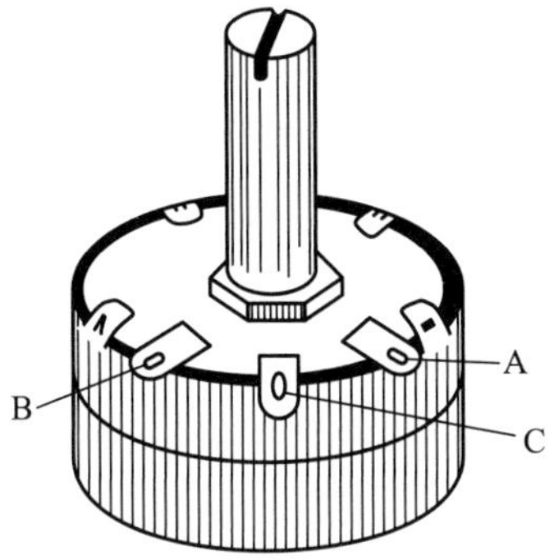

图 2.6.9

(8) 开关(电键)

电路中常用开关接通和切断电源,或变换电路.实验中常用的开关有单刀单向、单刀双向、双刀双向、双刀换向等各种开关.在电路中分别用图 2.6.10 所示的各种符号表示.

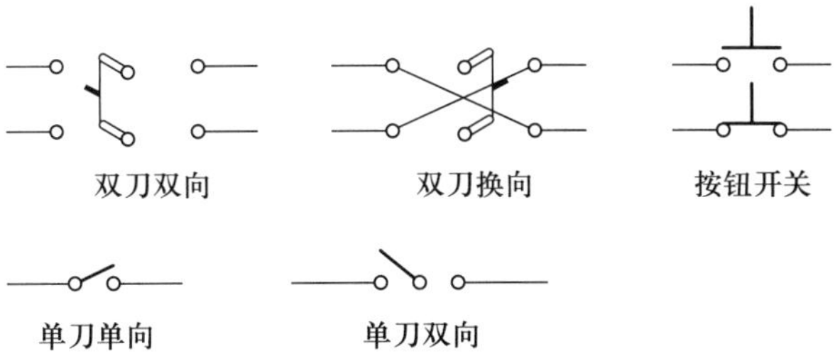

图 2.6.10

双刀双向开关在电路中的作用,可由图 2.6.11(a)来说明.开关的双刀 CC'拨向 AA'处时,由电源 E_1 向负载 R_L 供电;CC'拨向 BB'处时,由电源 E_2 向负载 R_L 供电.

双刀换向开关在电路中的作用,由图 2.6.11(b)来说明.双刀 CC'拨向 AA'时,电流沿 $CAB'NMBA'C'$流动,R_L 中电流方向为 $N\to M$;双刀 CC'拨向 BB'时,电流沿 $CBMNB'C'$流动,R_L 中电流方向换成为 $M\to N$.

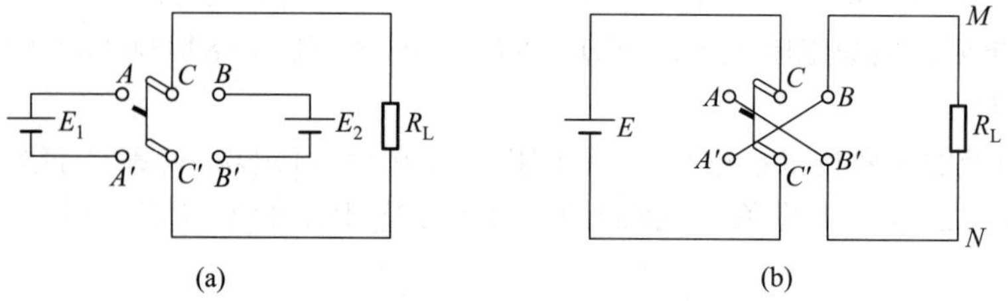

图 2.6.11

2.6.3 光学实验仪器

(1) 望远镜

用来观察远距离的物体或者用来作为测量和对准的工具.它由长焦距的物镜和短焦距的目镜组成.物镜、目镜的焦点重合在一起,在其共同焦平面附近安装叉丝或分划板,以供观察或读数之用,其光路如图 2.6.12 所示.

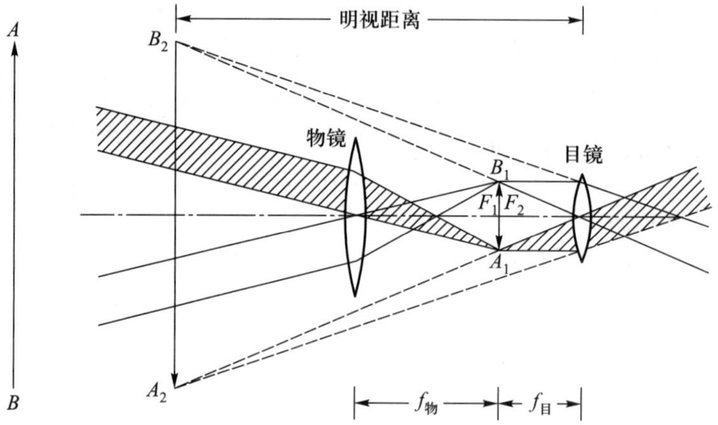

图 2.6.12

物镜的作用在于使远处物体 AB 在其焦平面附近形成一个缩小而移近的实像 A_1B_1,用眼睛通过具有放大作用的目镜去观察 A_1B_1,就会看到一个放大、倒立的虚像 A_2B_2.

(2) 显微镜

用来观察细微物体,由物镜和目镜组成,其光路如图 2.6.13 所示.物理实验中常用读数显微镜来测量两点间的距离.使用时转动测微鼓轮,镜筒可在水平方向左右移动,其位移值可由标尺读出.目镜中装有一十字叉丝,作为读数时对准待测点的标线.

(3) 常用光源

(a) 白炽灯　发出连续光谱.使用时要注意供电电压是否与额定电压相符.

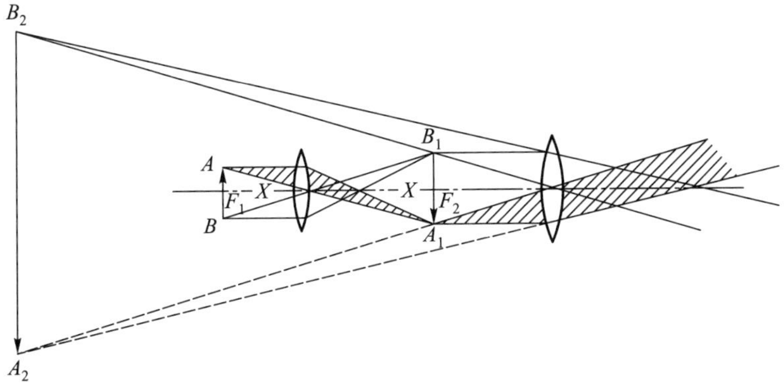

图 2.6.13

(b) 钠灯和汞灯　以金属(Na 或 Hg)蒸气在强电场中发生的游离放电现象为基础的弧光放电灯.在正常情况下,钠灯发出波长为 589.0 nm 和 589.6 nm 的两种单色光,一般应用下以平均值 589.3 nm 作为其波长;汞灯发出 5 种单色光,波长分别为 579.0 nm(黄)、577.0 nm(黄)、546.1 nm(绿)、435.8 nm(兰)、404.7 nm(紫).

(c) He-Ne 激光器　一种气体激光器,所发光波波长为 632.8 nm,具有单色性好、发光强度大、方向性强等特点,其输出激光功率在几个毫瓦到十几毫瓦.激光管两端加有 1 500~8 000 V 的高压,操作时应严防触及.由激光管射出的光束能量集中,切勿直视.

2.7 基本操作技术

2.7.1 零位调节

由于环境的变化或使用引起的磨损等原因,仪器或量具的零位往往会发生变化,因此,实验前一定要检查和校核仪器的零位.

对于有零位校准器的仪器,如电表,应调整校准器,使仪器在测量前处于零位;对于无零位校准器的仪器,如端头磨损的米尺或千分尺,则应在测量前记下初读数,以便在测量中加以修正.

2.7.2 仪器初态和安全位置

所谓"初态"是指仪器在进入正式使用前的状态.正确的初态可为实验的顺利进行提供保障.如有调整螺丝的仪器,应使螺丝处于松紧合适的状态,具有足够的调整量,便于实验过程中仪器的调整;根据实验的具体情况,看一下仪器能否满足实验的始、末状态的要求(如光杠杆实验中标尺位置是否能满足测量要求)等.在电学实验中则要注意"安全位置"问题.例如,未开电源前应使电源的输出调节旋钮处于最小位置;使滑线变阻器的滑动端处于对电路最安全的位置等.

2.7.3 水平竖直调整

有些仪器须在水平或竖直状态下才能正常工作.水平状态可借助水平仪进行判断;竖直状态可借助重锤进行判断.调整工作一般是通过调整仪器基座来完成.

2.7.4 等高共轴调整

在由两个或两个以上的光学元件组成的系统中,为获得好的像质,满足近轴光线条件,必须进行等高共轴调节:使所有光学元件的光轴重合,且其物面、屏面垂直于光轴.

调整一般分两步进行:

第一步:通过目测,调整所有光学元件的光轴基本重合,且其物面、屏面垂直于光轴;第二步:根据光学规律,必要时借助其他仪器来调整,如使用自准直法、二次成像法.

2.7.5 调焦

在使用望远镜、显微镜、测微目镜等光学仪器时,为了进行正确测量或看清目的物,均需进行调节,例如望远镜要调节叉丝到物镜的距离,使叉丝处于透镜的焦平面上;使用显微镜要使被观察对象处于物镜的工作距离处;测微目镜则要使叉丝在目镜的焦距内作适当的视度调节等等.这种调节称为调焦.

调焦是否已完成,常以能否看清目的物上的局部细小特征或遵循一定的光学规律(如自准成像)为标准.

2.7.6 消除视差

力学、电学实验中,如果读数标线(如指针)和标尺平面不重合,那么眼睛从不同位置去看,读得的指示值会有差异,此谓"视差",如图 2.7.1 所示.

为了消除视差,应尽量使标尺与被测物紧贴在一起,或者从正面垂直观察.如用米尺测物体长度时,应从图 2.7.1 中正确位置读数;对电表读数时应竖直正视,若刻度槽下有平面镜,应使指针与镜中的像重合等.

涉及望远镜、显微镜的视差问题比较复杂.这里的被测物往往是一个看得见、模不着的像,如何使该像与标尺(装有十字叉丝或带有刻度的分划板)紧贴在一起呢? 这里有一个仪器本身的调节问题.下面来分析一下这时的消视差调节.

望远镜、读数显微镜的基本光路如图 2.7.2 所示.其共同点是在目镜焦平面内侧附近装有一个带有十字叉丝(或刻度)的刻划板.若被观察物经物镜成的像 A_1B_1 落在叉丝位置处,人眼经目镜看到叉丝、物体最后成的虚像 A_2B_2 都在明视距离处的同一平面上,这样便无视差.因此,要消除视差,只要调节目镜与物镜间的距离,使被观察物体经物镜所成的像在叉丝所在平面内即可.调节时可按照先目镜、后物镜的顺序,反复仔细调节,一边调节一边稍稍移动眼睛,看两者是否有相对运动,直到基本上无相对运动为止.

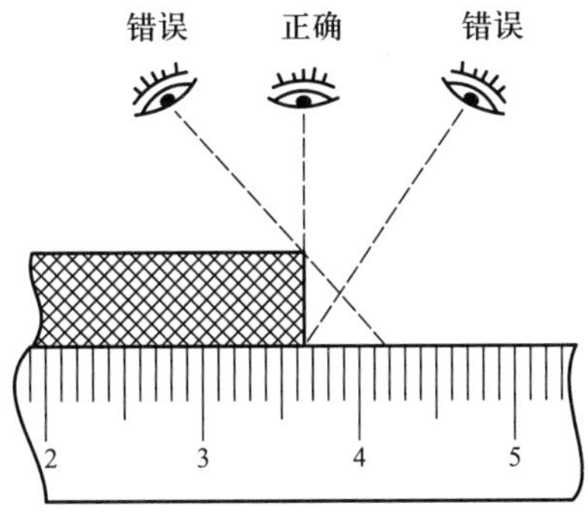

图 2.7.1

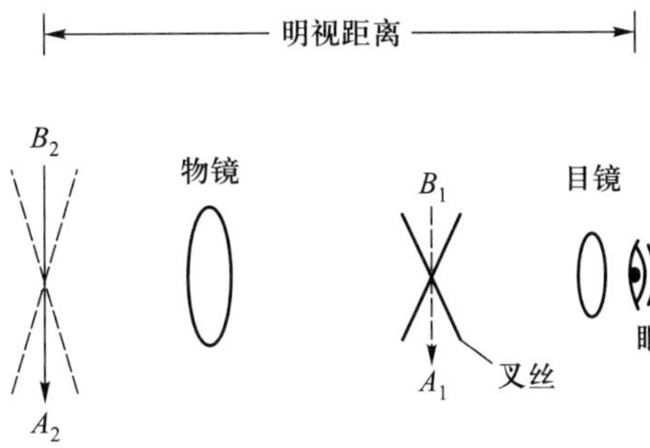

图 2.7.2

2.7.7 逐次逼近法

任何调节几乎都不是一蹴而成,都有一个多次反复的过程.在调节时,根据一定的判据逐次缩小调整范围,使系统较快地收敛于所需状态的方法称为逐次逼近调节法.

对于不同的系统和仪器,判据是不同的,例如,对于天平是看天平指针是否为零;平衡电桥是看检流计指针是否为零等.

2.7.8 先粗调后细调原则

在许多实验尤其是直流电实验中,为了尽快将系统调节到既定的"平衡状态",往往采用如下措施:先使系统的灵敏度处于较低的水平,通过调节,使系统达到要求的"平衡状态",此谓"粗调";然后再提高系统的灵敏度,再将新出现的"不平衡"消除……直至使系统的灵敏度达到最高时,系统也呈现出"平衡"——仪器调节完成.这种做法可以使调节工作减少不必要的反复.

2.7.9 先定性后定量原则

在定量测量之前,先定性地观察一下实验的全过程,以求对该过程的规律从总体上有一个概括的了解,然后再着手进行定量的测定.例如在测量如图 2.7.3 所示的曲线时,可以先大概观察一下量 y 随量 x 变化而变化的情况,在对其变化规律有了大概了解后,可以采取不等间距测量:在 x_0 附近多测几个点.这样得到的曲线就比等间距测量所得曲线更为合理、经济.

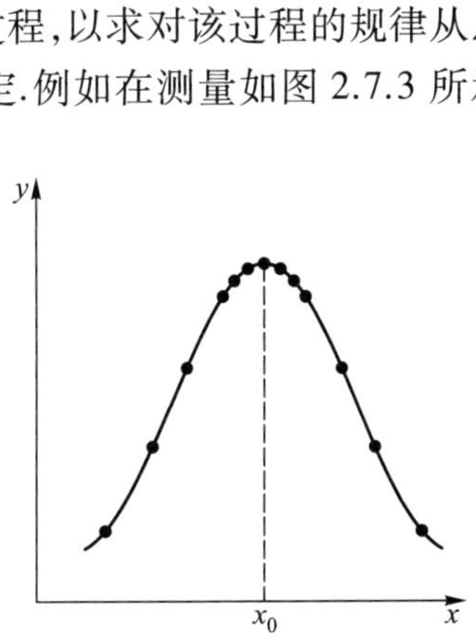

图 2.7.3

2.7.10 消除空程误差

由丝杠-螺母等机械系统构成的传动式读数机构,由于机械零件间有间隙,往往在测量刚开始或刚反向转动丝杠时,丝杠须转过一定角度后才能与螺母啮合.结果,与丝杠联结在一起的读数装置如鼓轮已有读数改变，而由螺母带动的机构尚未产生位移，从而造成虚假读数——此谓“空程误差”.

为避免产生空程误差，使用含有此类机构的仪器（如读数显微镜、迈克耳孙干涉仪）时，应单方向旋转鼓轮，待丝杠-螺母啮合后才能开始测量，并且在整个读数过程中始终沿同一方向前进，切勿忽正忽反旋转.

习　题

1. 下列情况哪些会造成系统误差，哪些会造成随机误差？

（1）米尺刻度不均匀.

（2）游标卡尺零点不准.

（3）测质量时天平未调水平.

（4）电表的接入误差.

（5）米尺因温度改变而伸缩.

（6）电源电压不稳引起的测量值起伏.

2. 计算下列各式.

（1）98.754+1.6=　　　　（2）156.0−0.002 5=

（3）545×0.100 6=　　　　（4）100.0÷(25.00−5.0)=

（5）cos 37°12′=　　　　（6）(25^2+943.0)÷479.0=

（7）50.00×(18.30−16.3)÷(78.00−77.0)=

3. 写出下列间接测量量的不确定度传递公式.

（1）$V=\frac{\pi}{4}h(D^2-d^2)$　　　　（2）$\rho=\frac{m}{m-m_1}\rho_0$

（3）$g=4\pi^2\frac{l}{T^2}$　　　　（4）$N=x+\frac{1}{2}y^3$

4. 改正下列错误，正确表达测量结果.

（1）m=(31 690±200) kg

（2）d=(10.430±0.3) cm

（3）h=(18.547 6±0.312 3) cm

（4）D=(18.652±1.4) cm

5. 实验测得铅球的直径 d=(4.00±0.03) cm，质量 m=(382.34±0.05) g.求铅球的密度 ρ，用不确定度表示 ρ 的测量结果.

6. 弹簧在弹性限度内有胡克定律 $F=k\Delta L$，现给弹簧加力 F，测其长度 L 的数据如下表.用逐差法求出每加 10 N 时弹簧的伸长量 ΔL.

F/N	30.00	40.00	50.00	60.00	70.00	80.00	90.00	100.00
L/cm	14.95	16.00	17.05	18.10	19.18	20.20	21.29	22.32

7. 用量程为 15 mA、准确度等级为 1.5 级的电流表测量某恒流源的输出电流 I，电流表表盘共有 60 分度，当指针恰好指在 30 分度线上时，给出测量结果.

第三章

基础性实验

3.1 物体密度的测定

【实验简介】

密度是物质的基本特性之一，它与物质的纯度有关.因此，工业上常通过测定密度来作原料成分的分析和纯度的鉴定.质量测量是最基本的测量，科学实验和生产实践中许多测量都与质量测量有关.测量物体质量的种类很多，大多数是以杠杆原理为基础而设计的，如物理天平、分析天平、精密天平等.密度是常见的物理量，本试验是用物理天平，利用流体静力称衡法测量固体和液体的密度.

【实验目的】

1. 熟练掌握物理天平和比重瓶的使用方法.
2. 学会用流体静力称衡法测定固体和液体的密度.
3. 测定不规则固体材料和液体的密度.

【预习思考题】

1. 密度和温度是否有关？为什么？
2. 物理天平操作步骤是什么？如何尽快地将天平调水平？
3. 在流体静力称衡法测量密度的实验中如何测量体积？本实验可以给你什么启发？

【实验仪器】

物理天平，不规则的固体，小块固体，无水乙醇，烧杯，细线，砝码.

【实验原理】

1. 流体静力称衡法

物体的密度是指单位体积内含该物质的质量，用数学式表示为

$$\rho=\frac{m}{V} \tag{3.1.1}$$

式中 ρ 表示物体的密度，m 表示物体的质量，V 表示物体的体积，可见，测出 m 和 V 便可算出物体的密度.

对于形状不规则的固体和液体，无法直接测量体积，但可借助于流体静力称衡法间接地测量其体积，方法如下：将不规则物体分别放在空气中和水中进行称衡，称得质量分别为 m 和 m_1，按照阿基米德原理，该物体在水中所受浮力等于它所排开的同体积液体的重量，即

$$mg-m_1g=\rho_0Vg$$

式中 g 为重力加速度，ρ_0 表示水的密度，通常为已知参量，因此待测物体的体积为

$$V=\frac{m-m_1}{\rho_0} \tag{3.1.2}$$

将(3.1.2)式代入(3.1.1)式，即得待测物体的密度

$$\rho=\frac{m\rho_0}{m-m_1} \tag{3.1.3}$$

若将上述物体放入待测密度的液体中称衡，天平的读数为 m_2，根据阿基米德原理，它所排开待测液体的质量

$$m-m_2=\rho V \tag{3.1.4}$$

由(3.1.2)式和(3.1.4)式得到待测液体的密度

$$\rho=\rho_0\frac{m-m_2}{m-m_1} \tag{3.1.5}$$

2. 比重瓶法

比重瓶是测量液体和小块固体密度的常用仪器，如图 3.1.1 所示.在比重瓶中注满液体后，当用中间有毛细管的塞子塞住时，多余的液体从毛细管溢出，这样瓶内盛有的液体的体积就是固定的.

若要测量液体的密度，可先称出比重瓶的质量 m_0.然后再分两次将温度相同的(温室下)待测液体和纯水注满比重瓶，称出纯水和比重瓶的总质量 m_1 以及待测液体和比重瓶的总质量 m_2，于是，同体积的纯水和待测液体的质量分别为 m_1-m_0 与 m_2-m_0，通过计算可得待测液体的密度为

$$\rho=\rho_0\frac{m_2-m_0}{m_1-m_0} \tag{3.1.6}$$

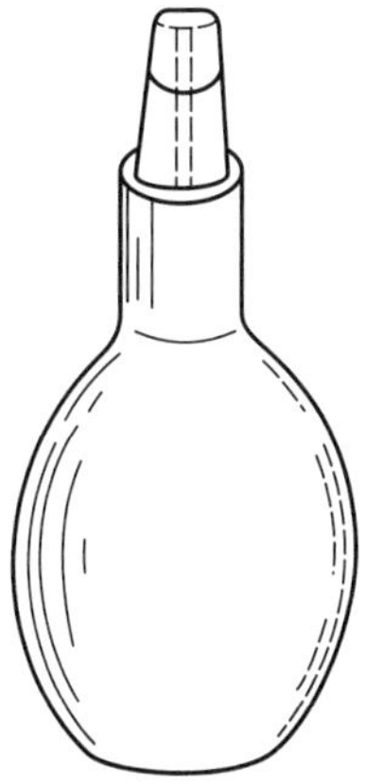

图 3.1.1

若用比重瓶测量不溶于水的小块固体(其大小应保证能放入比重瓶内)的密度 ρ，可依次称出一小块固体的质量 m_3，盛满纯水后比重瓶和纯水的总质量 m_1，以及装满纯水的瓶内投入小块固体后的总质量 m_4，显然，被小块固体排出比重瓶的水的质量是 $m_1+m_3-m_4$.排除水的体积就是质量为 m_3 的小块固体的体积，所以，小块固体的密度为

$$\rho=\rho_0\frac{m_3}{m_1+m_3-m_4} \tag{3.1.7}$$

【实验内容与步骤】

1. 用流体静力称衡法测量不规则固体的密度

1.1 按照天平的调整使用方法将天平底座调至水平，并调好天平零点.

1.2 取一无规则形状的金属测件，用天平称出质量 m.

1.3　按图 3.1.2 所示将盛有大半杯水的烧杯放在天平托架上，用细线系住不规则的测件，挂在天平的挂钩上，并让测件全部浸没在水中（注意：不要让物体接触杯壁，不允许测件表面附有气泡），称出测件在水中的质量 m_1.

1.4　用温度计测出烧杯中水的温度，在附录中查出该温度下水的密度 ρ，利用（3.1.3）式计算测件的密度 ρ，并计算其不确定度，把数据记录于表 3.1.1 中.

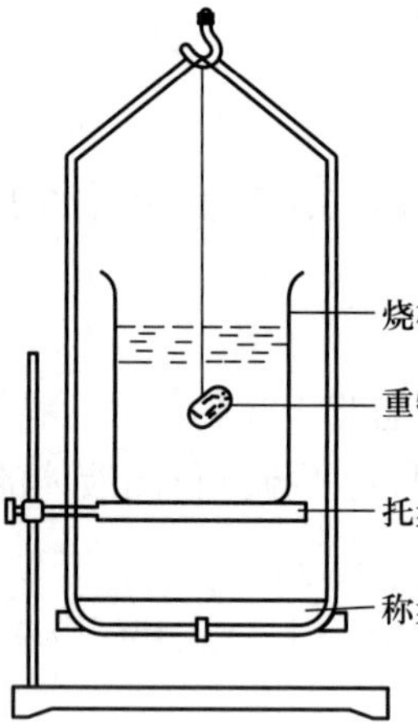

图 3.1.2

2. 用比重瓶法测定小块固体的密度

2.1　将比重瓶装满水，塞上塞子，擦去溢出的水（注意：瓶内不准有残留的水泡），这时水面恰好达到毛细管顶部，用物理天平测出比重瓶和纯水的总质量 m_1.

2.2　将小块固体洗净并烘干，然后称出其质量 m_3.

2.3　将小块固体投入盛有纯水的比重瓶内，称出比重瓶及瓶内的水和小块固体的总质量 m_4.

2.4　由（3.1.7）式算出固体的密度，把数据记录于表 3.1.2 中.

3. 用比重瓶法测无水乙醇的密度

3.1　洗净并烘干比重瓶（注意瓶内外都要干燥），称出其质量 m_0.

3.2　称出比重瓶盛满纯水的质量 m_1.

3.3　拭净并烘干比重瓶，再装满无水乙醇，测出无水乙醇和比重瓶的总质量 m_2.

3.4　由（3.1.6）式计算无水乙醇的密度，把数据记录于表 3.1.3 中.

【注意事项】

1. 天平调整时，要注意底座和横梁都要调平.
2. 比重瓶要保持干燥.
3. 用烧杯测量时要放在托架上，悬挂物不能触及烧杯边缘和底部.

【数据记录与处理】

表 3.1.1　不规则金属块密度的测量

$\Delta_{仪}$ =＿＿＿＿＿ g；t =＿＿＿＿＿℃

测件质量 m/g	测件在水中的质量 m_1/g	水密度 ρ_0（g/cm^3）

$$\bar{\rho}=\frac{m}{m-m_1}\rho_0=$$

$$E=\frac{\Delta_\rho}{\bar{\rho}}=\left[\left(\frac{1}{m}-\frac{1}{m-m_1}\right)^2\Delta_m^2+\left(\frac{\Delta_{m_1}}{m-m_1}\right)^2+\left(\frac{\Delta_{\rho_0}}{\rho_0}\right)^2\right]^{\frac{1}{2}}=$$

$$\left[\left(\frac{1}{m}-\frac{1}{m-m_1}\right)^2\Delta_{仪}^2+\left(\frac{\Delta_{仪}^2}{m-m_1}\right)^2\right]^{\frac{1}{2}}=$$

$\Delta_\rho=E\cdot\bar{\rho}=$

$\rho=\bar{\rho}\pm\Delta_\rho=$

表 3.1.2 小块固体密度的测量

$\Delta_{仪}$=__________ g；t=__________℃

小块固体的质量 m_1/g	比重瓶和纯水的总质量 m_3/g	装满纯水的瓶加入小块固体的质量 m_4/g	纯水密度 ρ_0/(g·cm^{-3})

$$\bar{\rho}=\rho_0\frac{m_3}{m_1+m_3-m_4}$$

$$E=\left[\left(\frac{1}{m_3}-\frac{1}{m_1+m_3-m_4}\right)^2\Delta_{m_3}^2+\left(\frac{\Delta_{m_1}}{m_1+m_3-m_4}\right)^2+\left(\frac{\Delta_{m_4}}{m_1+m_3-m_4}\right)^2+\left(\frac{\Delta_{\rho_0}}{\rho_0}\right)^2\right]^{\frac{1}{2}}=$$

$\Delta_\rho=E\cdot\bar{\rho}=$

$\rho=\bar{\rho}\pm\Delta_\rho=$

表 3.1.3 无水乙醇密度的测量

$\Delta_{仪}$=__________ g；t=__________℃

比重瓶的质量 m_0/g	比重瓶盛满纯水的质量 m_1/g	比重瓶盛满无水乙醇的质量 m_2/g	纯水密度 ρ_0/(g·cm^{-3})

$$\bar{\rho}=\rho_0\frac{m_2-m_0}{m_1-m_0}=$$

$$E=\left[\left(\frac{1}{m_2-m_0}-\frac{1}{m_1-m_0}\right)^2\Delta_{m_0}^2+\left(\frac{\Delta_{m_2}}{m_2-m_0}\right)^2+\left(\frac{\Delta_{m_1}}{m_1-m_0}\right)^2+\left(\frac{\Delta_{\rho_0}}{\rho_0}\right)^2\right]^{\frac{1}{2}}=$$

$\Delta_\rho=E\cdot\bar{\rho}=$

$\rho=\bar{\rho}\pm\Delta_\rho=$

【思考题】

1. 给你一支弹簧测力器、烧杯、水和细线，能否测出铜块的密度？怎样测？

2. 给你一个密度小于水的密度的不规则固体,你能否利用流体静力称衡法测出它的密度.

3. 利用流体静力称衡法测量固体密度,如果在水中称衡物体时,它表面附有气泡,测得的物体密度的数值是大于真值还是小于真值?为什么?

4. 假设待测固体能溶于水,但不溶于某液体 A,现欲用比重瓶法测定该固体的密度,试写出测量的原理及大致的实验步骤.

3.2　钢丝杨氏模量的测定

3.2.1　静态拉伸法测量金属的杨氏模量

【实验简介】

材料受外力作用时必然发生形变,杨氏模量是反映固体材料弹性形变的重要物理量,在一般工程设计中是一个常用参量,是选定机械构件材料的重要依据之一.常用金属材料杨氏模量的数量级为 $10^{11}\ \mathrm{N\cdot m^{-2}}$.

本实验采用静态拉伸法测定钢丝的杨氏模量,实验中涉及较多长度量的测量,应根据不同测量对象,选择不同的测量仪器.其中钢丝长度的改变量很小,用一般测量长度的工具不易精确测量,也难保证其精度要求,本实验采用光杠杆放大法测量微小长度变化,它的特点是直观、简便、精度高.

【实验目的】

1. 了解静态拉伸法测杨氏模量的方法.
2. 掌握光杠杆放大法测微小长度变化的原理和方法.
3. 学会用逐差法处理数据.

【预习思考题】

1. 什么是杨氏模量?拉伸法测金属丝的杨氏模量需要测量哪些量?各个量分别用什么仪器来测量?
2. 如何利用光杠杆放大法测金属丝的微小伸长量?
3. 如何调节望远镜?望远镜读数时要消除视差,什么是视差?产生视差的原因及如何消除视差?
4. 千分尺如何读数?使用时应注意哪些问题?
5. 如何利用逐差法求变化量?逐差法求变化量的使用条件是什么?

【实验仪器】

杨氏模量拉伸仪,新型光杠杆系统(光杠杆、辅助反射镜、望远镜),千分尺,钢卷尺.

【实验原理】

1. 杨氏模量

给物体施以力的作用，物体将发生形变，在弹性限度范围内，应变与应力的大小成正比，其比例系数的倒数即为杨氏模量，又称弹性模量.

以金属丝为例，设长度为 L、横截面积为 S 的钢丝，在外力 F 的作用下，金属丝伸长量为 ΔL，在弹性限度范围内，则有

$$\frac{\Delta L}{L}=\frac{1}{E}\cdot\frac{F}{S}$$

其中 E 即为金属丝的杨氏模量，其单位为 $\mathrm{N\cdot m^{-2}}$，它仅与材料的性质有关，变化上式得

$$E=\frac{F/S}{\Delta L/L} \tag{3.2.1.1}$$

由上式可知，测出等号右边各个量后，便可以计算出杨氏模量.F、S 和 L 都比较容易测得，外力 F 选用砝码，钢丝长 L(一般 1 m 以上)先用普通米尺，金属丝的横截面积 S(通过测其直径测得)选用千分尺。唯有伸长量 ΔL 的值很小，很难用普通测量长度的仪器将其测准，为此，本实验采用一种测量微小长度的方法——光杠杆放大法测量微小伸长量 ΔL.

2. 光杠杆放大法测量微小伸长量 ΔL

光杠杆放大法是利用光杠杆放大装置将微小长度的变化放大为望远镜中标尺读数的变化来进行测量的.光杠杆放大装置如图 3.2.1.1(a)所示，由光杠杆、标尺、辅助反射镜和望远镜组成。光杠杆结构如图 3.2.1.1(b)所示，在三角形铁板的三个角上，各有一个尖头螺钉 a、b、c，呈等腰三角形，测量标尺在光杠杆反射镜的侧面并与反射镜在同一平面上.测量时两个前足尖 b、c 放在杨氏模量拉伸仪固定平台上的两个圆孔内，后足尖 a 则放在随待测金属丝伸长的测量端面上。当金属丝受力后，产生微小伸长，后足尖便随测量端面一起作微小移动，并使光杠杆绕前面两足尖连线转动一微小角度，从而带动光杠杆反射镜转动相应的微小角度，这样标尺的像在光杠杆反射镜和辅助反射镜之间反射，便把这一微小角位移放大成较大的线位移.

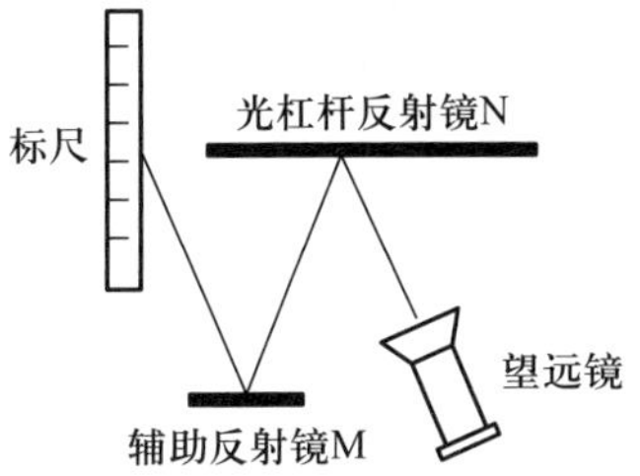

(a)

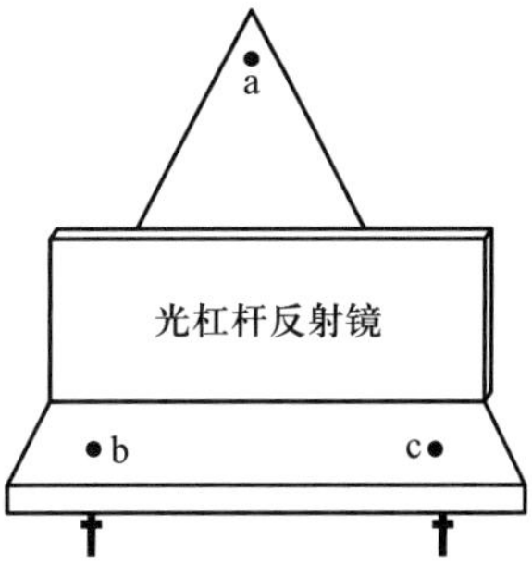

(b)

图 3.2.1.1

光杠杆放大法测微小长度变化的原理如图 3.2.1.2 所示，光杠杆的后足放在随金属丝伸长的平台上，光杠杆反射镜、辅助反射镜竖直，让望远镜水平正对光杠杆反射镜，这时可以从望远镜中看到标尺读数 n_0 的像与望远镜中叉丝重合，当金属丝长度变化 ΔL 后，光杠杆的后足将随着金属丝长度的变化而升降 ΔL，光杠杆反射镜将绕前面两足的连线转过一角度 α，根据反射定律，光杠杆镜面旋转 α，反射光线旋转 2α，被辅助反射镜再次反射，光线旋转 4α 射向标尺刻度 n_1，根据光路可逆性，这时从望远镜中看到的标尺读数为 n_1，因为 ΔL 很小，且 $\Delta L \ll b$，α 也很小，D 是辅助反射镜到标尺的水平距离，由图可知

$$\frac{\Delta L}{b}=\tan\alpha\approx\alpha$$

因 $n_1-n_0 \ll D$，故有

$$\frac{n_1-n_0}{2D}=\tan 2\alpha\approx 2\alpha$$

联立两式，消去 α，有

$$\frac{2\Delta L}{b}=\frac{n_1-n_0}{2D}$$

若 $\Delta n=n_1-n_0$，则有

$$\Delta L=\frac{b}{4D}\Delta n \tag{3.2.1.2}$$

上式 b 为光杠杆前足 a 到后两足 b、c 连线的垂直距离；D 是辅助反射镜到标尺的水平距离；Δn 是望远镜中标尺读数的变化量.

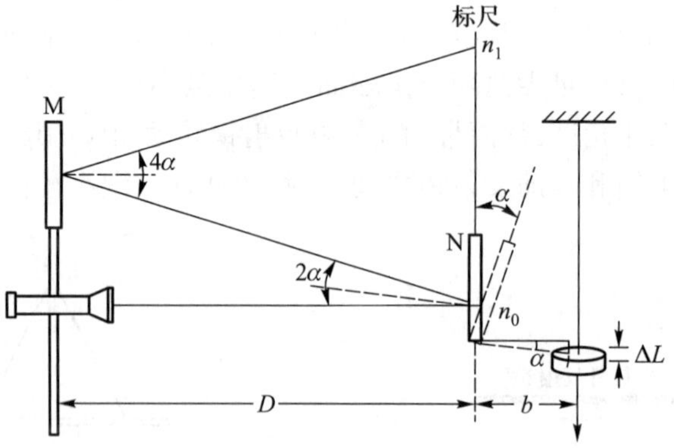

图 3.2.1.2

将金属丝横截面积 $S=\frac{\pi}{4}d^2$ 和(3.2.1.2)式代入(3.2.1.1)式，即可得到待测金属丝的杨氏模量公式为

$$E=\frac{16FLD}{\pi d^2 b\Delta n} \qquad (3.2.1.3)$$

3. 杨氏模量测定仪

杨氏模量测定仪由数显液压加力杨氏模量拉伸仪和新型光杠杆放大装置组成，如图 3.2.1.3 所示.

数显液压加力杨氏模量拉伸仪如图 3.2.1.4 所示，金属丝上下两端用钻头夹具夹紧，上端固定于双立柱的横梁上，下端钻头卡的连接拉杆穿过固定平台中间的套孔与拉力传感器相连.加力装置施力给传感器，从而拉伸金属丝.加力大小由液压调节阀改变，所施力大小由电子数字显示系统显示在液晶显示屏上.

图 3.2.1.3

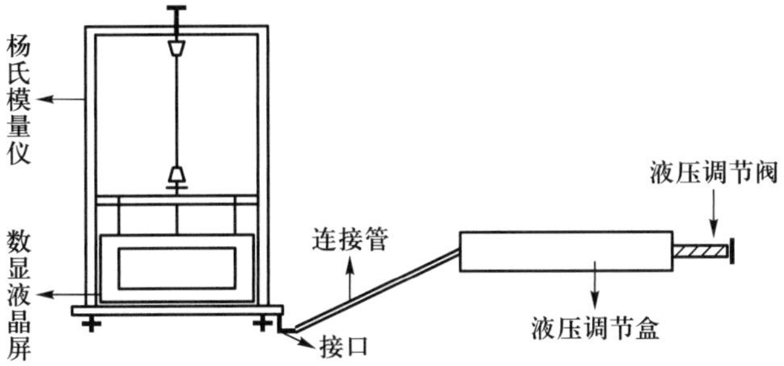

图 3.2.1.4

【实验内容与步骤】

用拉伸法测钢丝的杨氏模量

1.1 调整杨氏模量拉伸仪

调节杨氏模量拉伸仪的底脚调整螺钉直至水准仪水泡居中，此时立柱竖直，平台水平.调节金属丝测量端面的上下位置，使测量端面与平台上两个圆孔在同一水平面上(为什么?).

连接液压连接管接口(一般实验室已经连接好)，使液压调节螺杆沿减力方向调至“零位”(注意:顺时针转动螺杆为加力方向，反时针转动为减力方向).

1.2 调整光杠杆系统

光杠杆后两足置于平台上对应的圆孔内，前足置于金属丝的测量端面上，让光杠杆反射镜面竖直，望远镜、辅助反射镜安放在光杠杆正前方约 1 m 处，并尽量使望远镜水平并与光杠杆镜面同高，辅助反射镜与光杠杆镜面基本平行.

调节望远镜(移动或转动望远镜支架)使得从望远镜上方沿镜筒轴线方向在

光杠杆反射镜中能看到标尺的像,调节望远镜的目镜,看清镜筒内的三条基准线,调节望远镜的调焦旋钮,使标尺的像清晰并无视差.

仔细调节光杠杆,使与望远镜同高的标尺刻度像与中间基准线重合.(为什么?)

1.3　测量 Δn

按下数显测力秤的“开/关”键,待显示器出现“0.000”后,用液压螺杆加力,从10 kg(对应98 N)开始,每间隔1 kg记录不同力作用下标尺读数 n_i'(共10次),隔数分钟后,连续减载,每减少1 kg记录不同力作用下标尺读数 n_i'',两次读数的平均值即为不同力作用下标尺的读数 n_i,用逐差法求 Δn.

观测完毕应将液压调节螺杆旋至最外,使测力秤指示“0.000”附近后,再关掉测力秤“电源”.

注意:由于存在弛豫时间,一定要等数显拉力值完全稳定后才能记录标尺读数;测量时应随时注意检查和判断测量数据的合理性.

1.4　测 L、D

用钢卷尺测量光杠杆镜面到辅助反射镜间的距离 D 和上下两夹具之间钢丝的长度 L.

1.5　测 b

用印迹法(即将光杠杆拿下放在纸上压出三个脚尖的迹点)测出光杠杆前足到后两足连线的垂直距离 b.

1.6　测 d

用螺旋测微计测量钢丝的直径 d,选择上中下三处,每处都要在互相垂直方向上各测一次,共6次,计算 $\overline{d}$.

1.7　求得结果

计算钢丝的杨氏模量,并求其不确定度,正确表示测量结果.

【注意事项】

1. 光杠杆系统一旦调好后,实验过程中不可再动.
2. 钢丝受力不能超过其弹性限度范围,本实验加力不要大于300N.
3. 实验结束应将拉力卸载至零.
4. 测量各长度量时,应先测量 Δn,再测量 D、L、b.

【数据记录与处理】

1. 单次测量量

$F=F_{测}\pm\Delta_F=$__________;$L=L_{测}\pm\Delta_L=$__________;$D=D_{测}\pm\Delta_D=$__________;

$b=b_{测}\pm\Delta_b=$__________.

2. 钢丝直径 d 的测量

仪器零点误差 $d_0=$__________;千分尺仪器误差 $\Delta_{仪}=$__________;

次数	1	2	3	4	5	6
d_i'/mm						
$d_i=d_i'-d_0$/mm						
$\Delta d_i=d_i-\bar{d}$/mm						

$$\bar{d}=\frac{1}{6}\sum_{i=1}^{6}d_i=\_\_\_\_\_\_\_\_\_\_;$$

$$\Delta_{dA}=\frac{t_{0.95}}{\sqrt{6}}\sqrt{\frac{\sum_{i=1}^{6}(d_i-\bar{d})^2}{6-1}}=\_\_\_\_\_\_\_\_\_\_;\quad \Delta_{dB}=\Delta_{仪}=\_\_\_\_\_\_\_\_\_\_;$$

$$\Delta_d=\sqrt{\Delta_{dA}^2+\Delta_{dB}^2}=\_\_\_\_\_\_\_\_\_\_;$$

$$d=\bar{d}\pm\Delta_d=\_\_\_\_\_\_\_\_\_\_.$$

3. 望远镜中标尺读数变化量 Δn 的测量

次数 i	1	2	3	4	5	6	7	8	9	10
(拉力)砝码质量/kg	10.0	11.0	12.0	13.0	14.0	15.0	16.0	17.0	18.0	19.0
F_i/N	98.0	107.8	117.6	127.4	137.2	147	156.8	166.6	176.4	186.2
n_i'/cm										
n_i''/cm										
$n_i=\frac{n_i'+n_i''}{2}$/cm										

$$\Delta n_1=\frac{n_6-n_1}{5}=\_\_\_\_\_\_\_\_\_\_;\Delta n_2=\frac{n_7-n_2}{5}=\_\_\_\_\_\_\_\_\_\_;\Delta n_3=\frac{n_8-n_3}{5}=\_\_\_\_\_\_\_\_\_\_;$$

$$\Delta n_4=\frac{n_9-n_4}{5}=\_\_\_\_\_\_\_\_\_\_;\Delta n_5=\frac{n_{10}-n_5}{5}=\_\_\_\_\_\_\_\_\_\_;$$

$$\overline{\Delta n}=\frac{1}{5}\sum_{i=1}^{5}\Delta n_i=\_\_\_\_\_\_\_\_\_\_;$$

$$\Delta_{\Delta nA}=\frac{t_{0.95}}{\sqrt{5}}\sqrt{\frac{\sum_{i=1}^{5}(\Delta n_i-\overline{\Delta n})^2}{5-1}}=\_\_\_\_\_\_\_\_\_\_;\Delta_{\Delta nB}=\Delta_{仪}=\_\_\_\_\_\_\_\_\_\_;$$

$$\Delta_{\Delta n}=\sqrt{\Delta_{\Delta nA}^2+\Delta_{\Delta nB}^2}=\_\_\_\_\_\_\_\_\_\_;$$

$$\Delta n=\overline{\Delta n}\pm\Delta_{\Delta n}=\_\_\_\_\_\_\_\_\_\_;$$

$$E=\frac{16FLD}{\pi\bar{d}^2b\,\overline{\Delta n}}=\_\_\_\_\_\_\_\_\_\_;$$

$$\frac{\Delta_E}{E}=\sqrt{\left(\frac{\Delta_F}{F}\right)^2+\left(\frac{\Delta_L}{L}\right)^2+\left(\frac{\Delta_D}{D}\right)^2+4\left(\frac{\Delta_d}{d}\right)^2+\left(\frac{\Delta_b}{b}\right)^2+\left(\frac{\Delta_{\Delta n}}{\Delta n}\right)^2}=\_\_\_\_\_\_\_\_\_\_;$$

$$\Delta_E=E\cdot\frac{\Delta_E}{E}=\_\_\_\_\_\_\_\_\_\_;$$

$$E=E\pm\Delta_E=\_\_\_\_\_\_\_\_\_\_.$$

【思考题】

1. 材料相同、粗细不同的两根钢丝,其杨氏模量是否相同?

2. 实验中各长度量采用了不同的长度测量仪器进行测量,选择它们的依据是什么?

3. 本实验如果从望远镜中看不到标尺的像,应从哪些方面进行调节?标尺像上下清晰度不同应如何调节?

4. 根据所测数据,能否用作图法或最小二乘法求钢丝的杨氏模量?若能,试简述之.

3.2.2 动态悬挂法测量金属的杨氏模量

【实验简介】

杨氏模量是工程材料的一个重要物理参量,它标志着材料抵抗弹性形变的能力,是选定机械构件材料的重要依据之一.常用金属材料的杨氏模量的数量级为 $10^{11}\ \mathrm{N\cdot m^{-2}}$.杨氏模量的测量方法按国标是“动态悬挂法”. 所谓“动态悬挂法”就是使测试棒(如铜棒、钢棒)产生弯曲振动,并使其达到共振,通过共振测量出该种材料的杨氏模量.

【实验目的】

1. 学习用动态悬挂法测定金属材料的杨氏模量.

2. 进一步了解信号发生器和示波器的使用方法,培养学生综合运用物理实验仪器的能力.

3. 学会用外延法测量与处理数据.

【预习思考题】

1. 什么是杨氏模量?常用的测量方法有哪些?

2. 采用什么仪器测量试样的长度、直径、质量?

【实验仪器】

动态杨氏模量测试仪 1 台，信号发生器（含频率计、信号放大器）1 台，示波器一台，游标卡尺和螺旋测微器各一个，天平 1 台，待测试样铜棒和不锈钢棒各一根.

【实验原理】

1. 杨氏弹性模量

给物体施以力的作用，物体将发生形变，在弹性限度范围内，应变与应力的大小成正比，其比例系数的倒数即为杨氏模量，又称弹性模量.

以金属丝为例，设长度为 L、横截面积为 S 的钢丝，在外力 F 的作用下，金属丝伸长量为 ΔL，在弹性限度范围内，则有

$$\frac{\Delta L}{L}=\frac{1}{E}\cdot\frac{F}{S} \tag{3.2.2.1}$$

其中 E 即为金属丝的杨氏模量，其单位为 $\mathrm{N\cdot m^{-2}}$，它仅与材料的性质有关，变化上式得

$$E=\frac{F/S}{\Delta L/L} \tag{3.2.2.2}$$

杨氏模量数值的大小跟材料的结构、化学成分和加工制造方法有关，其常用的测量方法可分为静态法与动态法两类.

静态拉伸法一般在万能机上进行.这种方法荷载大，加载速度慢，存在弛豫过程，因此不能真实地反映材料内部结构的变化，并且不适宜测量脆性材料，也不能测量材料在不同的温度下的杨氏模量.

动态杨氏模量测量方法能准确反映材料在微小形变时的物理性能，测得值精确稳定，对脆性材料也能适用，而且在较大的高低温范围内可测量各种材料的杨氏模量.

2. 动态法测杨氏模量

本实验将一根截面均匀的试样棒悬挂在两只传感器（一只振荡，一只拾振）下面，在两端自由的条件下，使其作自由振动.在一定条件下，试样振动的固有频率取决于它的几何形状、尺寸、质量以及它的杨氏模量.

一细长杆做微小横（弯曲）振动时，取杆的一端为坐标原点，沿杆的长度方向为 x 轴建立坐标系，如图 3.2.2.1所示.

利用牛顿力学和材料力学的基本理论可推出杆的振动方程

$$\frac{\partial^2 y}{\partial t^2}+\frac{EJ}{\lambda}\frac{\partial^4 y}{\partial x^4}=0 \tag{3.2.2.3}$$

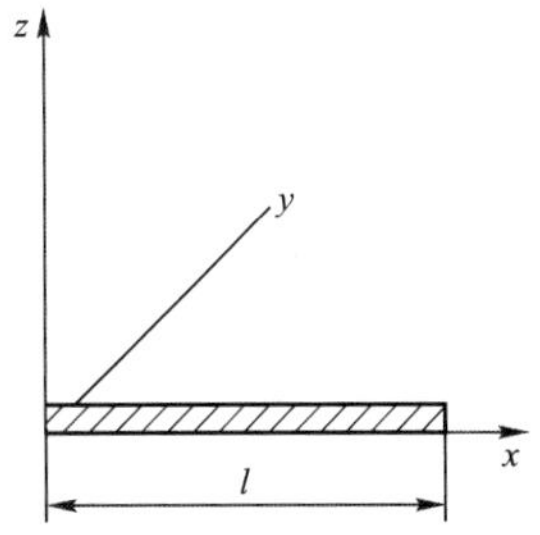

图 3.2.2.1 原理公式推导图

式中 $y(x,t)$ 为杆上任一点 x 在时刻 t 的横向位移；E 为杨氏模量；J 为绕垂直于杆并通过横截面中心的轴的转动惯量；λ 为质量线密度.

对长度为 l，两端自由的杆，边界条件为

弯矩

$$M=EJ\frac{\partial^2 y}{\partial x^2}=0 \tag{3.2.2.4}$$

作用力

$$F=\frac{\partial M}{\partial x}=-EJ\frac{\partial^3 y}{\partial x^3} \tag{3.2.2.5}$$

即 $x=0,l$ 时

$$\frac{\partial^2 y}{\partial x^2}=0,\quad \frac{\partial^3 y}{\partial x^3}=0 \tag{3.2.2.6}$$

求解该方程，对圆形棒（$l\gg d$）得

$$E=1.606\ 7\frac{l^3 m}{d^4}f^2 \tag{3.2.2.7}$$

式中：l 为棒长，d 为棒的直径，m 为棒的质量，f 为试样固有频率（基频）.实验中测得棒的质量、长度、直径及固有频率，即可求得杨氏模量.

试样在作基频振动时，存在 2 个节点，它们的位置距离端面分别是在 $0.224l$ 及 $0.776l$ 处，如图 3.2.2.2 所示.

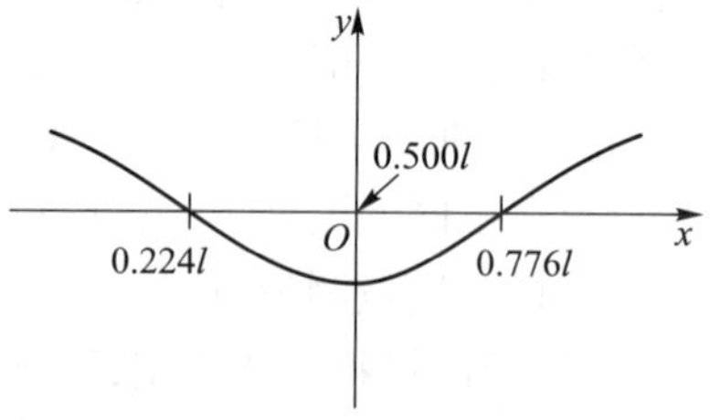

图 3.2.2.2　基频的对称性振动波形

用悬挂法测量杨氏模量时，共振频率和固有频率两者相差极小，故（3.2.2.7）式中的固有频率 f 在数值上可以用试样的共振频率代替.

本实验的基本问题是测量在一定温度下试样的固有频率 f.实验采用如图 3.2.2.3 所示的装置.由信号发生器输出的等幅正弦波信号，加在换能器Ⅰ上.通过换能器把电信号转变成机械振动，再由悬线把机械振动传给试样，使试样作横向振动.试样另一端的悬线，把机械振动传给换能器Ⅱ，这时机械振动又转变成电信号.该信号经放大后送到示波器中显示，而数字频率计则用于测定信号发生器的信号频率.

当信号发生器的频率不等于试样的固有频率时，试样不发生共振，示波器上几乎没有波形或波形很小.当信号发生器的频率等于试样的固有频率时，试样发生共振，示波器的波形突然增大，这时频率计上读出的频率就是试样在该温度下的共振频率 f.将此 f 值代入（3.2.2.7）式，即可计算出该温度下的杨氏模量.

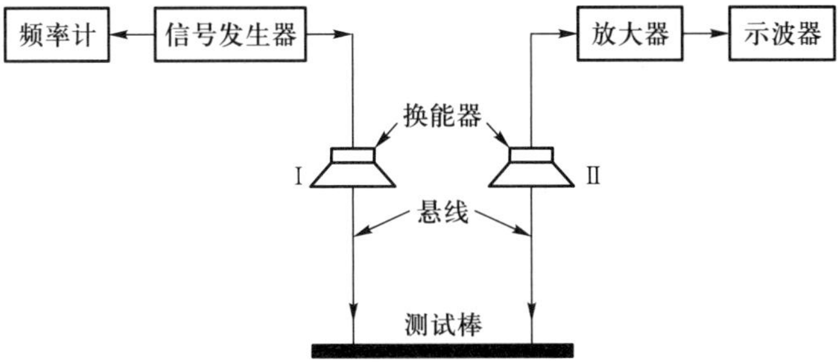

图 3.2.2.3 动态测量杨氏模量装置图

3. 外延法测定试样的共振频率

计算杨氏模量的公式是根据基频的对称性振动波形导出的.从图 3.2.2.2 上可以看出,试样处于基频振动模式时,试样存在两个节点,它们的位置距离一端的端面分别为 $0.224l$ 和 $0.776l$.由于节点处激发和接收均困难,所以悬丝吊扎点必须离开节点.

为避免由于偏离理论上要求的条件引进系统误差,实验上采用作图外延法来测定试样的基频共振频率.依次将两悬线支架同时从距两端 7.5 mm 处开始,每次向内移动 7.5 mm,直至 52.5 mm 处,分别测出相应的共振频率 f_1,共测 6 次.设试样端面至悬丝吊扎点的距离为 x ,以 x/l 为横坐标,共振频率 f 为纵坐标作图,如图 3.2.2.4 所示,由图可确定节点位置的基频共振频率.

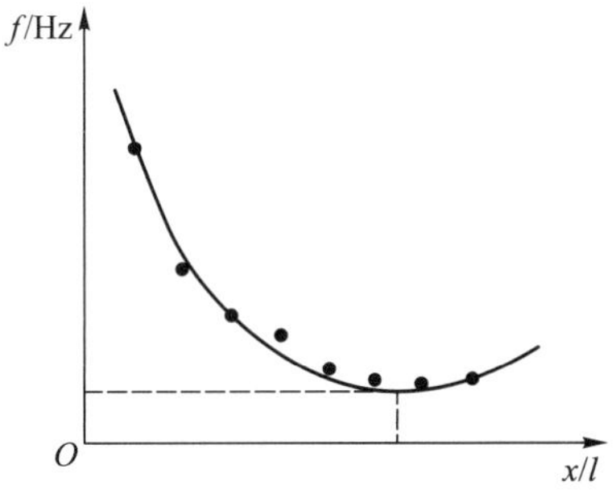

图 3.2.2.4 作图外延法求基频

【实验内容与步骤】

1. 测量待测材料的长度 l,直径 d 和质量 m.
2. 将实验主机与装置连接,如图 3.2.2.5 所示.

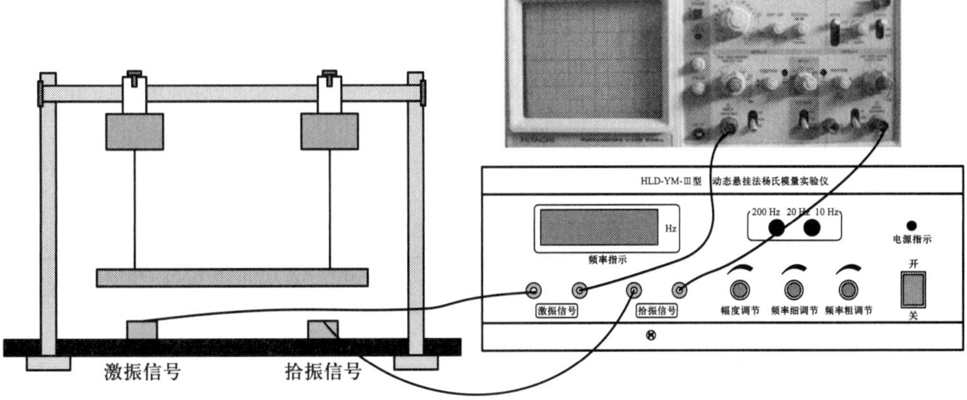

图 3.2.2.5 仪器连接线路图

3. 将待测样品用细线挂在附件上.安装待测样品:将试样棒悬挂于两悬线之上,要求试样棒横向水平,悬线与试样棒轴向垂直,两悬线挂点到试样棒的端点距离相同,并处于静止状态(挂钩不能用劲拉,以免拉坏).

4. 幅度旋钮调到最小,接通电源(预热 10 分钟).

5. 调节幅度旋钮,使波形最大,调整频率粗调旋钮,观察待测材料的共振频率,棒状材料的共振频率值为(800~900 Hz).

6. 调节频率细调旋钮,用示波器观察共振信号,共振信号的最大点就是激振频率点,记下此时的频率值(判别信号频率真假:将带测材料拿起看示波器是否有信号,如果没有则是共振信号,如果有则不是共振信号).

7. 外延法测共振频率f_1:因f_1值随悬线位置不同而略有变化.按照上述方法,依次将两悬线支架同时从距两端 7.5 mm 处开始,每次向内移动 7.5 mm,直至 52.5 mm 处,分别测出相应的共振频率f_1.

8. 状态的建立需要有一个过程,且共振峰十分尖锐,因此在共振点附近调节信号频率时须十分缓慢地进行.

9. 在室温下铜的杨氏模量为 1.05×10^{11} N · m^{-2}.

10. 在室温下不锈钢的杨氏模量为 2.0×10^{11} N · m^{-2}.

11. 将数据填入表 3.2.2.1,表 3.2.2.2 和表 3.2.2.3 中.

【注意事项】

1. 实验中实测的为样品的共振频率,其与样品的固有频率是不同的概念,应注意区别.

2. 悬挂金属棒时要轻拿轻放,注意不要用力拉扯起振器和拾振器的挂钩.

3. 实验前可先通过估算出铜棒和钢棒的共振频率便于找到两者的共振频率.

【实验数据记录与处理】

1. 实验数据:

表 3.2.2.1 单次测量量

	长度 l/mm	质量 m/g
铜棒		

表 3.2.2.2 测量试样直径 d

测量次数	1	2	3	4	5	6	平均值
铜棒直径 d/mm							

表 3.2.2.3　共振频率测量

悬挂点与端点的距离 x/mm	7.5	15.0	22.5	30.0	37.5	45.0	52.5
$\frac{x}{l}$	0.05	0.10	0.15	0.20	0.25	0.30	0.35
共振频率 f/Hz							

2. 数据处理

（1）单次测量不确定度的评定

$m=m_{测}\pm\Delta_m=$__________；$L=L_{测}\pm\Delta_L=$__________.

（2）多次测量不确定度的评定

$$\bar{d}=\frac{1}{6}\sum_{i=1}^{6}d_i=\_\_\_\_\_\_\_\_\_\_;$$

$$\Delta_{dA}=\frac{t_{0.95}}{\sqrt{6}}\sqrt{\frac{\sum_{i=1}^{6}(d_i-\bar{d})^2}{6-1}}=\_\_\_\_\_\_\_\_\_\_;$$

$$\Delta_{dB}=\Delta_{仪}=\_\_\_\_\_\_\_\_\_\_;$$

$$\Delta_d=\sqrt{\Delta_{dA}^2+\Delta_{dB}^2}=\_\_\_\_\_\_\_\_\_\_;$$

$$d=\bar{d}\pm\Delta_{\bar{d}}=\_\_\_\_\_\_\_\_\_\_.$$

（3）杨氏模量不确定度的评定

$$E=1.606\ 7\frac{l^3m}{d^4}f^2=\_\_\_\_\_\_\_\_\_\_;$$

$$\frac{\Delta_E}{E}=\sqrt{9\left(\frac{\Delta_l}{l}\right)^2+\left(\frac{\Delta_m}{m}\right)^2+4\left(\frac{\Delta_f}{f}\right)^2+16\left(\frac{\Delta_d}{d}\right)^2}=\_\_\_\_\_\_\_\_\_\_;$$

$$\Delta_E=E\cdot\frac{\Delta_E}{E}=\_\_\_\_\_\_\_\_\_\_;$$

$$E=E\pm\Delta_E=\_\_\_\_\_\_\_\_\_\_.$$

【思考题】

材料的杨氏模量体现了材料的什么性质？

3.3　受迫振动的研究

【实验简介】

在机械制造和建筑工程等领域中，受迫振动所导致的共振现象引起工程技术人员极大的注意.它既有破坏作用,但也有许多实用价值.众多电声器件是运用共振原理设计制作的.此外,在微观科学研究中,“共振”也是一种重要研究手段,例如利用核磁共振和顺磁共振研究物质结构等.人们通常用受迫振动的振幅-频率特性和相位-频率特性(简称幅频和相频特性)来表征受迫振动性质.

本实验中,采用波尔共振仪定量测定机械受迫振动的幅频特性和相频特性,并利用频闪方法来测定动态的物理量——相位差.

【实验目的】

1. 研究波尔共振仪中弹性摆轮受迫振动的幅频特性和相频特性.
2. 研究不同阻尼力矩对受迫振动的影响,观察共振现象.
3. 学习用频闪法测定运动物体的相位差.

【预习思考题】

1. 受迫振动的振幅和相位差与哪些因素有关?
2. 实验中采用什么方法来改变阻尼力矩的大小? 它利用了什么原理?
3. 实验中是怎么利用频闪原理来测定相位差 Φ 的?

【实验仪器】

BG-2 型波尔共振仪(详见本节附录的仪器介绍).

【实验原理】

物体在周期性外力的持续作用下发生的振动称为受迫振动,这种周期性的外力称为强迫力.如果外力是按简谐振动规律变化,那么稳定状态时的受迫振动也是简谐振动.此时,振幅保持恒定,振幅的大小与强迫力的频率和原振动系统无阻尼时的固有振动频率以及阻尼系数有关.在受迫振动状态下,系统除了受到强迫力的作用外,同时还受到回复力和阻尼力的作用,所以在稳定状态时物体的位移、速度的变化与强迫力的变化不是同相位的,存在一个相位差.当强迫力频率与系统的固有频率相同时产生共振,此时振幅最大,物体的位移、速度的变化与强迫力的变化的相位差为 90°.表征受迫振动性质是受迫振动的振幅-频率特性和相位-频率特性,简称幅频和相频特性.

本实验采用摆轮在弹性力矩作用下自由摆动,在电磁阻尼力矩作用下作受迫振动来研究受迫振动特性,可直观地显示机械振动中的一些物理现象.

实验所使用的波尔共振仪的外型结构见本节附录的仪器介绍.当摆轮受到周期性强迫外力矩 $M=M_0\cos\omega t$ 的作用,并在有空气阻尼和电磁阻尼的条件下运动时$\left(\text{阻尼力矩为}-b\dfrac{\mathrm{d}\theta}{\mathrm{d}t}\right)$,其运动方程为

$$J\frac{\mathrm{d}^2\theta}{\mathrm{d}t^2}=-k\theta-b\frac{\mathrm{d}\theta}{\mathrm{d}t}+M_0\cos\omega t \tag{3.3.1}$$

式中,J 为摆轮的转动惯量,$-k\theta$ 为弹性力矩,M_0 为强迫力矩的幅值,ω 为强迫力的角频率.令

$$\omega_0^2=\frac{k}{J},\quad 2\beta=\frac{b}{J},\quad m=\frac{M_0}{J}$$

则(3.3.1)式变为

$$\frac{d^2\theta}{dt^2}+2\beta\frac{d\theta}{dt}+\omega_0^2\theta=m\cos\omega t \tag{3.3.2}$$

当 $m\cos\omega t=0$ 时,(3.3.2)式即为阻尼振动方程.

当 $\beta=0$,即在无阻尼情况时(3.3.1)式变为简谐振动方程,ω_0 即为系统的固有频率.(3.3.2)式的解为

$$\theta=\theta_1 e^{-\beta t}\cos(\omega t+\alpha)+\theta_2\cos(\omega t+\varphi) \tag{3.3.3}$$

由(3.3.3)式可见,受迫振动可分成两部分.

第一部分:$\theta_1 e^{-\beta t}\cos(\omega t+\alpha)$ 表示阻尼振动,经过一定时间后衰减消失.

第二部分:说明强迫力矩对摆轮做功,向振动体传送能量,最后达到一个稳定的振动状态.振幅为

$$\theta_2=\frac{m}{\sqrt{(\omega_0^2-\omega^2)+4\beta^2\omega^2}} \tag{3.3.4}$$

它与强迫力矩之间的相位差 φ 为

$$\varphi=\arctan\frac{-2\beta\omega}{\omega_0^2-\omega^2} \tag{3.3.5}$$

由(3.3.4)式和(3.3.5)式可看出,振幅 θ_2 与相位差 φ 的数值取决于强迫力矩 m、频率 ω、系统的固有频率 ω_0 和阻尼系数 β 四个因素,而与振动起始状态无关.

由 $\frac{\partial}{\partial\omega}[(\omega_0^2-\omega^2)+4\beta^2\omega^2]=0$ 极值条件可得出,当强迫力的角频率 $\omega=\sqrt{\omega_0^2-2\beta^2}$ 时,产生共振,振幅 θ_2 有极大值.若共振时角频率和振幅分别用 ω_r、θ_r 表示,则

$$\omega_r=\sqrt{\omega_0^2-2\beta^2} \tag{3.3.6}$$

$$\theta_r=\frac{m}{2\beta\sqrt{\omega_0^2-\beta^2}} \tag{3.3.7}$$

(3.3.6)式和 (3.3.7)式表明,阻尼系数 β 越小,共振时角频率越接近于系统固有频率,振幅 θ_r 也越大.图 3.3.1 和图 3.3.2 表示出在不同 β 时,受迫振动的幅频特性和相频特性.

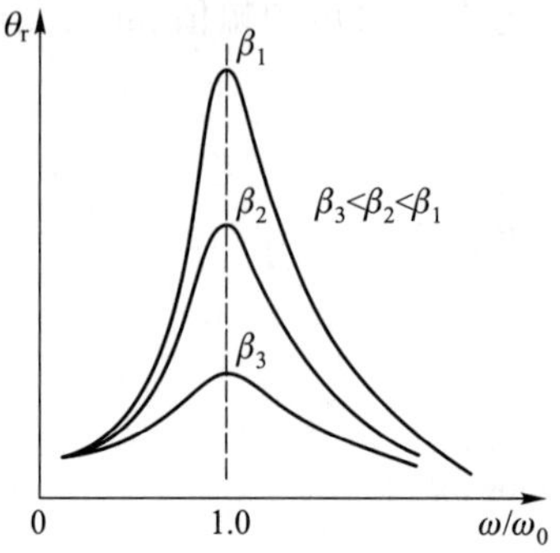

图 3.3.1 不同 β 时受迫振动的幅频特性

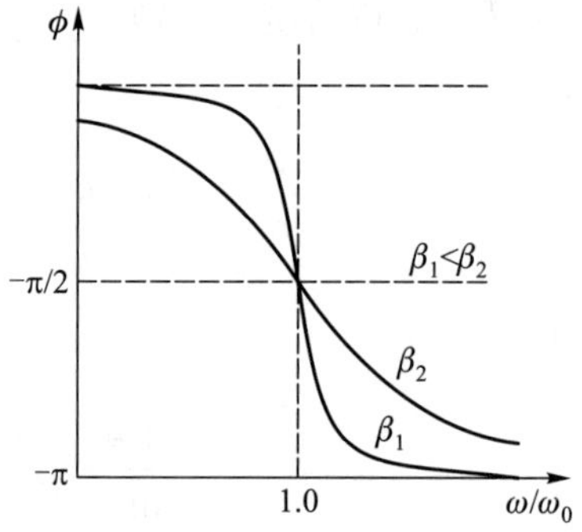

图 3.3.2 不同 β 时受迫振动的相频特性

【实验内容与步骤】

1. 实验准备

按下电源开关后，屏幕上出现欢迎界面，其中 NO.0000X 为电器控制箱与电脑主机相连的编号，过几秒钟后屏幕上显示如图一“按键说明”字样. 符号“◀”为向左移动；“▶”为向右移动；“▲”为向上移动；“▼”为向下移动. 下文中的符号不再重新介绍.

注意：为保证使用安全，三芯电源线须可靠接地.

2. 选择实验方式

根据是否连接电脑选择联网模式或单机模式. 这两种方式下的操作完全相同，故不再重复介绍.

3. 自由振荡——摆轮振幅 θ 与系统固有周期 T_0 的对应值的测量

自由振荡实验的目的，是为了测量摆轮的振幅 θ 与系统固有振动周期 T_0 的关系.

在图一状态按确认键，显示图二所示的实验类型，默认选中项为自由振荡，字体反白为选中，再按确认键显示如图三所示的界面.

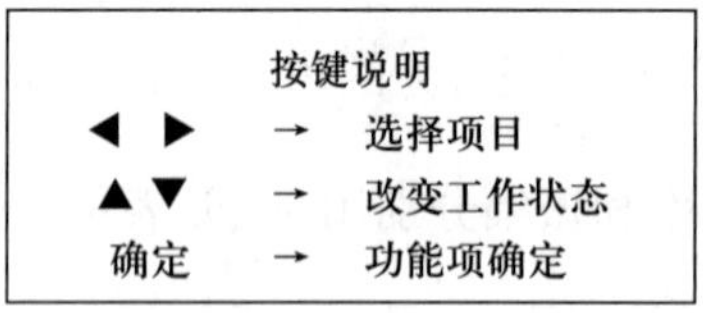

图一

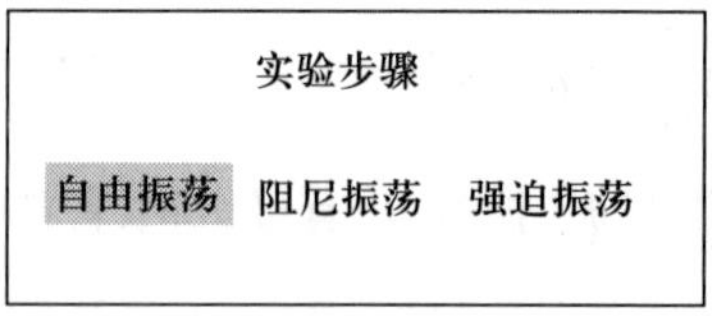

图二

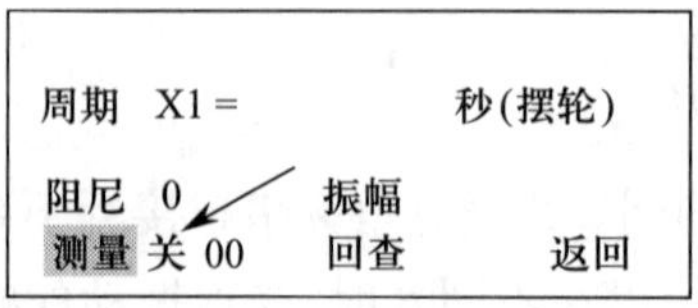

图三

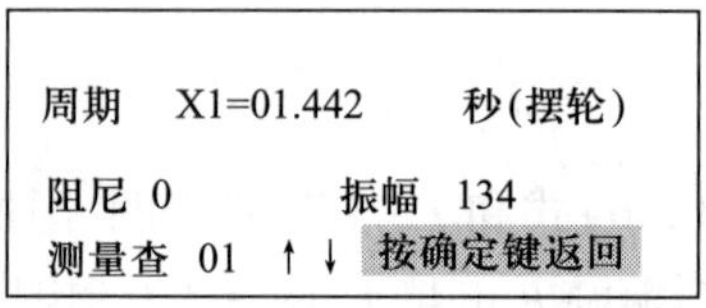

图四

阻尼选择

阻尼 1　　阻尼 2　　阻尼 3

图五

周期 X_0^{10} =　　　　秒(摆轮)

阻尼 2　　　振幅

测量关 00　　回查　　　返回

图六

用手转动摆轮 160°左右,放开手后按“▲”或“▼”键,测量状态由“关”变为“开”,控制箱开始记录实验数据,振幅的有效数值范围为:160°~50°(振幅小于 160°测量开始,小于 50°测量自动关闭).测量显示关时,此时数据已保存.

查询实验数据,可按“◀”或“▶”键,选中回查,再按确认键如图四所示,表示第一次记录的振幅 $\theta_0=134°$,对应的周期 $T=1.442$ s,然后按“▲”或“▼”键查看所有记录的数据,该数据为每次测量振幅相对应的周期数值,回查完毕,按确认键,返回到图三状态.此法可作出振幅 θ 与 T_0 的对应表.该对应表将在稍后的“幅频特性和相频特性”数据处理过程中使用.

若进行多次测量可重复操作,自由振荡完成后,选中返回,按确认键回到前面图二进行其他实验.

因电器控制箱只记录每次摆轮周期变化时所对应的振幅值,因此有时转盘转过光电门几次,测量才记录一次(其间能看到振幅变化).当回查数据时,有的振幅数值被自动剔除了.

4. 测定阻尼系数 β

在图二状态下,根据实验要求,按“▶”键,选中阻尼振荡,按确认键显示如图五的界面.阻尼分三挡,阻尼 1 最小,根据自己实验要求选择阻尼挡,例如选择阻尼 2 挡,按确认键显示如图六.

用手转动摆轮 160°左右,选取 θ_0 在 150°左右,按“▲”或“▼”键,测量由“关”变为“开”并记录数据,仪器记录十组数据后,测量自动关闭,此时振幅大小还在变化,但仪器已经停止记数.

阻尼振荡的回查同自由振荡类似,请参照上面操作.若改变阻尼挡测量,重复刚才的操作步骤即可.

从液显窗口读出摆轮作阻尼振动时的振幅数值 $\theta_1,\theta_2,\theta_3,\cdots,\theta_n$,利用公式

$$\ln\frac{\theta_0 e^{-\beta t}}{\theta_0 e^{-\beta(t+nT)}}=n\beta\overline{T}=\ln\frac{\theta_0}{\theta_n} \tag{3.3.8}$$

求出 β 值,式中 n 为阻尼振动的周期次数,θ_n 为第 n 次振动时的振幅,$\overline{T}$ 为阻尼振动周期的平均值.此值可以测出 10 个摆轮振动周期值,然后取其平均值.一般阻尼系数需测量 2~3 次.

5. 测定受迫振动的幅频特性和相频特性曲线

在进行强迫振荡前必须先作阻尼振荡,否则无法实验.

首先将角度盘指针 F 放在 0°位置,仪器在图二状态下,选中强迫振荡,按确认

键显示:如图七默认状态选中电机.

按"▲"或"▼"键,让电机启动.此时保持周期为1,待摆轮和电机的周期相同,特别是振幅已稳定,变化不大于1后,表明两者已经稳定了(如图八),方可开始测量.

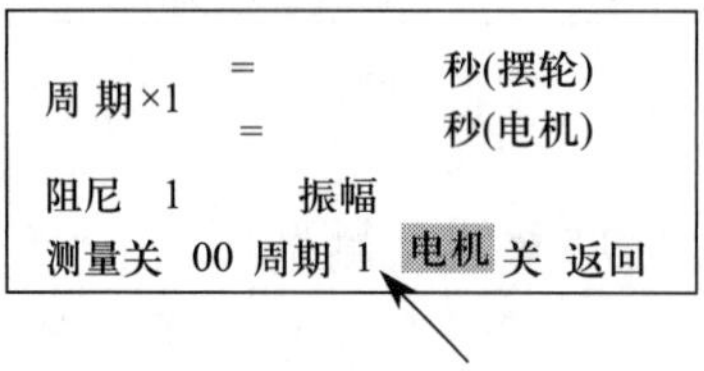

图七

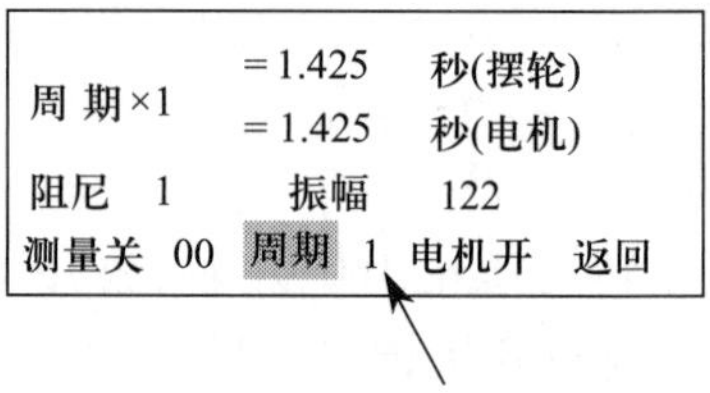

图八

测量前应先选中周期,按"▲"或"▼"键把周期由1(如图七)改为10(如图九),(目的是为了减少误差,若不改周期,测量无法打开).再选中测量,按下"▲"或"▼"键,测量打开并记录数据(如图九).

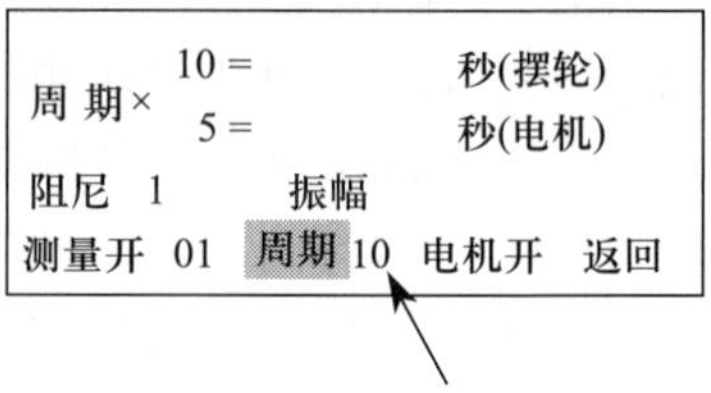

图九

一次测量完成,显示测量关后,读取摆轮的振幅值,并利用闪光灯测定受迫振动位移与强迫力间的相位差.

调节强迫力矩周期电位器,改变电机的转速,即改变强迫外力矩频率 ω,从而改变电机转动周期.电机转速的改变可按照 $\Delta\varphi$ 控制在 10° 左右来定,可进行多次这样的测量.

每次改变了强迫力矩的周期,都需要等待系统稳定,约需两分钟,即返回到图八状态,等待摆轮和电机的周期相同,然后再进行测量.

在共振点附近由于曲线变化较大,因此测量数据相对密集些,此时电机转速极小变化会引起 $\Delta\varphi$ 很大改变.电机转速旋钮上的读数是一参考数值,建议在不同 ω 时都记下此值,以便实验中快速寻找要重新测量时参考.

测量相位时应把闪光灯放在电动机转盘前下方,按下闪光灯按钮,根据频闪现象来测量,仔细观察相位位置.

强迫振荡测量完毕,按"◀"或"▶"键,选中返回,按确定键,重新回到图二状态.

6. 关机

在图二状态下,按住复位按钮保持不动,几秒钟后仪器自动复位,此时所做实验数据全部清除,然后按下电源按钮,结束实验.

7. 记录数据

将数据填入表3.3.1、表3.3.2和表3.3.3中.

【注意事项】

1.强迫振荡实验时,调节仪器面板的强迫力周期旋钮,从而改变不同电机转动周期,该实验必须做10次以上,其中必须包括电机转动周期与自由振荡实验时的自由振荡周期相同的数值.

2. 在做强迫振荡实验时,须待电机与摆轮的周期相同(末位数差异不大于2)即系统稳定后,方可记录实验数据.且每次改变了强迫力矩的周期,都需要重新等待系统稳定.

3. 因为闪光灯的高压电路及强光会干扰光电门采集数据,因此须待一次测量完成,显示测量关后(参看“波尔共振电器控制箱使用方法”中图八),才可使用闪光灯读取相位差.

【数据记录与处理】

1. 摆轮振幅 θ 与系统固有周期 T_0 关系

表 3.3.1 振幅 θ 与固有周期 T_0 关系

振幅 θ/(°)	固有周期 T_0/s	振幅 θ/(°)	固有周期 T_0/s	振幅 θ/(°)	固有周期 T_0/s

2. 阻尼系数 β 计算

表 3.3.2 振幅的数据表

阻尼开关位置为__________,$\overline{T}$=__________ s

振幅 θ/(°)		振幅 θ/(°)		$\ln\frac{\theta_i}{\theta_{i+5}}$
θ_0		θ_5		
θ_1		θ_6		
θ_2		θ_7		
θ_3		θ_8		
θ_4		θ_9		
				平均值

利用(3.3.9)式对所测数据(表 3.3.2)按逐差法处理,求出 β 值.

$$5\beta\overline{T}=\ln\frac{\theta_i}{\theta_{i+5}} \tag{3.3.9}$$

i 为阻尼振动的周期次数,θ_i 为第 i 次振动时的振幅.

3. 幅频特性和相频特性的测量

表 3.3.3　幅频特性和相频特性测量数据记录表

阻尼开关位置__________

强迫力矩 $10T$ 周期/s	振幅 $\theta/(°)$	弹簧对应固有周期 T_0/s	$\varphi_{测}/(°)$	φ 的计算值 $\varphi=\arctan\dfrac{2\beta\omega}{\omega_0^2-\omega^2}$	$\dfrac{\omega}{\omega_0}=\dfrac{T_0}{T}$
		…		…	

【思考题】

1. 从实验结果可得出哪些结论？
2. 为什么在整个实验过程中，阻尼开关位置一旦选定就不能变动？
3. 为什么靠近共振点数据要取得密一些？

【附录】　仪器介绍

波尔共振仪主要由振动仪与电器控制箱两部分组成.

振动仪部分如图 3.3.3 所示，铜质圆形摆轮 A 安装在机架上，弹簧 B 的一端与摆轮 A 的轴相联，另一端可固定在机架支柱上，在弹簧弹性力的作用下，摆轮可绕轴自由往复摆动.在摆轮的外围有一卷槽型缺口，其中一个长凹槽 C 比其他凹槽长出许多.机架上对准长缺口处有一个光电门 H，它与电器控制箱相连接，用来测量摆轮的振幅角度值和摆轮的振动周期.在机架下方有一对带有铁芯的线圈 K，摆轮 A 恰巧嵌在铁芯的空隙，当线圈中通过直流电流后，摆轮受到一个电磁阻尼力的作用.改变电流的大小即可使阻尼大小相应变化.为使摆轮 A 作受迫振动，在电动机轴上装有偏心轮，通过连杆机构 E 带动摆轮，在电动机轴上装有带刻线的有机玻璃转盘 F，它随电机一起转动.由它可以从角度读数盘 G 读出相位差 Φ.调节控制箱上的十圈电机转速调节旋钮，可以精确改变加于电机上的电压，使电机的转速在实验范围（30~45 r/min）内连续可调，由于电路中采用特殊稳速装置，电动机采用惯性很小的带有测速发电机的特种电机，所以转速极为稳定.电机的有机玻璃转盘 F 上装有两个挡光片.在角度读数盘 G 中央上方 90°处也有光电门 I(强迫力矩信号)，并与控制箱相连，以测量强迫力矩的周期.受迫振动时摆轮与外力矩的相位差是利用小型闪光灯来测量的.闪光灯受摆轮信号光电门控制，每当摆轮上长型凹槽 C 通过平衡位置时，光电门 H 接受光，引起闪光，这一现象称为频闪现象.在稳定情况时，由闪光灯照射下可以看到有机玻璃转盘指针好像一直"停在"某一刻度处，所以此数值可方便地直接读出，误差不大于 2°.闪光灯放置位置如图 3.3.3 所示搁置在底座上，切勿拿在手中直接照射刻度盘.

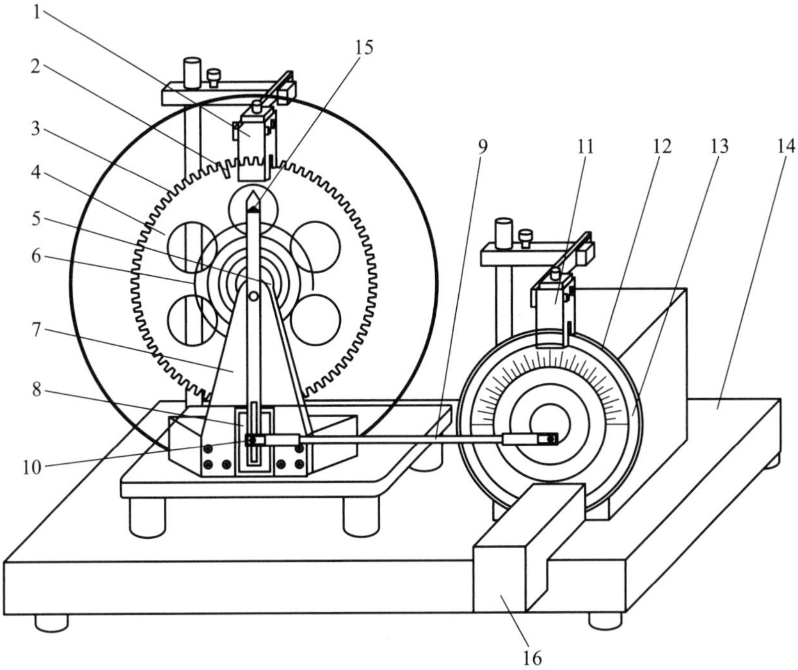

图 3.3.3　波尔振动仪

1—光电门 H；2—长凹槽 C；3—短凹槽 D；4—铜质摆轮 A；5—摇杆 M；6—蜗卷弹簧 B；7—支承架；8—阻尼线圈 K；9—连杆 E；10—摇杆调节螺丝；11—光电门 I；12—角度盘 G；13—有机玻璃转盘 F；14—底座；15—弹簧夹持螺钉 L；16—闪光灯

摆轮振幅是利用光电门 H 测出摆轮 A 读数处圈上凹型缺口个数，并在控制箱液晶显示器上直接显示出此值，精度为 1°.

波尔共振仪电器控制箱的前面板和后面板分别如图 3.3.4 和图 3.3.5 所示.

电机转速调节旋钮，可改变强迫力矩的周期.

可以通过软件控制阻尼线圈内直流电流的大小，达到改变摆轮系统的阻尼系数的目的.阻尼挡位的选择通过软件控制，共分 3 挡，分别是"阻尼 1"、"阻尼 2"、"阻尼 3".阻尼电流由恒流源提供，实验时根据不同情况进行选择(可先选择在"阻尼 2"处，若共振时振幅太小则可改用"阻尼 1")，振幅在 150°左右.

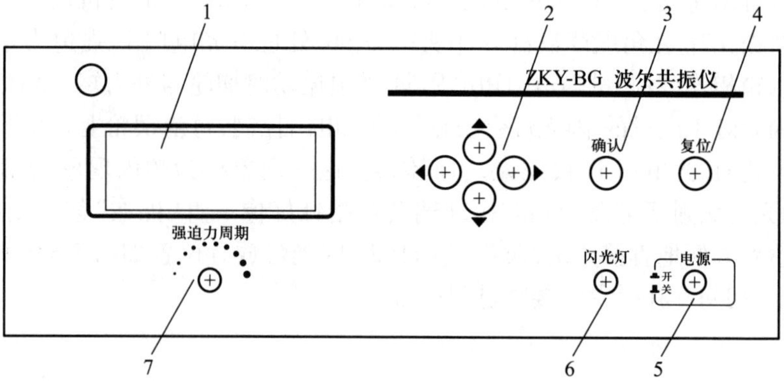

图 3.3.4 波尔共振仪电器控制箱前面板示意图

1—液晶显示屏幕;2—方向控制键;3—确认按键;4—复位按键;
5—电源开关;6—闪光灯开关;7—强迫力周期调节电位器

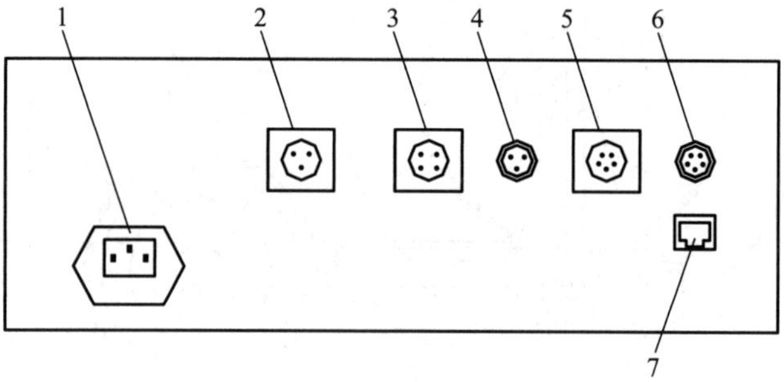

图 3.3.5 波尔共振仪电器控制箱后面板示意图

1—电源插座(带保险);2—闪光灯接口;3—阻尼线圈;4—电机接口;
5—振幅输入;6—周期输入;7—通信接口

闪光灯开关用来控制闪光与否,当按住闪光按钮、摆轮长缺口通过平衡位置时便产生闪光,由于频闪现象,可从相位差读盘上看到刻度线似乎静止不动的读数(实际有机玻璃转盘上的刻度线一直在匀速转动),从而读出相位差数值.为使闪光灯管不易损坏,采用按钮开关,仅在测量相位差时才按下按钮.

电器控制箱与闪光灯和波尔共振仪之间通过各种专业电缆相连接,不会产生接线错误这种弊病.

3.4 固体的线热膨胀系数的测量

【实验简介】

物体因温度改变而发生的膨胀现象叫"热膨胀".通常是指外压强不变的情况下,物质在温度升高时体积增大,温度降低时体积缩小的现象.绝大多数物质都具有“热胀冷缩”的特性,这是由于物体内部分子热运动加剧或减弱造成的.但也有少数物质在一定的温度范围内,温度升高时,其体积反而减小,称之为负热膨胀.例如,对 0 ℃的水加热到 4 ℃时,其体积不但不增大,反而缩小.当水的温度高于 4 ℃时,它的体积才会随着温度的升高而膨胀.因此,水在 4 ℃时的体积最小,密度最大.

材料尺寸或体积在温度作用下发生改变的性质通常用膨胀系数来表示,分为线膨胀系数(α_L)和体膨胀系数(α_V).热胀冷缩的材料其膨胀系数为正值,热缩冷胀的材料其膨胀系数为负值.一般而言,对于体心立方结构的固体材料,其在各方向上膨胀的规律相同,因此可以用固体在一个方向上的线膨胀规律来表征它的体膨胀,一般情况下材料的线膨胀系数约等于体膨胀系数的$\frac{1}{3}$.在相同条件下,固体的膨胀比气体和液体小得多,直接测定固体的体积膨胀比较困难,但可以用固体在一个方向上的线膨胀规律来表征它的体膨胀.

α_L(或 α_V)在工业生产中具有重要的意义,在实际应用中都应该考虑在内,例如:工程结构的设计,机械和仪器的制造,材料的加工(如焊接)等,否则将影响结构的稳定性和仪表的精度.考虑不当会引起仪表的失灵,加工焊接中的缺陷和失败,材料的剥落或断裂,严重时甚至会造成整个工程的损毁.

本实验介绍使用 DH4608A 型金属热膨胀系数实验仪测量固体线热膨胀系数的原理及方法.

【实验目的】

1. 了解 DH4608A 金属热膨胀系数实验仪的基本结构和工作原理.
2. 掌握千分表和温度控制仪的使用方法.
3. 掌握测量金属线热膨胀系数的基本原理.
4. 测量不锈钢管、紫铜管等的线膨胀系数.
5. 学会用热电偶测量温度.
6. 学会用图解图示法处理实验数据,并分析实验误差.

【预习思考题】

1. 什么是材料的热膨胀性能,影响材料热膨胀性能的因素有哪些?
2. 测量金属线膨胀系数的原理和方法.
3. 实验中加热时间过长会对实验结果有影响吗?
4. 影响实验结果的主要因素有哪些,操作时应注意什么?

【实验仪器】

恒温水浴锅,DH4608A 金属热膨胀系数实验仪,千分表,不锈钢管,紫铜管,实验架.

【实验原理】

在一定温度范围内,原长为 L_0(在 $t_0=0$ ℃时的长度)的物体受热温度升高,一般固体会由于原子的热运动加剧而发生膨胀,在温度 t(单位为℃)时,伸长量 ΔL 与温度的增加量 Δt($\Delta t=t-t_0$)近似成正比,与原长 L_0 也成正比,即

$$\Delta L=\alpha\times L_0\times\Delta t \tag{3.4.1}$$

此时的总长是

$$L_t=L_0+\Delta L \tag{3.4.2}$$

式中 α 为固体的线膨胀系数,它是固体材料的热学性质之一.在温度变化不大时,α 是一个常量,可由(3.4.1)式和(3.4.2)式得

$$\alpha=\frac{L_t-L_0}{L_0 t}=\frac{\Delta L}{L_0}\cdot\frac{1}{t} \tag{3.4.3}$$

由上式可见,α 的物理意义:当温度每升高 1 ℃时,物体的伸长量 ΔL 与它在 0 ℃时的长度之比.α 是一个很小的量,附录 1 中列有几种常见的固体材料的 α 值.当温度变化较大时,α 可用 t 的多项式来描述

$$\alpha=A+Bt+Ct^2+\cdots$$

式中 A,B,C 为常量.

在实际的测量中,通常测得的是固体材料在室温 t_1 下的长度 L_1 及其在温度 t_1 至 t_2 之间的伸长量,就可以得到热膨胀系数,这样得到的热膨胀系数是平均热膨胀系数 $\bar{\alpha}$

$$\bar{\alpha}\approx\frac{L_2-L_1}{L_1(t_2-t_1)}=\frac{\Delta L_{21}}{L_1(t_2-t_1)} \tag{3.4.4}$$

式中 L_1 和 L_2 分别为物体在 t_1 和 t_2 下的长度,$\Delta L_{21}=L_2-L_1$ 是长度为 L_1 的物体在温度从 t_1 升至 t_2 的伸长量.在实验中我们需要直接测量的物理量是 ΔL_{21},L_1,t_1 和 t_2.

为了得到精确的测量结果,我们需要得到精确的 $\bar{\alpha}$,这样不仅要对 ΔL_{21},t_1 和 t_2 进行精确的测量,还要扩大到对 ΔL_{i1} 和相应的温度 t_i 的测量.即

$$\Delta L_{i1}=\bar{\alpha}L_1(t_i-t_1)\quad i=1,2,3,\cdots \tag{3.4.5}$$

在实验中我们等温度间隔地设置加热温度(如等间隔 5 ℃或 10 ℃),从而测量对应的一系列 ΔL_{i1}.将所得到的测量数据采用最小二乘法进行直线拟合处理,从直线的斜率可得到一定温度范围内的平均热膨胀系数 $\bar{\alpha}$.

【实验内容与步骤】

1. 测量待测样品(不锈钢管或紫铜管)的原长,然后将其固定在实验架上,拧

紧锁紧螺钉,注意挡板要正对着千分表.

2. 调节千分表和挡板的相对位置,既要保证两者间没有间隙,又要保证千分尺有足够的伸长空间.

3. 调节热电偶安装座的位置,使其处在待测样品的中间.

4. 将热电偶涂上导热硅脂,插在热电偶安装座的小孔中,热电偶传感器的插头和实验仪上的插座相连.

5. 样品的一端用硅胶管与恒温水浴锅出水口相连,一端与恒温水浴锅的进水口相连.

6. 关闭水泵电源.

7. 确保水浴锅内有足够的水,水位不高于循环出水口.

8. 最后检查仪器连接是否正确,仪器各部分的相对位置摆放合适.

9. 打开仪器电源,开始实验.

10. 打开水泵开关.

11. 每 10 ℃设定一个控温点,记录样品上的实测温度和千分表上的变化值.

12. 根据数据 ΔL 和 Δt.通过公式

$$\alpha=\frac{\Delta L}{L\Delta t}$$

计算线热膨胀系数并画出 Δt(作 x 轴)$-\Delta L$(作 y 轴)的曲线图,观察其线性规律.

13. 换用不同的金属棒样品,分别测量并计算各自的线热膨胀系数.与附录 1 提供的参考值进行比较,计算出测量的百分误差.

【注意事项】

1. 千分表安装须适当固定(以表头无转动为准)且与被测物体有良好的接触(初始读数在 0.2~0.3 mm 处较为适宜).

2. 因伸长量极小,故仪器不应有振动.

3. 千分表测头需保持与实验样品在同一直线上.

4. 较高温度时避免用手触摸金属棒,以免烫伤.

【数据记录与处理】

1. 测量样品的原始长度及不同加热温度下千分表的读数,填入表 3.4.1 及表 3.4.2.

表 3.4.1 测量铜杆(不锈钢杆)的原长 L

测量次数	1	2	3	平均值
L/mm				

表 3.4.2　记录对应温度时的千分表读数

温度/℃	40	50	60	70	80
千分表读数 L_i/mm					
温度/℃	45	55	65	75	85
千分表读数 L_{i+5}/mm					
$(L_{i+5}-L_i)$/mm					

2. 用逐差法求出温度每升高 5 ℃时铜杆的平均伸长量.

$$\overline{\Delta L}=\overline{L_{i+5}-L_i}=\frac{\sum_{i=1}^{5}(L_{i+5}-L_i)}{5}=\qquad \text{mm}$$

$$\overline{\Delta(L_{i+5}-L_i)}=\frac{\sum_{i=1}^{5}[\,|\overline{\Delta L}-(L_{i+5}-L_i)|\,]}{5}=\qquad \text{mm}$$

3. 由(3.4.4)式即可求出铜杆在这个温度区域(如 40.0~85.0 ℃)内的线热膨胀系数.

铜杆在($T_1=$　　℃,$T_{10}=$　　℃)温度区域的线热膨胀系数为

$$\alpha=\frac{\overline{\Delta L}}{25L}\pm\frac{\overline{\Delta(L_{i+5}-L_i)}}{25L}\ ℃^{-1}$$

【思考题】

1. 试分析哪一个量是影响本实验结果精度的主要因素?
2. 试举出几个在日常生活和工程技术中应用线热膨胀系数的实例.
3. 测定材料的热膨胀系数有何意义?
4. 利用千分表读数时应注意哪些问题?如何消除误差?

【附录 1】　部分固体的线热膨胀系数表

物质	温度	线热膨胀系数/10^{-6}℃$^{-1}$
铝	0~100 ℃	22.0~24.0
铁	0~100 ℃	11.54~13.20
青铜	0~100 ℃	17.10~18.02
黄铜	0~100 ℃	18.10~20.08

注:本附录仅供参考,不同金属材料的线热膨胀系数不相同,其在不同的温度段也不同.

【附录 2】 千分表使用说明

千分表是一种将量杆的直线位移通过机械系统传动转变为主指针的角位移，沿度盘圆周上有均匀的标尺标记，可用于绝对测量、相对测量、形位公差测量和检测设备的读数头.

本仪器采用的千分表技术参量：

量程	精度等级	分度值	示值总误差	下轴套直径
0~1 mm	一等品	0.001 mm	±2 μm	ϕ8 mm
0~0.04 in		0.000 1 in	±0.000 25 in	

千分表的使用方法：

1. 使用前的准备工作

（1）检验千分表的灵敏程度，左手托住表的背面，度盘向前用眼观察，右手拇指轻推表的测头，试验量杆的移动是否灵活.

（2）检验千分表的稳定性，将千分表夹持在表架上，并使测头处于工作状态，反复几次提落防尘帽自由下落测头，观察指针是否指向原位.

2. 测量和读数方法

（1）先把表夹在表架或专用支架上，所夹部位应尽量靠近下轴根部，但是不可以影响表圈的转动，夹紧即可，不要过紧，以免压坏伸缩杆.

（2）校准零位

校准零位有两种方法：第一种是旋转表盘的外圈，使刻度盘对准“0”位指针.第二种是轻而缓慢地移动表架的悬臂，使其升起或下降，通过升降量杆的压缩量来校准，这就是等于旋转表针去对准刻度盘的“0”位.

在我们校对零位的时候，应尽量使表的测量头对准基本面，并使量杆有一定的伸缩量（如：0.02~0.2 mm），再用扳手固定住千分表支架，夹住千分表.在对好零位后，应反复几次提起，放手让其回落防尘帽（升落 0.1~0.2 mm 左右），待指针位稳定后方可旋转表外圈对零.在对零位时，我们要重复检查，要求指针测量既准又稳.

（3）测量

测量平面时，应使千分表的量杆轴线与所测量表面垂直，防止有斜角现象.测量圆柱体时，量杆轴线应该通过工件中心并与母线垂直.在测量过程中，可以看到大小指针都在转动.大指针每转一格为 0.001 mm（合 0.000 1 in）；大指针转一圈，小指针转一格.在开始测量时，我们要记住大小指针的初始值，待测量读数，差值即为测量值.读数时视线要垂直于千分表的刻度盘，如果大指针停留在刻线之间，需要进行估读，小指针不需估读.

【附录 3】 铜–康铜热电偶分度表

温度/℃	热电势/mV									
	0	1	2	3	4	5	6	7	8	9
−10	−0.383	−0.421	−0.458	−0.496	−0.534	−0.571	−0.608	−0.646	−0.683	−0.720
−0	0.000	−0.039	−0.077	−0.116	−0.154	−0.193	−0.231	−0.269	−0.307	−0.345
0	0.000	0.039	0.078	0.117	0.156	0.195	0.234	0.273	0.312	0.351
10	0.391	0.430	0.470	0.510	0.549	0.589	0.629	0.669	0.709	0.749
20	0.789	0.830	0.870	0.911	0.951	0.992	1.032	1.073	1.114	1.155
30	1.196	1.237	1.279	1.320	1.361	1.403	1.444	1.486	1.528	1.569
40	1.611	1.653	1.695	1.738	1.780	1.865	1.882	1.907	1.950	1.992
50	2.035	2.078	2.121	2.164	2.207	2.250	2.294	2.337	2.380	2.424
60	2.467	2.511	2.555	2.599	2.643	2.687	2.731	2.775	2.819	2.864
70	2.908	2.953	2.997	3.042	3.087	3.131	3.176	3.221	3.266	3.312
80	3.357	3.402	3.447	3.493	3.538	3.584	3.630	3.676	3.721	3.767
90	3.813	3.859	3.906	3.952	3.998	4.044	4.091	4.137	4.184	4.231
100	4.277	4.324	4.371	4.418	4.465	4.512	4.559	4. 607	4.654	4.701
110	4.749	4.796	4.844	4.891	4.939	4.987	5.035	5.083	5.131	5.179
120	5.227	5.275	5.324	5.372	5.420	5.469	5.517	5.566	5.615	5.663
130	5.712	5.761	5.810	5.859	5.908	5.957	6.007	6.056	6.105	6.155
140	6.204	6.254	6.303	6.353	6.403	6.452	6.502	6.552	6.602	6.652
150	6.702	6.753	6.803	6.853	6.903	6.954	7.004	7.055	7.106	7.156
160	7.207	7.258	7.309	7.360	7.411	7.462	7.513	7.564	7.615	7.666
170	7.718	7.769	7.821	7.872	7.924	7.975	8.027	8.079	8.131	8.183
180	8.235	8.287	8.339	8.391	8.443	8.495	8.548	8.600	8.652	8.705
190	8.757	8.810	8.863	8.915	8.968	9.024	9.074	9.127	9.180	9.233
200	9.286									

【附录 4】 温控表使用说明书

仪表操作说明：

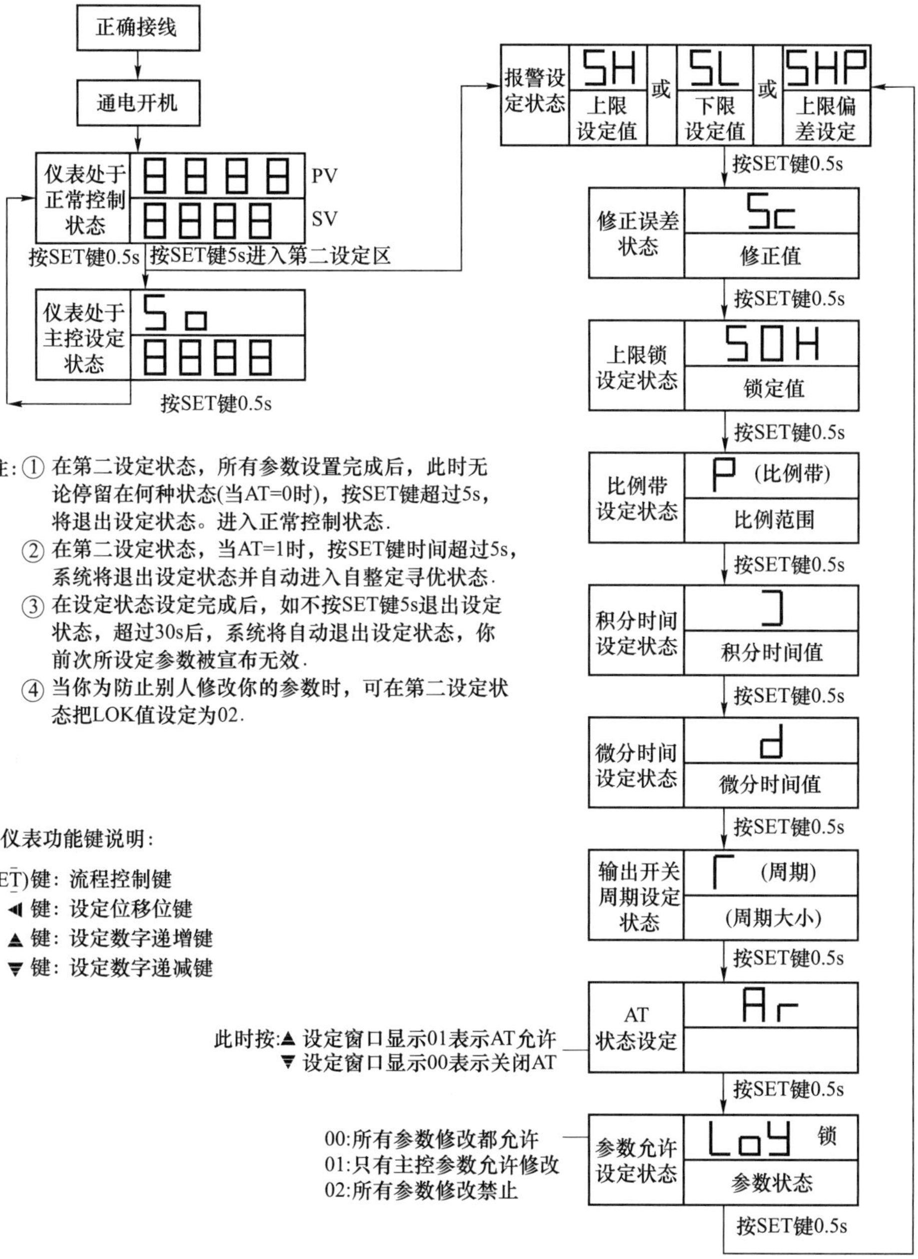

注：① 在第二设定状态，所有参数设置完成后，此时无论停留在何种状态(当AT=0时)，按SET键超过5s，将退出设定状态。进入正常控制状态.

② 在第二设定状态，当AT=1时，按SET键时间超过5s，系统将退出设定状态并自动进入自整定寻优状态.

③ 在设定状态设定完成后，如不按SET键5s退出设定状态，超过30s后，系统将自动退出设定状态，你前次所设定参数被宣布无效.

④ 当你为防止别人修改你的参数时，可在第二设定状态把LOK值设定为02.

* 仪表功能键说明：

(SET)键：流程控制键

◀ 键：设定位移位键

▲ 键：设定数字递增键

▼ 键：设定数字递减键

3.5　固体的导热系数的测定

【实验简介】

导热系数是反映物体导热性能的一个物理量,它不仅是评价材料热学性能的依据,而且是材料在应用时的一个设计依据,在加热器、散热器、传热管道设计、电冰箱及锅炉制造等工程技术中都要涉及这个参量.由于导热系数随物质成分、结构及所处环境的不同而变化,所以确定导热系数的主要途径是用实验的方法.测定导热系数的方法很多,但可归纳为两类:一类是稳态法,另一类是动态法.稳态法即先用热源对试样加热,并在样品内形成稳定温度分布,然后进行测量;在动态法中,待测样品内的温度随时间而变化.由于稳态法原理简单,操作容易,本实验采用稳态法测量固体的导热系数.

【实验目的】

1. 学习用稳态法测固体导热系数,了解其测量条件.
2. 学习实验中如何将传热速率的测量转化为散热速率的测量方法.
3. 学会用作图法处理数据.

【预习思考题】

1. 本实验用稳态法平板法测物体的导热系数要求样品处于一维稳态热传导,什么是一维稳态热传导,实验中如何保证?
2. 如何测散热盘在温度为 T_3时的冷却速率?
3. 如何利用热电偶测温?

【实验仪器】

YBF-2 型导热系数测定仪,保温杯,游标卡尺,橡皮样品,硬铝样品,绝热圆环.

【实验原理】

1. 导热系数

当物体内部温度不均匀时,就会有热量自发地从高温部分向低温部分传递,在物体内部会发生热传导现象.设在物体内部 $z=z_0$处沿垂直于热量传递方向截取一截面 dS,由热传导定律可知,在时间 dt 内通过截面 dS 传递的热量为

$$\mathrm{d}Q=-\lambda\left(\frac{\mathrm{d}T}{\mathrm{d}z}\right)_{z_0}\mathrm{d}S\mathrm{d}t \tag{3.5.1}$$

式中$\left(\frac{\mathrm{d}T}{\mathrm{d}z}\right)_{z_0}$表示在 $z=z_0$处的温度梯度,λ 为物体的导热系数,或称热导率,它表示在单位温度梯度影响下,单位时间内通过垂直于热量传递方向单位面积的热量,是

表征物体导热性能大小的物理量,单位为 $W\cdot m^{-1}\cdot K^{-1}$.

导热系数的大小与物质的结构、成分以及所处环境温度有关.不同材料具有不同的导热系数,根据导热系数的大小,将固体材料划分为热的良导体和热的不良导体,导热系数大的物体称为热的良导体,导热系数小的物体称为热的不良导体.一般说来,金属的导热系数比非金属的大,为热的良导体,非金属为热的不良导体.

2. 稳态平板法测固体的导热系数

稳态法测固体导热系数的实验装置如图 3.5.1 所示.在支架上依次放散热铜盘、待测样品和加热盘.散热铜盘下面有三个微调螺钉,可以使样品和加热盘、散热盘接触良好.加热盘采用电加热,对加热盘加热,热量通过样品传到散热盘,由散热盘向周围环境散热,当加热速率、传热速率、散热速率相同时,系统达到动态平衡,在样品内形成稳定的温度分布,样品上下表面的温度可由两根热电偶插入样品上下表面的小孔内测得.加热盘和散热盘的侧面各有一个小孔,对于不良导体样品来说,由于加热盘和散热盘都是热的良导体,其温度可代表样品上下表面的温度,因此,测不良导体样品上下表面的温度时,由两根热电偶分别插入加热盘和散热盘的小孔内测定.

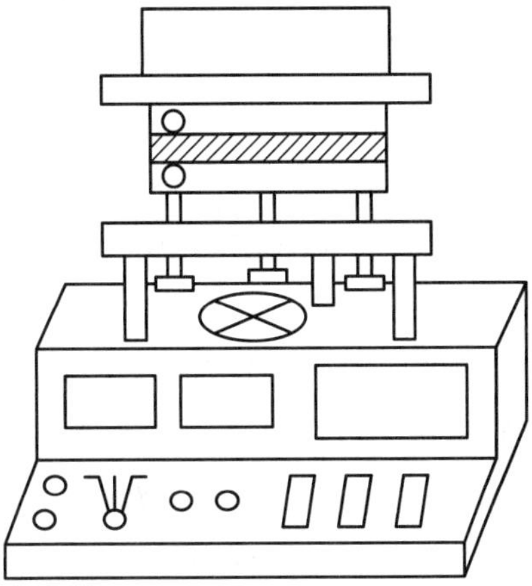

图 3.5.1

将待测样品加工成厚度为 h、横截面积为 S 的平板状(通常为圆盘),放在加热盘和散热盘之间(应注意使其接触良好),如果样品横截面小于加热盘和散热盘的横截面,可以用两个绝热圆环套在样品的上下表面上.用加热盘加热样品,使得在样品内形成稳定的温度分布.设稳态时样品上下表面温度分别为 T_1 和 T_2,若样品侧面绝热,则沿圆盘轴向方向温度是线性下降的,这种情况下认为系统处于一维稳态热传导,由(3.5.1)式可知,在 Δt 时间内,沿轴向方向通过截面 S 传递的热量 ΔQ 为

$$\Delta Q=\lambda\frac{T_1-T_2}{h}S\cdot\Delta t \tag{3.5.2}$$

变换(3.5.2)式得

$$\lambda=\frac{h}{(T_1-T_2)S}\cdot\frac{\Delta Q}{\Delta t} \tag{3.5.3}$$

其中$\frac{\Delta Q}{\Delta t}$为稳态时样品的传热速率.由上式可知,只要测出 h、S 及稳态时的 T_1、T_2、$\frac{\Delta Q}{\Delta t}$,就可求出样品的导热系数 λ.h、S、T_1、T_2都比较容易测量,下面介绍样品传热速

率$\frac{\Delta Q}{\Delta t}$的测量.

样品传热速率是一个无法直接测量的量,测量时设法将其转化为容易直接测量的量.在稳定导热状态下,通过样品的传热速率等于散热盘在稳态时从侧面及下表面的散热速率.为此,待样品达到稳定导热状态后,记下稳态时样品上下表面温度 T_1、T_2及散热盘温度 T_3(注意:对于不良导体来说,样品下表面温度 T_2可以认为等于散热盘的温度 T_3),拿走样品,让加热盘直接对散热盘加热,待散热盘温度高出 T_3若干(10 ℃左右)后,移去加热盘,让散热盘在环境中自然冷却,则散热盘在温度 T_3时的散热速率为

$$\left(\frac{\mathrm{d}Q}{\mathrm{d}t}\right)_{T_3}=-c_1m_1\left(\frac{\mathrm{d}T}{\mathrm{d}t}\right)_{T_3} \tag{3.5.4}$$

其中 c_1 为比热容,$\left(\frac{\mathrm{d}T}{\mathrm{d}t}\right)_{T_3}$为散热盘在温度为 T_3时的冷却速率,其值可由散热盘在自然冷却过程中 $T-t$ 曲线在 T_3处切线的斜率求得.考虑到自然冷却过程,散热盘热量通过其上下表面及侧面散热,而稳态热传导过程中,散热盘热量仅由下表面及侧面散热,由于散热速率与散热面积成正比,因此

$$\frac{\Delta Q}{\Delta t}=-\frac{\pi R_1^2+2\pi R_1h_1}{2\pi R_1^2+2\pi R_1h_1}\cdot c_1m_1\left(\frac{\mathrm{d}T}{\mathrm{d}t}\right)_{T_3}=-\frac{R_1+2h_1}{2R_1+2h_1}\cdot c_1m_1\left(\frac{\mathrm{d}T}{\mathrm{d}t}\right)_{T_3} \tag{3.5.5}$$

R_1、h_1分别为散热盘的半径及厚度.将上式代入(3.5.3)式得

$$\lambda=-\frac{h}{(T_1-T_2)S}c_1m_1\cdot\frac{R_1+2h_1}{2R_1+2h_1}\cdot\left(\frac{\mathrm{d}T}{\mathrm{d}t}\right)_{T_3} \tag{3.5.6}$$

本实验用铜-康铜热电偶测温,由于热电动势的大小与温差成正比,因此将热电动势的大小代入上式不影响测量结果,(3.5.6)式可改写为

$$\lambda=-\frac{h}{(\varepsilon_1-\varepsilon_2)S}c_1m_1\cdot\frac{R_1+2h_1}{2R_1+2h_1}\cdot\left(\frac{\mathrm{d}\varepsilon}{\mathrm{d}t}\right)_{\varepsilon_3} \tag{3.5.7}$$

ε_1、ε_2和 ε_3分别为稳态时插入样品上下表面及散热盘的热电偶热电动势的大小,ε为插入散热盘的热电偶在自然冷却过程中热电动势的大小.

这种测量导热系数的方法要求样品侧面绝热,对于不良导体来说,通常将样品做得很薄,其侧面散热可以忽略不计,但对于金属,由于它是热的良导体,一方面样品不能做得太薄,另一方面其侧面散热不能忽略不计,所以用这种方法测量金属的导热系数时,必须用绝缘材料使其侧面绝热.

【实验内容与步骤】

1. 测橡皮样品的导热系数

1.1 用游标卡尺测出橡皮样品的直径和厚度,多次测量求其平均值,记下散热盘的几何尺寸、质量(在盘上已标明),其中铜的比热容为 $c_1=0.385\ \mathrm{kJ\cdot kg^{-1}\cdot K^{-1}}$.

1.2 将样品放在加热盘和散热盘之间,并使它们接触良好,两根热电偶分别

插入加热盘和散热盘的小孔内，设定加热盘温度（60 ℃左右），采用自动控温对样品进行加热，待系统达到稳定导热状态，测样品上下表面的热电动势 ε_1、ε_2，多次测量求平均值.

1.3 移去样品，用加热盘直接对散热盘加热，待散热盘热电动势高于 ε_2 若干（0.1 mV）后，移去加热盘，让散热盘在环境中自然冷却，每隔半分钟记录一次散热盘的热电动势，作出冷却曲线，求出 $\left(\dfrac{\mathrm{d}\varepsilon}{\mathrm{d}t}\right)_{\varepsilon_2}$.

1.4 计算橡皮样品的导热系数，并分析误差产生的原因.

2. 测硬铝样品的导热系数

2.1 用游标卡尺测硬铝样品的直径和厚度，多次测量求其平均值.

2.2 将硬铝样品侧面绝热，样品的上下表面周围分别套一个绝热圆环，放在加热盘和绝热盘之间，两根热电偶分别插入硬铝样品上下表面的小孔内，设定加热盘温度，采用自动控温对样品加热，待样品达到稳定导热状态，记下样品上下表面的热电动势 ε_1、ε_2，然后将其中一个热电偶插入散热盘的小孔内，测出散热盘的热电动势 ε_3.

2.3 移去样品，用加热盘直接对散热盘加热，待散热盘的热电动势高出 ε_3 若干（0.1 mV）后，移去加热盘，让散热盘在环境中自然冷却，测出散热盘的热电动势随时间的变化，作出冷却曲线，求出 $\left(\dfrac{\mathrm{d}\varepsilon}{\mathrm{d}t}\right)_{\varepsilon_3}$，计算硬铝样品的导热系数.

【注意事项】

1. 放置样品时应使样品和加热盘、散热盘接触良好.

2. 测 ε_1、ε_2 时，要等待系统达到稳定导热状态再进行测量，测散热盘的冷却曲线时，数据点要选取合适.

3. 安放加热盘、散热盘时应使加热盘、散热盘的小孔与杜瓦瓶在同一侧，以免线路错乱.热电偶热端插入小孔时不能插错，为保证接触良好要抹上些硅油，并插入小孔底部，热电偶冷端浸入冰水混合物中.

4. 移开加热盘时，应关闭电源，手握固定转轴，以免烫伤手.实验结束后，保管好待测样品，不要使样品两端面划伤，影响实验精度.

【数据记录与处理】

实验记录数据分别填入表 3.5.1、表 3.5.2、表 3.5.3 和表 3.5.4.

表 3.5.1 测橡皮样品的导热系数

次数	1	2	3	4	5	平均值
ε_1/mV						
ε_2/mV						

续表

次数	1	2	3	4	5	平均值
$2R$/mm						
h/mm						

表 3.5.2 散热盘数据及冷却速率

m=________ g;R_1=________ mm;h_1=________ mm

t/s	0	30	60	90	120	150	180	…
ε/mV								

作出 ε-t 关系图,由图中 $\varepsilon=\varepsilon_2$ 点的切线的斜率求出 $\left(\frac{\mathrm{d}\varepsilon}{\mathrm{d}t}\right)_{\varepsilon=\varepsilon_2}$ 并求出橡皮样品的导热系数.

表 3.5.3 测硬铝样品的导热系数

次数	1	2	3	4	5	平均值
ε_1/mV						
ε_2/mV						
ε_3/mV						
$2R$/mm						
h/mm						

表 3.5.4 散热盘数据及冷却速率

m=________ g;R_1=________ mm;h_1=________ mm

t/s	0	30	60	90	120	150	180	…
ε/mV								

作出 ε-t 关系图,由图中 $\varepsilon=\varepsilon_3$ 点的切线的斜率求出 $\left(\frac{\mathrm{d}\varepsilon}{\mathrm{d}t}\right)_{\varepsilon=\varepsilon_3}$ 并求出橡皮样品的导热系数.

【思考题】

1. 通过 ε-t 曲线上一点求斜率的随意性很大,给测量带来很大误差,能否将曲线变为一条直线,求直线的斜率?需要保证什么实验条件?

2. 分析比较原理中提到的两种测量导热系数方法的使用条件及实验中如何保证.

【附录】

仪器介绍:

YBF-2 型导热系数测定仪面板如图 3.5.2 所示.

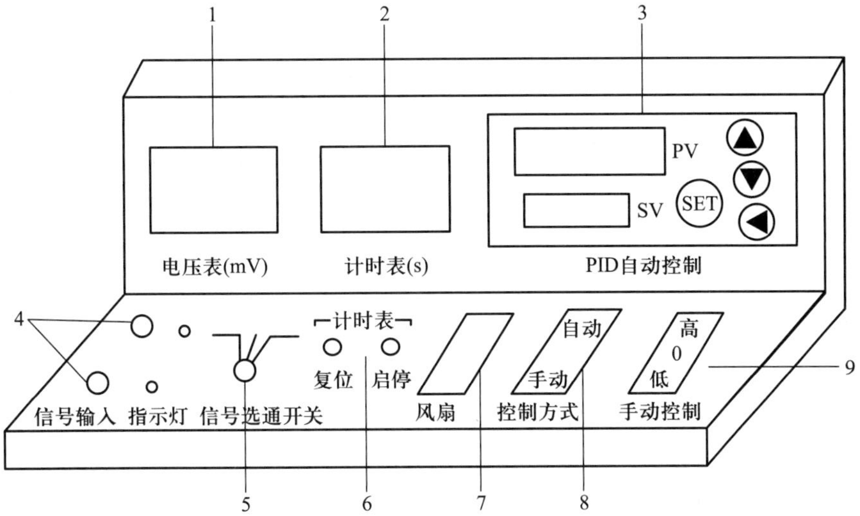

图 3.5.2

1. 电压表显示窗口　用来显示热电偶输出热电动势的大小.

2. 计时显示窗口　用来显示计时时间.

3. 加热盘温度设置窗口　按 SET 按键,可以通过▲、◀、▼按钮设定加热盘温度,再按一次 SET 键,完成对加热盘温度的设定.SV 窗口显示加热盘设定温度,PV 窗口显示加热盘温度.

4. 热电偶信号输入端　用于测样品上下表面温度的热电偶信号分别从这两个输入端输入.

5. 信号选通开关　用于选择电压表显示的信号.

6. 计时表的复位和启停按钮　用于计时表的复位和启停.

7. 风扇电源开关.

8. 控制方式开关　用于设定加热盘温度控制方式,可选自动和手动.

9. 手动控制开关　控制方式选择手动,手动控制选高或低用于控制加热温度.

3.6　气体比热容比测定

【实验简介】

一定质量的物质,在温度升高时,所吸收的热量与该物质的质量和升高的温度乘积之比,称为这种物质的比热容,通常用符号 c 表示,在国际单位制中的单位焦耳每千克开尔文($J \cdot kg^{-1} \cdot K^{-1}$).比热容是物性的重要参量,在研究物质结构、确定相变、鉴定物质纯度等方面起着重要的作用.比热容分为比定压热容和比定容热容.比定压热容是指单位质量的物质在压力不变的条件下,温度升高或下降 1 K 所吸收或放出的能量,用 c_p 表示;比定容热容是指单位质量的物质在体积(容积)不变的条件下,温度升高或下降 1 K 吸收或放出的能量,用 c_V 表示.比热容与物质的状态和物质的种类有关.

比热容比是描述气体热力学性质的一个重要参量,也称气体的绝热系数,一般是指气体的比定压热容与比定容热容的比值,用 γ 表示,它在热力学理论及工程技术的实际应用中起着重要的作用,例如:热机的效率及声波在气体中的传播特性都与空气的绝热系数 γ 有关.本实验介绍 DH4602 气体比热容比测试仪测量气体比热容比的方法.

【实验目的】

1. 理解比热容的定义及物理内涵,了解其应用.
2. 观测热力学过程中状态变化及基本物理规律.
3. 掌握光电计时仪、微型气泵的使用方法.
4. 测定空气的比定压热容与比定容热容之比.

【预习思考题】

1. 注入气体量的多少对小球的运动情况有没有影响?
2. 了解气体自由度 f 与气体比热容比 γ 的关系.

【实验仪器】

DH4602 气体比热容比测试架,螺旋测微器,DHTC-3 多功能计时器,支撑架,精密玻璃容器,气泵.

【实验原理】

气体的比定压热容 c_p 与比定容热容 c_V 之比 $\gamma=c_p/c_V$.在热力学过程特别是绝热过程中是一个很重要的参量,测定的方法有很多种.这里介绍一种较新颖的方法,通过测定物体在特定容器中的振动周期来计算 γ 值.实验基本装置如图 3.6.1 所示,振动物体小球的直径比玻璃管直径仅小 0.01~0.02 mm.它能在此精密的玻璃管中上下移动,在瓶子的壁上有一小口,并插入一根细管,通过它可以向烧瓶中注入各种气体.

钢球 A 的质量为 m,半径为 r(直径为 d),当瓶子内压强 p 满足下面条件时钢球 A 处于力平衡状态:这时 $p=p_0+\dfrac{mg}{\pi r^2}$,式中 p_0 为大气压强.为了补偿由于空气阻尼引起钢球 A 振幅的衰减,通过 C 管一直注入一个小气压的气流,在精密玻璃管 B 的中央开设有一个小孔.当振动物体 A 处于小孔下方的半个振动周期时,注入气体使容器的内压强增大,引起物体 A 向上移动,而当物体 A 处于小孔上方的半个振动周期时,容器内的

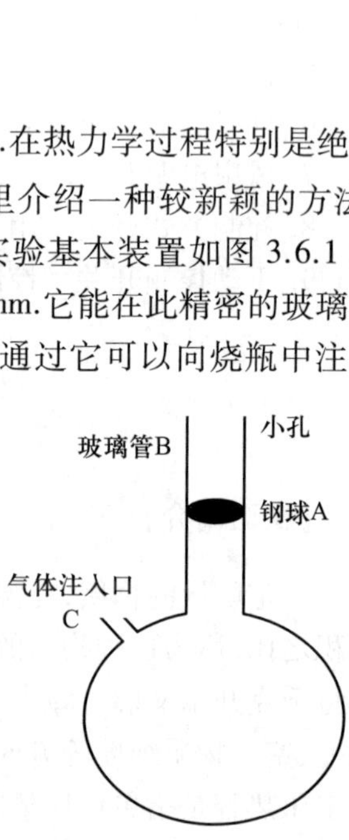

图 3.6.1

气体将通过小孔流出，使物体下沉.以后重复上述过程，只要适当控制注入气体的流量，物体 A 能在玻璃管 B 的小孔上下作简谐振动，振动周期可利用光电计时装置来测得.

若物体偏离平衡位置一个较小距离 x，则容器内的压强变化 Δp，物体的运动方程为

$$m\frac{\mathrm{d}^2x}{\mathrm{d}t^2}=\pi r^2\Delta p \tag{3.6.1}$$

因为物体振动过程相当快，所以可以看作绝热过程，绝热方程

$$pV^{\gamma}=\text{常量} \tag{3.6.2}$$

将(3.6.2)式求导数得出

$$\Delta p=-\frac{p\gamma\Delta V}{V},\quad \Delta V=\pi r^2x \tag{3.6.3}$$

将(3.6.3)式代入(3.6.1)式得

$$\frac{\mathrm{d}^2x}{\mathrm{d}t^2}+\frac{\pi^2r^4p\gamma}{mV}x=0$$

此式即为熟知的简谐振动方程，它的解为

$$\omega=\sqrt{\frac{\pi^2r^4p\gamma}{mV}}=\frac{2\pi}{T}$$

$$\gamma=\frac{4mV}{T^2pr^4}=\frac{64mV}{T^2pd^4} \tag{3.6.4}$$

式中各量均可方便测得，因而可算出 γ 值.由气体动理论可以知道，γ 值与气体分子的自由度数有关，对单原子气体(如氩)只有三个平均自由度，双原子气体(如氢气)除上述 3 个平均自由度外还有 2 个转动自由度.对多原子气体，则具有 3 个转动自由度，比热容比 γ 与自由度 f 的关系约为 $\gamma=\frac{f+2}{f}$.理论上得出

单原子气体(Ar,He)	$f=3$	$\gamma=1.67$
双原子气体(N_2,H_2,O_2)	$f=5$	$\gamma=1.40$
多原子气体(CO_2,CH_4)	$f=6$	$\gamma=1.33$

此结果与温度无关.

本实验装置主要由玻璃制成，且对玻璃管的要求特别高，振动物体的直径仅比玻璃管内径小 0.01 mm 左右，因此振动物体表面不允许擦伤.平时它停留在玻璃管的下方(用弹簧托住).若要将其取出，只需在它振动时，用手指将玻璃管壁上的小孔堵住，稍稍加大气流量物体便会上浮到管子上方开口处，就可以方便地取出，或将此管由瓶上取下，将球倒出来.

振动周期采用可预置测量次数的数字计时仪(分 50 次，100 次二挡)，采用重复多次测量.

振动物体直径采用螺旋测微器测出,质量用物理天平称量,烧瓶容积由实验室给出,大气压力由气压表自行读出,并换算成 $N \cdot m^{-2}$($760\ mmHg = 1.013\times10^5\ N \cdot m^{-2}$).

【实验内容与步骤】

1. 用螺旋测微器测量备用小球(不可从玻璃管中取出)的直径 5 次,本实验所用小球质量不需测量,均取 4.0±0.05 g.

2. 测量大气压强 p_0(实验开始前和结束后各测一次,取平均值).

3. 利用小气泵作气源(本试验气源为空气,可近似认为是双原子气体),测定物体在特定容器中的振动周期 T.方法如下:接通电源,调节气泵上气量调节旋钮,使小球在玻璃管中以小孔为中心上下振动.打开周期计时装置(挡位可选,50 次或 100 次),按下复位按钮后即可自动记录振动周期所需时间,重复 5 次并记录,最后将数据填入表 3.6.1 和表 3.6.2 中,处理数据.

【注意事项】

1. 仪器在使用前应可靠固定,玻璃容器应垂直放置,以免小球振动时碰到管壁,造成测量误差.垂直度可以通过调节玻璃容器本身和底座上的三个螺钉来实现.

2. 气泵的输出通过输气软管接入玻璃容器,连接时注意不要漏气,否则小球不能上下振动.

3. 气流过大或过小会造成钢珠不以玻璃管上小孔为中心的上下振动,调节时需要用手挡住玻璃管上方,以免气流过大将小球冲出管外造成钢珠或瓶子损坏.

4. 不要随意移动本实验装置,以免损坏.

5. **测量小球直径时使用备用小球**,不要取出玻璃管中的小球,避免灰尘进入玻璃管或使小球生锈,导致小球卡在玻璃管中.

6. 本实验提供的玻璃瓶的有效体积为:1 450±5 cm^3

【数据记录与处理】

1. 求钢珠直径及其不确定度

表 3.6.1

$m_{球}=$____g

直径 d/mm	d_1	d_2	d_3	d_4	d_5	$\bar{d}$
数值						

平均值:$\bar{d}=\dfrac{d_1+d_2+d_3+d_4+d_5}{5}$

不确定度:$\Delta_d=\sqrt{\dfrac{\sum(d_i-\bar{d})^2}{n-1}}$

结果表达: $d=\bar{d}\pm\Delta_d$

2. 在忽略容器体积 V、大气压强 p 测量误差的情况下，根据(3.6.4)式估算空气的比热容比 γ 及其不确定度 $\Delta\gamma$.

表 3.6.2

$V_{瓶}=$____cm^3

次数	1	2	3	4	5	$\overline{t}$
t/s						

【思考题】

1. 在实际问题中，物体振动过程并不是理想的绝热过程，这时测得的值比实际值大还是小？为什么？

2. 沙漠地区为什么会出现气温变化较大的现象？沿海地区有这种现象吗？根据你的理解分析一下原因.

3.7 热机功率测量

【实验简介】

热机是将热能转化为机械能的机械.从 18 世纪第一台蒸汽机问世以后，又出现了内燃机、喷气发动机等不同类型的热机.热机在人类的生活中发挥着至关重要的作用.历史上对热机循环过程和热机效率的研究对热力学的发展起了很大的作用.空气热机是最古老的热机之一，它以空气作为工作物质，结构简单，便于帮助理解热机原理与卡诺循环等热力学知识.

【实验目的】

1. 掌握空气热机的工作原理及循环过程.
2. 通过实验验证卡诺定理.
3. 学会空气热机功率的测量方法.
4. 了解影响热机实际效率的因素.

【预习思考题】

1.空气热机循环的 $p-V$ 图，以及热机循环的过程.
2.空气热机和蒸汽机、内燃机的区别？
3.实验过程中如何测量热机效率？

【实验仪器】

空气热机实验仪，空气热机测试仪，电加热器及电源，双踪示波器.

【实验原理】

1. 空气热机的结构及工作原理

图 3.7.1 给出了空气热机的结构和工作原理图.空气热机是由高温区,低温区,工作活塞及汽缸,位移活塞及汽缸,飞轮,连杆,热源等部分组成.热机中部为飞轮与连杆机构,工作活塞与位移活塞通过连杆与飞轮连接.飞轮的下方为工作活塞与工作汽缸,飞轮的右方为位移活塞与位移汽缸,工作汽缸与位移汽缸之间用通气管连接.位移汽缸的右边是高温区,位移汽缸左边有散热片,从而构成低温区.

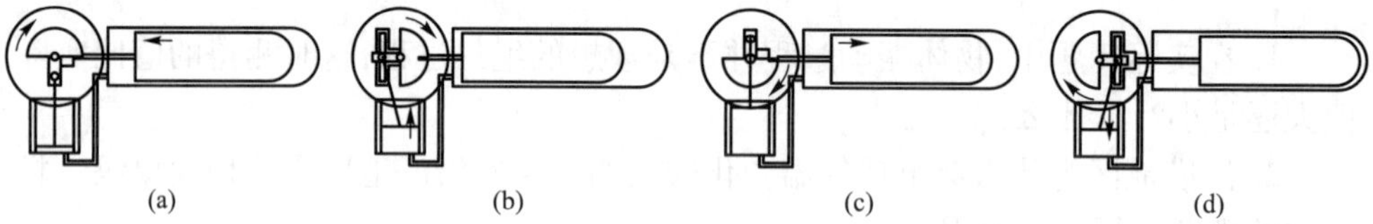

图 3.7.1 空气热机结构和工作原理示意图

工作活塞使汽缸内气体封闭,并在气体的推动下对外做功.位移活塞是非封闭的占位活塞,其作用是在循环过程中使气体在高温区与低温区间不断交换,气体可通过位移活塞与位移汽缸间的间隙流动.工作活塞与位移活塞的运动是不同步的,当某一活塞处于位置极值时,它本身的速度最小,而另一个活塞的速度最大.

当工作活塞处于最底端时,位移活塞迅速左移,使汽缸内气体向高温区流动,如图 3.7.1(a)所示;进入高温区的气体温度升高,使汽缸内压强增大并推动工作活塞向上运动,如图 3.7.1(b)所示, 在此过程中热能转化为飞轮转动的机械能;工作活塞在最顶端时,位移活塞迅速右移,使汽缸内气体向低温区流动,如图 3.7.1(c)所示;进入低温区的气体温度降低,使汽缸内压强减小,同时工作活塞在飞轮惯性力的作用下向下运动,完成循环,如图 3.7.1(d)所示.在一次循环过程中气体对外所做净功等于工作汽缸压强-容积($p-V$)图所围的面积.

2. 热机效率

对于循环过程可逆的理想热机,卡诺热机效率为

$$\eta=W/Q_1=(Q_1-Q_2)/Q_1=(T_1-T_2)/T_1=\Delta T/T_1$$

式中 W 为每一循环中热机做的功,Q_1 为热机每一循环从高温热源吸收的热量,Q_2 为热机每一循环向低温热源放出的热量,T_1 为高温热源的绝对温度,T_2 为低温热源的绝对温度.

而实际热机都不可能是理想热机,其效率不可能高于理想热机,因此 $\eta\leqslant\Delta T/T_1$.

卡诺定理指出了提高热机效率的途径,就过程而言,应当使实际的不可逆热机尽量接近可逆机.就温度而言,应尽量提高高温热源和低温热源的温度差.

热机每一循环从热源吸收的热量 Q_1 正比于 $\Delta T/n$,n 为热机转速,η 正比于 $nW/\Delta T$.n,W,T_1 及 ΔT 均可测量,测量不同冷热端温度时的 $nW/\Delta T$,观察它与 $\Delta T/T_1$ 的关

系,可验证卡诺定理.

当热机带负载时,热机向负载输出的功率可由力矩计测量计算而得,且热机实际输出功率的大小随负载的变化而变化.在这种情况下,可测量计算出不同负载大小时的热机实际效率.

【仪器介绍】

如图 3.7.2 所示,仪器主要包括空气热机实验仪(实验装置部分)和空气热机测试仪两部分.

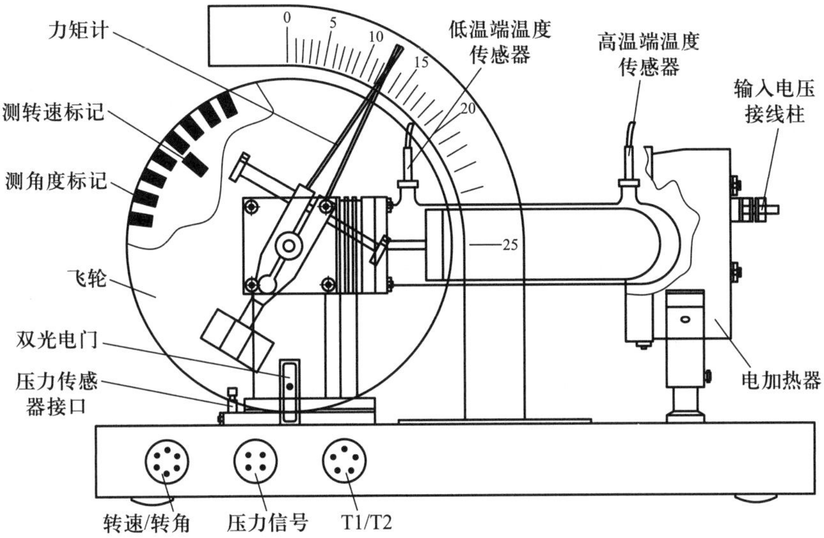

图 3.7.2　电加热器热机实验装置图

飞轮下部装有双光电门,上边的一个用以定位工作活塞的最低位置,下边的一个用以测量飞轮转动角度.热机测试仪以光电门信号为采样触发信号.

汽缸的体积随工作活塞的位移而变化,而工作活塞的位移与飞轮的位置有对应关系,在飞轮边缘均匀排列 45 个挡光片,采用光电门信号上下沿均触发方式,飞轮每转 4 度给出一个触发信号,由光电门信号可确定飞轮位置,进而计算汽缸体积.

压力传感器通过管道在工作汽缸底部与汽缸连通,测量汽缸内的压力.在高温和低温区都装有温度传感器,测量高低温区的温度.底座上的三个插座分别输出转速/转角信号、压力信号和高低端温度信号,使用专门的线和实验测试仪相连,传送实时的测量信号.电加热器上的输入电压接线柱分别使用黄、黑两种线连接到电加热器电源的电压输出正负极上.

热机实验仪采集光电门信号,压力信号和温度信号,经微处理器处理后,在仪器显示窗口显示热机转速和高低温区的温度.在仪器前面板上提供压力和体积的模拟信号,供连接示波器显示 p-V 图.

加热器电源为加热电阻提供能量,输出电压从 24~36 V 连续可调,可以根据实验的实际需要调节加热电压.

力矩计悬挂在飞轮轴上,调节螺钉可调节力矩计与轮轴之间的摩擦力,由力矩计可读出摩擦力矩 M,并进而算出摩擦力和热机克服摩擦力所做的功.热机输出功率 $P_o=2\pi nM$,式中 n 为热机转速,即输出功率为单位时间内的角位移与力矩的乘积.

注意:热机转速超过 15 n/s(会伴随发出间断蜂鸣声)后,主机会输出信号将电加热器电源输出电压断开,停止加热.

【实验内容与步骤】

1. 观察热机循环过程

用手顺时针拨动飞轮,结合图 3.7.1 仔细观察热机循环过程中工作活塞与位移活塞的运动情况,切实理解空气热机的工作原理.

2. 验证卡诺定理

2.1 根据实验仪上的标示使用配套的连接线将各部分仪器连接起来.注意用鱼叉线连接电加热器电源的输出接线柱和电加热器的输入电压接线柱时,黑色线对黑色接线柱,黄色线对红色接线柱.示波器输出“压力”和“体积”分别连接示波器的 X 通道和 Y 通道.

2.2 取下力矩计,将加热电压加到第 11 挡(36 V 左右).等待 6~10 分钟,加热电阻丝已发红后,用手顺时针拨动飞轮,热机即可运转(若运转不起来,可观测热机测试仪显示的温度,冷热端温度差在 100 ℃以上时易于启动).

2.3 减小加热电压至第 1 挡(24 V 左右),调节示波器 X 和 Y 两个通道的挡位分别为 0.1 V 和 0.2 V,然后将两个通道都调至交流挡位,观察压力 p 和容积信号 V,以及 p 和 V 之间的相位关系等;再调节左右和上下移动旋钮,并把 $p-V$ 图调节到最适合观察的位置.等待约 10 分钟,温度和转速平衡后,记录当前加热电压,并从热机测试仪(或计算机)上读取温度和转速,根据双踪示波器显示的 $p-V$ 图刻度,在坐标纸上描绘出 $p-V$ 图,并估算 $p-V$ 图面积.

2.4 逐步加大加热功率,等待约 10 分钟,温度和转速平衡后,重复以上测量 4 次以上.

2.5 作 $nW/\Delta T$ 与 $\Delta T/T_1$ 的关系图,验证卡诺定理.

3. 测量热机输出功率/效率和负载的关系

3.1 在最大加热功率下,用手轻触飞轮让热机停止运转,然后将力矩计装在飞轮轴上,拨动飞轮,让热机继续运转.

3.2 调节力矩计的摩擦力(不要停机),待输出力矩,转速,温度稳定后,读取并记录各项参数于表 3.7.2 中.

3.3 保持输入功率不变,逐步增大输出力矩,重复以上测量 5 次以上.

3.4 作出输出功率 P_o 与转速 n 的关系图.分析在同一输入功率下,输出功率或效率与负载的关系,并根据数据分析原因.

【注意事项】

1. 加热端在工作时温度很高，而且在停止加热后1小时内仍然会有很高温度，请小心操作，否则会被烫伤.

2. 在热机没有运转的状态下，严禁长时间大功率加热，若热机运转过程中因各种原因停止转动，必须用手拨动飞轮帮助其重新运转或立即关闭电源，否则会损坏仪器.

3. 热机汽缸等部位为玻璃制造，容易损坏，请谨慎操作.

4. 记录测量数据前须保证已基本达到热平衡，避免出现较大误差.等待热机稳定读数的时间一般在10分钟左右.

5. 在读力矩的时候，力矩计可能会摇摆.这时可以用手轻托力矩计底部，缓慢放手后可以稳定力矩计，如果还有轻微摇摆，则读取中间值.

6. 飞轮在运转时，应谨慎操作，避免被飞轮边沿割伤.

【数据记录与处理】

将实验数据记录于表3.7.1和表3.7.2.

表3.7.1　测量不同冷热端温度时的热功转换值

加热电压 V	热端温度 T_1	温度差 ΔT	$\Delta T/T_1$	W(p-V图面积)	热机转速 n	$nW/\Delta T$

表3.7.2　测量热机输出功率随负载及转速的变化关系

输入功率 $P_i=VI=$____

热端温度 T_1	温度差 ΔT	输出力矩 M	热机转速 n	输出功率 $P_o=2\pi nM$	输出效率 $\eta_{o/i}=P_o/P_i$

用示波器 p-V 图面积估算每个循环热机做功的方法如下：如图3.7.3所示，以图中椭圆所围部分每个小格为单位，采用割补法、近似法（如近似三角形、近似梯

形、近似平行四边形等)等方法估算出每小格的面积,再将所有小格的面积加起来,得到 $p-V$ 图的近似面积,单位为"V^2".根据容积 V,压强 p 与输出电压的关系,可以换算为焦耳.

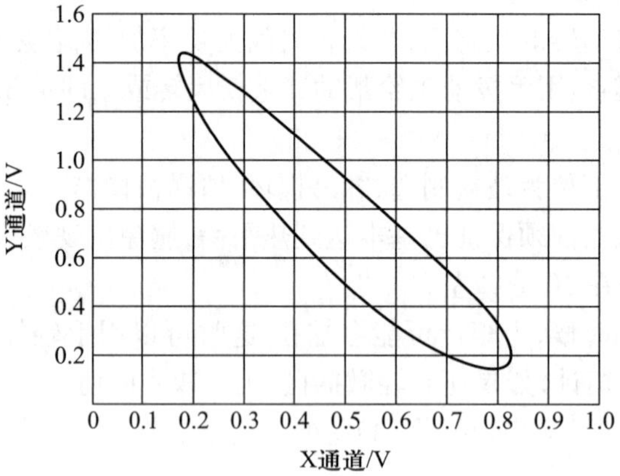

图 3.7.3 示波器观测的热机实验 $p-V$ 曲线

容积(X 通道):$1V=1.333\times10^{-5}\ m^3$;压力(Y 通道):$1V=2.164\times10^4\ Pa$;则:$1V^2=0.288\ J$

【思考题】

1. 实验中测得的热机效率比理论值低的原因?
2. 如何提高热机效率?

3.8 电学元件伏安特性的测量

【实验简介】

电学元件伏安特性的测量是电学实验中最基本的测量方法之一,它们所用的实验方法、实验仪器都是电学实验中最基本的实验方法和仪器,而电学元件伏安特性的测量又对了解电学元件的特性、确定电学元件在线路中的作用以及正确选择电学元件具有重要作用.本实验通过电学元件伏安特性的测量,掌握这种基本测量方法和电学基本仪器的使用.

【实验目的】

1. 掌握一些基本电学仪器的使用、线路的连接及电学实验操作规程.
2. 掌握伏安法测量时测量电路的选择.
3. 测二极管的伏安特性曲线,了解二极管的导电特性.
4. 学会用作图法处理数据.

【预习思考题】

1. 电流表、电压表使用时应注意什么问题？

2. 滑线变阻器在线路中有哪几种接法？各起什么作用？本实验滑线变阻器采用哪种接法？为什么？接通电路前，滑动端应置于什么位置？

3. 如何选择测电阻和二极管伏安特性的线路？

4. 了解本实验所用电阻、二极管的有关参量，根据这些参量，如何设置线路中各元件参量及元件上电流、电压的测量范围？

5. 实验中如何正确连接线路和安全用电？

【实验仪器】

待测电阻，二极管(2AP9)，直流稳压电源，滑线变阻器，电压表，毫安表，微安表，开关，导线等.

【实验原理】

1. 电学元件的伏安特性

给电学元件两端加上一定的电压，在元件上就有一定的电流流过，当元件两端电压变化时，元件上的电流也随之发生变化，元件上电流随电压的变化关系称为该元件的伏安特性，一般以电压为横坐标、电流为纵坐标作出的元件电流-电压关系曲线，称为该元件的伏安特性曲线.伏安特性曲线为直线的元件称为线性元件，如碳膜电阻、绕线电阻等，伏安特性曲线为非直线的元件称为非线性元件，如二极管、三极管、小灯泡、热敏电阻等.

根据欧姆定律

$$R=U/I \tag{3.8.1}$$

若知道元件两端的电压和流过元件上的电流，就可求得元件的阻值.非线性元件的阻值随电压(或电流)的变化而变化，因此，分析它的阻值必须指出其工作电压(或电流).表示非线性元件的电阻有两种方法：，一种叫静态电阻(或叫直流电阻)，用 R_D 表示，它等于工作点的电压与电流之比，用公式表示为 $R_D=\frac{U_D}{I_D}$；另一种叫动态电阻，用 r_D 表示，它等于工作点附近电压改变量与电流改变量之比，用公式表示为 $r_D=\left.\frac{dU}{dI}\right|_D$.

研究元件伏安特性常用的方法有两种：伏安法和示波法，本实验采用伏安法.伏安法是利用电压表、电流表测量元件两端的电压和元件上的电流，来研究元件的伏安特性.

2. 伏安法测量时电路的选择

伏安法测电阻时，电表连接方法有两种：电流表内接和电流表外接，如图 3.8.1 所示.由于电表内阻的影响，这两种接法都会对测量结果产生一定的系统误差.

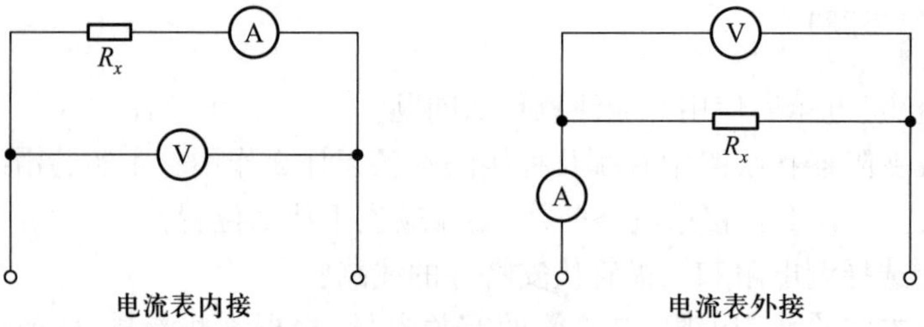

图 3.8.1

电流表内接时，电流表测出的电流 I 是元件上流过的电流 I_x，但电压表上测出的电压 U 不仅包括元件两端的电压 U_x，还包括电流表两端的电压 U_I；而电流表外接时，电压表测出的电压 U 是元件两端的电压 U_x，但电流表测出的电流 I 不仅包括元件上流过的电流 I_x，还包括电压表上流过的电流 I_V. 由于电流表和电压表都不是理想电表，显然用 U/I 来表示被测电阻的大小，不管是内接法还是外接法，都存在电表内阻的影响而引入的误差，此误差称为电表的接入误差.

对于电流表内接：

$$\frac{U}{I}=R_x+R_{\mathrm{A}}$$

其中 U/I 为实测值，R_x、R_{A} 分别为待测电阻的真实值和电流表的内阻，其接入误差为

$$E=\frac{\Delta R_x}{R_x}=\frac{\frac{U}{I}-R_x}{R_x}=\frac{R_{\mathrm{A}}}{R_x} \tag{3.8.2}$$

对于电流表外接：

$$\frac{U}{I}=\frac{R_xR_V}{R_x+R_V}$$

其中 R_V 为电压表的内阻，其接入误差为

$$E=\frac{\Delta R_x}{R_x}=\frac{\frac{U}{I}-R_x}{R_x}=\frac{\frac{R_xR_V}{R_x+R_V}-R_x}{R_x}=-\frac{R_x}{R_x+R_V}=-\frac{1}{1+\frac{R_V}{R_x}} \tag{3.8.3}$$

接入误差属于系统误差中的已定系统误差，只要知道电压表、电流表的内阻 R_V、R_{A}，总可以把电表的接入误差计算出来，对测量结果加以修正，但这毕竟比较麻烦，通常是合理选择电表接入方法使接入误差减小至能忽略的程度.

由(3.8.2)式和(3.8.3)式可知：当 $R_x \gg R_{\mathrm{A}}$ 时，内接法接入误差小，一般采用内接法测量线路；当 $R_x \ll R_V$ 时，外接法接入误差小，一般采用外接法测量线路. 由(3.8.3)式可知，当 $R_x \ll R_V$ 时，$E=\frac{R_x}{R_V}$，由此我们建立一判别式，当$\frac{R_{\mathrm{A}}}{R_x}<\frac{R_x}{R_V}$，即 $R_x>$

$\sqrt{R_A R_V}$时采用内接法,反之采用外接法.

3. 晶体二极管的导电特性

晶体二极管是一种常用的非线性元件,是由两种不同导电性能的 p 型半导体和 n 型半导体结合形成的 pn 结所构成,它有正负两个电极,正极由 p 型半导体引出,负极由 n 型半导体引出,其结构和符号如图 3.8.2 所示.

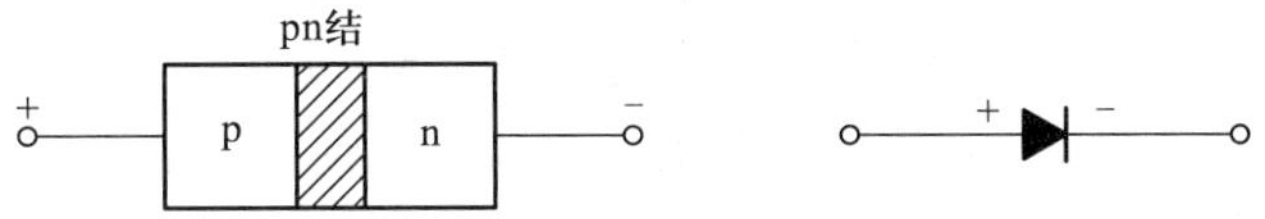

图 3.8.2

二极管的特性是单向导电性,其伏安特性曲线如图 3.8.3 所示.二极管加正向电压,当正向电压很小时,电流缓慢增加,当电压超过一定数值(称为导通电压,锗管的正向导通电压约在 0.2~0.4 V,硅管的正向导通电压约为 0.6~0.8 V),电流快速增大,伏安特性近似一条直线.加反向电压,二极管呈现的电阻很大,反向电流很小,随着反向电压的增大,反向电流趋于饱和,这时电流称为反向饱和电流,在反向电压超过某一数值时,电流急剧增大,这时电压称为反向击穿电压.一般锗管的反向电流在几十到几百微安,而硅管的反向电流一般在 1 μA 以下.

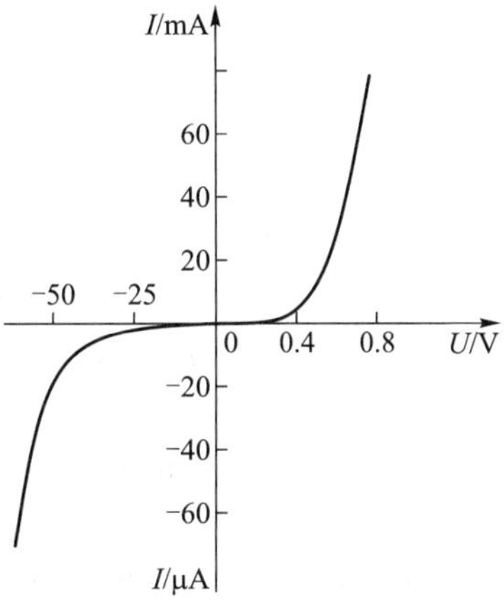

图 3.8.3

反映二极管特性的主要参量是:最大整流电流 I_f、最大反向电压 U_b、反向电流 I_r.最大整流电流为二极管正常工作时允许通过的最大正向电流,使用二极管时,其电流不能超过其最大整流电流 I_f,否则会损坏二极管;最大反向电压一般为反向击穿电压的一半,二极管工作时,其反向电压不能超过此值;反向电流为反向饱和电流的额定值.

【实验内容与步骤】

1. 用伏安法分别测阻值为几十欧和几千欧的电阻

1.1 根据待测电阻、电流表、电压表内阻的大小选择并画出测量线路.

1.2 合理选取电流表、电压表量程、电源输出电压,按测量线路连线,检查线路是否正确.

1.3 接通线路,记录电阻上流过的电流和电阻两端电压的大小,并记录电表的量程、级别及内阻.

1.4 计算待测电阻,并估算电表的仪器误差对测量结果不确定度的影响,正确表示测量结果,将数据记入表 3.8.1 中.

2. 测 2AP9 型二极管的伏安特性

2.1　了解二极管的主要参量：型号、最大整流电流、最大反向电压、反向电流，测量时二极管上的电流、电压应在允许范围内.

2.2　测二极管的正向伏安特性曲线

画出测二极管正向伏安特性的电路图，合理选取电流表、电压表量程、电源输出电压，按测量线路连线.

接通线路，先定性观察二极管电流随电压的变化情况，合理选取测量点，记录二极管上不同电压对应的电流值，将数据记入表 3.8.2 中.

2.3　测二极管的反向伏安特性曲线

重复 2.2 测二极管反向伏安特性.

2.4　在同一张坐标纸上作出二极管的正向、反向伏安特性曲线，将数据记入表 3.8.3 中.

【注意事项】

1. 实验前要了解元件参量、性能、特点，确保元件安全使用和正常工作.实验时勿使元件电流、电压超过其额定值.

2. 确定测量范围时，既要保证元件安全，又要覆盖正常工作范围，以反映元件特性.根据测量范围选择线路中电源电压及电表量程.

3. 实验时应注意合理选取测量点.测量之前，先定性观察元件特性，在电流变化缓慢的地方，测量点可取疏一点，电流变化快的地方，测量点密一些.

4. 电表在使用时要注意选择合适的量程和正确读数；滑线变阻器控制电路的选择应考虑到调节方便、能满足测量范围的要求.

【数据记录与处理】

表 3.8.1　伏安法测电阻

待测电阻	电表接法	电压表				电流表			
		内阻 R_V	量程 U_m	级别 a_U	电压 U	内阻 R_A	量程 I_m	级别 a_I	电流 I
几十欧									
几千欧									

几十欧电阻：

$R_{测}=\dfrac{U}{I}=$____________；

$\Delta_U=\Delta_{U仪}=a_U\%\cdot U_m=$____________；$\Delta_I=\Delta_{I仪}=a_I\%\cdot I_m=$____________；

$E_{R_{测}}=\dfrac{\Delta_{R_{测}}}{R_{测}}=\sqrt{\left(\dfrac{\Delta_U}{U}\right)^2+\left(\dfrac{\Delta_I}{I}\right)^2}=$____________；$\Delta_{R_{测}}=R_{测}\cdot E_{R_{测}}=$____________；

$R=R_{测}\pm\Delta_{R_{测}}=$____________.

几千欧电阻：(同上)

表 3.8.2 测二极管正向伏安特性曲线

U/V								
I/mA								

表 3.8.3 测二极管反向伏安特性曲线

U/V								
I/μA								

在同一张坐标纸上作出二极管的正向、反向伏安特性曲线.反向伏安特性曲线 U、I 都为负值,坐标轴的正、反向刻度值及单位可以不同.

【思考题】

1. 测二极管正反向伏安特性时应注意些什么问题?
2. 两个阻值不同的滑线变阻器连成分压线路,作分压调节时,哪一个滑线变阻器容易控制元件上的电压?

3.9 惠斯通电桥

【实验简介】

惠斯通电桥是一种精确测量电阻的装置.

电桥法测电阻的实质是将被测电阻与已知电阻相比较,从而确定待测电阻的阻值.制造高精度的电阻比较容易,因此电桥法测电阻容易获得较高的测量精度.

直流电桥主要分为单臂电桥(又称惠斯通电桥)和双臂电桥(又称开尔文电桥).单臂电桥用于测量中值电阻($10\sim10^6\ \Omega$),双臂电桥用于测量 1 Ω 以下的低值电阻.

【实验目的】

1. 了解惠斯通电桥测电阻的原理,掌握用惠斯通电桥测电阻的方法.
2. 了解电桥的灵敏度,学习合理选择实验条件,减小系统误差.

【预习思考题】

1. 调电桥平衡的技巧是什么?
2. 使用检流计有哪些注意事项?
3. 调节电桥平衡的过程中,如何使用保护开关 S_1 和滑线变阻器 R?
4. 惠斯通电桥测电阻系统误差产生的原因主要有哪三种?

【实验仪器】

检流计,电阻箱,干电池,滑线变阻器,保护开关,待测电阻,导线,开关.

【实验原理】

1. 电桥的基本原理和平衡条件

惠斯通电桥的基本电路如图 3.9.1 所示.电阻 R_1、R_2、R_s、R_x 组成电桥的四个桥臂,C、D 两点间接有检流计将两点的电位直接进行比较,当两点电位相等时,检流计 G 中无电流通过,我们称电桥达到平衡.这时有

$$I_1R_1=I_2R_2,\quad I_1R_s=I_2R_x$$

由上两式得出电桥的平衡条件:

$$\frac{R_1}{R_2}=\frac{R_s}{R_x}$$

平衡时,若已知 R_1、R_2、R_s 则可求得:

$$R_x=\frac{R_2}{R_1}R_s \tag{3.9.1}$$

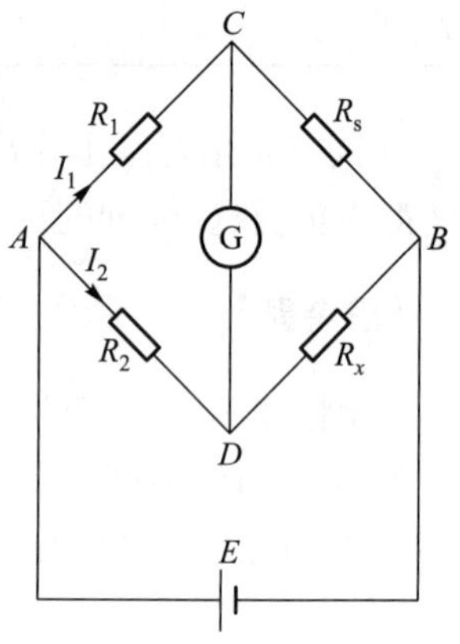

图 3.9.1

用惠斯通电桥测电阻 R_x 时,首先要调电桥的平衡.本实验中 R_1、R_2、R_s 均使用电阻箱,都是可调的.但调节平衡时最好先固定比率系数(或叫倍率)$K_r=\dfrac{R_2}{R_1}$,然后再调 R_s 直至平衡.

2. 电桥的灵敏度

调节电桥平衡是根据检流计是否有偏转来判断的.由于检流计的灵敏度是有限的,一般在检流计的指针偏转小于 0.1 格时,我们难以分辨,会误认为电桥已达到平衡,实际上这时仍有一个很小的电流通过检流计,这时测得的实验数据就产生了系统误差.

为估计这个误差我们引入电桥灵敏度的概念.当某电桥达到平衡后,若 R_s 有微小的改变量 ΔR_s,检流计将有相应的偏转格数 Δn,则定义此电桥的灵敏度为

$$S=\frac{\Delta n}{\Delta R_s/R_s} \tag{3.9.2}$$

灵敏度的单位是“格”.

利用电桥灵敏度,可估算测量误差.例如灵敏度 $S=100$ 格的电桥,当通过检流计的电流使指针偏转小于 0.1 格时,我们误认为电桥已平衡,这时测得的 R_s 的相对误差可由(3.9.2)式计算:

$$\frac{\Delta R_s}{R_s}=\frac{\Delta n}{S}=\frac{0.1}{100}=0.1\%$$

而电桥灵敏度带给 R_x 的测量结果的相对不确定度应为

$$E=\frac{\Delta R_x}{R_x}=\frac{\Delta R_s}{R_s}=\frac{\Delta n}{S}=\frac{0.1}{100}=0.1\%$$

3. 决定电桥灵敏度的因素

设电桥平衡时四臂的电阻阻值是 R_1、R_2、R_s、R_x，若 R_s 有微小的改变量 ΔR_s，则检流计 G 中将有相应的电流 I_g 流过，引起指针偏转 Δn（见图 3.9.2）. 设检流计内阻为 R_g，流过 R_1、R_2、R_s、R_x 的电流分别为 I_1'、I_2'、I_1''、I_2''，总电流为 I，电桥电压为 U（忽略电源内阻时，$U=E$），则可列出下列等式：

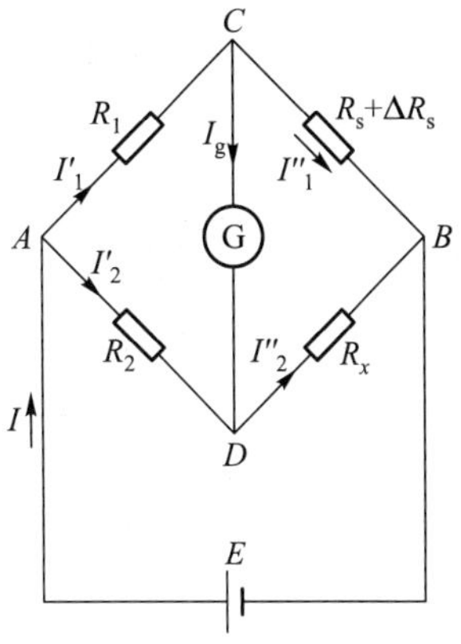

图 3.9.2

$$I_g=I_1'-I_1''$$

$$R_1I_1'+R_gI_g=I_2'R_2$$

$$(R_s+\Delta R_s)I_1''=R_gI_g+R_xI_2''$$

$$I=I_1'+I_2'=I_1''+I_2''\approx\frac{U}{R_1/\!/R_2+R_x/\!/(R_s+\Delta R_s)}$$

从以上几式以及（3.9.1）式可解出

$$I_g\approx\frac{U}{R_1+R_2+R_s+R_x}\cdot\frac{\Delta R_s}{R_s}\cdot\frac{1}{1+\frac{R_g}{R_1+R_2}+\frac{R_g}{R_x+R_s}}\tag{3.9.3}$$

将四臂电阻之和记为 R_T，将检流计灵敏度记为 S_g，S_g 的定义是

$$S_g=\frac{\Delta n}{I_g}\tag{3.9.4}$$

则根据（3.9.2）式、（3.9.3）式、（3.9.4）式可得

$$S=\frac{\Delta n}{\Delta R_s/R_s}=\frac{S_g\cdot U}{R_T}+\frac{1}{1+\frac{R_g}{R_1+R_2}+\frac{R_g}{R_s+R_x}}\tag{3.9.5}$$

通常检流计内阻比较小，如 R_1+R_2 及 R_x+R_s 均比 R_g 大得多. 则（3.9.5）式可简化为

$$S=\frac{S_g\cdot U}{R_T}\tag{3.9.6}$$

可见电桥灵敏度与检流计灵敏度、电桥工作电压 U、四臂电阻值，以及检流计内阻有关.（3.9.6）式为我们提供了提高电桥灵敏度的方法.

4. 电桥法测电阻系统误差的主要来源

电桥法测电阻的主要优点是精度高，为达到精确的测量，有必要全面分析引起误差的各种原因.

4.1　由于电桥的灵敏度不够高，会引起误差，在检流计和电源电压给定的情况下，为提高电桥灵敏度，应合理选择四臂电阻的阻值.

4.2 R_1、R_2、R_s 是电阻箱,它们的读数值和真实值之间存在误差,其大小取决于电阻箱的准确度等级.

4.3 如果电阻箱的取值太小,则会减少有效数字位数,同时接线柱的接触电阻和导线电阻(可能达到 0.1 Ω 以上)也不可忽略.

在以上几种误差中,由第二种原因引起的误差无法减小(除非用更好的电阻箱),第一、三两种原因引起的误差,可以通过合理选择 S、R_1、R_2 使其小于由第二种原因引起的误差,这样才能得最佳的测量效果.

【实验内容与步骤】

1. 自搭一个惠斯通电桥

按电路图 3.9.3 自搭一个惠斯通电桥.此电路与图 3.9.1 的原理图相比,多了滑线变阻器 R、保护开关 S_1 和开关 S.滑线变阻器 R 起到调节电桥工作电流的作用,先将其置于最大,随着电桥的逐渐平衡,由大到小调节直至为零.保护开关 S_1 对流过 C、D 间的电流限流,当电桥不平衡时,可防止流过检流计的电流过大,保护检流计.保护开关 S_1 应先置于"粗调",随着电桥的逐渐平衡调至"中调"直至"细调".检流计的使用方法见本节附录.

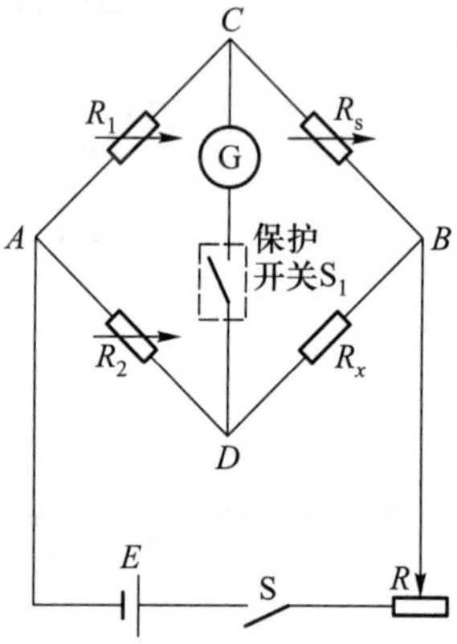

图 3.9.3

2. 测量 1 号未知电阻

用自搭的电桥分别在下面几种情况下,测出未知阻值,填入表 3.9.1.

① $R_2:R_1=0.1$,其中 R_1 约数千欧;

② $R_2:R_1=1$,其中 R_1 约数百欧;

③ $R_2:R_1=10$,其中 R_1 约数百欧.

调平衡技巧:先固定比率系数 K_r,调 R_s,使 G 改变偏转方向以确定 R_s 的范围.进一步使 R_s 范围减小,再仔细调节 R_s.

最后确认平衡时,要使开关 S 反复地一开一合,若看不出指针有转动,即电桥已平衡.

3. 在上述三种情况下,分别测出电桥灵敏度

电桥灵敏度测量方法:当电桥平衡时,改变 R_s 到 $R_s+\Delta R_s$,使 G 偏转 $\Delta n(<5)$ 格,则

$$S=\frac{\Delta n}{\Delta R_s/R_s} \quad (格)$$

将数据 ΔR_s、Δn、检流计量程 I_g 全部记入表 3.9.1.

4. 测量 2 号未知电阻

先确定该阻值范围,然后自己选择合适的实验条件,分别在两个倍率 K_r 值下测出未知电阻阻值,同时测出电桥灵敏度,数据填入表 3.9.1.

【注意事项】

为保护检流计,当检流计指针偏转过大时,应首先断开电源开关 S,再仔细调节 R_s.

【数据记录与处理】

表 3.9.1 电阻测量数据

电阻箱准确度等级 α=________

待测电阻	R_1/Ω	R_2/Ω	$K_r=R_2/R_1$	R_s/Ω	$I_g/\mu A$	$\Delta R_s/\Omega$	Δn(格)
1 号							
1 号							
1 号							
2 号							
2 号							

1. 结果计算

由(3.9.1)式和(3.9.6)式分别计算出 R_x、S,填入表 3.9.2;

表 3.9.2 电阻测量数据处理结果

待测电阻	R_x/Ω	S(格)	E_1	E_2	E	Δ_{R_x}/Ω	$R_x\pm\Delta_{R_x}/\Omega$
1 号							
1 号							
1 号							
2 号							
2 号							

2. 不确定度计算

2.1 电桥灵敏度引起的不确定度分量:$E_1=\dfrac{\Delta_{R_{x_1}}}{R_x}=\dfrac{\Delta'_{R_s}}{R_s}=\dfrac{\Delta n}{S}=\dfrac{0.1}{S}$

2.2 电阻箱阻值误差引起的不确定度分量:$E_2=\dfrac{\Delta_{R_{x_2}}}{R_x}=\sqrt{\left(\dfrac{\Delta_{R_1}}{R_1}\right)^2+\left(\dfrac{\Delta_{R_2}}{R_2}\right)^2+\left(\dfrac{\Delta_{R_s}}{R_s}\right)^2}$

2.3 导线电阻引起的不确定度:实验中电阻取值较大可以不考虑导线电阻.

因此,R_x 测量值的总相对不确定度为:$E=\sqrt{E_1^2+E_2^2}$,其中$\dfrac{\Delta_{R_1}}{R_1}$,$\dfrac{\Delta_{R_2}}{R_2}$,$\dfrac{\Delta_{R_s}}{R_s}$根据电阻箱等级计算(等级标在电阻箱侧面或底部,计算可参考“第二章 基本实验仪器”中

有关内容).R_x 测量值的总不确定度为 $\Delta_{R_x}=ER_x$.

【思考题】

1.下列因素是否会使电桥测量的系统误差增大?

(1) 电源电压不太稳定;

(2) 导线电阻;

(3) 检流计没有调好零点;

(4) 检流计灵敏度不够高.

2. 从实验结果分析,电桥桥臂比的选择对测量结果有何影响?

3. 根据实验原理中对系统误差的分析,结合实验结果分析一下,在确定了 R_x 的大致范围之后,怎样选择 K_r 和 R_1,R_2 能使系统误差尽量减小?

【附录】

实验中使用的 AC5 型直流检流计采用高性能集成运算放大器将微弱信号转换成电压输出,用宽表面指针显示电流值,灵敏度高、过载能力强、抗震性好,AC5 型直流检流计有 7 个量程,各自的测量范围、分辨率、灵敏度和内阻列于下表中:

测量范围 I_g	分辨率	灵敏度 S_g	内阻
0~±1 μA	2×10^{-8} A/格	5×10^{7}格/ A	1 000 Ω
0~±3 μA	5×10^{-8} A/格	2×10^{7}格/ A	333 Ω
0~±10 μA	2×10^{-7} A/格	5×10^{6}格/ A	100 Ω
0~±30 μA	5×10^{-7} A/格	2×10^{6}格/A	33.3 Ω
0~±100 μA	2×10^{-6} A/格	5×10^{5}格/A	10.0 Ω
0~±300 μA	5×10^{-6} A/格	2×10^{5}格/A	3.33 Ω
0~±1 mA	2×10^{-5} A/格	5×10^{4}格/A	1.00 Ω

使用检流计时应注意以下几点:

1. 开机:将检流计背面的电源开关打开,将选择开关置于“电源检查”,观察表面指针是否偏转.如偏转说明检流计电源工作正常,如不偏转说明检流计电源部分有故障.

2. 调零:使用检流计之前一定要先调零.将选择开关置于“调零”,使用“调零”旋钮将指针缓慢地调到零刻度处.

3. 选择灵敏度:为保护检流计,灵敏度选择应由低到高.

用检流计检测电桥的平衡,应先选择一个较低的灵敏度对电桥进行调节,当指针偏转接近零时,依次增高灵敏度,不断调节直到电桥完全平衡.

那么,灵敏度增高到多少是合适的呢? 例如我们固定 R_1、R_2,调节 R_s,当 R_s 在最小可调挡两个相邻的数值间变化时，检流计指针并不指零而是改变了偏转方向，则表明检流计的灵敏度太高了，这时应将灵敏度减小一挡.

3.10 双臂电桥测低值电阻

【实验简介】

电阻按照阻值大小可分为高电阻（10^6 Ω 以上）、中电阻（1 ~ 10^6 Ω）和低电阻（1 Ω 以下）三种. 在测量低电阻时，导线电阻及接触电阻所引起的附加电阻（约 10^{-5} ~ 10^{-1} Ω）不能忽略. 对惠斯通电桥加以改进而成的双臂电桥（又称开尔文电桥）消除了附加电阻的影响，适用于 10^{-5} ~ 10^2 Ω 低电阻的测量. 本实验要求在掌握双臂电桥工作原理的基础上，用双臂电桥测金属材料的电阻率.

【实验目的】

1. 熟悉双臂电桥的原理、特点和接线方法.
2. 掌握测量低电阻的特殊性和采用四端接法的必要性.
3. 了解金属电阻率测量方法的要点.

【预习思考题】

1. 测量低阻值电阻时为什么要用四端连接方式？
2. 利用双臂电桥测低电阻时，为什么要始终保持$\frac{R_1}{R_2}=\frac{R_3}{R_4}$？

【实验仪器】

直流电源，灵敏检流计，电阻箱，标准低阻值电阻，滑线变阻器，待测金属棒（铜棒、铁棒、铝棒）和开关等.

【实验原理】

1. 低电阻的测量

测量低电阻时，导线电阻及接触电阻所引起的附加电阻不能忽略，为消除其造成的测量误差，低电阻必须以“四端电阻”的形式连入测量电路. 用伏安法测普通中阻值电阻时只有两个接线端，如图 3.10.1 所示，电阻 R 两端共有 A 和 B 两个接点，电流和电压的测量都经过这两个接点. 如果把 A 和 B 点的接触电阻及各导线电阻用分立电阻表示，并考虑到它们对电路的影响，可分为六个电阻，记为 R_1 ~ R_6，等效电路如图 3.10.2 所示. 图中连线及接点都是理想的，无电阻；R_2+R_5 远小于电压表内阻，可忽略不计；R_1+R_6 不影响对 R 的测量精度；对一般的中阻值电阻，R_3+R_4 远小于 R，一般情况下也不影响测量，所以测量普通中阻值电阻时用两端连线即可. 但如果 R 是低阻值电阻，R_3+R_4 与 R 相比不能忽略，甚至比 R 大得多，这样的两端连接方法就无法准确测量 R 的阻值.

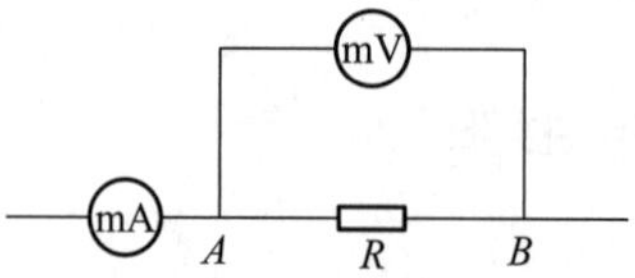

图 3.10.1

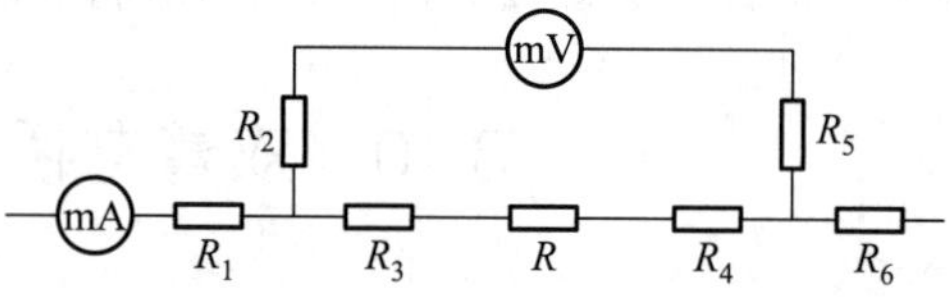

图 3.10.2

由以上分析可知,在测量低电阻时,应设法使 R_3 和 R_4 减小到零.但实际上我们不可能消除附加电阻,只能通过改变连接方式去掉 R_3 和 R_4.具体做法是:按图 3.10.3的方式连线,把连接电压表和电流表的接头分开,其中连接电压表的接头放在里面.可以看出,附加电阻 R_3+R_4 被消除了,待测电阻阻值可准确测出.当然这时测出的阻值一定是 CD 段的阻值,电阻 R 两端各有一小部分 AC 和 DB 段被算到附加电阻 R_1 和 R_6 中了,至于整个电阻即 A 到 B 的阻值,难以直接准确测出,只可以推算出来.

因此,在测量电阻时,若将电流接头和电压接头分开,并把电压接头放在电流接头的里面,则可消除附加电阻造成的测量误差,这种连接方法即为四端法.实际中,高等级标准低电阻就具有四个接头,高精度的万用电表也具备四根测量线,专供精测低电阻使用.

2. 双臂电桥

依据普通惠斯通电桥的设计思想,并结合低电阻必须用四端法测量的特殊性,构成了双臂电桥,或称开尔文电桥.双臂电桥的原理如图 3.10.4 所示,R_s 和 R_x 分别为已知标准电阻和待测低电阻,二者都采用四端接法;R_1、R_2、R_3 和 R_4 为已知中阻值电阻,附加电阻对它们的影响可忽略.R_d 起限流的作用.

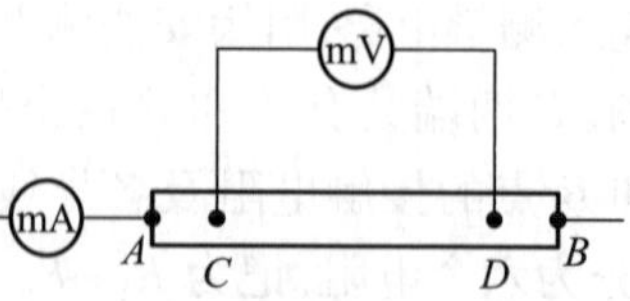

图 3.10.3

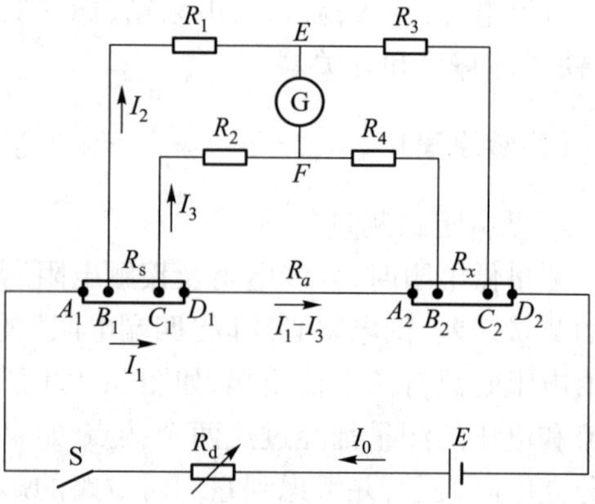

图 3.10.4

设总电流在 B_1点分为 I_1和 I_2,I_1在 C_1点又分为 I_3 及(I_1-I_3)两部分.当电桥平衡时,检流计中无电流,其两端电位 U_E和 U_F相等.由 B_1点到 E 点及 B_1点到 F 点的

电压相等,可得

$$I_2R_1=I_1R_s+I_3R_2$$

同理,根据 E 点到 C_2 及 F 点到 C_2 的电压相等,有

$$I_2R_3=I_3R_4+I_1R_x$$

设 C_1 点到 B_2 点的附加电阻为 R_a,由 C_1 点到 B_2 点两条支路的压降相等,得

$$I_3(R_2+R_4)=(I_1-I_3)R_a$$

以上三式联立解得

$$R_x=\frac{R_3}{R_1}R_s+\frac{R_aR_2}{R_2+R_4+R_a}\left(\frac{R_3}{R_1}-\frac{R_4}{R_2}\right) \tag{3.10.1}$$

如果令 $R_1=R_2$,$R_3=R_4$,则上式右边第二项

$$\frac{R_aR_2}{R_2+R_4+R_a}\left(\frac{R_3}{R_1}-\frac{R_4}{R_2}\right)=0$$

于是可得到

$$R_x=\frac{R_3}{R_1}R_s \tag{3.10.2}$$

在(3.10.1)式中,R_a 是导线和接点引起的附加电阻,阻值无法得到,即使电桥平衡也不能由该式解得 R_x.所以只有在实验中始终保持第二项为零,即保持$\frac{R_3}{R_1}=\frac{R_4}{R_2}$,才可由(3.10.2)式得到 R_x.为方便起见,一般取 $R_3=R_4$,$R_1=R_2$.

【实验内容与步骤】

1. 按电路图搭建双臂电桥

1.1　按图 3.10.4 连接电路,其中 R_1 和 R_2 用电阻箱,R_3 和 R_4 用标准电阻,R_d 起限流作用,取值几十欧姆.线路接好后要仔细检查,确认正确无误.

1.2　根据 R_x 的粗略阻值及已知的 R_3、R_4 和 R_s 的值,估算出 $R_1(=R_2)$ 的阻值,并将 R_1 和 R_2 的初始值(绝对不能置于零)置于适当位置.检流计调零,并将其量程旋钮置于低灵敏度挡(即大量程挡),然后闭合开关 S.

2. 测量金属棒的电阻并计算电阻率

2.1　同步调节 R_1 和 R_2 两电阻箱的阻值,从初始值开始,使二者等值变化,观察检流计指针的偏转.当两电阻箱调节到检流计指针指零时,即粗调电桥平衡.然后依次提高检流计的灵敏度,同步调节 R_1 和 R_2,使得检流计指针始终指零,并记录 R_1 和 R_2 最后的阻值.

2.2　更换给定的其余两种待测金属棒,重复上述调节步骤,依次测出 $R_1=R_2$ 的值.将 R_1、R_3 和 R_s 的值代入到(3.10.2)式中,计算出三种金属棒的电阻,将数据记入表 3.10.1 中.

2.3　用米尺测量待测金属棒两电压接头之间的距离 l,用游标卡尺测量金属

棒的直径，取不同部位测六次（$d_1 \sim d_6$），求平均值$\bar{d}$. 根据公式 $\rho=\frac{\pi \bar{d}^2}{4l}R_x$ 计算出各金属棒的电阻率，并求其不确定度，正确表示测量结果，将数据记入表 3.10.2 中.

【注意事项】

1. 按线路图接线，标准电阻和未知电阻连接到双臂电桥时注意电压头接线顺序.

2. 保护检流计.

【数据记录与处理】

表 3.10.1 双臂电桥测电阻

金属棒	R_s/Ω	R_3/Ω	R_1/Ω	R_x/Ω
铜				
铁				
铝				

$E_{R_x}=\sqrt{\frac{\Delta_{R_s}^2}{R_s^2}+\frac{\Delta_{R_3}^2}{R_3^2}+\frac{\Delta_{R_1}^2}{R_1^2}}=$__________，$\bar{R}_x=\frac{R_3}{R_1}R_s=$__________ Ω

$\Delta_{R_x}=\bar{R}_x\cdot E_{R_x}=$__________ Ω，$R_x=\bar{R}_x\pm\Delta_{R_x}=$__________ Ω

表 3.10.2 待测金属棒的几何尺寸

金属棒	d_1/cm	d_2/cm	d_3/cm	d_4/cm	d_5/cm	d_6/cm	$\bar{d}$/cm	l/cm
铜								
铁								
铝								

$\Delta_l=0.05$ cm

$\Delta_{dA}=\sqrt{\frac{\sum_{i=1}^{6}(d_i-\bar{d})^2}{6-1}}=$__________ cm，$\Delta_d=\sqrt{\Delta_{dA}^2+\Delta_{dB}^2}=$__________ cm

$E_\rho=\sqrt{\left(\frac{2\Delta_d}{d}\right)^2+\left(\frac{\Delta_{R_x}}{R_x}\right)^2+\left(\frac{\Delta_l}{l}\right)^2}=$__________

$\bar{\rho}=\frac{\pi\bar{d}^2}{4l}R_x=$__________ Ω · cm，$\Delta_\rho=\bar{\rho}\cdot E_\rho=$__________ Ω · cm

$\rho=\bar{\rho}\pm\Delta_\rho=$__________ Ω · cm

【思考题】

1. 如果将标准电阻和待测电阻的电压接头与电流接头互换，等效电路有何变化？有什么问题？

2. 如果被测低电阻的两个电压端引线电阻较大(例如被测电阻远离电桥,所用引线过细过长等),对测量准确度有无影响？

3.11 交流电桥

【实验简介】

交流电桥是一种比较式仪器,在电测技术中占有重要地位.它的用途广泛,不但可以用于测量各种交流阻抗,还可以测量频率、电容、电感、Q 值等电路参量.

常用的交流电桥分为阻抗比电桥和变压器电桥两大类.习惯上一般称阻抗比电桥为交流电桥.本实验中交流电桥指的是阻抗比电桥.交流电桥的线路虽然和直流单臂电桥线路具有同样的结构形式,但因为它的四个臂是阻抗,所以它的平衡条件、线路的组成以及实现平衡的调整过程都比直流电桥复杂.

【实验目的】

1. 掌握交流电桥的电路结构和平衡条件以及调节方法.
2. 掌握用交流电桥测电感和电容的方法.

【预习思考题】

1. 交流电桥平衡的条件是什么？为什么电桥中要两个可调参量？
2. 真空管毫伏表作示零器时,在调节电桥平衡过程中,量程应该如何选择？

【实验仪器】

交流电源,真空毫伏表,交流电阻箱,标准电容箱,标准电感箱,待测电容,待测电感和开关等.

【实验原理】

1. 交流电路中的元件

交流电路中的基本元件有电阻、电感、电容.它们的性质用阻抗 Z 和电压与电流的相位差 ϕ 两个参量来标志,根据交流电路的复数解法,电路中元件或元件组合的复阻抗表示为 $\tilde{Z}=Z\mathrm{e}^{\mathrm{j}\phi}$.对于纯电阻、纯电感、纯电容元件其复阻抗分别表示为

$$\tilde{Z}_R=R$$

$$\tilde{Z}_L=\omega L\mathrm{e}^{\mathrm{j}\frac{\pi}{2}}=\mathrm{j}\omega L$$

$$\tilde{Z}_C=\frac{1}{\omega C}\mathrm{e}^{-\mathrm{j}\frac{\pi}{2}}=\frac{1}{\mathrm{j}\omega C}$$

实际的电感元件存在一定的导线电阻,它可以等效为一个纯电感 L 和一个损

耗电阻 R_L 的串联组合，如图 3.11.1 所示.

图 3.11.1

电容器中一般会有介电常量为 ε 的介质，电路中一小部分电能会在介质中损耗变为热能. 可用 R_C 表示介质损耗电阻. 实际的电容可等效为一个纯电容 C 和一个损耗电阻 R_C 的并联，如图 3.11.2所示，或等效为一个纯电容 C 与损耗电阻 R_C 的串联，如图 3.11.3 所示.

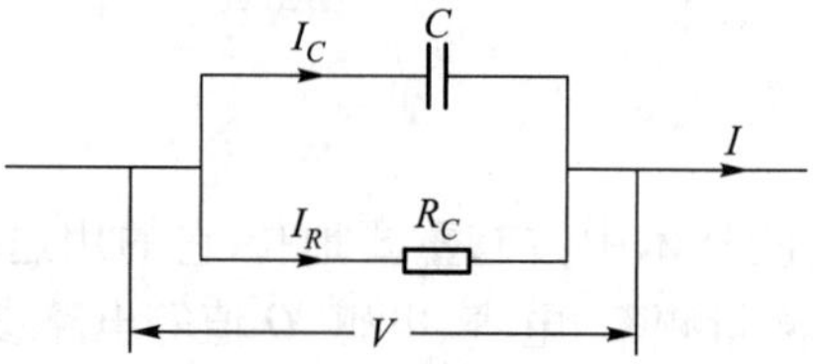

图 3.11.2

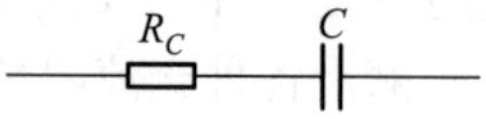

图 3.11.3

2. 交流电桥的结构和平衡条件

交流电桥的线路如图 3.11.4 所示. N 是示零器，可使用交流毫伏表. 四个桥臂可以是电阻、电容或电感，当 $\tilde{Z}_1$、$\tilde{Z}_2$、$\tilde{Z}_3$ 和 $\tilde{Z}_4$ 满足一定关系时，将没有电流流过 N，此时电桥达到平衡. 平衡时，由交流欧姆定律（复数解法）可得到

$$\tilde{I}_1=\tilde{I}_3$$

$$\tilde{I}_2=\tilde{I}_4$$

$$\tilde{I}_1\tilde{Z}_1=\tilde{I}_2\tilde{Z}_2$$

$$\tilde{I}_3\tilde{Z}_3=\tilde{I}_4\tilde{Z}_4$$

则

$$\tilde{Z}_1\tilde{Z}_4=\tilde{Z}_2\tilde{Z}_3 \tag{3.11.1}$$

（3.11.1）式为交流电桥的平衡条件. 它表明：当相对桥臂的复阻抗乘积相等，且等式两端的实部和虚部同时相等时，交流电桥才达到平衡.

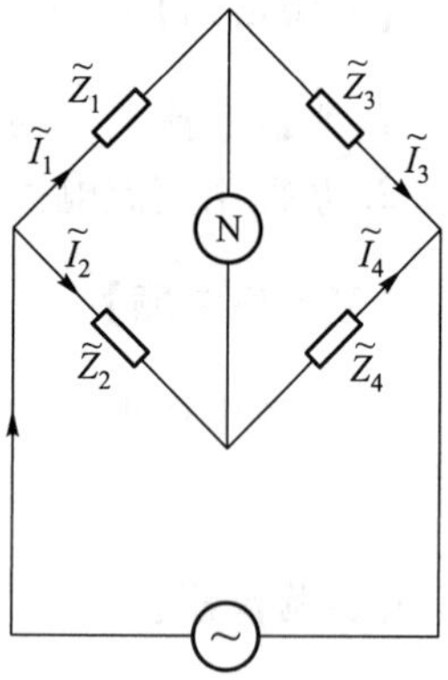

图 3.11.4

3. 测量电容的桥路

实际电容也可以看成是一理想电容 C 与一损耗电阻 R_C 的串联，测量实际电容的桥路如图 3.11.5 所示. C_0 是标准电容器的电容，其损耗电阻很小，可以忽略. R_0、R_1、R_2 是三个电阻，C_x 是待测电容，其损耗电阻为 R_C. 此桥路中

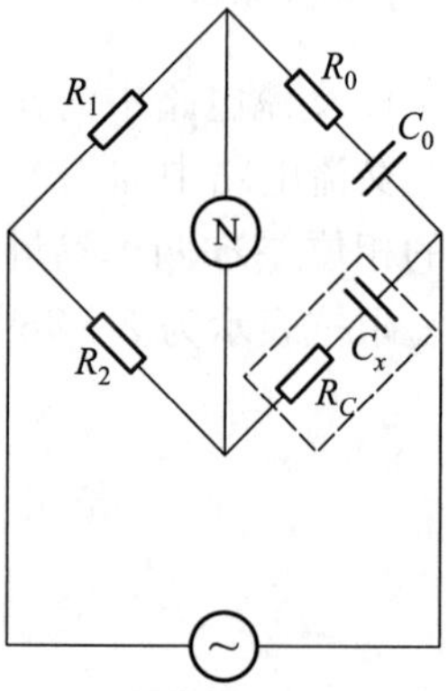

图 3.11.5

$$\tilde{Z}_1=R_1$$

$$\tilde{Z}_2=R_2$$

$$\tilde{Z}_3=R_0+\frac{1}{\mathrm{j}\omega C_0}$$

$$\tilde{Z}_4=R_C+\frac{1}{\mathrm{j}\omega C_x}$$

代入(3.11.1)式得

$$R_1\left(R_C+\frac{1}{\mathrm{j}\omega C_x}\right)=R_2\left(R_0+\frac{1}{\mathrm{j}\omega C_0}\right)$$

令实部与虚部分别相等,得到平衡条件

$$\frac{R_1}{R_2}=\frac{R_0}{R_C} \tag{3.11.2}$$

$$\frac{R_1}{R_2}=\frac{C_x}{C_0} \tag{3.11.3}$$

当(3.11.2)式和(3.11.3)式同时满足时,电桥才能达到平衡,由平衡时的 R_0、R_1、R_2 和 C_0 就可以求出 C_x 和 R_C.

4. 测量电感的桥路

实际电感可看成一理想电感 L 与损耗电阻 R 的串联,因此,测量实际电感的桥路如图 3.11.6 所示,图中 R_0、R_1、R_2 是三个电阻,R_{L_0}是标准电感 L_0 的损耗电阻,R_{L_x}是待测电感 L_x 的损耗电阻.此桥路中

$$\tilde{Z}_1=R_1$$

$$\tilde{Z}_2=R_2$$

$$\tilde{Z}_3=(R_0+R_{L_0})+\mathrm{j}\omega L_0$$

$$\tilde{Z}_4=R_{L_x}+\mathrm{j}\omega L_x$$

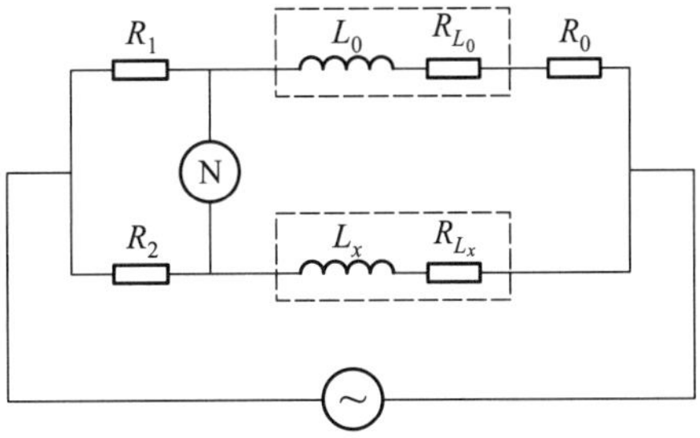

图 3.11.6

代入(3.11.1)式得

$$R_1(R_{L_x}+\mathrm{j}\omega L_x)=R_2(R_0+R_{L_0}+\mathrm{j}\omega L_0)$$

令实部与虚部分别相等,得到平衡条件

$$\frac{R_1}{R_2}=\frac{R_0+R_{L_0}}{R_{L_x}} \tag{3.11.4}$$

$$\frac{R_1}{R_2}=\frac{L_0}{L_x} \tag{3.11.5}$$

当(3.11.4)式和(3.11.5)式同时满足时,电桥才能达到平衡,由平衡时的 R_0、R_1、R_2、L_0 和 R_{L_0}就可以求出 L_x 和 R_{L_x}.

5. 交流电桥平衡的调节方法

在交流电桥的各臂中,至少要有两个参量是可调节的,只是这两个被调节的参量同时达到平衡的数值时,示零器才会指零(实际上,由于杂散电压的存在,示零器仍会有 1 至数 mV 的电压).

在实际调节交流电桥时,可以先将其中一个参量 A 固定在某数值上,而调节另

一个参量 B 使得示零器指示达到最小值,然后将 B 固定在此数值上,再调节 A 使示零器达到新的最小值.同样,再将 A 固定在此数值,再次调节 B,使示零器达到新的最小值,如此反复调节参量 A 和 B,直到对任何一个参量调整时,示零器的指示值不再减小为止,此时参量 A 和 B 的数值就是平衡值.

【实验内容与步骤】

本实验用真空毫伏表作示零器.

1. 测电容器的电容及损耗电阻

按图 3.11.5 连接电路,R_1、R_2 及 R_0 用交流电阻箱,R_1 和 R_2 的阻值可选在几百欧的数量级,标准电容采用十进制电容箱,其接线柱 1 和 2 为标准电容,接线柱 0 为屏蔽接线柱.

1.1　选择 C_0 和 R_0 作为调节参量,测出待测电容器的电容 C_x 和损耗电阻 R_C.

1.2　选择 R_2 和 R_0 作为调节参量,测出待测电容器的电容 C_x 和损耗电阻 R_C.

1.3　比较选取不同调节参量时电桥平衡的快慢程度,将数据记入表 3.11.1 中.

2. 测自感线圈的电感及损耗电阻

按图 3.11.6 连接电路,标准电感采用标准电感箱,选择 R_2 和 R_0 作为调节参量,测量自感线圈的电感 L_x 和损耗电阻 R_{L_x},将数据记入表 3.11.2 中.

【注意事项】

实验前应充分掌握实验原理,接线前应明确桥路的形式,错误的桥路可能会有较大的测量误差,甚至无法测量.

【数据记录与处理】

表 3.11.1　测量电容器电容及损耗电阻

测量次数	R_1/Ω	R_2/Ω	R_0/Ω	C_0/F	C_x/F	R_C/Ω
1						
2						
3						

$$\overline{R}_C=\frac{R_2}{R_1}R_0=\_\_\_\_\_\_\_\_,E_{R_C}=\sqrt{\left(\frac{\Delta_{R_2}}{R_2}\right)^2+\left(\frac{\Delta_{R_1}}{R_1}\right)^2+\left(\frac{\Delta_{R_0}}{R_0}\right)^2}=\_\_\_\_\_\_\_\_$$

$$\Delta_{R_C}=\overline{R}_C\cdot E_{R_C}=\_\_\_\_\_\_\_\_,R_C=\overline{R}_C\pm\Delta_{R_C}=\_\_\_\_\_\_\_\_$$

$$\overline{C}_x=\frac{R_1}{R_2}C_0=\_\_\_\_\_\_\_\_,E_{C_x}=\sqrt{\left(\frac{\Delta_{R_1}}{R_1}\right)^2+\left(\frac{\Delta_{R_2}}{R_2}\right)^2+\left(\frac{\Delta_{C_0}}{C_0}\right)^2}=\_\_\_\_\_\_\_\_$$

$$\Delta_{C_x}=\overline{C}_x\cdot E_{C_x}=\_\_\_\_\_\_\_\_,C_x=\overline{C}_x\pm\Delta_{C_x}=\_\_\_\_\_\_\_\_$$

表 3.11.2 测量自感线圈的电感及损耗电阻

测量次数	R_1/Ω	R_2/Ω	R_0/Ω	L_0/H	R_{L_0}/Ω	L_x/H	R_{L_x}/Ω
1							
2							
3							

$$\overline{R}_{L_x}=\frac{R_2}{R_1}(R_0+R_{L_0})=\_\_\_\_\_\_\_\_\_\_,$$

$$E_{R_{L_x}}=\sqrt{\left(\frac{\Delta_{R_2}}{R_2}\right)^2+\left(\frac{\Delta_{R_1}}{R_1}\right)^2+\left(\frac{\Delta_{R_0}}{R_0+R_{L_0}}\right)^2+\left(\frac{\Delta_{R_{L_0}}}{R_0+R_{L_0}}\right)^2}=\_\_\_\_\_\_\_\_\_\_$$

$$\Delta_{R_{L_x}}=\overline{R}_{L_x}\cdot E_{R_{L_x}}=\_\_\_\_\_\_\_\_\_\_,R_{L_x}=\overline{R}_{L_x}\pm\Delta_{R_{L_x}}=\_\_\_\_\_\_\_\_\_\_$$

$$\overline{L}_x=\frac{R_2}{R_1}L_0=\_\_\_\_\_\_\_\_\_\_,$$

$$E_{L_x}=\sqrt{\left(\frac{\Delta_{R_2}}{R_2}\right)^2+\left(\frac{\Delta_{R_1}}{R_1}\right)^2+\left(\frac{\Delta_{L_0}}{L_0}\right)^2}=\_\_\_\_\_\_\_\_\_\_$$

$$\Delta_{L_x}=\overline{L}_x\cdot E_{L_x}=\_\_\_\_\_\_\_\_\_\_,L_x=\overline{L}_x\pm\Delta_{L_x}=\_\_\_\_\_\_\_\_\_\_$$

【思考题】

1. 图 3.11.5 和图 3.11.6 的电桥为什么要在 C_0 和 L_0 的桥臂上加电阻箱 R_0？如果 R_0 调至零后仍不平衡，该怎么办？

2. 根据交流电桥平衡条件，设计另一种测电感的桥路，并画出电路图.

3.12 电压补偿和电流补偿

【实验简介】

在测量过程中，由于种种原因，实验所需要满足的条件往往会受到破坏，因此降低了测量的精度.这时，可通过采用某种手段来消除或减弱测量状态受到的影响，从而大大提高测量的精度，这种方法称为补偿法.补偿法在高精密测量和自动控制系统中有着广泛的应用，本实验介绍电压补偿和电流补偿.

【实验目的】

1. 掌握电压补偿原理，学会用电压补偿法测电动势.
2. 通过补偿法测电流，学习电流补偿原理.

【预习思考题】

1. 电压补偿和电流补偿中，判断线路达到补偿的标准是什么？

2. 补偿法测电流时，为什么要预置 R' 的值？如何预置 R' 的值？

【实验仪器】

干电池，标准电池，电阻箱，检流计，μA 表，保护开关，双刀双掷开关等.

【实验原理】

1. 电压补偿原理

将电压表跨接在电源两端，由于电源内阻的影响，其读数并不是电源的电动势，而是电源的端电压，要想准确测量电源电动势，可采用图 3.12.1 所示的电压补偿原理进行测量. E_x 是待测电源的电动势，G 为检流计，E_0 是电压可调的电源，调节 E_0 的值，使检流计中的电流为零，这时回路中两个电源的电动势必然大小相等，极性相反，说明待测电源电动势已经被可调电动势所补偿，电路处于补偿状态. 若 E_0 可准确知道，则 E_x 即可测出，这种测量电动势的原理称为电压补偿原理.

2. 电压补偿法测电动势

实际测量中，为了精确测量，常利用标准电池和高精度电阻与稳压电源一起构成可调的标准电源，图 3.12.2 是测量电动势的实际电路. 在图 3.12.2 中，电源 E、可变电阻 R、精密电阻 R_1、R_2 及开关 S_1 组成的回路替代了图 3.12.1 中的电源 E_0，此回路称作辅助回路. R_1、保护开关 S_2、检流计 G、标准电池 E_s（或待测电动势 E_x）、双刀双掷开关 S_3 组成补偿回路.

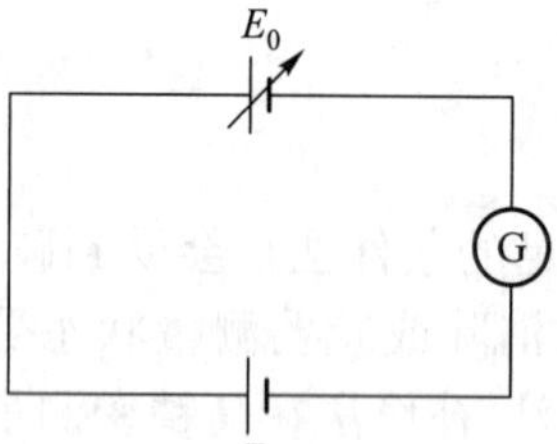

图 3.12.1

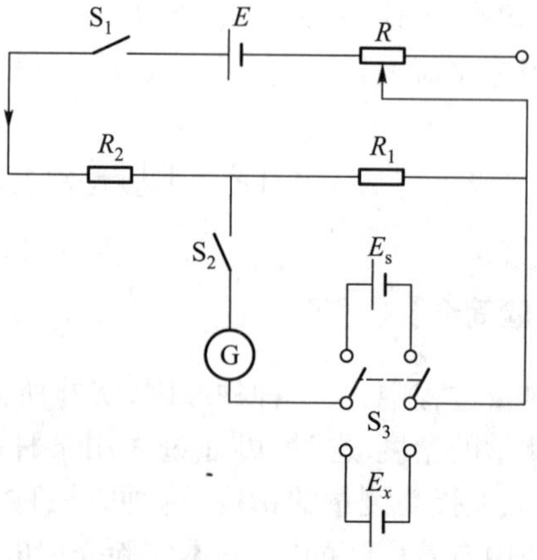

图 3.12.2

测量可分为两个步骤：

（1）校准辅助回路电流为已知值

闭合开关 S_1 和 S_2，将开关 S_3 置于标准电池 E_s 一侧，R_1、R_2 选取合适的数值，调节 R 使检流计 G 指零，即 R_1 上的电压与标准电池 E_s 达到“补偿”. 此时，辅助回路中的电流为

$$I_0=\frac{E_s}{R_1} \tag{3.12.1}$$

（2）测量

将开关 S_3 置于待测电动势 E_x 一侧.在保持 R 及 R_1+R_2 不变的条件下，调节 R_1 与 R_2 至 R_1' 与 R_2'.使检流计 G 指零，即 R_1 上的电压与待测电动势 E_x 达到“补偿”，此时由于辅助回路中电流不变，因此有

$$E_x=I_0R_1' \tag{3.12.2}$$

上述测量电动势的方法有以下特点：

（1）利用了补偿原理，在“测量”与“校准”时，补偿回路中电流都为零，因而，不改变待测回路的工作状态和被测电压值，不产生接入误差.

（2）利用了标准电池 E_s 和精密电阻 R_1、R_2，通过二次补偿，把待测电动势 E_x 与标准电池 E_s 进行比较，因此，测量结果仅仅取决于标准电池和精密电阻，所以具有较高的准确度.

3. 电流补偿原理

假设，我们需要测量电动势 E 与电阻 R 串联电路中的电流，如果将电流表直接串入待测电路中测量，如图 3.12.3 所示，由于电流表内阻的影响，被测电路的电流将会改变，电流表的读数将不能准确反映被测量电路中的电流值.若要准确地测量被测电路中的电流，利用电流补偿法可做到这一点，电流补偿原理如图 3.12.4 所示.电源 E'、可变电阻 R'、保护开关 S、检流计 G 和 μA 表组成一测量电路.调节 R'，使检流计 G 指零，此时有 $I'=I$，而 A、B 两点电位相同，故 μA 表的读数即为短路电流 I.此时，I' 与 I 大小相等，方向相反，因而使通过检流计的电流达到“补偿”，对于被测电路而言测量电路相当于一个内阻为零的电流表.

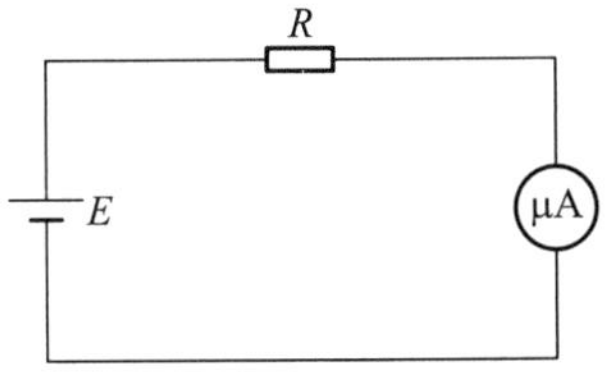

图 3.12.3

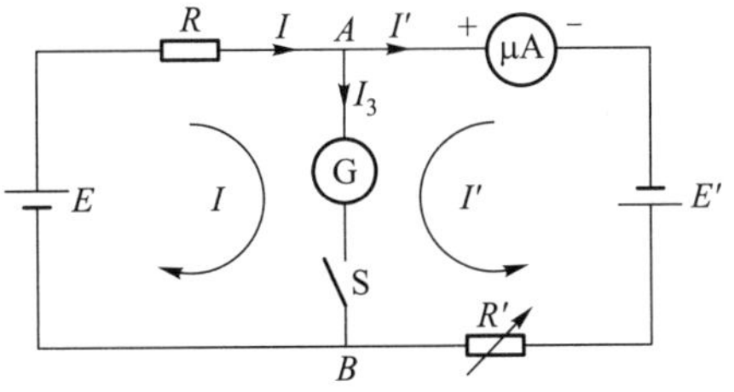

图 3.12.4

【实验内容与步骤】

1. 用电压补偿法测干电池电动势

1.1　按图 3.12.2 接线，根据室温计算标准电池的电动势，然后适当选取 R_1 的数值，使 $I_0=1.000\ 0$ mA（为什么？），调节 R_2 使 $R_1+R_2=2\ 000.0\ \Omega$，调节检流计调零旋钮使检流计指针指零.

1.2　闭合开关 S_1 和 S_2，将开关 S_3 置于标准电池 E_s 一侧，调节 R 使检流计 G

指零,此时辅助回路中工作电流 $I_0 = 1.000\ 0$ mA.

1.3 将开关 S_3 置于待测电动势 E_x 一侧,在保持 R 及 R_1+R_2 不变的条件下,调节 R_1 与 R_2 至 R_1' 与 R_2',使检流计 G 指零,记下此时 R_1' 的值.

1.4 重复步骤 1.2、1.3 测量 6 次,按照(3.12.2)式计算待测电动势 E_x,将数据填入表 3.12.1 中.

2. 用电流补偿法测量由电源 E 和电阻 R 组成的回路中电流

E 为干电池,R 为十几 kΩ 的电阻,两者的短路电流 I 为待测电流.E' 为直流稳压电源,R' 为电阻箱,为保护检流计和 μA 表,实验可按以下几步进行:

2.1 将 μA 表串入 E、R 回路,估测回路电流 I_1(I_1 虽不是待测电流,但可用它估计回路电流 I 的值).

2.2 为了调平衡时不至于使流过检流计的电流太大,应根据 E' 和 I_1 的值估算出 R' 的值($R'=E'/I_1$),并将电阻箱预置为此值.

2.3 按图 3.12.4 接线,开启电源 E',调节 R' 使检流计指零,记下此时 μA 表的读数,即为短路电流 I,将数据填入表 3.12.2 中.

2.4 比较电流 I_1 和 I 的值,说明原因.

【注意事项】

1. 利用电压补偿和电流补偿进行测量时,一定要注意电源极性不能接错,否则,无法调到“补偿”状态,还可能烧坏标准电池或检流计.

2. 保护开关有“粗”、“细”两挡,为保护检流计,应先置于“粗调”挡,接近平衡后,再换成“细调”挡.

3. 在测干电池电动势时,为保护标准电池,应先闭合开关 S_1,再闭合 S_2;先断开 S_2,再断开 S_1.

【数据记录与数据处理】

表 3.12.1 电压补偿法测干电池电动势

次数							平均
R_1'/Ω							
R_2'/Ω							

$E_x = I_0 \overline{R}_1' =$ __________;

表 3.12.2 电流补偿法测回路中电流

E/V	E'/V	R/Ω	R'/Ω	I_1/μA	I/μA

电流达到补偿时电流值为 $I=$__________.

【思考题】

1. 利用电压补偿法测电池电动势时,为什么调节 R_1 时要保证 R_1+R_2 的值不变?

2. 能否用补偿法消除伏安法测电阻时电表的接入误差?若能,试叙述测量方法.

3. 你能举出几个应用补偿法测量的例子吗?

【附录】 标准电池

本实验采用的饱和标准电池主要由电解液和电极组成,电解液为饱和硫酸镉溶液.这种电池的优点是电动势稳定,随温度变化小.若已测得标准电池 20 ℃时的电动势为 $E_s(20)$,则温度 t 时的电动势由下式算出

$$E_s(t)=E_s(20)-[39.9(t-20)+0.94(t-20)^2-0.009(t-20)^3]\times10^{-6}$$

其中 E_s 的单位为 V,t 的单位为℃,通常 $E_s(20)=1.018\,6$ V.

使用标准电池应注意以下几点:

(1) 正负极不能接错,严禁短路,流经电池的电流应小于 10 μA.

(2) 标准电池不能作为电源使用.

(3) 因内部是半流体,故不能倾斜、震动、倒置.移动时,要轻拿轻放.

(4) 严禁在强光或高温下使用.

3.13 电机特性测试

【实验简介】

电机在人们的日常生产生活中经常可以被看到和使用到.电机的种类也有许多种,大到可以吊起重达数吨的吊车上的大型电机,小到电动玩具中的小型电机.电机的基本参量对于人们在使用电机时非常重要.通过本实验,我们可获得动力源产品的功率、效率等参量的测量方法,同时可以初步掌握测试理论、原理、技术以及在实验过程中如何减小误差和排除故障和数据进行正确记录与处理.

【实验目的】

1. 了解电机的功率、力矩、转速三者的关系.
2. 掌握电机输入、输出功率和效率的测量方法.
3. 测量弹簧的劲度系数.

【预习思考题】

1. 各类电机的基本参量有哪些?

2. 如何根据需要选择电机参量?

【实验仪器】

DHMF-1 电机特性测试仪,稳压电源,光电转速仪,砝码,螺旋弹簧组,测试电机等.

【实验原理】

1. 在理论力学中,已经得到导数形式的动能定理即

(1) 功率方程

$$P=\frac{\mathrm{d}W}{\mathrm{d}t}\quad 或\quad P=Fv$$

式中 P 为作用在物体上的力的功率,而力作用在转动刚体上时,功率可表示为

$$P=M\omega$$

功率的单位为 W(瓦特),$1\ \mathrm{W}=1\ \mathrm{J\cdot s^{-1}}$.

功率方程:质点系动能对时间的一阶导数等于作用于质点系所有力的功率的代数和.定义机械效率 η:

$$\eta=有效功率/输入功率$$

(2) 直流电机的输入功率等于输入电流 I 乘以输入电压 U

$$P_{\mathrm{in}}=IU$$

(3) 动力源(交、直流电机、发动机等)输出功率的计算公式

$$P_{\mathrm{out}}=Mn/9\ 550$$

其中 M 为力矩,n 为转速(r/min).

(4) 力矩测试

如图 3.13.1 所示,可知输出电机的输出力矩

$$M=Fr=(F_{\mathrm{T}}-F_{\mathrm{W}})r$$

2. 胡克定律测弹簧劲度系数

如图 3.13.2 所示,弹簧在受到拉力 F 的作用下,将会产生一定的形变量 Δx,根据胡克定律知:

$$F=k\Delta x$$

式中 k 为该弹簧的劲度系数,它和弹簧本身的材料有关.当我们知道弹簧受到的拉力和形变量后,便可求得该弹簧的劲度系数.

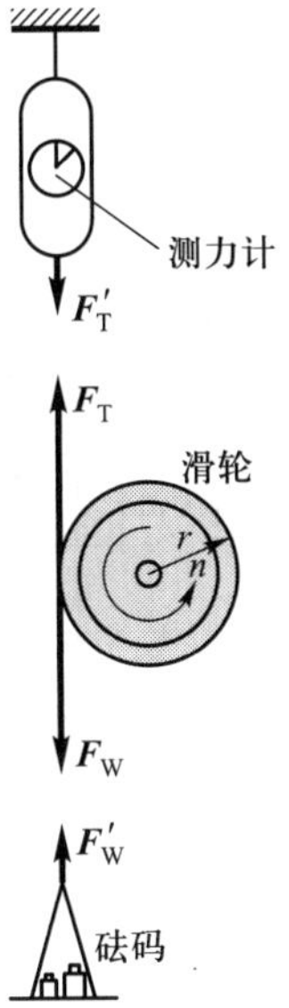

图 3.13.1　力矩测试示意图

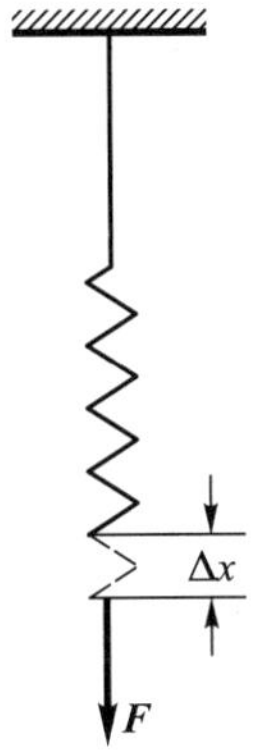

图 3.13.2　弹簧受力示意图

【实验内容与步骤】

1. 测量电机的输入、输出功率和效率

1.1　将测试小电机安装在测试台上，调节电机的转轮位置，使其正对测力计下方，旋紧安装座上的锁紧螺钉，使电机不会松动.

1.2　用细棉线拴上一小砝码(砝码根据电机输出力矩的大小进行选择，出厂配置的电机砝码选择 20 g)，按电机转动方向将棉线绕在电机转轮上一圈，并适当调节棉线长度，使砝码和底座不相碰；左右调节电机固定架的位置，使棉线铅垂并与电机转轮正切.

1.3　用专用测试线将电源输出端的正负极和电机的两级相连，确保电机转动方向与棉线的缠绕方向一致，注意测试线夹住电机供电端时避免短路.调节测试架上的手柄，使棉线刚好拉紧，并将测力计调零.

1.4　打开电源开关，逐步缓慢增大电压，分 5~7 个级，再对每次测试数据进行记录(电机的输入电压，电流以及测力计等的读数)，用光电转速仪测量电机转速(手持光电转速计，同时按下测量按钮，使红光点射向滑轮上的白色反光条，测试出转速)，记入表格，并描绘输出功率-效率图.

2. 测量弹簧的劲度系数

将电机取出，将所配的挂钩(一端螺纹，另外一端挂钩)安装在测力计下方的安装孔内，挂钩朝上；将测试弹簧挂在两挂钩之间，调节测试架上的手柄，当弹簧处于自由伸长情况下，按下测力计上的复位按钮和调零转盘，此时测力计将复位为零，再按下数显尺上的“zero”，此时数显尺也显示为零.缓慢调节调节手柄，弹簧将被拉伸，改变弹簧伸长量 5~6 次，记录测力计测试数据以及数显尺的读数，求弹簧劲度系数的平均值,将测试数据记录于表格中.

【数据记录与处理】

将实验记录数据于表 3.13.1、表 3.13.2 中.

表 3.13.1　测量电机的输入、输出功率和效率

次数	输入		输入功率	输出		输出功率 $P_{out}=Mn/9\,550$	效率
	I/A	U/V		$n/(\mathrm{r\cdot min^{-1}})$	$M/(\mathrm{N\cdot m})$		
1							
2							
3							
4							
5							
6							

表 3.13.2　测量弹簧的劲度系数

次数	拉力 F/N	形变量 Δx/m	劲度系数 $k/(\mathrm{N\cdot m^{-1}})$	$\overline{k}/(\mathrm{N\cdot m^{-1}})$
1				
2				
3				
4				
5				

【思考题】

1. 有了小电机的 η、P_{out} 曲线,工程应用中选择哪一点使用最佳?
2. 实验过程中,吊线一端的砝码大小如何选择?

3.14　示波器的使用

3.14.1　模拟示波器的使用

【实验简介】

示波器是用来直接显示、观察和测量电压信号波形及其参量的电子观测仪器.

配以各种类型的传感器，凡可转化为电压信号的电学量（如电流、电阻等）和非电学量（如温度、压力、磁场、光强），它们的动态过程及其参量均可以用示波器来观察和测量，因此示波器是一种常用的电子观测仪器.

示波器的种类和型号很多，分类方法也是多种多样的，按功能分为普通示波器、存储示波器和数字示波器.随着科学技术的发展，示波器的功能还会不断地增加，各种新产品相继问世，但不管什么类型的示波器都是以普通示波器的基本原理为基础，若能掌握通用示波器的工作原理和使用，可触类旁通，为其他类型示波器的使用打下良好的基础.本实验主要介绍普通示波器的工作原理和使用方法.

【实验目的】

1. 了解示波器的结构和工作原理，掌握示波器的基本使用方法.
2. 学习示波器显示信号波形及利用波形测信号电压、频率.
3. 学习示波器显示李萨如图形及利用李萨如图形测频率.
4. 熟悉示波器和信号发生器的面板功能.

【预习思考题】

1. 示波器主要由哪几部分组成，各部分的作用是什么？
2. 如何利用示波器显示待测信号波形及利用波形测信号电压和频率？
3. 触发扫描同步电路如何实现波形稳定？
4. 如何利用示波器显示李萨如图形并利用李萨如图形测正弦波信号频率？

【实验仪器】

DF4318 示波器，SP1641B 函数信号发生器.

【实验原理】

1. 示波器的结构

普通示波器主要由以下几个部分组成：示波管（CRT）、垂直放大电路（Y 放大）、水平放大电路（X 放大）、扫描发生器、触发扫描同步电路和电源等.

1.1 示波管

示波管是示波器的核心部件，其基本结构如图 3.14.1.1 所示，外观是一个呈喇叭形的玻璃泡，里面抽成真空，内部装有电子枪和两对互相垂直的偏转板，喇叭口的球面壁上涂有荧光物质，构成荧光屏.

电子枪由灯丝 F、阴极 K、控制栅极 G、第一阳极 A_1 和第二阳极 A_2 构成.灯丝通电后加热阴极，使得阴极发射电子.栅极电位比阴极低，它们之间形成的电场对电子有阻碍作用，控制栅极电位，可以控制到达荧光屏上电子的数目，也就是控制示波器上光点的亮度.阳极电位比阴极高很多，它们之间形成的电场对电子有加速作用，使得阴极发射的电子以很高的速度到达荧光屏上，激发荧光屏产生荧光.第

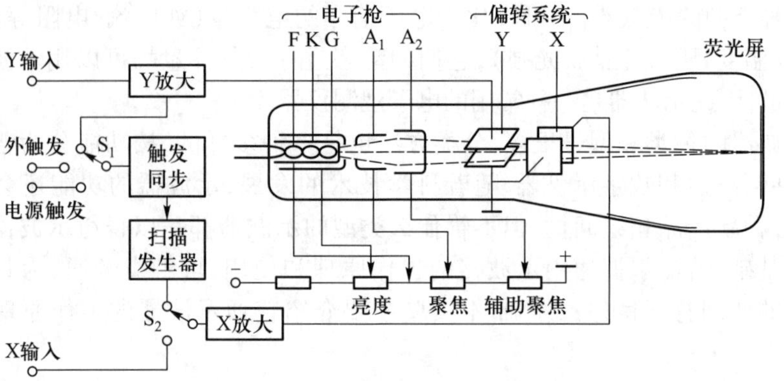

图 3.14.1.1

F—灯丝;K—阴极;G—控制栅栏;A—第一阳极;A_2—第二阳极;X—水平偏转板;Y—垂直偏转板

一阳极和第二阳极间形成聚焦电场,调节第一阳极和第二阳极之间的电压,可以使不同方向发射的电子会聚于荧光屏上一点,称为聚焦.

在示波器内,有两对互相垂直放置的平行电极板:Y 偏转板和 X 偏转板.偏转板上不加电压时,阴极发射的电子沿水平方向到达荧光屏的中心.偏转板上加一电压信号,由于受到电场力的作用,电子到达荧光屏上将发生偏转,电子在 x 方向偏转位移与加在 X 偏转板上的电压成正比,y 方向偏转位移与加在 Y 偏转板上的电压成正比.光点在光屏上的运动轨迹实质上是光点同时参与了垂直方向和水平方向振动合成的结果.

1.2　垂直放大系统、水平放大系统

一般示波器的垂直与水平偏转板的灵敏度不高(0.1~1 mm/V),当加在偏转板上的信号电压较小时,电子束不能发生足够的偏转,以致使屏上光点位移很小.为了在屏上得到便于观察的图形,需要预先把小的输入信号经过放大后再加到偏转板上,因此示波器设置了垂直、水平放大电路,信号在输入偏转板前,先通过放大电路再加到两对偏转板上.调节垂直、水平放大电路,分别改变图形在 x 方向、y 方向上的大小,以便得到合适的观测图形.

1.3　示波器显示信号波形的原理

若在 Y 偏转板上加一周期性随时间变化的待测电压信号,X 偏转板上不加电压,则光点在竖直方向上来回振动,其位移与 Y 偏转板上的电压成正比,当信号频率较高时,屏上出现一条竖直亮线,无法观测到待测信号波形.要想在屏上观测待测信号波形,就要求光点在 y 方向的振动能在 x 方向均匀展开,这就要求在 X 偏转板上加一周期性随时间作线性变化的扫描电压,如图 3.14.1.2 所示,也称锯齿波电压.若在 X 偏转板上加锯齿波电压,光点在 x 方向自左至右作匀速直线运动,当电压达到最大时,光点在 x 方向达到最大,完成一次 x 方向扫描,下一时刻光点又回到起始

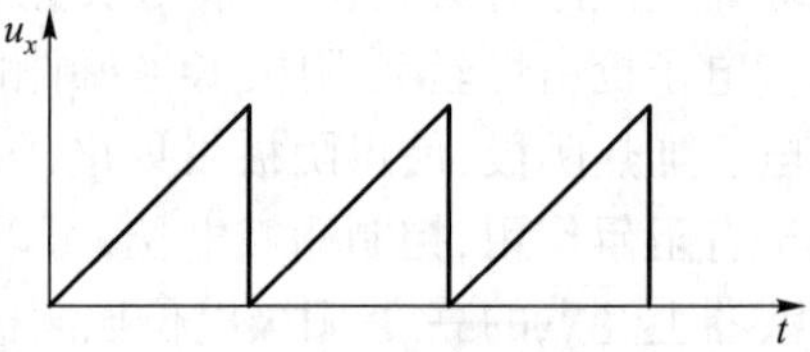

图 3.14.1.2

扫描位置开始下一次自左至右的扫描，如此周而复始地在 x 方向上作匀速往返运动.

待测信号加在 Y 偏转板上，锯齿波信号加在 X 偏转板上，光点同时参与了 y 方向、x 方向运动，光点在屏上的运动轨迹为其 y 方向、x 方向振动的合成，其中某一时刻光点在 y 方向的位移与待测信号的电压成正比，x 方向位移与锯齿波信号电压成正比，因此描绘光点在屏上的运动轨迹时，可以用待测信号电压、锯齿波信号电压分别代表光点在 y、x 方向偏转位移.以待测信号为正弦波为例，示波器显示信号波形的原理如图 3.14.1.3.

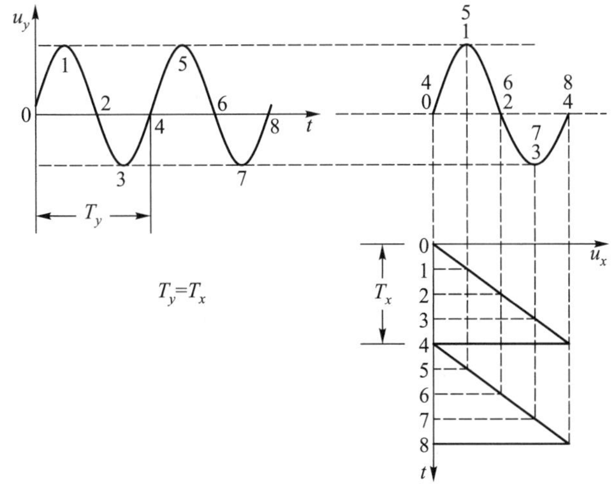

图 3.14.1.3

由图 3.14.1.3 可知，如果待测信号频率与锯齿波信号的频率完全一样，即 $f_y = f_x$，或待测信号频率是锯齿波频率的整数倍，即 $f_y = nf_x$，则 y 方向完成了一个或数个周期振动时，光点沿 x 方向达到最大，下一时刻光点又回到左端起始扫描位置开始下一次扫描，每一次扫描时，待测信号都处于同相位点（即扫描信号和待测信号同步），于是周而复始地从同一起始位置扫描出待测信号波形，从而形成稳定的待测信号波形.显然，如果二者频率不成整数倍，每一次扫描时待测信号所处的相位不同（即扫描信号和待测信号不同步），从而扫描的起始位置不同，这时在荧光屏上看到的是不断移动的波形，如图 3.14.1.4 所示，无法观察到稳定的波形.因此，要想在示波器上显示稳定的待测信号波形，必须使扫描信号和待测信号同步.

1.4 扫描发生器

观测待测信号时，要求将待测信号加到示波器 Y 偏转板上，X 偏转板上加扫描电压即锯齿波信号，当扫描信号和待测信号同步时，示波器显示稳定的待测信号波形.在示波器的内部有一个专门产生锯齿波信号的装置称为扫描发生器，它产生线性良好、频率连续可调的锯齿波信号.调节锯齿波信号的频率，可以在示波器上显示若干个周期的待测信号.

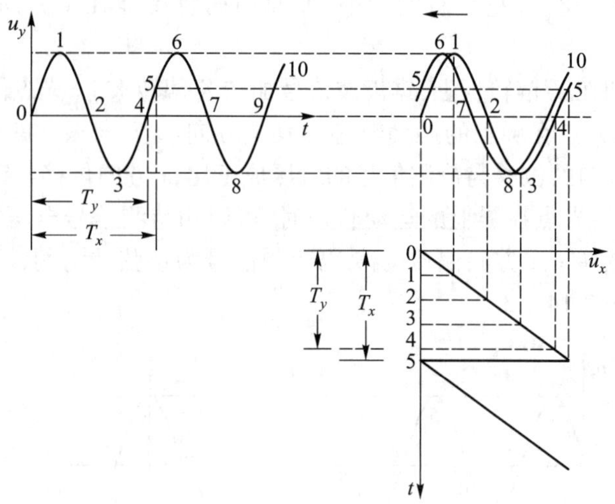

图 3.14.1.4

1.5 触发同步电路

虽然锯齿波信号的频率连续可调，但由于待测信号和锯齿波信号是两个独立的信号源，实际上很难严格满足锯齿波信号和待测信号同步，要实现锯齿波信号和待测信号同步，可采用触发扫描同步电路.由输入的被观测信号或仪器外部输入信号或电源信号作为触发信号，送至触发电路，只有当触发信号电压达到某一选择的触发电平(如图 3.14.1.5 中的 A 点)时，触发电路输出触发脉冲，用它去启动扫描发生器开始一次扫描(即光点启动，由 A 点自左向右移动，直到 A′点).当锯齿波电压由最大迅速恢复到启动电压时，光点迅速从 A′点迅速返回 A 点.锯齿波在该周期内扫描期间，扫描电路不再受期间到来的触发脉冲的任何影响，直到本次扫描结束之后，下一个触发脉冲到来时，它又重新启动扫描电路进行下一次扫描.因每一个触发脉冲产生于同一触发电平所对应的触发信号的同相位点，因此，若选待测信号作为触发源，每次扫描的起始位置相同，实现了扫描信号与待测信号同步(如图 3.14.1.5 所示).选择待测信号作为触发信号称为“内触发”，选择电源信号作为触发信号称为“电源触发”，选择仪器外部输入的信号作为触发信号称为“外触发”.

2. 示波器的使用

2.1 观察待测信号波形

将待测信号输入到示波器的 Y 偏转板上，示波器内部的扫描信号加到 X 偏转板上，通过调节电压放大电路和扫描信号的频率，得到大小合适的波形，选择待测信号作为触发信号，调节触发电平，使波形稳定，即可对信号进行观测.

2.2 利用信号波形测信号的电压和频率

将待测信号输入到示波器的 Y 偏转板上，示波器内部的扫描信号加到 X 偏转板上，按 2.1 调试出待测信号波形，其中光点在 y 方向的偏转位移与待测信号电压成正比，光点在 x 方向的运动快慢与扫描信号频率成正比.因此，如果能够确定出

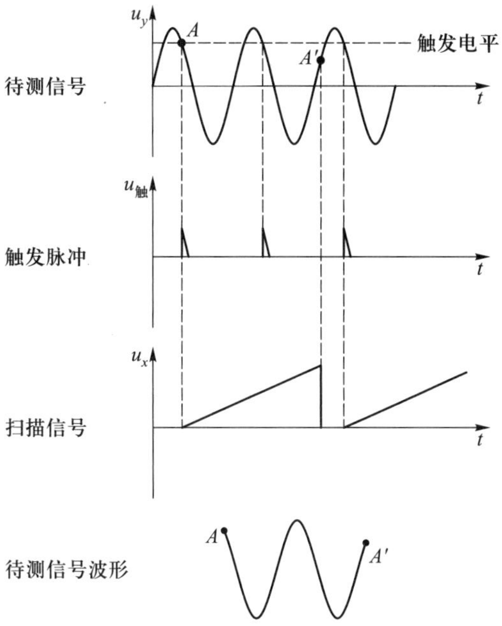

图 3.14.1.5

示波器光屏上 y 方向偏转 1 格所需电压大小，即偏转因数 D_y，单位为 V/div，和在 x 方向扫描 1 格所需的时间，即扫描时间因数 D_t，单位为 s/div，从待测信号波形上读出振幅 A 所占的格数 m 和波长 λ 所占的格数 n，则有：

待测信号的峰值电压 $$V_P = D_y m \tag{3.14.1.1}$$

待测信号的周期 $$T = D_t n \tag{3.14.1.2}$$

待测信号的频率 $$f = \frac{1}{T} \tag{3.14.1.3}$$

y 方向的偏转因数和 x 方向上的扫描时间因数分别与垂直放大电路及扫描信号频率有关，因此一般示波器上调节放大电路及扫描频率旋钮每一挡上都分别标有对应的偏转因数和扫描时间因数，以便作电压、周期、频率等量的测量.

2.3 李萨如图形测频率

在示波器的两对偏转板上分别加上正弦波信号，这时示波器上描画出两正弦波信号在垂直方向上振动的合成图形，称为李萨如图形，其形状随两个信号的频率和相位差的不同而不同，如图 3.14.1.6 所示.可以证明：当两个信号的频率满足简单的整数比时，在屏幕上会显示稳定的李萨如图形.利用李萨如图形可以测正弦波信号的频率，设 f_x、f_y 分别为加在 X 偏转板、Y 偏转板上的两正弦波信号的频率，N_x、N_y 分别为李萨如图形在 x 方向、y 方向切线的切点数，则有

$$\frac{f_y}{f_x} = \frac{N_x}{N_y} \tag{3.14.1.4}$$

若已知一个正弦波信号的频率，就可以根据李萨如图形和(3.14.1.4)式测出另一个信号的频率.

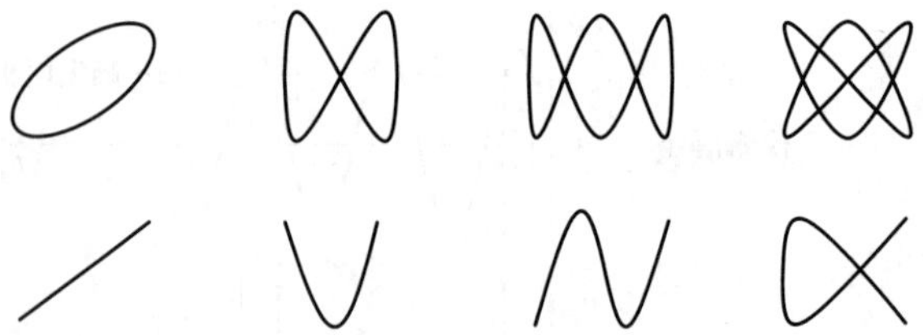

$f_y:f_x$ 1:1 2:1 3:1 3:2

图 3.14.1.6

2.4 观测 x-y 关系曲线

将 x、y 两信号分别加到示波器的 X 偏转板和 Y 偏转板上，则示波器显示 y-x 之间的关系曲线.

【实验内容与步骤】

1. 熟悉示波器面板上各旋钮的作用

1.1 开机前将“辉度”调节旋钮旋至最大，“水平”、“竖直”移位旋钮旋至中间位置，“垂直方式”选择“y_1”，“扫描频率”调节旋钮置于“扫描”挡，“触发源”选择“y_1”，“输入耦合方式”置于“AC”，“GND”开关按下（信号接地），“扫描方式”选择“自动（AUTO）”.

1.2 打开电源开关，约几秒后，屏上会出现一条扫描线，调节“聚焦”、“辉度”、“水平移位”、“竖直移位”旋钮观察扫描线的变化，将扫描线调至清晰、亮度适中且位置居中.“扫描方式”选择“常态（NORM）”，观察扫描线的变化.

1.3 将信号发生器输出的点频信号接至示波器信号输入端“y_1”，“GND”开关弹起，“垂直方式”相应选择“y_1”，“扫描频率”调节旋钮置于“扫描”挡，这时在屏上可观测到点频信号的波形.调节对应的“衰减放大”旋钮、“扫描频率”调节旋钮，观察信号波形的变化；“触发源”分别选择“y_1”、“y_2”、“电源触发”，调节“触发电平”调节旋钮，观察信号波形的变化；“扫描方式”分别选择“自动（AUTO）”和“常态（NORM）”，观察波形的变化；改变触发极性，观察波形的变化；最后在示波器上调试出一个完整周期、两个完整周期的大小合适、稳定的点频信号波形.

1.4 总结示波器各按键、旋钮的功能及使用方法.

2. 观察信号发生器输出峰值电压和频率分别为 2 V、50 Hz 和 4 V、1 000 Hz 的正弦波信号波形，并利用波形测信号的电压和频率

2.1 从信号发生器输出 2 V、50 Hz 的正弦波信号，接至示波器的信号输入端“y_1”（或“y_2”），“扫描频率”调节旋钮置于“扫描”挡，“垂直方式”相应选择“y_1”（或“y_2”），调节对应的“衰减放大”调节旋钮、“扫描频率”调节旋钮（其微调旋钮顺时针旋足，为什么？），使波形大小合适，触发源相应选择“y_1”（或“y_2”），调节触发电平，使波形稳定，从而在示波器上观测到一个大小合适的稳定的待测信号波形.

2.2 记下此时“衰减放大”调节旋钮、“扫描频率”调节旋钮上对应的偏转因数 D_y 和扫描时间因数 D_t，从示波器上读出波形振幅及波长所占的格数 m、n，利用(3.14.1.1)式、(3.14.1.2)式、(3.14.1.3)式计算信号的峰值电压和频率.

2.3 用同样的方法观测 4 V、1 000 Hz 的正弦波信号的波形，并测其峰值电压和频率，将数据记入表 3.14.1.1 中.

3. 观察李萨如图形，并用李萨如图形测函数发生器输出的点频信号频率

3.1 将“扫描频率”调节旋钮旋至“$x-y$”挡，函数信号发生器的“点频输出”信号接到 y_1 通道输入端（该信号输入至 X 偏转板），其频率设为 f_x，函数信号发生器输出的正弦波信号作为已知可调信号接到 y_2 通道输入端，其频率设为 f_y，分别调节 y_1、y_2 输入信号“衰减放大”调节旋钮使图形大小合适，调节函数信号发生器输出信号频率 f_y，在示波器上可观测到不同形状的稳定的李萨如图形.

3.2 根据李萨如图形的形状，读出李萨如图形在 x 方向、y 方向所做切线的切点个数 N_x、N_y，记下每个李萨如图形对应的函数信号发生器输出信号的频率 f_y，根据式 $\frac{f_y}{f_x}=\frac{N_x}{N_y}$，可算出待测点频信号的频率 f_x，将数据记入表 3.14.1.2 中.

【注意事项】

1. 为了保护示波器光屏，光点亮度不能太强，也不能长时间停留在荧光屏上某点处.

2. 示波器作定量测量时，要记录偏转因数或扫描时间因数，其微调旋钮必须旋至校准位（顺时针方向旋足）.

3. 示波器长时间使用时，若偏转因数、扫描时间因数与标定值有差别，应该用标准电压信号对其进行校准.

【数据记录与处理】

表 3.14.1.1 测信号的电压和频率

待测信号	m(div)	D_y(V/div)	n(div)	D_t(s/div)	$V_P=D_y m$(V)	$T=D_t n$(s)
2 V,50 Hz						
4 V,1 000 Hz						

表 3.14.1.2 利用李萨如图形测信号的频率

李萨如图形	f_y(Hz)	$N_x:N_y$	$f_x=\frac{N_y}{N_x}f_y$(Hz)	$\bar{f}_x=\frac{1}{4}\sum f_x$(Hz)

【思考题】

1. 如果示波器良好,但由于某些旋钮未调好,在荧光屏上既看不到亮点,也看不到扫描线,应怎样操作才能找到亮点?

2. 示波器显示波形和显示李萨如图形的工作方式有何不同?

3. 示波器显示波形时,若波形不稳定,应调节示波器的哪些部件使图形稳定?显示李萨如图形时,能否用同样的方法使图形稳定? 为什么?

【附录】

1. DF4318 示波器面板功能及用法

DF4318 示波器面板如图 3.14.1.7 所示,其面板旋钮功能及用法如下介绍:

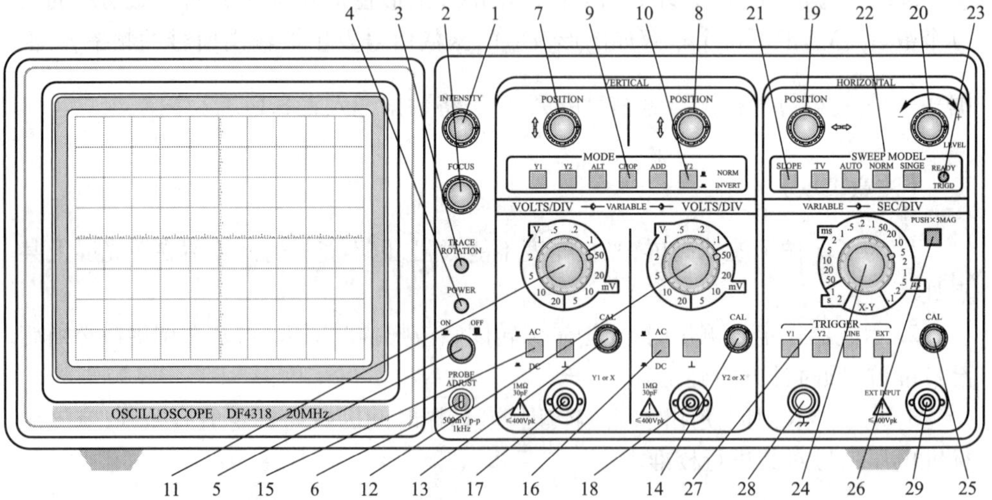

图 3.14.1.7

1　“辉度”调节旋钮:用于调节光点的亮度.

2　“聚焦”调节旋钮:用于调节光点的清晰度.

3　“迹线旋转”调节旋钮:调节扫描基线与水平刻度平行.

4　电源指示灯:电源接通时灯亮.

5　电源开关:当开关按下时,电源接通,指示灯亮;开关松开,电源关闭,指示灯熄灭.

6　标准信号输出端:提供幅度为 $0.5V_{p-p}$、频率为 1 kHz 的方波信号,用于校准示波器上“衰减放大”调节旋钮及“扫描频率”调节旋钮上的偏转因数及扫描时间因数.

7、8　竖直移位旋钮:用于调节光点或图形在屏上的竖直位置.

9　垂直方式选择开关:它是一个多挡开关.开关“y_1”按下,屏幕上显示 y_1 通道的信号;开关“y_2”按下,屏幕上显示 y_2 通道的信号;开关“ALT”按下时,y_1 通道和

y_2 通道中的信号交替显示，交替显示的频率受扫描频率的控制，适用于高频信号的双踪显示；开关"CHOP"按下，y_1 通道和 y_2 通道中的信号断续显示，适用于低频信号双踪显示；置于"ADD"方式时，若其右侧"y_2"开关弹起，显示 y_1 通道、y_2 通道中的信号的代数和，若其右侧"y_2"按下，显示 y_1 通道、y_2 通道中信号的代数差.

10 y_2 极性开关：用于 y_2 信号作倒相显示.在垂直方式选择开关"ADD"按下时，开关弹起，获得两通道信号的代数和，开关按下，获得两通道信号的代数差.

11、12 电压衰减放大旋钮：分别用于 y_1 通道和 y_2 通道中信号的衰减与放大，调节此旋钮可改变示波器的偏转因数，偏转因数从 5 mV/div～5 V/div，按 1,2,5 顺序分 10 挡.

13、14 电压衰减放大微调旋钮：分别用于连续改变 y_1 通道和 y_2 通道中信号的衰减与放大，调节此旋钮也可改变示波器的偏转因数.在作定量测量的时候，此旋钮应顺时针旋足.

15、16 输入耦合方式开关：分别用于选择 y_1 和 y_2 输入信号的耦合方式."AC/DC"开关按下时交流耦合方式，信号中的直流成分被隔断，用于观察被测信号的交流成分，"AC/DC"开关松开，选择直流耦合方式，适用观测包含直流成分的被测信号.当"GND"开关按下时，输入信号接地.

17 y_1 信号输入端：当扫描频率调节旋钮置于扫描方式时，该信号输入到示波器 y 偏转板上，用于观察该信号波形；当扫描频率调节旋钮置于 x-y 工作方式时，该信号输入到示波器 X 偏转板上，可以观察李萨如图形或 x-y 函数曲线.

18 y_2 信号输入端：被测信号由此输入到示波器的 y 偏转板上.

19 水平移位旋钮：调节波形在屏幕上的水平位置.

20 电平调节旋钮：用于调节被测信号在某一电平上触发扫描.

21 触发极性开关：开关按下，选择被测信号的下降沿去触发扫描，开关弹起，选择被测信号的上升沿去触发扫描.

22 触发方式选择开关：选择"自动(AUTO)"：当无触发信号输入时，屏上显示扫描光迹，一旦有触发信号输入，电路自动转换为触发扫描状态，调节电平"LEVER"可使波形稳定地显示在屏上；选择"常态(NORM)"：无信号输入时，屏上无光迹显示，有信号输入时，触发电平调节在合适位置上，电路即被触发扫描.被测信号低于 20 Hz 时，必须选择该方式；选择"单次(SINGLE)"：用于产生单次扫描；选择"电视场(TV)"：用于观察电视场信号.

23 触发指示灯：触发扫描时指示灯亮.

24 扫描频率调节旋钮：用于调节扫描信号的频率，调节此旋钮，改变了光点沿 x 方向的扫描速度，扫描速度从 0.2 μs/div～0.5 s/div，按 1,2,5 进位分 20 挡.当旋钮位于"x-y"位置时，y_1 通道信号加到水平偏转板上，y_2 通道加到垂直偏转板上，用作李萨如图形显示或 x-y 显示.

25 扫描频率微调旋钮：用于连续调节扫描信号频率，调节此旋钮，改变了光点沿 x 方向的扫描速度，作定量测量时，此旋钮应顺时针方向旋足至校准位.

26　扫描扩展开关：开关按下时，扫描速度被扩大 5 倍，波形在水平方向扩展 5 倍.

27　触发源选择开关：按下 y_1 时，触发源取自 y_1 通道信号；按下 y_2 时，触发源取自 y_2 通道信号；按下“LINE”时，机内电源信号输入到触发电路；按下“EXT”时，由面板上外触发输入端输入.

28　接地

29　外触发信号输入端

2. SP1641B 函数信号发生器

SP1641B 函数信号发生器面板如图 3.14.1.8 所示.

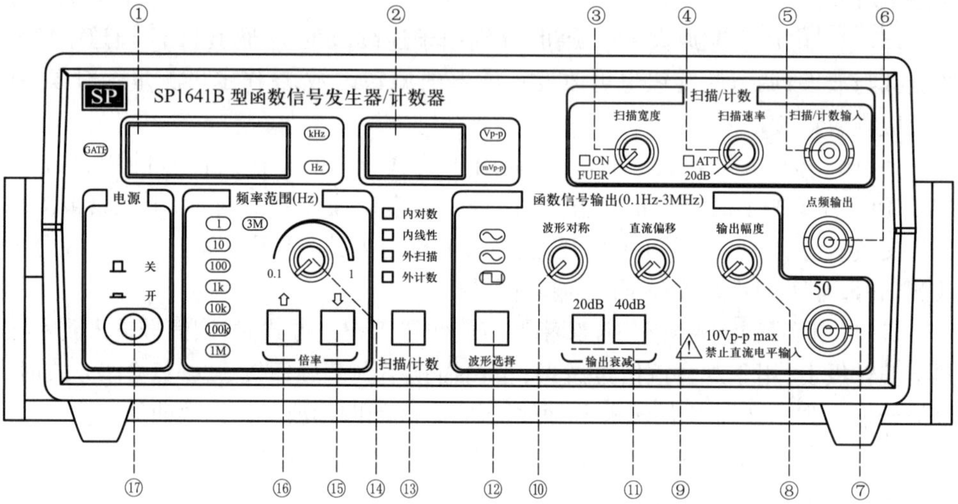

图 3.14.1.8

① 频率显示窗口：显示输出信号的频率或外测频信号的频率.

② 幅度显示窗口：显示函数输出信号的峰-峰电压.

③ 扫描宽度调节旋钮：调节此旋钮可调节扫频输出信号的频率范围；在测外频时，逆时针选到底(绿灯亮)，为外输入信号经过低通开关进入测量系统.

④ 扫描速率调节旋钮：调节此电位器可以改变内扫描时间长短；外测频时，逆时针选到底(绿灯亮)，为外输入信号衰减 20 dB 进入测量系统.

⑤ 扫描/计数输入插座：当扫描/计数键⑬功能选择外扫描状态或外计数功能时，外扫描控制信号或外测频信号由此输入.

⑥ 点频信号输出端：输出频率为 100 Hz 信号，输出幅度为 $2V_{p-p}$ 的标准正弦波信号.

⑦ 函数信号输出端：输出多种波形的函数信号，输出信号最大幅度为 $20V_{p-p}$ (1 MΩ 负载)，$10V_{p-p}$ (50 Ω 负载).

⑧ 函数信号输出幅度调节旋钮：调节输出信号的电压幅度，调节范围为 20 dB.

⑨ 函数输出信号直流电平偏移调节旋钮：调节范围 -5 V ~ +5 V(50 Ω 负载)，

−10 V ~ +10 V(1 MΩ 负载).当电位器处于“关”位置时,为“0”电平.

⑩ 函数输出信号波形对称性调节旋钮:调节此旋钮可改变输出信号的对称性,当电位器处于“关”位置时,输出对称信号.

⑪ 函数输出信号幅度衰减开关:“20 dB”、“40 dB”键均不按下,输出信号不衰减;按下“20 dB”(或“40 dB”)键时,信号被衰减成 20 dB(或 40 dB)后输出;“20 dB”、“40 dB”键同时按下,输出信号衰减 60 dB.

⑫ 函数输出波形选择旋钮:可选择正弦波、三角波和方波输出.

⑬ 扫描计数按钮:可选择多种扫描方式和外测频方式.

⑭ 函数输出信号频率微调旋钮:此旋钮可微调输出信号频率,调节基数范围从小于 0.1 到大于 1.

⑮、⑯ 函数输出信号频率波段选择旋钮:每按一次此旋钮可递减(或递增)输出频率的 1 个频段.

⑰ 整机电源开关:按下此开关,机内电源接通,开关弹起,关掉电源.

3.14.2 数字示波器的原理及使用

【实验目的】

1. 了解示波器的结构和工作原理,掌握示波器的基本使用方法.
2. 学习示波器显示信号波形及利用波形测量信号电压、频率.
3. 学习利用示波器显示李萨如图形及利用李萨如图形测量频率.
4. 熟悉示波器和信号发生器的面板功能.

【实验仪器】

LDS20610 数字存储示波器, SP1641B 函数信号发生器.

【实验原理】

1.示波器的结构

图 3.14.2.1 所示是数字示波器内部结构图.示波器内部结构主要包括如下几个部分:

(1) 信号调试部分:主要由衰减器和放大器组成;

(2) 采集和存储部分:主要由模数转换器 ADC、内存控制器和存储器组成;

(3) 触发部分:主要由触发电路组成;

(4) 软件处理部分:由微计算机系统(包含 CPU、存储器、定时器、中断等)组成.

信号进入示波器后,先要进行衰减,再进行放大.衰减器可加以调节,当衰减比调节得较大时,让我们能够测试大幅度的信号,当衰减比调节得较小或 0 dB 衰减时,通过放大器的放大作用,可以测试小幅度的信号.通常调节示波器的垂直灵敏度,实际上就是调节衰减器的衰减比(也有示波器的衰减器与放大器联动,达到更

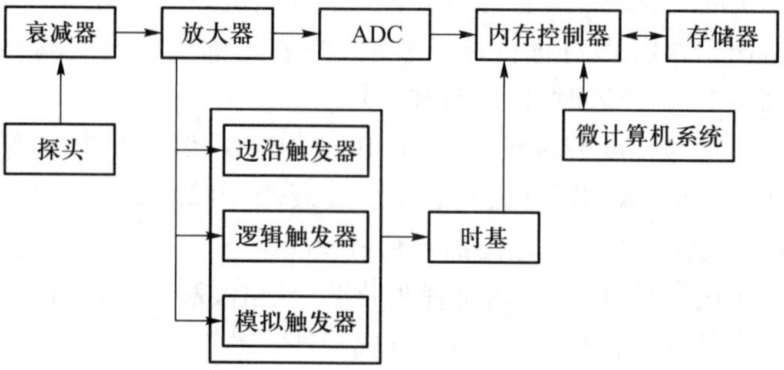

图 3.14.2.1　数字示波器内部结构图

好的信号调试效果).通过信号调试电路使得信号能够较理想地让 ADC 进行模数转换,反映在示波器屏幕上就是尽量使显示的波形能够达到屏幕的 2/3 以上(但是不要超过屏幕).

放大器一方面是对信号进行放大,另一方面是提供匹配电路去驱动 ADC 和触发电路,放大器决定了示波器的模拟带宽,这是示波器的第一重要指标.信号经过 ADC 后,需要先把样点存在存储器里,设置的存储器存满了,再把样点传递到计算机.示波器的第二重要指标由 ADC 决定,就是实时采样速率.第三重要指标是存储深度,由内存控制器和存储器决定.第四重要指标是触发能力,由触发电路决定.

图 3.14.2.2 是计算机处理结构框图.采集的数据传递到计算机后,先要进行 Sin(x)/x 正弦内插,或线性内插进行波形的重建,重建后的波形可以进行各种各样的参数测量、信号运算和分析等.最终的结果或原始的样点都可以直接显示到屏幕上.

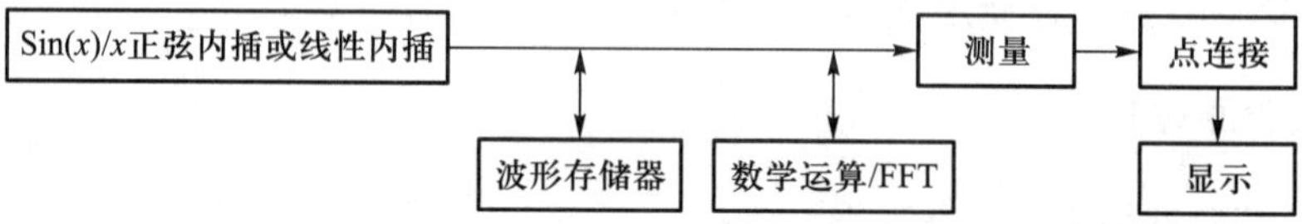

图 3.14.2.2　示波器的计算机数据处理结构图

2. 示波器的使用

2.1　观察待测信号波形

将待测信号输入到示波器垂直系统的其中一个通道,水平系统选择电压随时间变化的扫描方式,通过调节垂直系统偏转系数和水平时基挡位,得到大小合适的波形,选择待测信号作为触发源,调节触发电平,使波形稳定,即可对信号进行观测.

2.2　利用信号波形测信号的电压和频率

按 2.1 调试出待测信号波形,其中光点在 y 方向的偏转位移与待测信号电压成正比,光点在 x 方向的运动快慢与扫描信号频率成正比,因此,如果能够确定出示

波器光屏上 y 方向偏转 1 格所需电压大小,即偏转因数 D_y,单位为 V/div,和在 x 方向扫描 1 格所需的时间,即扫描时间因数 D_t,单位为 s/div,从待测信号波形上读出振幅 A 所占的格数 m 和波长 λ 所占的格数 n,则有

待测信号的峰值电压:

$$V_{\mathrm{p}}=D_y m \tag{3.14.2.1}$$

待测信号的周期:

$$T=D_t n \tag{3.14.2.2}$$

待测信号的频率:

$$f=\frac{1}{T} \tag{3.14.2.3}$$

y 方向的偏转因数和 x 方向的扫描时间因数分别与垂直系统衰减放大电路及水平系统时基扫描频率有关,因此数字示波器的显示界面上分别显示有对应的垂直挡位状态和水平时基挡位状态,以便作电压、周期、频率等量的测量.

2.3 李萨如图形测频率

在示波器的两个垂直通道上分别输入正弦波信号,这时示波器上描画出两正弦波信号在垂直方向上振动的合成图形,称为李萨如图形,其形状随两个信号的频率和相位差的不同而不同,如图 3.14.2.3 所示.可以证明:当两个信号的频率满足简单的整数比时,在屏幕上会显示稳定的李萨如图形.利用李萨如图形可以测正弦波信号的频率,设 f_x、f_y 分别为加在垂直系统通道 1 和通道 2 上的正弦波信号频率,N_x、N_y 分别为李萨如图形在 x 方向、y 方向切线的切点数,则有

$$\frac{f_y}{f_x}=\frac{N_x}{N_y} \tag{3.14.2.4}$$

若已知一个正弦波信号的频率,就可以根据李萨如图形和(3.14.2.4)式测出另一个信号的频率.

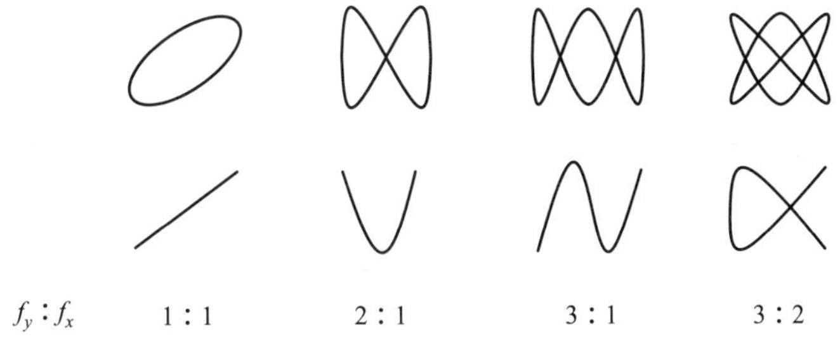

图 3.14.2.3 李萨如图形

【实验内容与步骤】

1. 熟悉示波器面板上各旋钮的作用

1.1 将函数信号发生器输出的点频信号接至示波器信号“CH1 输入”,按下 CH1 功能键,打开 CH1 通道.按下扫描功能键,打开扫描菜单,选择格式为“Y-T”,

这时在屏上可观测到点频信号的波形.调节 CH1 通道垂直偏转系数开关“VOLTS/DIV”和扫描时基开关“SEC/DIV”,观察信号波形的变化.按下触发功能键,触发源分别选择“CH1”、“CH2”、“市电”,调节触发电平调节旋钮,观察信号波形的变化;改变触发“边沿类型”分别为“上升沿”、“下降沿”和“双沿”,观察波形的变化.最后在示波器上调试出一个完整周期和两个完整周期的大小合适、稳定的点频信号波形.

1.2 参照附录中数字示波器的介绍,总结示波器各按键、旋钮的功能及使用方法.

2. 观察信号发生器输出峰值电压和频率分别为 2 V、50 Hz 和 4 V、1 000 Hz 的正弦波信号波形,并利用波形测信号的电压和频率

2.1 从信号发生器输出 2 V、50 Hz 的正弦波信号,接至示波器的信号输入端“CH1 输入”(或“CH2 输入”),按下扫描功能键,打开扫描菜单,选择格式为“Y-T”,按下 CH1(或 CH2)功能键,打开 CH1(或 CH2)通道,调节对应的垂直偏转系数开关“VOLTS/DIV”和扫描时基开关“SEC/DIV”,使波形大小合适,触发源相应选择“CH1”(或“CH2”),调节触发电平,使波形稳定,从而在示波器上观测到一个大小合适的稳定的待测信号波形.

2.2 记下此时显示屏上“CH1(或 CH2)耦合及垂直挡位状态”D_y和“水平时基挡位状态”D_t,从示波器上读出波形振幅及波长所占的格数 m、n,利用(3.14.2.1)式、(3.14.2.2)式、(3.14.2.3)式计算信号的峰值电压和频率.

2.3 用同样的方法观测 4 V、1 000 Hz 的正弦波信号的波形,并测其峰值电压和频率.

3. 观察李萨如图形,并用李萨如图形测函数信号发生器输出的点频信号频率

3.1 按下扫描功能键,打开扫描菜单,选择格式为“X-Y”,函数信号发生器的“点频输出”信号接到 CH1 通道输入端(该信号在水平轴上显示),其频率为f_x,函数信号发生器输出的正弦波信号作为已知可调信号接到 CH2 通道输入端(该信号在垂直轴上显示),其频率为f_y.分别调节 CH1 通道和 CH2 通道的垂直偏转系数开关“VOLTS/DIV”以及扫描时基开关“SEC/DIV”(或者按下自动功能键“AUTO-SET”),使图形曲线连续完整且大小合适.调节函数信号发生器输出信号频率f_y,在示波器上可观测到不同形状的相对稳定的李萨如图形.

3.2 根据李萨如图形的形状,读出李萨如图形在 x 方向、y 方向所做切线的切点个数 N_x、N_y,记下每个李萨如图形对应的函数信号发生器输出信号的频率f_y,根据式$\frac{f_y}{f_x}=\frac{N_x}{N_y}$,可算出待测点频信号的频率$f_x$.

【注意事项】

1. 数字示波器受干扰或操作不当可能会出现死机或扫描异常等现象,请关闭 3 s 后重新开启电源.

2. 数字示波器通电预热 15 min 后,系统重新进行时基自动校正,可获得更高

测量精度.

【数据记录与处理】

与表 3.14.1.1 和表 3.14.1.2 相同.

【思考题】

1. 在示波器的扫描菜单中,当分别选择"Y-T"与"X-Y"格式时,示波器的工作方式有何不同?

2. 当示波器分别以"Y-T"与"X-Y"方式工作时,若显示屏上的图形不稳定,应如何调节?为什么?

【附录】

1. LDS20610 数字存储示波器面板功能和用户界面说明

1.1 数字示波器面板如图 3.14.2.4 所示,操作说明如表 3.14.2.1 所示.

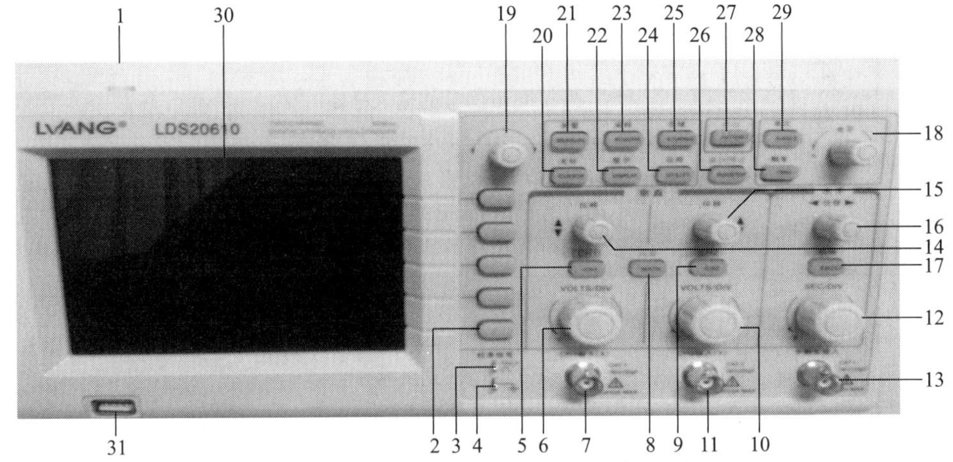

图 3.14.2.4 LDS20610 数字存储示波器面板

表 3.14.2.1 LDS20610 数字存储示波器面板操作说明表

序号	控制件名称	控制件作用
1	电源开关(POWER)	按入状态接通电源,弹出状态切断电源.
2	菜单键	SUB1~SUB5 共 5 个灰色按键,对应显示屏右侧 5 个菜单显示区域,按动菜单键可以设置当前显示区域菜单的不同选项.
3	校准信号	可选择输出 $0.5V_{p-p}$ 1 kHz、10 kHz、100 kHz 方波,用于校正探头方波和检测垂直通道的偏转系数.
4	GND	整机接地端子.
5	CH1 功能键	该键用来打开或关闭 CH1 通道及菜单.

续表

序号	控制件名称	控制件作用
6	CH1 通道垂直偏转系数开关(VOLTS/DIV)	调节衰减挡位系数,按下该键设置 CH1 通道的垂直挡位调节为粗调或微调.
7	CH1 通道信号输入插座(INPUT)	CH1 通道的信号接入端口,X-Y 工作方式时,作用为 x 轴信号输入端.
8	运算(MATH)功能键	按下该键打开或关闭运算功能及菜单.
9	CH2 功能键	该键用来打开或关闭 CH2 通道及菜单.
10	CH2 通道垂直偏转系数开关(VOLTS/DIV)	调节衰减挡位系数,按下该键设置 CH2 通道的垂直挡位调节为粗调或微调.
11	CH2 通道信号输入插座(INPUT)	CH2 通道的信号接入端口,X-Y 工作方式时,作用为 x 轴信号输入端.
12	扫描时基开关(SEC/DIV)	根据需要选择适当的扫描时间挡级.
13	外触发输入端(INPUT)	外接同步信号的输入插座.
14	CH1 垂直位移旋钮(位移)	调节 CH1 波形垂直位移,顺时针方向旋转,辉线上升,逆时针方向旋转,辉线下降.按下该键使 CH1 通道波形的垂直显示位置迅速回到屏幕中心点.
15	CH2 垂直位移旋钮(位移)	调节 CH2 波形垂直位移,顺时针方向旋转,辉线上升,逆时针方向旋转,辉线下降.按下该键使 CH2 通道波形的垂直显示位置迅速回到屏幕中心点.
16	水平位移旋钮	改变显示波形水平方向的位置,按下该键将使触发位移或延迟扫描位移恢复到水平零点处.
17	扫描功能键(SWEEP)	按下该键打开扫描菜单.
18	触发电平调整旋钮(LEVEL)	根据触发电平决定扫描开始的位置.
19	公用旋钮	按下该键可设置选项或关闭弹出菜单.
20	光标测量功能键	光标模式允许用户通过移动光标进行测量,可选择手动、追踪和自动测量.
21	自动测量功能键(MEASURE)	测量功能可以对 CH1 和 CH2 通道波形进行自动测量.
22	显示功能键	可以设置示波器的显示信息.
23	采样功能键	设置采样方式为实时或等效采样.

续表

序号	控制件名称	控制件作用
24	应用功能键	应用菜单可以选择示波器的语言种类,设置通过测试和波形记录功能,系统维护,自校正功能以及设置时间、日期等.
25	存储功能键	可以将当前的设置文件保存到仪器的内部存储区或 USB 存储设备上.
26	运行/停止功能键	按下该键使波形采样在运行和停止之间切换.
27	自动功能键	自动设定仪器各项控制值,以产生适宜观察的波形显示.
28	触发功能键	可以设置触发方式、触发源、触发条件、触发释抑时间等参数.
29	单次功能键	按下该键在符合触发条件下进行一次触发,然后停止运行.
30	LCD 显示屏	显示各种信息.
31	USB 接口	在该菜单中可以对 USB 存储设备进行操作整理.

1.2 LDS20610 数字存储示波器显示界面如图 3.14.2.5 所示.

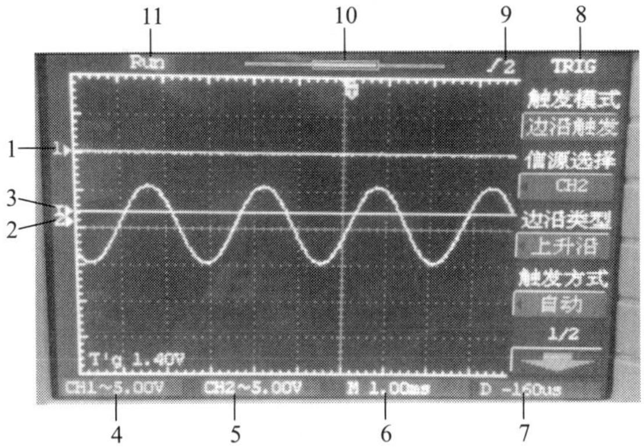

图 3.14.2.5 LDS20610 数字存储示波器显示界面

示波器显示界面说明如下：

1——CH1 标志；

2——CH2 标志；

3——触发位置指示；

4——CH1 耦合及垂直挡位状态；

5——CH2 耦合及垂直挡位状态；

6——水平时基挡位状态；

7——触发位移显示；

8——用户自定义菜单；
9——触发状态指示；
10——当前显示波形窗口在内存中的位置；
11——运行/停止状态显示.
2. SP1641B 函数信号发生器
与实验 3.14.1.1 的附录中函数信号发生器相同.

3.15 霍尔效应及应用

【实验简介】

将金属或半导体薄片置于磁场中，若在垂直于磁场方向上通以电流，则在垂直于磁场和电流方向上产生电场，这种效应是 1879 年美国约翰-霍普金斯大学研究生霍尔研究载流导体在磁场中受力时发现了这种电磁现象，因此称为霍尔效应.霍尔效应不仅存在于金属导体中，同时也存在于半导体和导电流体（如等离子体）中，且半导体的霍尔效应比金属强得多.

霍尔效应在科学实验和工程技术中有着广泛的应用，利用霍尔效应可以测定半导体材料中载流子浓度、迁移率等重要参量，也可以判断半导体材料的导电类型，是研究半导体材料的重要手段；根据霍尔效应制成的传感器已广泛应用于非电学量的电测量（磁场、位移、转速等的测量）、自动控制和信息处理等方面；在电流体中的霍尔效应也是目前研究中的“磁流体发电”的理论基础；此外，利用霍尔效应还可以制成磁读头、磁罗盘和单向传递信息的隔离器.近年来，霍尔效应得到了重要发展，1980 年西德物理学家冯・克利青（K. Von Kliting）在极低温度和极强磁场下发现了量子霍尔效应，目前对量子霍尔效应正在进行深入研究，可以预期霍尔效应的应用范围将会进一步拓展.

【实验目的】

1. 了解霍尔效应，学习利用霍尔效应测量磁场 B 的原理和方法.
2. 学习用“对称变换测量法”消除伴随霍尔效应产生的副效应.

【预习思考题】

1. 什么是霍尔效应？如何利用霍尔效应测量磁场？测量时应注意些什么？

2. 伴随着霍尔效应会产生一些其他副效应，使得测出的霍尔片两端电压并非真正的霍尔电压，为了消除其他效应的影响，实验中如何测量霍尔电压？

【实验仪器】

ZKY-HS 霍尔效应实验仪和测试仪，测量导线.

【实验原理】

1. 霍尔效应的产生机理及磁场的测量

霍尔效应从本质上讲是运动的带电粒子在磁场中受到洛伦兹力作用而引起的.将霍尔元件垂直置于磁场中,如图 3.15.1 所示,若在 AA'方向上通以电流 I_s(称为工作电流),霍尔元件内定向移动的载流子(以空穴为例)将受到垂直于工作电流和磁场方向的洛伦兹力作用而向 D 侧偏转,并使 D 侧形成正电荷积累,而相对于 D'侧形成负电荷积累,结果在 DD'方向上形成电场.这个电场同时又给载流子一个与 F_B 反向的电场力 F_E 的作用,随着电荷积累量的增加,F_E 增大,当两力大小相等时,即 $F_E=F_B$,则电子积累达到动态平衡,这时在 DD'两端面之间建立稳定的电场称为霍尔电场 E_H,相应的电势差称为霍尔电压 U_H.

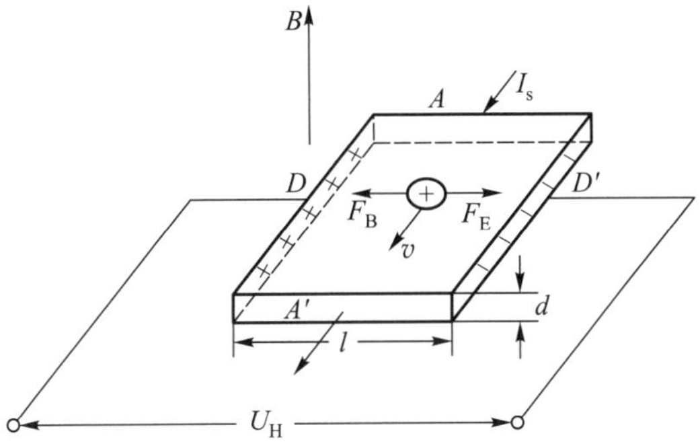

图 3.15.1

设载流子以速度 v 沿 AA'方向运动,则在磁场 B 作用下受到的洛伦兹力为

$$F_B=q(v\times B)=qvB$$

达到动态平衡时,载流子受到的电场力为

$$F_E=qE_H=qU_H/l$$

式中 l 为霍尔元件宽度,这时有

$$qvB=qU_H/l \tag{3.15.1}$$

设霍尔元件厚度为 d,载流子浓度为 n,则霍尔元件的工作电流为

$$I_s=nqvld \tag{3.15.2}$$

由(3.15.1)式、(3.15.2)式可得

$$U_H=\frac{1}{nq}\frac{I_sB}{d}=R_H\frac{I_sB}{d} \tag{3.15.3}$$

由上式可知:霍尔电压 U_H 与 I_s 和 B 成正比,与霍尔元件的厚度成反比,比例系数 $R_H=\frac{1}{nq}$称为霍尔系数,它是反映材料霍尔效应强弱的重要参量. 当霍尔元件确定

时，霍尔电压 U_H 仅与 I_s 和 B 成正比，其比例系数用 K_H 表示，则有

$$U_H = K_H I_s B \tag{3.15.4}$$

其中

$$K_H = \frac{R_H}{d} = \frac{1}{nqd} \tag{3.15.5}$$

称为霍尔元件的灵敏度，它表示霍尔元件在单位磁感应强度和单位工作电流下的霍尔电压大小，其单位是[mV/(mA·T)]，一般要求 K_H 愈大愈好，而 K_H 与 n、d 成反比，所以霍尔元件一般做得很薄，只有 0.1 mm 左右，且都是由半导体材料制成的(半导体载流子浓度小).

应当注意，当霍尔元件与磁场不垂直时，则霍尔电压为

$$U_H = K_H I_s B\cos\theta$$

其中 θ 为霍尔元件法线方向与磁场的夹角，所以，一般在使用时应调整元件方位，使 U_H 达到最大，这时有 $\theta=0$，$U_H = K_H I_s B\cos\theta = K_H I_s B$

由(3.15.4)式可知：如果知道霍尔元件的灵敏度，只要测出霍尔元件上工作电流和霍尔电压大小，就可算出磁场的大小，其中磁感应强度为

$$B = \frac{U_H}{K_H I_s} \tag{3.15.6}$$

由图 3.15.3 可知：如果已知霍尔元件材料的导电类型(空穴导电或是电子导电)，由工作电流方向及霍尔电压的极性，可以确定磁场的方向；相反，若已知磁场的方向，则也可由工作电流方向及霍尔电压的极性，判断半导体材料的导电类型.

另外，在磁场已知的情况下，测出一定工作电流下对应霍尔电压的大小，可以确定出霍尔元件的灵敏度，进而可以求出元件霍尔系数、载流子的浓度、迁移率等重要参量.

2. 霍尔效应中副效应的产生及消除

研究霍尔效应或利用霍尔效应测磁场时，霍尔电压是测量的关键，但伴随着霍尔效应产生的同时，还有一些其他效应在霍尔元件两端产生附加电压.另外，由于加工工艺的影响，在霍尔元件两端同样产生附加电压，这些附加电压叠加在霍尔电压上，形成测量系统误差，实验中应予以消除.

2.1 不等位电势 U_0

由于制作时，霍尔片电阻率不均匀、工作电流的两个电极端面接触不良，如图 3.15.2(a)，或者测量霍尔电压的两个电极没有对称地焊在霍尔片两侧，如图 3.15.2(b)，都可能造成 A、B 两极不处在同一等位面上，此时即使未加磁场，A、B 间也存在电势差 U_0，U_0 称为不等位电势.$U_0 = I_s R$，R 是两等位面间的电阻，由此可知，在 R 确定的情况下，U_0 与 I_s 的大小成正比，其正负随 I_s 的方向而改变.

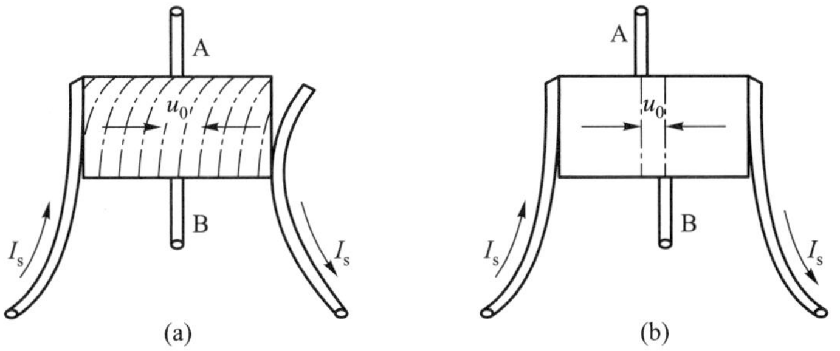

图 3.15.2

2.2 爱廷豪森效应

推导(3.15.4)式时认为载流子的平均速率是 v,而实际上载流子速率各不相同,霍尔电场建立后,速率大于 v 的载流子所受洛伦兹力大于霍尔电场力,速率小于 v 的载流子所受洛伦兹力小于霍尔电场力,使得霍尔元件的一侧聚焦的高速载流子多,与晶格碰撞使该侧温度较高,而另一侧聚集的低速载流子多,温度较低,结果在 DD'两端产生附加的温差电动势 U_E,这种效应称为爱廷豪森效应.载流子所受的洛伦兹力的方向与工作电流 I_s 和磁场 B 的方向有关,所以 U_E 的正负随 I_s 或 B 方向的改变而改变.

2.3 能斯特效应

给霍尔元件焊接工作电流引线时,由于两端焊接点电阻不等,当工作电流流过时,在两端产生温度差,从而形成附加的温差电流,该电流在磁场作用下,形成类似与 U_H 的附加电势 U_N,这一效应称为能斯特效应.由于附加电流由两端温度差决定,所以 U_N 的正负与工作电流方向 I_s 无关,只与 B 的方向有关.

2.4 里纪-勒杜克效应

能斯特效应中产生的附加电流的载流子速度不同,因此,也会由于爱廷豪森效应产生温差电动势 U_R,这种效应称为里纪-勒杜克效应.由于附加电流方向与工作电流方向无关,所以 U_R 的正负只随磁场 B 方向的改变而改变.

由于上述副效应的影响,实际测量的 DD'两端电压 U,不仅包括霍尔电压 U_H,还包含 U_0、U_E、U_N、U_R,若用 DD'两端电压 U 表示霍尔电压 U_H,势必会产生这些副效应引入的系统误差,因此测量霍尔电压时要消除这些副效应的影响.这种副效应可通过对称变换法予以消除,即:保持工作电流 I_s 和磁场 B 的大小不变,通过改变 I_s、B 的方向来消除副效应的影响.

设当 $+B,+I_s$ 时, $U_1=U_H+U_0+U_E+U_N+U_R$

则 $+B,-I_s$ 时 $U_2=-U_H-U_0-U_E+U_N+U_R$

$-B,-I_s$ 时 $U_3=U_H-U_0+U_E-U_N-U_R$

$-B,+I_s$ 时 $U_4=-U_H+U_0-U_E-U_N-U_R$

可得

$$U_H=\frac{1}{4}(U_1-U_2+U_3-U_4)-U_E$$

可见，除爱廷豪森效应以外的其他副效应产生的附加电压均消除，但在非大电流、非强磁场下 $U_H \gg U_E$，因此 U_E 可以忽略不计，有

$$U_H=\frac{1}{4}(U_1-U_2+U_3-U_4) \tag{3.15.7}$$

【实验内容与步骤】

1. 连接测量线路

首先将测试仪上的工作电流、励磁电流输出调节旋钮逆时针旋至最小（为什么要进行这一步调节?），然后将测试仪上"I_M 输出"、"I_s 输出"分别接至实验仪上的"I_M 输入"和"I_s 输入"（注意不能接错！否则一旦通电，霍尔片便会被损坏），实验仪上的"U_H 输出"接至测试仪上的"U_H 输入"，霍尔元件置于电磁铁气隙中心.

2. 研究励磁电流 I_M=0.300 A 时该磁场下霍尔电压 U_H 与工作电流 I_s 的关系，并利用此关系求霍尔元件灵敏度 K_H

2.1 从实验仪标牌上记下电磁线圈常数 C.

2.2 开启测试仪电源开关，调节励磁电流 I_M=0.300 A，依次调节 I_s 从1.00 mA 到 9.00 mA，每隔 1.00 mA 采用对称变换测量法测出对应的霍尔电压 U_H，填入表 3.15.1中.

2.3 描绘出该磁场下的 U_H–I_s 关系曲线，并求出曲线斜率 K，计算霍尔元件灵敏度 K_H.

3. 研究工作电流 I_s=4.00 mA 时霍尔电压 U_H 与励磁电流 I_M 的关系

调节 I_s=4.00 mA，依次调节 I_M 从 0.100 A 到 0.800 A，每隔 0.100 A 采用对称变换测量法测出对应的霍尔电压 U_H，填入表 3.15.2 中，绘出该工作电流下的 U_H–I_M 关系曲线.

4. 测量 I_M=0.600 A 时电磁铁气隙中横向磁场分布

4.1 调节 I_M=0.600 A，I_s=5.00 mA，移动二维标尺，采用对称变换测量法测出水平方向上不同位置 x 对应的霍尔电压 U_H，填写表 3.15.3.

4.2 由(3.15.6)式计算不同位置 x 对应的磁场 B，描绘出电磁铁气隙中横向磁场分布曲线.

【注意事项】

1. 霍尔片又薄又脆，切勿用手触摸.

2. 霍尔元件允许通过的工作电流很小（本仪器不要大于 4.90 mA），切勿与励磁电流输出端相接.

3. 测试仪开机和关机前，应养成逆时针方向调节工作电流和励磁电流调节旋钮使其输出最小.

4. 电磁铁通电时间不要过长，以防电磁铁线圈过热影响测量结果.

【数据记录与处理】

表 3.15.1 研究霍尔电压 U_H 与工作电流 I_s 的关系

$I_M=0.800$ A

I_s/mA	2.00	2.50	3.00	3.50	4.00	4.50
$U_1(+B,+I_s)$/mV						
$U_2(+B,-I_s)$/mV						
$U_3(-B,-I_s)$/mV						
$U_4(-B,+I_s)$/mV						
$U_H=\frac{1}{4}(U_1-U_2+U_3-U_4)$/mV						

表 3.15.2 研究霍尔电压 U_H 与励磁电流 I_M 的关系

$I_s=4.00$ mA

I_M/A	0.100	0.200	0.300	0.400	0.500	0.600	0.700	0.800
$U_1(+B,+I_s)$/mV								
$U_2(+B,-I_s)$/mV								
$U_3(-B,-I_s)$/mV								
$U_4(-B,+I_s)$/mV								
$U_H=\frac{1}{4}(U_1-U_2+U_3-U_4)$/mV								

表 3.15.3 电磁铁气隙中横向磁场分布

$I_M=0.600$ A, $I_S=5.00$ mA, $K_H=$__________ mV/(mA · mT)

x/mm	0.0	2.0	4.0	6.0	8.0	10.0	15.0	20.0	25.0	30.0	35.0	40.0	42.0	44.0	46.0	48.0	50.0
$U_1(+B,+I_s)$/mV																	
$U_2(+B,-I_s)$/mV																	
$U_3(-B,-I_s)$/mV																	
$U_4(-B,+I_s)$/mV																	
$U_H=\frac{1}{4}(U_1-U_2+U_3-U_4)$/mV																	
$B=\frac{U_H}{K_H I_s}$/mT																	

【思考题】

1. 在测量 U_H-I_M 曲线中，$I_M=0$ 时霍尔片两端仍有较小的电压，这是为什么？
2. 测磁场时，如果磁场不与霍尔元件垂直，对测量结果有什么影响？
3. 如何利用霍尔效应测量某种半导体材料的霍尔系数？

【附录1】　霍尔效应实验仪和测试仪简介

1. ZKY-HS 霍尔效应实验仪

本实验仪由电磁铁及励磁线圈、二维移动标尺、霍尔元件及引线、三个换向开关组成，如图 3.15.3 所示.

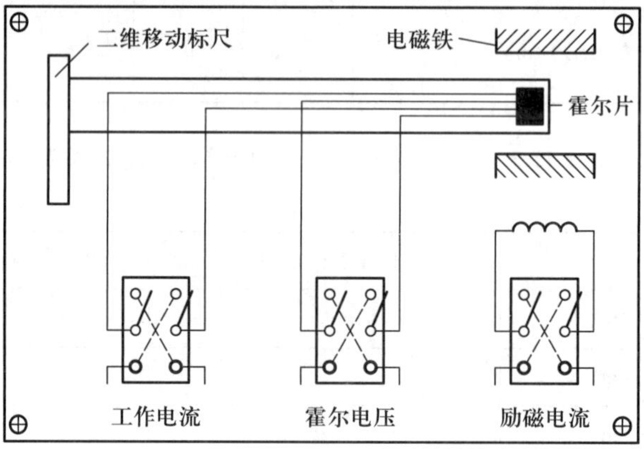

图 3.15.3

电磁铁：用来提供测量磁场，其上绕有励磁线圈，给线圈上通上电流，改变电流的大小和方向，可以改变磁场的大小和方向.

霍尔元件：由 N 型 GaAs 材料制成，其参量标于每台仪器面板的标牌上.霍尔元件粘在二维移动的标尺前端，霍尔元件上焊有两对引线，一对引线为工作电流引线，用来输入工作电流，一对为霍尔电压引线，用来输出霍尔电压，移动二维标尺可改变霍尔元件在磁场中的位置，用来测量电磁铁的磁场分布.

三个换向开关：其一端的一对接线柱分别接至霍尔元件的工作电流引线、霍尔电压引线和电磁铁的线圈引线上，用来对工作电流 I_s、霍尔电压 U_H、励磁电流 I_M 进行通断和换向控制.

2. ZKY-HS 霍尔效应测试仪

测试仪面板如图 3.15.4 所示，由工作电流输出、调节及显示，励磁电流输出、调节及显示，电压输入及显示，电源开关几部分组成.工作电流可调范围 1.50～10.00 mA，励磁电流可调范围 0～1.000 A，数字电压表的测量范围为：±199.9 mV.

注意：测试仪开机和关机前，应养成逆时针方向调节工作电流和励磁电流调节旋钮使其输出最小的习惯.由于霍尔元件允许通过的电流很小，连接线路时应避免将励磁电流输出端接至实验仪上的工作电流输入端.

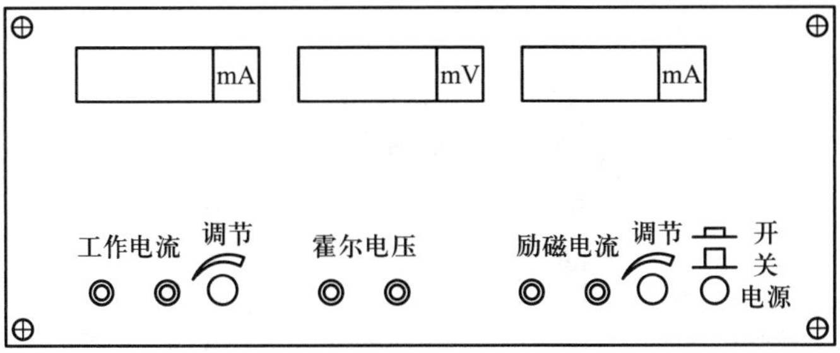

图 3.15.4

【附录 2】　交流霍尔效应及其应用

【实验目的】

1. 研究交变磁场情况下霍尔元件的霍尔电压 U_H 与工作电流 I_s 的关系.
2. 利用霍尔效应测量电动机转速.
3. 观察经过放大的霍尔信号和经过整形后输出的脉冲信号.

【实验仪器】

HIT-02 型交流霍尔效应实验仪,示波器,连接导线.

【实验原理】

1. 交流霍尔效应

用霍尔元件测量磁场的基本电路如图 3.15.5 所示,将霍尔元件置于待测磁场的相应位置,并使霍尔元件平面与磁感应强度 B 垂直,在其控制端输入恒定的工作电流 I_s,霍尔元件的霍尔电势输出接毫伏表,测量霍尔电势 U_H 的值.

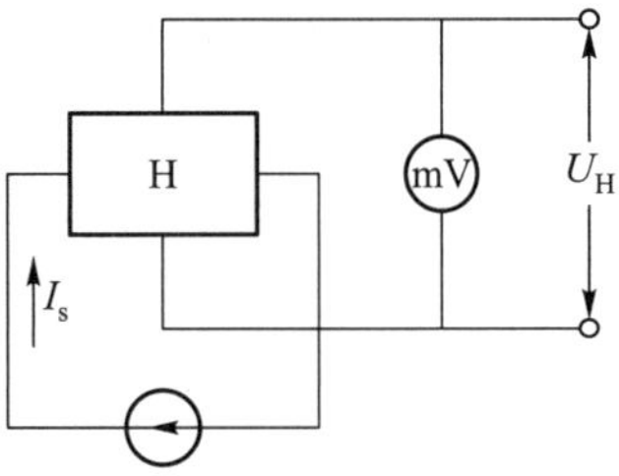

图 3.15.5　霍尔元件测量磁场

由于霍尔电压建立电场所需时间很短(10^{-14} ~ 10^{-12} s),当霍尔电流或者磁场是交变的情况下,霍尔电压不受弛豫时间的影响,也是交变的电压,其频率与霍尔电流和交变磁场相同.公式 $U_H=K_HI_sB$ 仍然成立,不过式中的 U_H、I_s 和 B 分别为交流霍尔电压 U_H、交流霍尔电流 I_s 和交变磁场 B.

2. 仪器原理

实验仪器面板如图 3.15.6 所示.转盘上对称固定两块永久磁铁,当转盘转动时,加在位置固定的霍尔元件上的磁场是交变磁场,调节霍尔电流到一固定值时,霍尔电压作周期性变化.

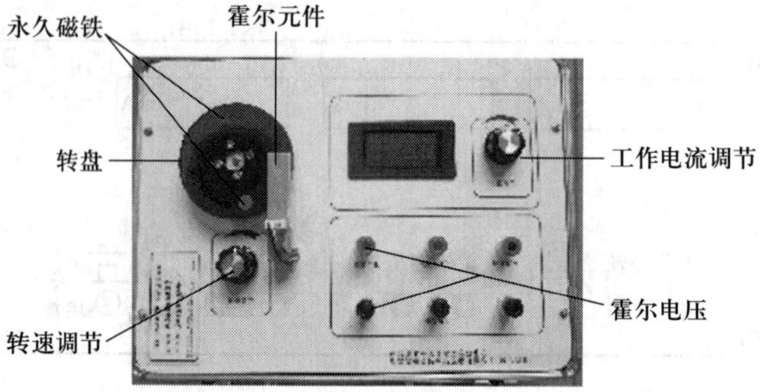

图 3.15.6 HIT-02 型交流霍尔效应实验仪原理图

【实验内容与步骤】

1. 测量 U_H-I_s 曲线.

仪器接通电源,打开电源开关.此时数字表头点亮,并显示所加的直流霍尔电流 I_s.将示波器的探头与仪器面板上的“霍尔电压”端子相连,调节“转速调节”旋钮使电机达到一定的转速.然后调节“电流调节”旋钮改变霍尔电流的 I_s 大小,观察示波器上霍尔电压信号,记录不同霍尔电流下对应的霍尔峰值电压 U_H.作出霍尔电流 U_H-I_s 曲线,记录于表 3.15.4,计算霍尔元件灵敏度 K_H.I_s 等间隔取值(区间 1~10 mA).当永磁铁处在霍尔元件的正下方时,霍尔器件处的磁感应强度 B 最大,约为 140 mT.

2. 测量电动机的转速.

I_s 选取一定的数值,例如 5 mA,用示波器观察“霍尔电压”信号.此时示波器上会显示周期性的霍尔电压信号.利用示波器,测量出电动机的转动周期 T,记录于表 3.15.5,计算出电动机的转动频率 f,则可计算出电动机转动速度 v($\mathrm{r\cdot min^{-1}}$,记为 rpm).转盘上有 2 块对称的磁铁,因此电动机的转速为

$$v=30f(\text{rpm})$$

【数据记录与处理】

表 3.15.4 测量 U_H-I_s 曲线

霍尔电流(mA)	1	2	3	4	5	6	7	8
霍尔电压(mV)								

表 3.15.5 测量霍尔信号电压周期

n(div)	D_t(s/div)	$T=D_t n$(s)

【思考题】

测量交变磁场条件下霍尔元器件的灵敏度和直流条件下的灵敏度,在方法上

有什么么不同?

HIT-02 型交流霍尔效应实验仪

仪器功能及指标:

1. 功能:

(1) 测量霍尔器件的交流灵敏度.

(2) 用示波器观察霍尔器件输出的波形,测量周期和频率.

(3) 计算直流电动机的转速.

2. 指标

(1) 霍尔电流: 0~20 mA 连续可调,分辨率 0.1 mA

(2) 磁感应强度(距离霍尔器件 3 mm 处): ≥100 mT

(3) 电机转速: 0~5 000 $r \cdot min^{-1}$,连续可调

(4) 电机种类:低噪音无刷直流电机

(5) 输出插口:

① 霍尔电压输出

② 霍尔电压放大输出

③ 脉冲输出(用于接频率计或转速表)

(6) 霍尔电流显示:三位半数字毫安表

(7) 电源: 220 V/50 Hz,功率≤20 W

3.16 薄透镜焦距的测量

【实验简介】

透镜是最常用的基本光学元件之一,是构成显微镜、望远镜等光学仪器的基础.透镜的成像规律是许多光学仪器如天文望远镜、照相机、幻灯机、投影仪等的重要设计依据.焦距是表征透镜成像性质的重要参数,它决定了透镜成像的规律.测定透镜的定焦距不仅是一项产品检验工作,更重要的是为光学系统的设计提供依据.学习透镜焦距的测量,不仅可以加深对几何光学中透镜成像规律理解,而且有助于训练光路分析方法、掌握光学仪器调节技术.为了正确地使用光学仪器,必须熟练掌握透镜成像的一般规律,学会光路的调节技术和测量焦距的方法.

常用的测焦距方法主要有:物距像距法、自准法以及共轭法等,本实验主要采用物距像距法测量凸透镜的焦距,其他测试方法,同学们可在理解原理的基础上根据兴趣自行设计.

【实验目的】

1. 了解对简单光学系统进行共轴调节,掌握光路调整的基本方法.

2. 理解透镜焦距测量的原理,研究透镜成像的基本规律.

3. 掌握用物距像距法测量凸透镜焦距的方法.

4. 了解自准直法及共轭法测量透镜焦距的方法.

5. 能对实验结果进行分析,比较各种测量方法的优缺点,对实验数据进行不确定度处理,写出合格的实验报告.

【预习思考题】

1. 透镜成像的原理是什么？对实际应用有什么指导意义？
2. 远方物体经透镜成像的像距为什么可视为焦距？
3. 如何把几个光学元件调制等高共轴？粗调和细调应怎样进行？
4. 能用什么方法辨别出透镜的正负(凸透镜或凹透镜)？
5. 透镜焦距如何测量？测量方法有哪些？

【实验仪器】

光具座(组合式综合光学实验仪),凸透镜,光源,物屏,平面反射镜,水平尺和滤光片等.

【实验原理】

1. 薄透镜成像公式

薄透镜是透镜中最基本的一种,是指其厚度比两球面的曲率半径及焦距小得多的透镜,厚度可忽略不计.透镜分为两大类:一类是凸透镜(也称为正透镜或会聚透镜),对光线起会聚作用(如图 3.16.1 所示).焦距越短,会聚本领越大.另一类是凹透镜(也称负透镜或发散透镜),对光线起发散作用(如图 3.16.2 所示).焦距越短,发散本领越大.

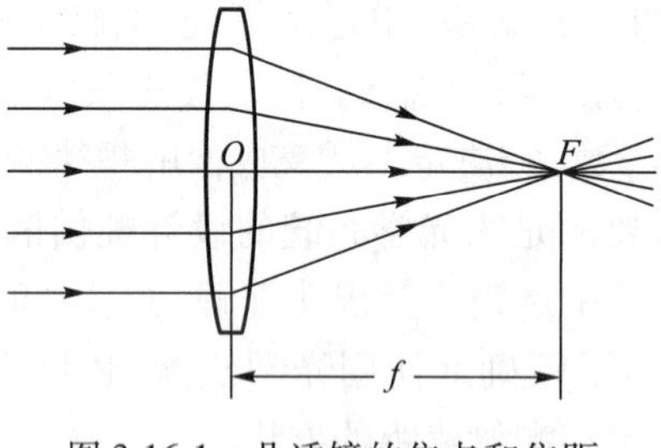

图 3.16.1 凸透镜的焦点和焦距

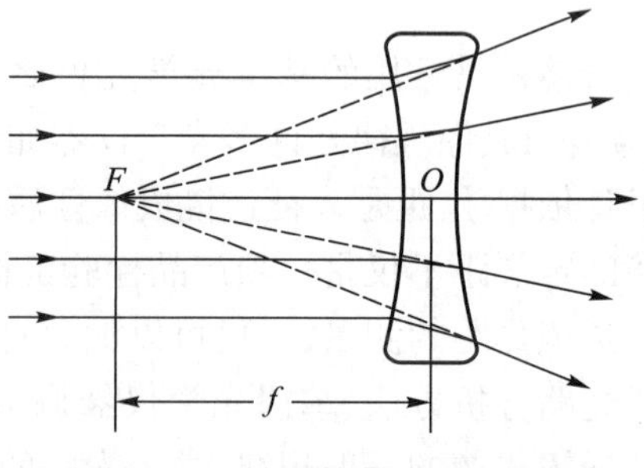

图 3.16.2 凹透镜的焦点和焦距

近轴光线是指通过透镜中心部分并与主光轴夹角很小的那一部分光线.为了满足近轴光线条件,常在透镜前(或后)加一带孔的屏障,即光阑,以挡住边缘光线;同时选用小物体,并做等高共轴调节,把它的中点调到透镜的主光轴上,使入射到透镜的光线与主光轴的夹角很小.在近轴光线条件下,薄透镜的物距 s、像距 s'、焦距 f 满足高斯公式

$$\frac{1}{s'}-\frac{1}{s}=\frac{1}{f} \tag{3.16.1}$$

符号规定:距离自参考点(薄透镜的光心)量起,与光线进行方向一致时为正,反之为负.运算时已知量需添加符号,未知量则根据求得结果中的符号判断其物理意义.

其成像示意图如图 3.16.3 所示,由(3.16.1)式可得

$$f=\frac{ss'}{s-s'} \tag{3.16.2}$$

2. 测量透镜焦距的方法

测量透镜焦距常用的方法有:物距像距法、共轭法及自准法.本实验主要采用物距像距法测量凸透镜的焦距,其他方法可由学生自主设计. 下面对几种主要测量透镜焦距的方法做一简要介绍.

(1) 物距像距法(公式法)

光路图如图 3.16.3 所示,测出物距和像距后,代入透镜成像公式即可算出凸透镜的焦距.

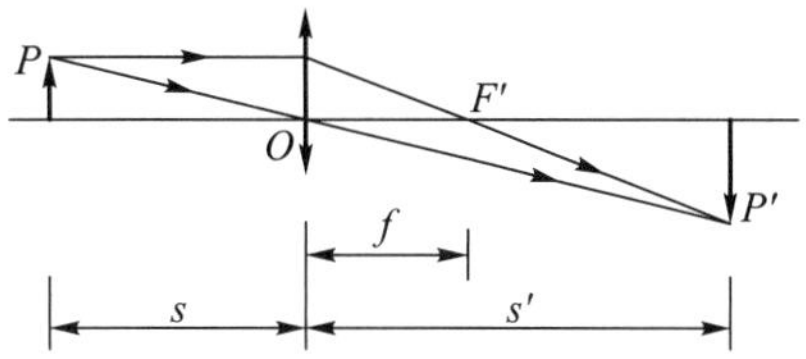

图 3.16.3 薄透镜成像原理

(2) 自准法

它是光学仪器调节中的一个重要方法,也是一些光学仪器进行测量的依据.当发光点(物)处在凸透镜的焦平面上时,它发出的光线通过透镜后将为一束平行光.若用与主光轴垂直的平面镜将此平行光反射回去,反射光再次通过透镜后仍会聚于透镜的焦平面上,其会聚像将在光点相对于光轴的对称位置上,如图 3.16.4 所示.

(3) 共轭法(位移法、二次成像法或贝塞耳法).

如图 3.16.5 所示,设物和像屏之间的距离绝对值为 L(要求 $L>4f$),并保持不变.

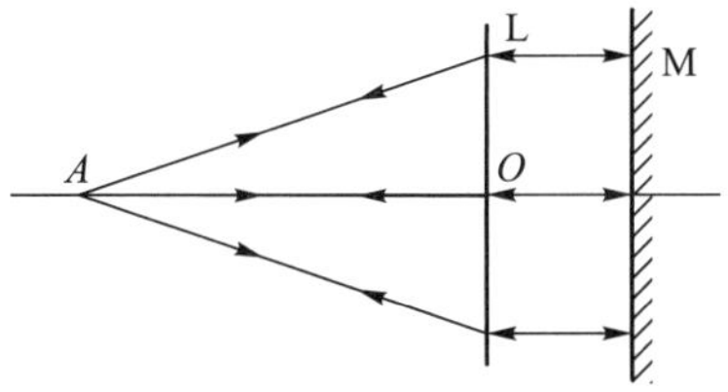

图 3.16.4 自准法测凸透镜焦距

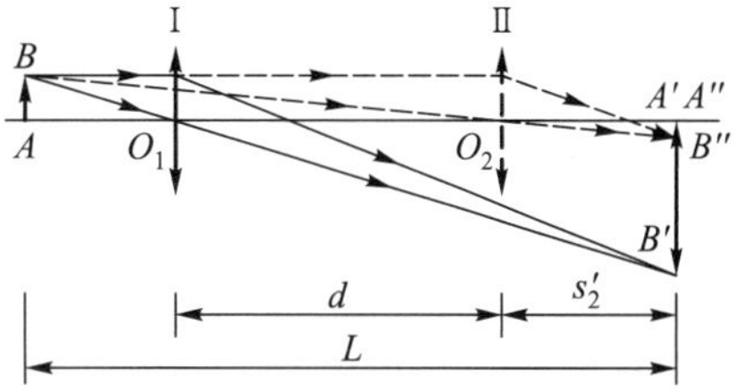

图 3.16.5 共轭法测凸透镜焦距

当凸透镜在物屏与像屏之间移动时,可实现两次成像.当在位置Ⅰ处时,屏上将出现一个放大的倒立实像.当透镜在位置Ⅱ处时,在屏上又得到一个缩小的倒立的实像.位置Ⅰ与Ⅱ之间的距离绝对值为 d,位置Ⅱ与白屏之间的距离为 s_2'.对于位置Ⅰ而言,有 $s=-(L-d-s_2')$ 及 $s'=d+s_2'$,代入(3.16.2)式得

$$f=\frac{(L-d-s_2')(d+s_2')}{L}$$

对于位置Ⅱ而言,有 $s=-(L-s_2')$ 及 $s'=s_2'$,代入(3.16.2)式得

$$f=\frac{(L-s_2')s_2'}{L}$$

由以上两式解出

$$s_2'=\frac{L-d}{2}$$

因此

$$f=\frac{L^2-d^2}{4L} \tag{3.16.3}$$

以上以凸透镜为例介绍了测量透镜焦距的常用方法及其原理，使用这些方法也可以测量凹透镜的焦距，学生可视情况自己推导相应公式.

【实验内容与步骤】

1. 光学系统的共轴调节

共轴调节是光学测量的先决条件，也是减少误差、确保实验成功的重要步骤. 所谓"共轴"，是指各光学元件（如光源、物、透镜等）的主光轴重合. 由于在光具座上进行，所以须使光轴平行于光具座导轨的刻度线. 具体调节分两步进行：

1.1　粗调：将安置于光具座上的各光学元件靠拢在一起，用眼观察，并调节它们的中心使它们处在同一高度，且连线（光轴）平行于导轨.

1.2　细调：将各光学元件按实验要求移开，利用透镜成像规律进一步调整，移动透镜及屏时，将大小不同的像生成在不同的位置. 若这些大小不等的像的中心在屏上的位置重合，则说明系统已共轴；若在移动透镜的过程中，像的中心位置不重合，则应调节透镜的高低或左右位置.

2. 测凸透镜的焦距

2.1　光学系统的共轴调节之后，接通点光源（白炽灯）电源，调整成像物与凸透镜的距离，使它们的距离大于透镜的焦距.

2.2　移动接收屏，直至在接收屏上出现一清晰的倒立物像，测出此时的物距和像距，重复 6 次，每次测量应改变物距.

2.3　将测量的结果带入（3.16.2）式求 f，并计算平均值，将结果表示成 $f\pm\Delta f$，并分析误差原因.

2.4　自行设计自准法或位移法测量凸透镜的焦距，至少设计一种，f 均测量 6 次求平均值，结果以 $f\pm\Delta f$ 表示. 注意：在用自准法测凸透镜焦距时，可发现不用反射镜，透镜本身也会产生反射像，在实验中应加以鉴别.

【注意事项】

1. 共轴调节要认真细致. 在粗调的基础上，还要根据放大像和缩小像中心位置是否重合来进行细调.

2. 爱护光学元件，使用光学元件时要轻拿轻放，勿使元件碰损，上夹具时也要稳妥轻放，更要避免摔坏，不准用手或硬物直接接触光学元件的工作表面，只能拿磨砂的非工作面. 如拿取透镜时，只允许拿透镜的棱边.

3. 爱护光学平台的调节底座，操作中要遵守规程，不许随便拆卸或用力乱拨旋钮,以免造成仪器精度下降和不必要的磨损.

4. 光学元件工作表面受污染时,要及时请示老师,不准随便用手、纸或布等直接擦拭.

【数据记录与处理】

按要求测量 s 及 s' 列表记录数据,按(3.16.2)式求出焦距 f,记录于表 3.16.1 中,并确定不确定度,完整表示测量结果.

表 3.16.1 物距像距法测凸透镜焦距 $\Delta_{仪}=$________

测量次数 i	1	2	3	4	5	6
f_i/cm						

$$\bar{f}=\frac{1}{6}\sum_{i=1}^{6}f_i=\_\_\_\_\_\_\_\_;$$

$$\Delta_{fA}=\frac{t_{0.95}}{\sqrt{6}}\sqrt{\frac{\sum_{i=1}^{6}(f_i-\bar{f})^2}{6-1}}=\_\_\_\_\_\_\_\_;\Delta_{fB}=\Delta_{仪}=\_\_\_\_\_\_\_\_;$$

$$\Delta_f=\sqrt{\Delta_{fA}^2+\Delta_{fB}^2}=\_\_\_\_\_\_\_\_;$$

$$f=\bar{f}\pm\Delta_f=\_\_\_\_\_\_\_\_.$$

【思考题】

1. 如何用自准成像法调平行光? 其要领是什么?
2. 不同物距的物体经凸透镜成像时,像的清晰区大小是否相同?
3. 用自准法测凸透镜焦距时,透镜光心偏离底座中心坐标时,应如何解决?
4. 分析测焦距时存在误差的主要原因.
5. 没有接收屏就看不到实像,这种说法正确吗?

【附录】 透镜焦距测量实验装置示意图(图 3.16.6)

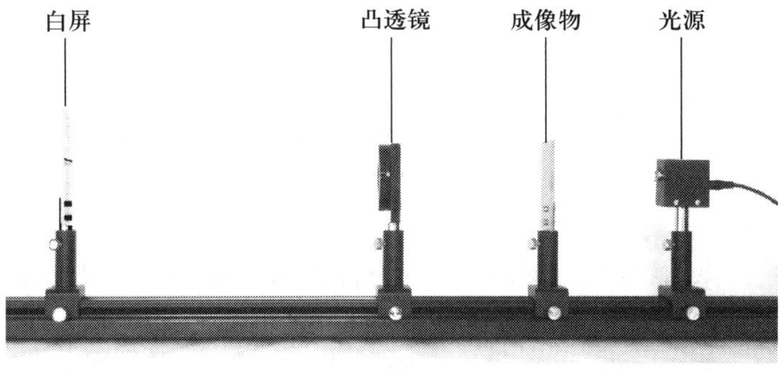

图 3.16.6

3.17 分光计的调节和使用

【实验简介】

分光计是一种精确测量角度的典型光学仪器,常用来测量光学材料的折射率、光波波长、光学元件的色散率及观测光源的光谱等.分光计的调节思想、方法与技巧,在光学仪器中有一定的代表性,学会对它的调节和使用,有助于操作更复杂的光学仪器.

【实验目的】

1. 了解分光计的结构和工作原理.
2. 掌握分光计的调节要求和调节方法.
3. 学会用分光计测量玻璃三棱镜的折射率.

【预习思考题】

1. 分光计在测量角度之前应处于什么状态?为什么要处于该状态?
2. 自准直法调节望远镜接受平行光的主要步骤是什么?判断望远镜已调节到可以接收平行光的标准是什么?
3. 利用双面镜调节望远镜光轴与中心轴垂直时,为什么要转动载物台 180°使双面镜两个面反射的十字像均与分划板上方叉丝重合?只调一面行吗?
4. 如何调节和判断平行光管出射平行光、平行光管的光轴与中心轴垂直?

【实验仪器】

分光计,汞灯,双面反射镜,三棱镜.

【实验原理】

1. 分光计的结构

分光计由望远镜、平行光管、载物台、读数装置和三角底座五部分组成.图 3.17.1 是它的全貌.

1.1 三角底座

三角底座中心有竖轴,称为分光计的中心轴.轴上装有可绕中心轴转动的望远镜和载物台.

1.2 平行光管

平行光管的作用是产生平行光.平行光管由物镜和狭缝装置组成.转动平行光管调焦手轮 2,可前后移动狭缝装置,使狭缝位于物镜的焦平面上,则平行光管产生平行光.调节手轮 28 可改变狭缝的宽度.调节平行光管倾度螺钉 27,可使平行光管光轴水平.

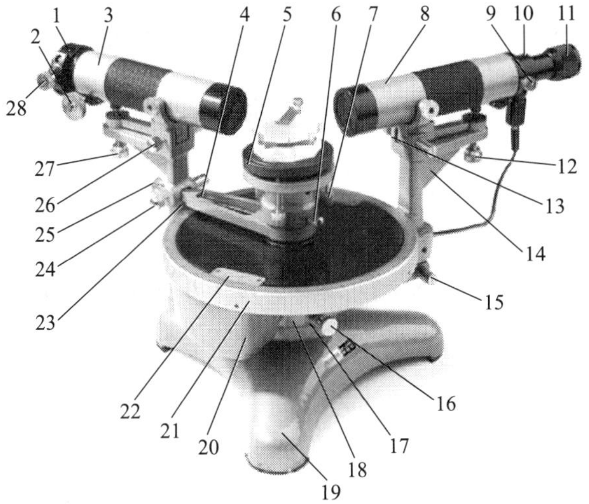

图 3.17.1 分光计结构图

1—狭缝装置;2—平行光管调焦手轮;3—平行光管;4—制动架(二);5—载物台;6—载物台锁紧螺钉;7—载物台调平螺钉(三颗);8—望远镜;9—望远镜调焦手轮;10—阿贝式自准直上镜;11—目镜视度调节手轮;12—望远镜光轴倾度调节螺钉;13—望远镜光轴水平调节螺钉;14—支臂;15—望远镜微调螺钉;16—刻度盘与望远镜固连螺钉;17—望远镜止动螺钉;18—制动架(一);19—三角底座;20—转座;21—刻度盘;22—游标盘;23—立柱;24—游标盘微调螺钉;25—游标盘止动螺钉;26—平行光管光轴水平调节螺钉;27—平行光管光轴倾度调节螺钉;28—狭缝宽度调节手轮

1.3 望远镜

望远镜的作用是确定光线传播的方向.它由目镜、分划板和物镜组成,如图 3.17.2,它们分别装在三个套筒中,彼此可以相对移动.

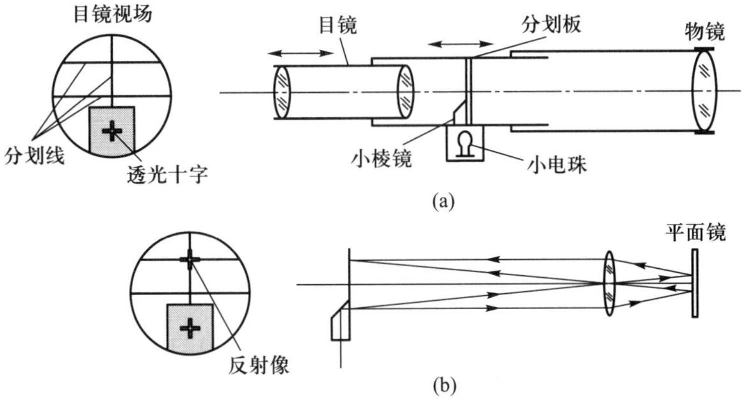

图 3.17.2

分划板上刻有╪形分划线,下方小棱镜的直角面上有一个透光十字,小电珠发出的光经小棱镜改变 90°方向后从透光十字出射.转动目镜视度调节手轮 11,可在目镜视场中看到图 3.17.2(a)所示情景.若在物镜前放一平面镜,转动望远镜调焦手轮,前后移动分划板套筒使分划板落在物镜的焦平面上,则透光十字出射的光经物镜后成为平行光入射到平面镜上,经平面镜反射光再经物镜会聚在分划板平面上形成透光十字的像.若平面镜与望远镜光轴垂直,则此像落在分划板╪分化线上方叉丝上,如图 3.17.2(b)所示.

1.4　载物台

用于放置待测样品或光学元件.载物台下方三个螺钉(b1、b2、b3)用来调节台面水平.松开螺钉6,可以升降载物台.拧紧螺钉6可将载物台与游标盘22固连在一起,此时松开螺钉25,载物台可随游标盘转动,并可通过读数装置读出载物台转过的角度.

1.5　读数装置

由刻度盘与游标盘组成.分光计出厂时已将刻度盘、游标盘调到与中心轴垂直.拧紧止动螺钉16,刻度盘和望远镜固连在一起.游标盘上相隔180°处有两个角游标.拧紧止动螺钉25时,游标盘与中心轴的相对位置固定;松开螺钉25,游标盘可绕中心轴转动.若固定游标盘,刻度盘和望远镜固连,望远镜转动时,可由刻度盘、游标盘读出望远镜转过的角度.

2. 分光计的调节

分光计使用时必须满足下列要求:

(1) 望远镜聚焦无穷远(即接受平行光);望远镜光轴与中心轴垂直;

(2) 平行光管出射平行光;平行光管光轴与中心轴垂直.

调节前应先对照实物和结构图熟悉仪器,了解各个调节螺钉的作用.调节时应先粗调后细调.

粗调(凭眼睛观察)

从分光计侧面观察,分别调节望远镜俯仰调节螺钉12和平行光管俯仰调节螺钉27,使望远镜和平行光管的光轴尽量与刻度盘平行,调节载物台调平螺钉使载物台尽量与刻度盘平行(即与主轴垂直).

细调

2.1　望远镜的调节

2.1.1　自准直法调节望远镜聚焦无穷远

(1) 转动目镜视度调节手轮11,在目镜视场中看清分划板.

(2) 接通小电珠电源,并把双面反射镜按图3.17.3放到载物台上.当需要改变镜面倾角时,调节螺钉b1或b2即可.

(3) 眼睛通过目镜观察,同时转动载物台改变平面镜的方向,当平面镜镜面与望远镜光轴垂直时可看到一亮斑,转动望远镜调焦手轮,使亮斑成清晰的绿十字像;左右移动眼睛观察,同时细心移动分划板套筒,使绿十字像与黑色叉丝间无视差.

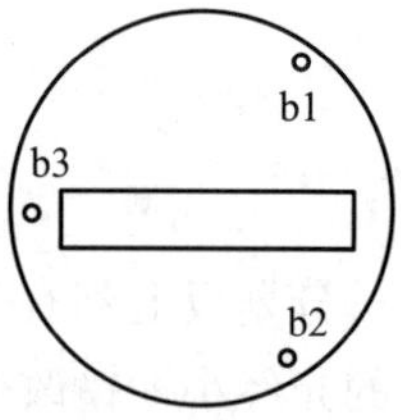

图 3.17.3

2.1.2　渐进法调节望远镜光轴垂直于中心转轴

(1) 调节俯仰调节螺钉12,使绿十字像与分划板上方叉丝重合.

(2) 将载物台转 180°,从双面镜的另一面找到反射的绿十字像,若十字像与分划板上方叉丝不重合如图 3.17.4(a),则调节螺钉 b1 或 b2,使绿十字像与分划板上方叉丝位移减少一半如图 3.17.4(b);然后调节俯仰调节螺钉 12,使反射回来的绿十字像与分划板上方叉丝重合如图 3.17.4(c).

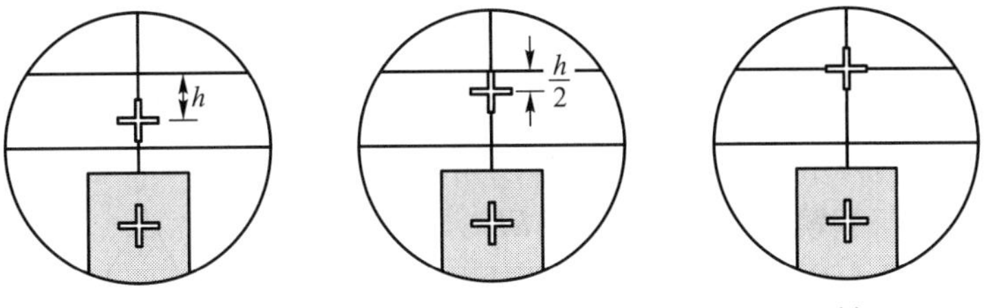

图 3.17.4

(3) 重复步骤(2),直到载物台转过 180°前后,双面镜两个面反射的十字像均与分划板上方叉丝重合.

2.2 平行光管的调节

2.2.1 调节平行光管出射平行光

(1) 打开光源照亮狭缝,将望远镜正对平行光管,从目镜中观察狭缝像.

(2) 转动平行光管调焦手轮,使狭缝清晰地成像在分划板平面.

2.2.2 调节平行光管光轴与望远镜光轴重合

调节俯仰螺钉 27,使狭缝像被分划板中心水平线均分.

3. 刻度盘的读数

刻度盘被等间隔的分为 720 分,分度值为 0.5°,游标被分为 30 格,分度值为 1′.读数时,从游标零刻度前读出刻度盘 0.5°以上的读数,再从游标上读出与刻度盘某刻度对齐的分数.两数相加即为角度的读数.图 3.17.5 示例读数为 116°12′.

为了消除刻度盘刻度中心 O 与转轴中心 O'不重合引入的偏心误差,在游标盘直径的两边各装一游标.测量时,两个游标都要读数,然后算出每个游标始、末两次读数差的平均值,即为转过的角度.图 3.17.6 表示分光计存在偏心误差的情形.刻度盘绕中心转轴 O'转过角度 φ,但从读数装置上读取的是 φ_1 和 φ_2,由几何原理知

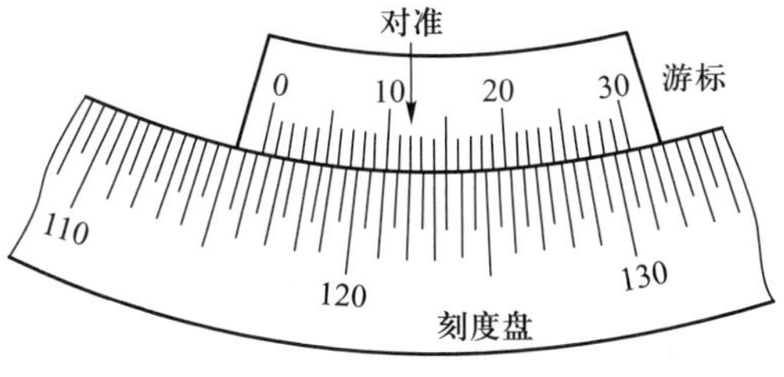

图 3.17.5

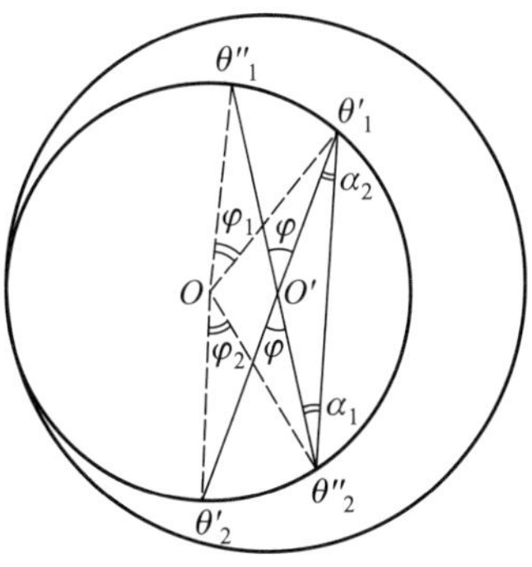

图 3.17.6

$$\alpha_1=\frac{\varphi_1}{2},\quad \alpha_2=\frac{\varphi_2}{2},\quad \varphi=\alpha_1+\alpha_2=\frac{1}{2}(\varphi_1+\varphi_2)$$

或

$$\varphi=\frac{1}{2}[(\theta_1''-\theta_1')+(\theta_2''-\theta_2')]$$

上式说明两游标读数的平均值即为实际转角 φ.

4. 测量玻璃三棱镜的折射率

如图 3.17.7 所示,三角形 ABC 表示三棱镜的横截面,BC 为底面,AB、AC 为光学面,两光学面的夹角 A 称为三棱镜的顶角.入射光线 LD 经三棱镜两次折射后,沿 ER 方向出射.入射光线 LD 与出射光线 ER 所成的角 δ,称为偏向角.偏向角随着入射角的变化而变化,可以证明,如果入射光线和出射光线处于三棱镜对称位置,偏向角最小,称为最小偏向角.棱镜玻璃的折射率 n 与棱镜顶角 A、最小偏向角 $\delta_{\min}$有如下关系

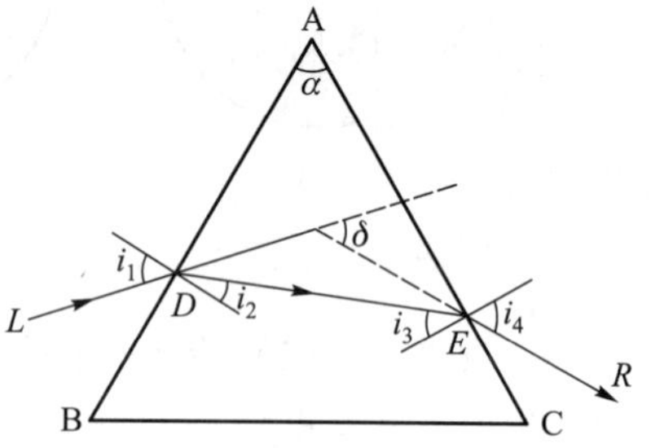

图 3.17.7

$$n=\sin\frac{A+\delta_{\min}}{2}\Big/\sin\frac{A}{2} \tag{3.17.1}$$

将待测材料制成三棱镜,用分光计测出棱镜的顶角 A、最小偏向角 $\delta_{\min}$,由上式可求得棱镜的折射率 n.

【实验内容与步骤】

1. 调节分光计

按照分光计的调节要求,使其满足使用状态.

2. 调节三棱镜的主截面与中心轴垂直

按图 3.17.8 把三棱镜放到载物台上.为下面测量的需要,载物台宜放低些.调节 b1,载物台以连线 b2、b3 为轴转动,光学面 AC 的倾斜度改变,而 AB 则在自己的光学面内运动,法线方向不变.同理,调节 b2,光学面 AB 的倾斜度改变时,也不影响光学面 AC.

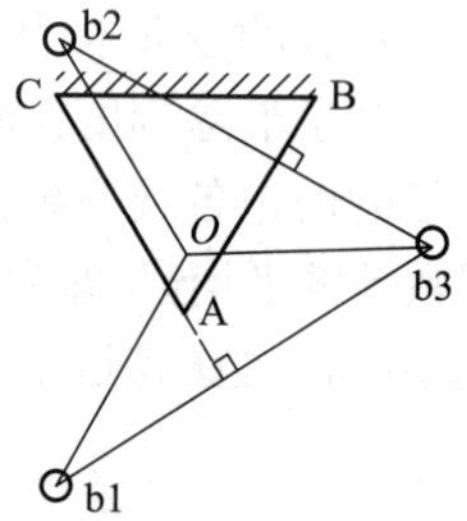

图 3.17.8

2.1　转动望远镜对准 AC 面,调节螺钉 b1,使 AC 面反射的绿十字像与分划板上方叉丝重合.

2.2　转动望远镜对准 AB 面,调节螺钉 b2,使 AB 面反射的绿十字像与分划板上方叉丝重合.

2.3　重复步骤 2.1、2.2,反复调节,直到光学面 AC、AB 都能达到自准.

至此三棱镜主截面已垂直于中心轴.从而保证了反射光、折射光均在与刻度盘相平行的主截面内.注意在测量顶角 A 和最小偏向角 $\delta_{\min}$时,应避免三棱镜相对于载物台发生移动和转动,更不可调节螺钉 b1、b2、b3.

3. 测量汞灯某条谱线的最小偏向角 $\delta_{\min}$

3.1 找谱线：松开螺钉 25，转动载物台，使三棱镜 AC 面与平行光管光轴夹角大约 30°，用眼睛迎着出射光方向看到 AB 面中谱线，然后将望远镜转到眼睛和谱线之间，此时可从望远镜中看到谱线.

3.2 找最小偏向角：转动载物台，使谱线向入射光线方向靠近，同时转动望远镜跟踪其中一条谱线. 当载物台转到某一位置时，若继续按原方向转动，谱线将向反方向移动，谱线反转处即为最小偏向角的位置，用螺钉 25 锁紧载物台.

3.3 记录最小偏向角对应的出射光位置：转动望远镜使竖直叉丝对准谱线，锁紧望远镜止动螺钉 17，用微调螺钉 15 和 24 配合反复调节，确认分划板竖直叉丝对准最小偏向角时的谱线，记下两游标读数 θ_1' 和 θ_2'.

3.4 记录入射光位置：不取下棱镜（开始时载物台调得较低，平行光管出射光束的一小部分可经棱镜上方直接进入望远镜中），松开螺钉 17，转动望远镜并利用微调螺钉 15 使竖直叉丝对准狭缝像，记下两游标读数 θ_1 和 θ_2.

注意，此时不可转动载物台，不可调节螺钉 24，不可松开螺钉 25. 由图 3.17.9 可知，

$$\delta_{\min}=\frac{1}{2}\left[\,|(\theta_1'-\theta_1)|+|(\theta_2'-\theta_2)|\,\right] \tag{3.17.2}$$

3.5 重复 3.3、3.4，测量 6 次，求平均值，将数据填入表 3.17.1.

4. 自准直法测三棱镜的顶角 A（选做）

4.1 如图 3.17.10 转动望远镜对准 AB 面，锁紧望远镜中心止动螺钉 17，用微调螺钉 15 调节绿十字像与分划板上方叉丝重合，记录两游标读数 θ_1，θ_2.

4.2 转动望远镜对准 AC 面，重复 4.1，记录两游标读数 θ_1'，θ_2'，由图 3.17.10 可知

$$A=180^\circ-\frac{1}{2}\left[\,|(\theta_1'-\theta_1)|+|(\theta_2'-\theta_2)|\,\right] \tag{3.17.3}$$

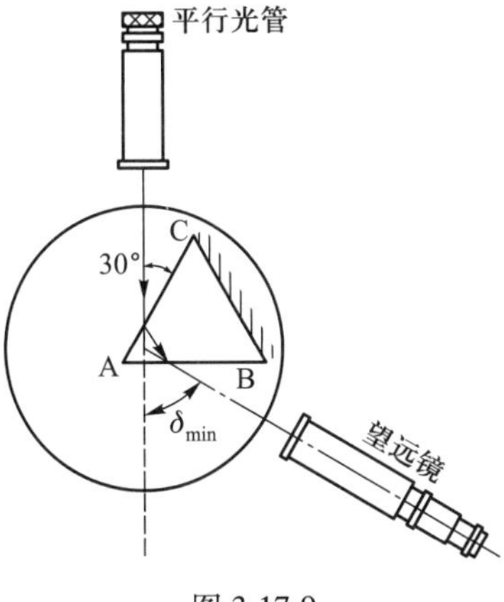

图 3.17.9

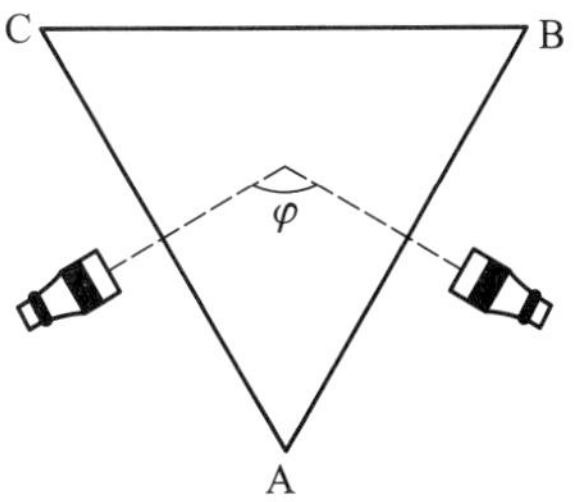

图 3.17.10

【注意事项】

1. 光学元件要轻拿轻放，以免损坏，切忌用手触摸光学面.

2. 分光计是较精密的光学仪器,要倍加爱护,不要在止动螺钉锁紧时强行转动望远镜,也不要随意拧动狭缝.

3. 测量数据前务须检查分光计的几个止动螺钉,应该锁紧的是否锁紧,若未锁紧,读取的数据会不可靠.

4. 测量中应正确使用望远镜及游标盘的微调螺钉,以便提高工作效率和测量的准确度.

5. 在读取数据过程中,应注意望远镜的转动是否经过刻度盘的零点,若经过刻度盘的零点,则该游标的读数应加上 360°.

【数据记录与处理】

表 3.17.1 测量最小偏向角

$\Delta_{仪}=$;λ ______ mm;A=______

测量次数	入射光线位置		出射光线位置		$\delta_{\min}=\frac{1}{2}[\,\lvert(\theta_1'-\theta_1)\rvert+\lvert(\theta_2'-\theta_2)\rvert\,]$
	θ_1	θ_2	θ_1'	θ_2'	
1					
2					
3					
4					
5					
6					
平均值					$\bar{\delta}_{\min}=$

$$\Delta_{\bar{\delta}_{\min}\mathrm{A}}=\frac{t_{0.95}}{\sqrt{n}}\sqrt{\frac{\sum_{i=1}^{n}(\delta_{\min i}-\bar{\delta}_{\min})^2}{n-1}}=\_\_\_\_\_\_;$$

$$\Delta_{\bar{\delta}_{\min}}=\sqrt{\Delta^2_{\bar{\delta}_{\min}\mathrm{A}}+\Delta^2_{\mathrm{B}}}=\_\_\_\_\_\_;\delta_{\min}=\bar{\delta}_{\min}\pm\Delta_{\bar{\delta}_{\min}}=\_\_\_\_\_\_;$$

$$\bar{n}=\frac{\sin\frac{\bar{\delta}_{\min}+\bar{\mathrm{A}}}{2}}{\sin\frac{\bar{\mathrm{A}}}{2}}=\_\_\_\_\_\_;$$

$$\Delta_{\bar{n}}=\sqrt{\left(\frac{\partial n}{\partial \mathrm{A}}\Delta_{\bar{\mathrm{A}}}\right)^2+\left(\frac{\partial n}{\partial \delta_{\min}}\Delta_{\bar{\delta}_{\min}}\right)^2}=\_\_\_\_\_\_;$$

$$n=\bar{n}\pm\Delta_{\bar{n}}$$

【思考题】

1. 调节光学仪器的一般要领是先粗调后细调? 本实验中是如何体现这一要

领的？

2. 当转动载物台180°反复调节使望远镜光轴垂直于分光计主轴时，载物台平面是否也同时调到垂直于中心轴了？为什么？

3. 调节望远镜时所使用的双面镜起什么作用？能否用三棱镜代替其进行调节？

4. 对三棱镜测量时，为什么要调节三棱镜主截面（两个光学面的法线决定的平面）垂直于分光计中心轴？若不垂直，对测量结果将带来怎样的影响？

3.18 光栅特性测量

【实验简介】

光栅也称衍射光栅，是利用多缝衍射原理使光发生色散（分解为光谱）的光学元件.最早的光栅是1821年由德国科学家J.夫琅禾费用细金属丝密排地绕在两平行细螺丝上制成的，因形如栅栏，故名为“光栅”.现代光栅是用精密的刻划机在玻璃或金属片上刻划而成的.光栅的狭缝数量很大，一般每毫米几十至几百条.现代高科技技术可制成每毫米有上千条狭缝的光栅.单色平行光通过光栅每个缝的衍射和各缝间的干涉，形成暗条纹很宽、明条纹很细的图样，这些锐细而明亮的条纹称作谱线.谱线的位置随波长而异，当复色光通过光栅后，不同波长的谱线在不同的位置出现而形成光谱.光通过光栅形成光谱是单缝衍射和多缝干涉的共同结果.

由于光栅具有较大的色散率和较高的分辨本领，它不仅适用于分析可见光成分，还能用于红外和紫外光波，已被广泛地装配在各种光谱仪器中.光栅是光栅摄谱仪的核心组成部分，其种类很多.光栅按所用光分为透射光栅、反射光栅，反射光栅使用较为广泛.光栅按其形状又分为平面光栅和凹面光栅.此外还有全息光栅、正交光栅、相光栅、炫耀光栅、阶梯光栅等，被广泛地应用于教学、地质、冶金、机械、石油化工等部门作光谱定量和定性分析.

【实验目的】

1. 观察光线通过光栅后的衍射现象.

2. 研究光栅衍射规律.

3. 测定衍射光栅的光栅常量，了解光栅的其他应用，如测定光波波长和光栅角色散等.

【预习思考题】

1. 什么是光栅常量？用什么办法来测定光栅常量？光栅常量与衍射角有什么关系？

2. 光栅在光谱仪中有什么作用？

【实验仪器】

光具座(组合式综合光学实验仪,如图 3.18.1 所示),半导体激光器(波长 650 nm),激光器电源,光栅,接收屏,微机及其配套软件等.

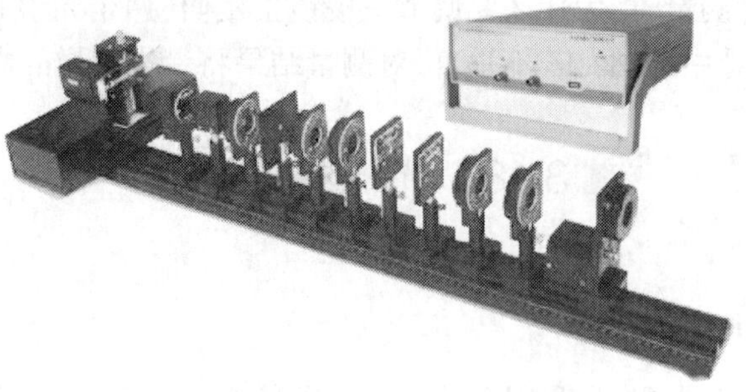

图 3.18.1 组合式综合光学实验仪

【实验原理】

光栅的衍射即为夫琅禾费多缝衍射,与双缝衍射类似,它包含了单缝衍射和多缝干涉两个方面,体现了典型的分波阵面多光束干涉的特性(如图 3.18.2 所示).

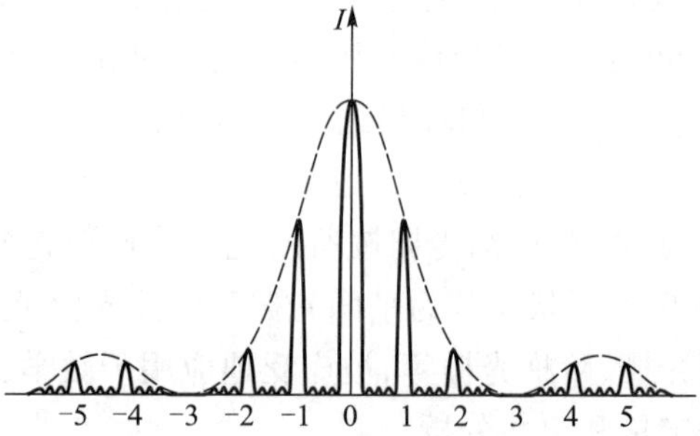

图 3.18.2 多缝衍射图样的光强分布

相邻两缝的中心距离为 d,相邻两狭缝中心到接收屏 P 点的相位差 δ 为 $\delta=\frac{2\pi}{\lambda}d\sin\theta$.

因入射波面被多缝分割,每条狭缝成为一子波源,P 点的光振幅应为多条狭缝在 P 点振幅的叠加,设每条狭缝对 P 点的贡献均相同,记为 C,但各狭缝在 P 点产生的振动依次有相位差 δ,N 个有相位差 δ 的小矢量 a 相加,可得 P 点的合振幅为

$$A=a\frac{\sin\frac{N\delta}{2}}{\sin\frac{\delta}{2}} \qquad (3.18.1)$$

需要强调的是,此时 δ 并非极小量,故 $\sin\frac{\delta}{2}$ 不能近似为 $\frac{\delta}{2}$,(3.18.1)式是多缝干涉的结果,考虑到单缝衍射因子的调制作用,多缝的远场衍射光强分布为

$$I=I_0\frac{\sin^2 u^2}{u^2}\left(\frac{\sin\frac{N\delta}{2}}{\sin\frac{\delta}{2}}\right)^2 \tag{3.18.2}$$

其中:$u=\frac{\pi a\sin\theta}{\lambda}$;$\delta=\frac{2\pi}{\lambda}d\sin\theta$;当狭缝数 N(为 $10^2\sim10^3$ 条)非常大时,主极大非常细,这是多光束干涉的重要特征.

当 $\delta=2k\pi$ 时,干涉为主极大,此时

$$d\sin\theta=m\lambda\quad m=0,\pm1,\pm2,\cdots \tag{3.18.3}$$

式中的 θ 表示从干涉图样中心到第 m 级极大之间的夹角,λ 表示光的波长,m 表示级次(从中心向外计数,0 对应中央极大,1 对应第一级极大,2 对应第二级极大,…),见图 3.18.3.通常因为角度较小,可以假设:$\sin\theta\approx\tan\theta$,根据三角关系:$\tan\theta=\frac{y}{D}$,这里 y 表示在屏上从图样中心到第 m 级极大间的距离,D 表示从狭缝到屏的距离,如图 3.18.3 所示.

(3.18.3)式被称为光栅方程,其中 d 为光栅常量,λ 为光的波长,θ 为衍射角.根据光栅方程,对于已知波长的光,测出其衍射角,可以计算出光栅常量;而对于已知光栅常量的光栅,测出衍射角,可以计算出光的波长.

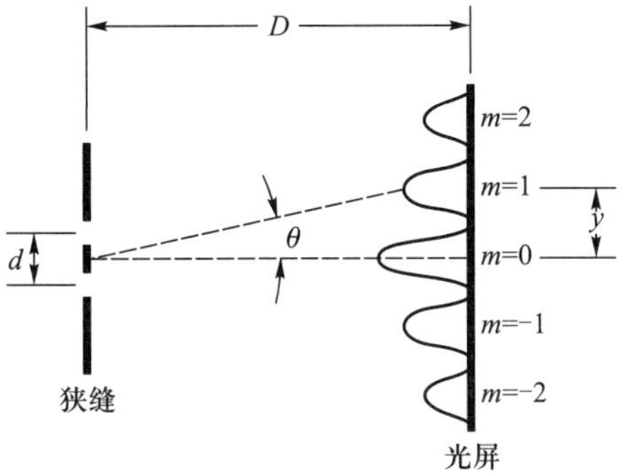

图 3.18.3 光栅衍射图

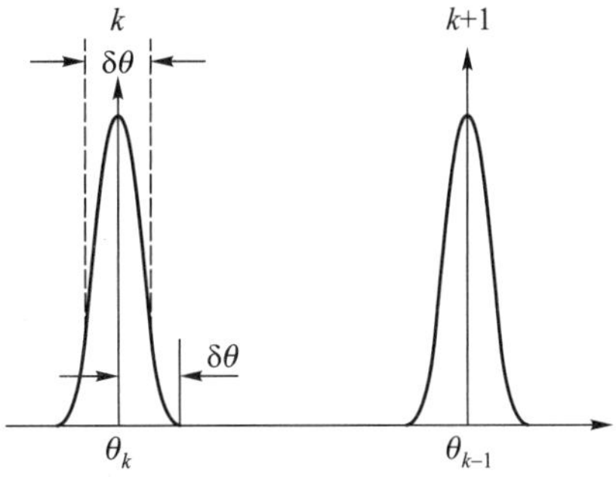

图 3.18.4 谱线的角半宽

光栅作为光栅光谱仪的关键元件,直接影响到光谱的分辨率,光谱线的半角宽 $\delta\theta$(见图 3.18.4 所示)为

$$\delta\theta=\frac{\lambda}{Nd\cos\theta_k} \tag{3.18.4}$$

能分辨的最小角度差为

$$\Delta\theta=\frac{m}{d\cos\theta_k}\Delta\lambda \tag{3.18.5}$$

仪器能分辨最小波长差 $\Delta\lambda$ 的能力,决定了仪器的分辨率,这种分辨率称之为

色分辨率.

光谱仪器的色分辨率定义为

$$R=\frac{\lambda}{\Delta\lambda} \tag{3.18.6}$$

将光的波段推广到 X 射线,周期性排列的原子结构就是很好的三维光栅,布拉格对晶体的 X 射线做了深入的研究,并将光栅衍射公式(3.18.3)运用到晶体的微观结构分析之中.

$$d\sin\theta=m\lambda \quad m=0,\pm1,\pm2,\cdots \tag{3.18.7}$$

此式又称为布拉格衍射公式,式中 λ 为 X 射线的波长,d 为晶格常量.由此可知,只要知道 X 射线的波长,由 X 射线衍射的强度分布就可以得出晶体的晶格常量,或者说就可得知晶体微观结构的相关信息.

【实验内容与步骤】

1. 将半导体激光器、光栅、接收屏安放在光学轨道上,调节它们的高低和方向,使它们同轴.
2. 调节半导体激光器、一维光栅、接收屏的位置.
3. 接通半导体激光器的电源,通过调节半导体激光器后面的调节螺钉使光束通过光栅中心.
4. 通过接收屏观测光栅衍射图样,并记录相关图像数据.
5. 根据获得的衍射图像,测出 $m=\pm1$,波长 $\lambda=(650\pm10)$ nm 激光的衍射角,计入表 3.18.1,测量 5 次,并求平均值,带入(3.18.3)式,求出光栅常量 d.

【注意事项】

1. 光学元件要轻拿轻放,以免损坏,切忌用手触摸光学工作表面.
2. 爱护光学平台的调节底座,操作中要遵守规程,不许随便拆卸或用力乱拨旋钮,以免造成仪器精度下降和不必要的磨损.

【数据的记录与处理】

实验测量数据记入表 3.18.1 中.

表 3.18.1

$\lambda=650\pm10$ nm

次	+1	−1	$\theta=(\theta^{+}+\theta^{-})/2/(°)$	$\overline{\theta}/(°)$
	$\theta^{+}/(°)$	$\theta^{-}/(°)$		
1				
2				
3				
4				
5				

光栅常量的计算

$d\sin\theta = m\lambda$，其中 $\lambda = 650\pm10\ \text{nm}, m=1$

（1）计算 $\bar{d}$

$$\bar{d} = \frac{\lambda}{\sin\bar{\theta}}$$

（2）计算不确定度 Δ_d

$$\Delta_\theta = \frac{t_{0.95}}{\sqrt{n}}\sqrt{\frac{\sum_{i=1}^{n}(\theta_i - \bar{\theta})^2}{n-1}}$$

$$\Delta_d = \frac{\lambda\cos\bar{\theta}}{\sin^2\bar{\theta}}\Delta_\theta$$

$$E_d = \frac{\Delta_d}{\bar{d}}\times100\%$$

结果表达式：

$$d = (\bar{d}\pm\Delta_d)$$

【思考题】

1. 用光栅方程 $d\sin\theta = m\lambda$ 测量光的波长，① 需要测量哪些物理量？② 实验中分别用什么仪器测量？③ 需要保证哪些实验条件？
2. 观测二维光栅衍射现象，并分析其与一维光栅衍射现象有什么不同？

3.19 等厚干涉的应用

【实验简介】

光的干涉是重要的光学现象之一.同一光源发出的光被分成两束光，它们经过不同的路径相遇时，一般会产生干涉现象.对相邻两干涉条纹来说，形成干涉条纹的两束光的光程差的变化取决于相干光的波长.因此，测量干涉条纹数目和间距的变化，可以知道光程差的变化，从而可以推知以光波波长为单位的微小长度变化或微小折射率差值等.所以，干涉现象在科学研究和工业测量中得到广泛的应用，如测量光波波长，测量微小角度或薄膜厚度，检验光学表面加工质量，测量液体折射率等.

本实验通过牛顿环测平凸透镜的曲率半径，劈尖测量薄膜的厚度，加深对光的波动性和等厚干涉的理解，掌握光干涉法测量的基本思想.

【实验目的】

1. 观察光的等厚干涉现象并熟悉其特点.

2. 掌握用牛顿环测量球面曲率半径的原理和方法.

3. 掌握等厚干涉法测量微小直径或薄膜厚度的方法.

4. 熟悉读数显微镜的调整和使用方法.

【预习思考题】

1. 用牛顿环测球面的曲率半径时,能否先测得某一圆环的直径 d_k,用公式 $d_k^2=4kR\lambda$ 计算 R 值? 为什么?

2. 使用读数显微镜时要注意哪些问题? 如何用读数显微镜测量牛顿环的直径?

【实验仪器】

钠光灯,牛顿环仪,劈尖,读数显微镜.

【实验原理】

1. 用牛顿环测定透镜的曲率半径

如图 3.19.1,在平板玻璃 DCE 上,放置一块曲率半径 R 很大的平凸透镜 ACB,以凸面相接触,除了接触点外,两玻璃间便形成一厚度不均匀的空气膜层,其厚度相等的地方是以接触点为中心的同心圆. 如果光由上方垂直入射,则空气薄膜上、下表面反射的两束光之间发生干涉现象. 光程差相等的地方是以 C 点为中心的同心圆,因此干涉条纹是一族以 C 为中心的同心圆环,称为牛顿环.

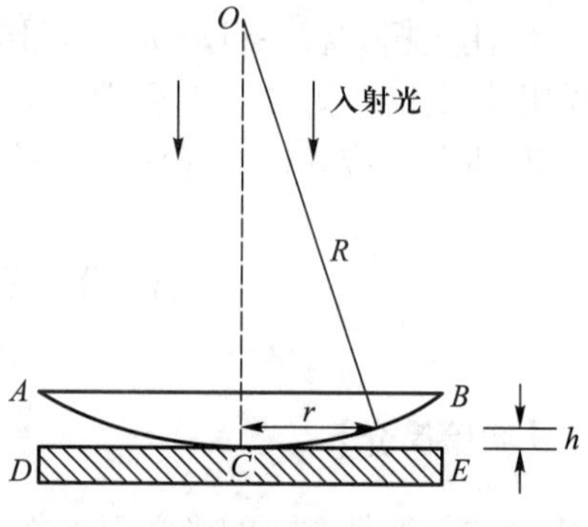

图 3.19.1

设入射光是波长为 λ 的单色光,与 OC 相距 r 处的空气膜厚 h,则空气膜上、下表面反射的两束光之间的光程差 Δl(空气折射率近似为 1)为

$$\Delta l=2h+\frac{\lambda}{2} \tag{3.19.1}$$

其中$\frac{\lambda}{2}$是光由 DCE 表面反射时发生的半波损失. 由图 3.19.1 中几何关系知

$$h=R-\sqrt{R^2-r^2}\approx\frac{r^2}{2R} \tag{3.19.2}$$

当

$$\Delta l=2h+\frac{\lambda}{2}=(2k+1)\frac{\lambda}{2},\quad k=\pm1,\pm2,\cdots \tag{3.19.3}$$

时，产生暗条纹．将(3.19.2)式代入(3.19.3)式，得第 k 级暗环的半径．

$$r_k^2=kR\lambda \tag{3.19.4}$$

若已知 λ，由实验测量出第 k 级暗环的半径 r_k，就可由(3.19.4)式算出 R．但由于平凸透镜和平面玻璃板的接触处附有尘埃而未能接触或接触时受力产生了形变，故接触处不可能是一个几何点，而是一个圆斑，以致难以判定干涉环的中心和级次，因此要利用(3.19.4)式来测量实际上是不可能的．在实际测量中，常将(3.19.4)式变为如下形式

$$R=\frac{d_{k+m}^2-d_k^2}{4m\lambda} \tag{3.19.5}$$

式中：d_{k+m} 和 d_k 分别为第 $k+m$ 级和第 k 级暗环的直径．由(3.19.5)式可知，只要数出所测各环的环序差 m，而无需确定各环的级数．此外，为了减小测量误差，应选取距中心较远的、比较清晰的两个环来测量，且使 m 值取大些．这样将成倍地减小读数显微镜的测量叉丝与干涉条纹对准时产生的定位误差，提高测量的精密度．

2．用劈尖测量薄膜厚度(或细丝直径)

将两块平板玻璃叠放在一起，一端夹入厚度为 h 的薄膜(或细丝)，则两平板玻璃间形成一劈尖形空气薄膜，如图 3.19.2．当光由上方垂直入射时，劈尖上、下表面反射的两束光产生干涉，由于光程差相等的地方是与两平板玻璃交线平行的直线，所以干涉条纹是一组与交线平行且等间距的直条纹．

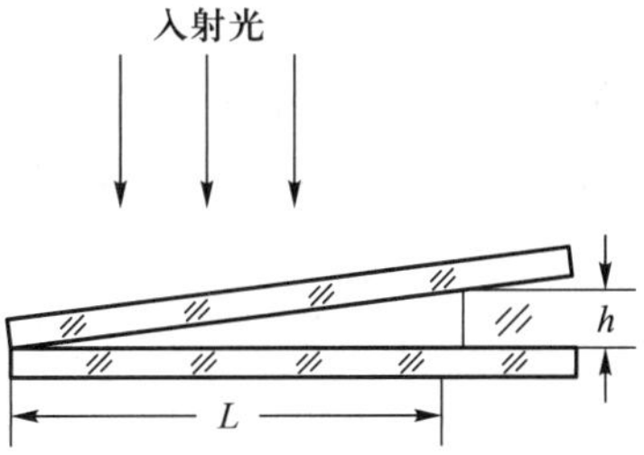

图 3.19.2

设入射光是波长 λ 的单色光，由(3.19.1)式和(3.19.3)式可得

$$h=k\frac{\lambda}{2} \tag{3.19.6}$$

一般来说 k 值很大，且干涉条纹细密，直接数出干涉条纹数难免出现差错，因此可先测出单位长度上的条纹数 n_0，再测出薄膜(或细丝)与两玻璃板交线的距离 L，则总的干涉条纹数 $k=n_0L$ 代入(3.19.6)式得薄膜(或细丝)直径为

$$h=n_0L\frac{\lambda}{2} \tag{3.19.7}$$

【实验内容与步骤】

1．熟悉读数显微镜的结构(图 3.19.3)、调节原理及方法

2．用牛顿环仪测量平凸透镜的曲率半径

2.1　将牛顿环仪置于读数显微镜载物台上，调节钠灯高度，使其与物镜下方的 45°透反镜等高．点燃钠光灯，翻转载物台下方反射镜，使之不能反射钠光，转动

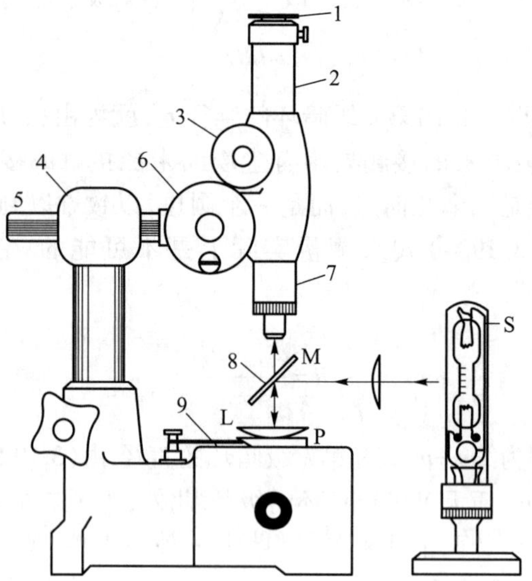

图 3.19.3

1—目镜调焦手轮；2—镜筒；3—物镜调焦手轮；4—立柱；5—横杆；
6—刻度手轮；7—物镜；8—45°透反镜；9—载物台

物镜下方 45°透反镜，使显微镜视场中亮度大且光场分布均匀.

2.2 转动目镜调焦手轮使目镜视场中叉丝清晰，然后转动物镜调焦手轮，使镜筒慢慢由下向上移动（为什么？），同时从目镜中观察，直至看到清晰的干涉条纹为止.观察并记录牛顿环产生的干涉条纹特征.

2.3 调节读数显微镜叉丝使竖叉丝与显微镜筒移动方向垂直.转动刻度手轮使显微镜筒位于行程的中间位置.轻移牛顿环使叉丝对准牛顿环的中心.

2.4 转动刻度手轮，观察能够清楚看到干涉条纹的级数范围（比如 30 级），移过 30 级，反方向移动显微镜，退到第 25 环，依次记下第 25，24，…，20 级，第 15，14，…，10 级暗环环心左侧位置 x_{25}，x_{24}，…，x_{20}，x_{15}，x_{14}，…，x_{10}，右侧位置 x'_{10}，x'_{11}，…，x'_{15}，x'_{20}，x'_{21}，…，x'_{25}，计算各级干涉圆环的直径，利用逐差法求 $m=10$ 时对应的直径平方差，记入表 3.19.1.

2.5 利用（3.19.5）式计算平凸透镜的曲率半径，正确表示测量结果.估算时把波长 λ 和 $m=10$ 看做常数.

3. 观察劈尖产生的干涉，利用劈尖干涉测量细丝的直径（薄膜厚度）

自行设计实验步骤，利用（3.19.7）式完成薄膜厚度的测量.

【注意事项】

1. 为消除螺距差，应保证测量的数据是显微镜向一个方向移动时所测得的数据，中途不可倒转.

2. 测量数据时，叉丝竖线应与干涉环相切，注意消除视差，正确读取有效数字.

【数据记录与处理】

表 3.19.1 牛顿环直径的测量

环序	$k+m$	25	24	23	22	21	20
环位置/mm	x_{k+m}						
	x'_{k+m}						
环直径/mm	d_{k+m}						
环序	k	15	14	13	12	11	10
环位置/mm	x_k						
	x'_k						
环直径/mm	d_k						
d_{k+m}^2/mm^2							
d_k^2/mm^2							
$(d_{k+m}^2-d_k^2)$/mm^2							

令 $\Delta_i=d_{k+m}^2-d_k^2$;

$$\bar{\Delta}=\frac{1}{n}\sum_{i=1}^{6}\Delta_i=\_\_\_\_\_\_\_\_\_\_\ \mathrm{mm}^2;$$

$$\Delta_{\bar{\Delta}\mathrm{A}}=\frac{t_{0.95}}{\sqrt{n}}\sqrt{\frac{\sum\limits_{i=1}^{6}(\Delta_i-\bar{\Delta})}{6-1}}=\_\_\_\_\_\_\_\_\_\_\ \mathrm{mm}^2;$$

$$\Delta_{\bar{\Delta}}=\Delta_{\bar{\Delta}\mathrm{A}}$$

$$\bar{R}=\frac{\bar{\Delta}}{4m\lambda}=\_\_\_\_\_\_\_\_\_\_\ \mathrm{mm};$$

$$\Delta_{\bar{R}}=\frac{\Delta_{\bar{\Delta}}}{4m\lambda}=\_\_\_\_\_\_\_\_\_\_\ \mathrm{mm};$$

$$R=\bar{R}\pm\Delta_{\bar{R}}=\_\_\_\_\_\_\_\_\_\_\ \mathrm{mm}.$$

【思考题】

1. 用什么方法可以判断出待测面是平面还是球面？若是球面，又如何判定该球面是凸面还是凹面？

2. 实验中遇到下列情况，对实验结果是否产生影响？为什么？

（1）牛顿环中心是亮斑而非暗斑.

（2）测牛顿环直径 d_k 时，叉丝交点未通过圆环中心，因而测量的是弦而非直径.

3.20 迈克耳孙干涉仪的调整和使用

【实验简介】

迈克耳孙干涉仪是根据光的干涉原理制成的一种精密仪器,它在近代物理学的发展和近代计量技术中有着重要的影响.19 世纪末,迈克耳孙与其合作者曾用此仪器完成了著名的迈克耳孙-莫雷“以太漂移”实验、标定米尺长度及推断光谱精细结构等三项著名的实验.第一项实验否定了“以太”的存在,并为爱因斯坦发现相对论提供了实验依据;第二项工作实现了长度单位的标准化,对近代计量技术的发展做出了重要贡献;第三项工作根据干涉条纹可见度随光程差变化的规律,推断出了光谱线的精细结构,迈克耳孙因在这些方面的杰出成就获得了 1907 年诺贝尔物理学奖.

迈克耳孙干涉仪结构简单、光路直观、精度高,其调整和使用具有典型性,根据它的基本原理发展的精密干涉测量仪器已经广泛应用于生产和科研领域.因此,了解它的基本结构,掌握其使用方法很有必要.

【实验目的】

1. 了解迈克耳孙干涉仪的结构、工作原理及调节方法.
2. 观察非定域干涉、等倾、等厚干涉现象,了解其特点.
3. 学会用迈克耳孙干涉仪测量激光波长及钠光双线的波长差.

【预习思考题】

1. 非定域干涉、等倾、等厚干涉条纹形成的条件是什么？实验中如何观察到这些干涉条纹？
2. 怎样利用非定域干涉圆条纹的变化测量光波的波长？
3. 怎样利用干涉条纹可见度的变化测量双线结构光波的波长差？

【实验仪器】

迈克耳孙干涉仪,扩束镜,He-Ne 激光器,钠光灯.

【实验原理】

1. 迈克耳孙干涉仪的结构及工作原理

迈克耳孙干涉仪光路如图 3.20.1(b),光源 S 发出的光入射到后表面镀有半反射膜的分光板 G_1 上,光在半反射膜处被分为强度近似相等的两束光(1)和(2),它们分别经过反射镜 M_1,M_2 反射后到达 E 区,形成干涉条纹.

G_2 为补偿板,其物理性能与几何形状均与分光板 G_1 相同,且 $G_2 /\!/ G_1$,它的作用是保证(1)、(2)两束光在玻璃中的光程完全相等.反射镜 M_2 是固定的,M_1 可在精密导轨上前后移动,以改变(1)、(2)两束光的光程差.

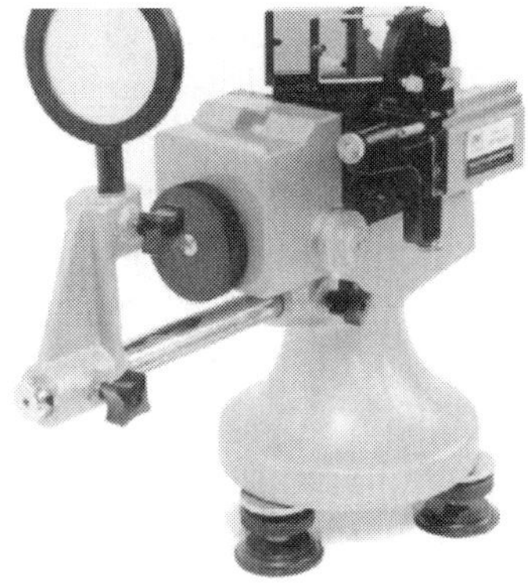
(a)

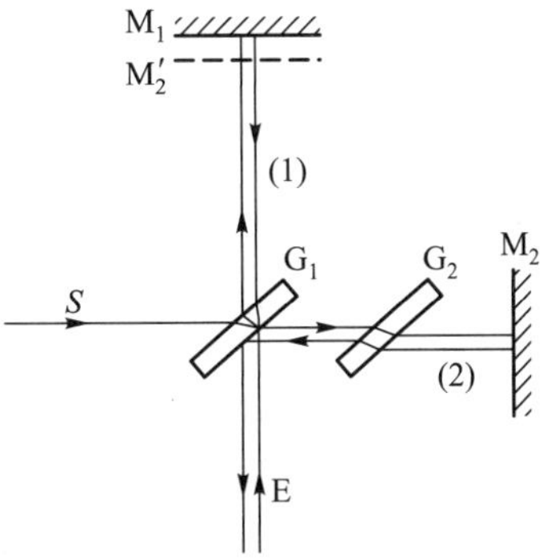

(b)

图 3.20.1

反射镜 M_1、M_2 分别装在相互垂直的两个臂上，M_2 位置固定(称为定镜)，M_1 安装在滑块上，通过转动粗调手轮、微调手轮可使其沿臂长方向移动(称为动镜)；M_1、M_2 的方位可通过其后面的三个螺钉来调节，M_2 的下方还有两个互相垂直的拉簧螺丝用以微调其方位.

M_1 位置由导轨边主尺、粗调手轮上方读数窗口及微调手轮读出，其读数原理与千分尺读数原理相同.粗调手轮转动一周，M_1 沿导轨方向移动 1 mm，手轮上有 100 个刻度，因此粗调手轮每转动一个小刻度相当于动镜沿臂长方向移动 0.01 mm；微调手轮转动一周，粗调手轮转动一个刻度，微调手轮上也有 100 个刻度，因此微调手轮转动一个刻度，相当于动镜移动了 0.000 1 mm，加上估读的一位，可读到 0.000 01 mm.

2. 干涉条纹的图样

图 3.20.1(b)中，M_2'是 M_2 由 G_1 反射所成的虚像，研究干涉图样时，相当于M_2' 和 M_1 之间的空气“薄膜”所产生的干涉图样.

2.1 点光源产生的非定域干涉条纹及光源波长的测量

用凸透镜会聚后的激光束可以看作点光源.点光源 S 经 M_1、M_2 反射后所成虚像 S_1、S_2 相当于两个相干点光源，它们发出的球面波在相遇的空间发生干涉，形成非定域干涉条纹.若将观察屏放在不同的位置，则可看到圆、椭圆、双曲线、直线状的干涉条纹.当观察屏垂直于 S_1、S_2 的连线放置时，屏上呈现一组同心圆环，圆心在 S_1、S_2 连线与观察屏交点 O 处.

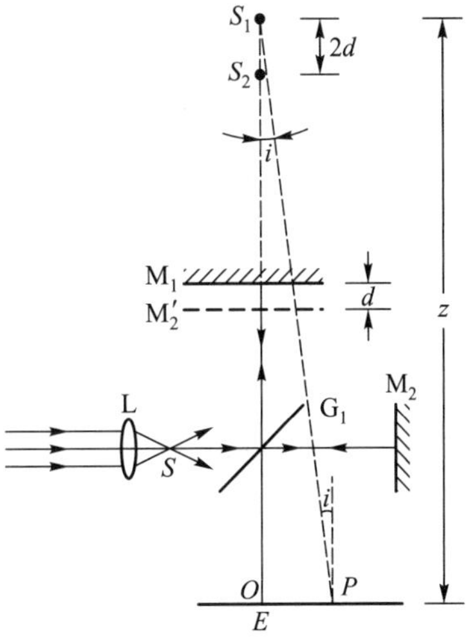

图 3.20.2

由图 3.20.2 可知，S_1、S_2 到观察屏上任一

点 P 的光程差为 $\Delta l=\overline{S_1P}-\overline{S_2P}$当 $OP\ll z$ 时

$$\Delta l=2d\cos i \tag{3.20.1}$$

对第 k 级亮纹

$$\Delta l=2d\cos i=k\lambda \tag{3.20.2}$$

这些干涉条纹有下列特点:

(1) 圆心处干涉条纹的级次最高:圆心处 $i=0$,光程差 $\Delta l=2d$ 最大.设圆心是亮点,级次为 k,则

$$k=\frac{2d}{\lambda} \tag{3.20.3}$$

当 M_1M_2'的距离 d 增大时,干涉圆环中心的级次就越来越高,当第 $k+1$ 级取代第 k 级时,就会看到从中心处冒出一个干涉圆环;反之当 d 减小时,干涉圆环会一个个地向中心缩进去.由(3.20.3)式可得 M_1M_2'距离的改变 Δd 与条纹级次的改变 Δk 之间的关系为

$$\Delta d=\Delta k\,\frac{\lambda}{2} \tag{3.20.4}$$

若测得 M_1 移动的距离 Δd,由冒出或缩进的条纹数 Δk,根据(3.20.4)式,就可计算出波长 λ.

(2) 干涉圆环中心疏,边缘密:由(3.20.2)式,对第 k 级和第 $k+1$ 级亮纹有

$$2d\cos i_k=k\lambda$$

$$2d\cos i_{k+1}=(k+1)\lambda$$

它们之间的角距离 Δi_k 为

$$\Delta i_k=i_{k+1}-i_k=-\frac{\lambda}{2d}\frac{1}{i_k} \tag{3.20.5}$$

由此可以看出,条纹的角距离 Δi_k 与倾角 i_k 成反比,i_k 越大,Δi_k 越小,条纹越密.

(3) 随 M_1M_2'距离 d 的增大,条纹变密:由(3.20.5)式可看出,d 增大时,Δi_k 变小,干涉圆环变密.

2.2 扩展光源产生的干涉条纹

2.2.1 等倾干涉条纹.设 $M_1/\!/M_2'$,如图 3.20.3,用扩展光源照明,倾角 i 相同的各光束,由 M_1、M_2'两表面反射的光线的光程差均为

$$\Delta l=2d\cos i \tag{3.20.6}$$

这时在 E 处直接用眼睛观察或放一会聚透镜,在其焦平面上可看到一组明暗相间的同心圆环,每一个圆环对应一定倾角 i,所以称等倾干涉.在这些圆环中,$i=0$ 处干涉条纹级次最高,有

$$\Delta l=2d=k\lambda \tag{3.20.7}$$

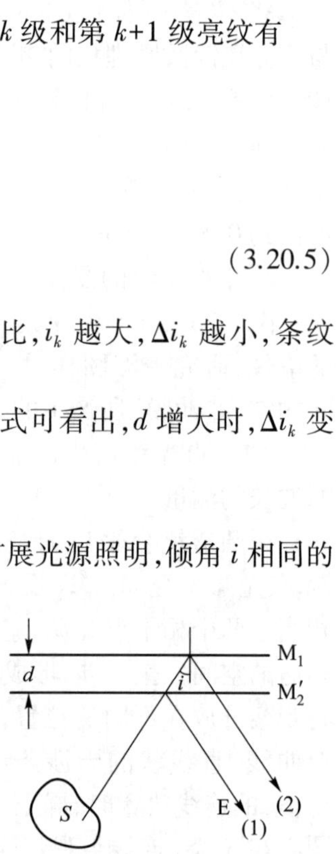

图 3.20.3

当移动 M_1 使 d 增加时,中心处条纹的级次越来越高,可以看到条纹一个个从中心"冒出",反之,条纹则一个个向中心"缩进".

2.2.2 等厚干涉条纹. 如图 3.20.4,当 M_1 和 M_2' 有一很小夹角 α 时,产生等厚干涉条纹,将眼睛聚焦在镜面附近,即可看到干涉条纹.经 M_1、M_2' 反射的两束光光程差仍可近似地表示为 $\Delta l=2d\cos i$.

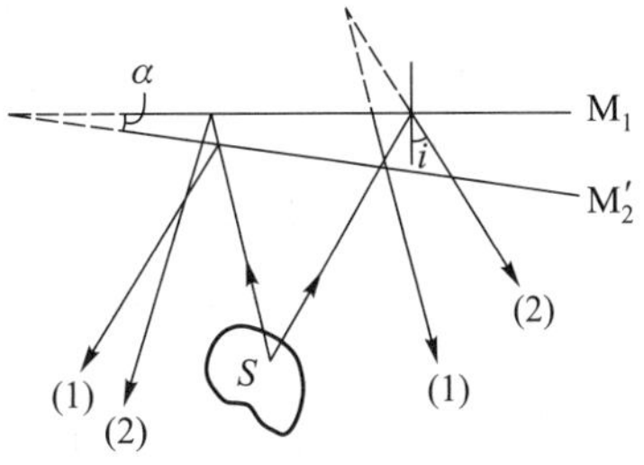

图 3.20.4

(1) 在 M_1M_2' 相交处,由于 $d=0$,$\Delta l=0$,可观察到直线干涉条纹.在交线附近因 d 很小,光程差主要取决于厚度 d,$\cos i$ 的影响很小可忽略.因此观察到一组平行于交线的直线条纹.

(2) 在离交线较远处,d 较大,$\cos i$ 对光程的影响不能忽略,当 i 增大时,$\cos i$ 变小,要保持相同的 Δl,必须用增大 d 的方法补偿由于 i 增大引起的 Δl 的减小.所以干涉条纹在 i 增大的地方要向 d 增大的方向移动,使得干涉条纹变成凸向交线方向的曲线.

3. 双线结构波长差的测定

若入射光为理想的单色光,则移动 M_1 时,视场中的干涉条纹总是清晰可见的,可见度最大.但实际上任何谱线都有一定的宽度,许多看来单色的谱线也是由波长十分接近的双线或多线组成.理论上已经证明:单色线宽使条纹的可见度随光程差变化单调下降,双线结构使条纹可见度随光程差变化作周期性变化.

设光源中含有两个相近的波长 λ_1 和 λ_2(例如钠光),当 M_1、M_2' 相距为 d_1 时,在视场中心,如果波长 λ_1 的光形成的第 k_1 级亮纹恰好同波长 λ_2 的光形成的第 k_2 级暗纹重合,即

$$2d_1=k_1\lambda_1=\left(k_2+\frac{1}{2}\right)\lambda_2 \tag{3.20.8}$$

此时可见度为0,视场中心被均匀照明. 按原方向移动 M_1 至下一个可见度为零的位置,设此时 M_1、M_2' 间距离为 d_2,有

$$2d_2=(k_1+k)\lambda_1=\left[k_2+\frac{1}{2}+(k+1)\right]\lambda_2 \tag{3.20.9}$$

由(3.20.8)式和(3.20.9)式得

$$\Delta\lambda=\frac{\lambda_1\lambda_2}{2\Delta d}\approx\frac{\bar{\lambda}^2}{2\Delta d} \tag{3.20.10}$$

式中 $\Delta d=d_2-d_1$,$\Delta\lambda=\lambda_1-\lambda_2$,$\bar{\lambda}=\dfrac{\lambda_1+\lambda_2}{2}$.

由(3.20.10)式,测出相邻两次可见度为零时 M_1 移动的距离 Δd,即可求出光源双线的波长差.

【实验内容与步骤】

1. 观察非定域干涉条纹并测量激光的波长

1.1 移动 M_1，使 M_1、M_2 与 G_1 的距离大致相等，用激光作光源，使激光束大致垂直于 M_2，调节 M_1M_2 方位，使观察屏上两排光点中最亮的重合，在光源与 G_1 之间放置扩束镜，使扩束后的光斑均匀照亮 G_1，微调 M_2 方位，使屏上出现非定域圆环干涉条纹，且使圆环中心与光斑中心重合.

1.2 前后移动 M_1，观察条纹的变化，从圆环的"冒出"或"缩进"说明 M_1M_2'间的距离 d 是增大还是减小，并观察条纹的粗细、疏密和 d 及 i 的关系，记录观察结果.

1.3 测量 He-Ne 激光的波长.转动微调鼓轮使 M_1 沿一个方向移动，记录干涉圆环"冒出"或"缩进"100 条对应的 d 值，记录 6 次，用逐差法求$\overline{\Delta d}$，由(3.20.4)式计算 He-Ne 激光的波长，并与公认值 $\lambda_0=632.8$ nm 比较，计算其误差，填写表 3.20.1.

2. 观察等倾干涉条纹并测量钠光双线的波长差

2.1 观察等倾干涉条纹.用钠灯作光源，眼睛在 E 处直接向 M_1 观察，仔细调节 M_1M_2 方位，直至看到圆环干涉条纹，进一步调节 M_2 的微动螺钉，眼睛上下、左右移动观察时，各圆环的大小不变，仅圆心随眼睛的移动而移动，这时看到的即是等倾干涉条纹.前后移动 M_1，观察并记录条纹的变化规律.

2.2 测量钠光双线的波长差($\bar{\lambda}=589.3$ nm)

测量前先缓慢移动 M_1，仔细观察视场中心条纹可见度的变化规律，直到能够正确判断可见度最小的位置.

移动 M_1，使干涉条纹的可见度发生周期性变化，连续 6 次记录可见度最小时的 d 值，用逐差法求$\overline{\Delta d}$.由(3.20.10)式计算钠光双线的波长差，填写表 3.20.2.

3. 观察等厚干涉及白光干涉现象(选做)

3.1 移动 M_1 使等倾条纹逐个向中心缩进，条纹变疏、变粗至视场中只剩下 1、2 个圆环条纹时，微调 M_2 方位，即可观察到等厚直线条纹.M_1 不动，改变 M_1M_2'之间的夹角，观察干涉条纹的变化情况；移动 M_1，观察干涉条纹从弯曲变直再变弯曲的现象及条纹可见度的变化规律.记录观察结果，并予以分析.

3.2 移动 M_1，当视场中的干涉条纹由弯曲将要变直时，用白炽灯换下钠光灯，使 M_1 继续按原方向移动，直到视场中出现彩色条纹.记录条纹的色彩、形状及 M_1 的位置.

【注意事项】

1. 干涉仪中的反射镜、分光板及补偿板不可用手触摸、擦拭.

2. 测量时，为消除螺距差的影响，微调手轮只能朝一个方向转动.

3. 激光束能量较集中，眼睛不能直视未扩束的激光，以免造成视网膜永久伤害.

【数据记录与处理】

表 3.20.1 测量 He-Ne 激光波长

k	0	100	200	300	400	500
d_i/mm						

当 $\Delta k=300$ 时

$\Delta d_1=d_4-d_1=$__________；$\Delta d_2=d_5-d_2=$__________；$\Delta d_3=d_6-d_3=$__________；

$$\overline{\Delta d}=\frac{\Delta d_1+\Delta d_2+\Delta d_3}{3}=\_\_\_\_\_\_\_\_\_\_;$$

$$\lambda=\frac{2\,\overline{\Delta d}}{\Delta k}=\_\_\_\_\_\_\_\_\_\_;E_{\mathrm{r}}=\frac{\lambda-\lambda_0}{\lambda_0}=\_\_\_\_\_\_\_\_\_\_.$$

表 3.20.2 测量钠光双线波长差

d_i/mm						
$\Delta d_i=\dfrac{(d_{i+3}-d_i)}{3}$/mm				$\overline{\Delta d}$/mm		

$$\Delta\lambda=\frac{\bar{\lambda}^2}{2\,\overline{\Delta d}}=\_\_\_\_\_\_\_\_\_\_$$

【思考题】

1. 为什么观察激光非定域干涉时，通常看到圆弧条纹？怎样从条纹形状判定 S_1S_2 连线方向？
2. 分析该实验中产生误差的主要原因.

3.21 光偏振现象的研究

【实验简介】

1808 年，法国工程师马吕斯发现了光的偏振现象，确定了偏振光强度变化的规律（即马吕斯定律）.光具有偏振性和光的横波特性的发现，在科学上具有极其重要的意义.对于光的偏振现象研究，使人们对光的传播（反射、折射、吸收和散射等）规律有了新的认识.它不但丰富了光的波动说的内容，而且具有非常重要的应用价值.近年来利用光的偏振性所开发出来的各种偏振光元件、偏振光仪器和偏振光技术在现代科学技术中发挥了极其重要的作用，在光调制器、光开关、光学计量、应力分析、晶体性质、薄膜厚度及光学常量测试、光信息处理、光通信、激光和光电子学器件等应用中，都大量使用偏振技术.

【实验目的】

1. 观察光的偏振现象，加深对光的偏振现象的认知和理解，并验证马吕斯定律.

2. 掌握产生与检验偏振光的条件和方法.

3. 了解掌握偏振片、$\frac{1}{4}$波片、$\frac{1}{2}$波片的作用及应用，加深对光的偏振性质的认识.

4. 学会并熟悉使用 Origin 软件绘制曲线.

【预习思考题】

1. 怎样鉴别一束光是线偏振光？

2. 如何区分自然光和圆偏振光、部分偏振光和椭圆偏振光？

3. 如何由自然光获得线偏振光和椭圆偏振光？

【实验仪器】

光功率计，半导体激光器，起偏器，检偏器，$\frac{1}{4}$波片，半波片，光功率探头，以及导轨和光具座等.光偏振综合实验仪如图 3.21.1 所示.

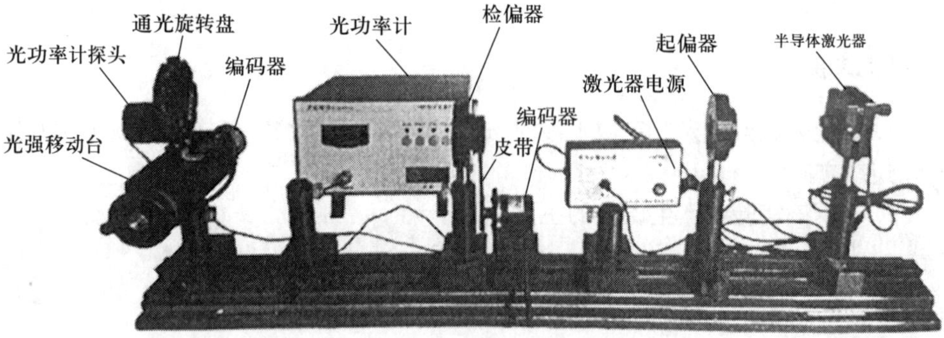

图 3.21.1 光偏振综合试验仪

【实验原理】

1. 偏振光的分类

光波是一种电磁波，它的电矢量 $\boldsymbol{E}$ 和磁矢量 $\boldsymbol{H}$ 相互垂直，并垂直于光的传播方向 $\boldsymbol{k}$.通常人们用电矢量 $\boldsymbol{E}$ 代表光的振动方向，把电矢量称作光矢量，并将电矢量 $\boldsymbol{E}$ 和光的传播方向 $\boldsymbol{k}$ 所构成的平面称为光的振动面.在传播过程中，光矢量可能有各种各样的振动状态，被称为光的偏振态.按照光矢量振动的不同状态，通常把光波分成五种形式.

A. 自然光：垂直于光传播方向的平面内，光矢量的振动方向无规则变化，各个方向的平均振幅相等，对外不显现偏振的性质，称为自然光.

B. 部分偏振光：某些方向光矢量的平均振幅较大，某些方向光矢量的平均振幅较小.

C. 线偏振光：光矢量沿着一个固定方向振动.

D. 椭圆偏振光：光矢量的大小和方向都做规则的变化，在垂直于光的传播方向的平面内，光矢量末端运动轨迹是椭圆.

E. 圆偏振光：当椭圆偏振光的大小不变，只是方向作规则变化，光矢量的末端运动轨迹是圆.

2. 获得偏振光的方法

物质对不同方向的光振动具有选择吸收的性质，称为二向色性，如天然的电气石晶体、硫酸碘奎宁晶体等.它们能吸收某方向的光振动而仅让与此方向垂直的光振动通过.如将硫酸碘奎宁晶粒涂于透明薄片上并使晶粒定向排列，就可制成偏振片.当自然光射到偏振片上时，振动方向与偏振化方向垂直的光被吸收，振动方向与偏振化方向平行的光透过偏振片，从而获得偏振光.这种能将自然光变成偏振光的器件称为起偏器，用来检验偏振光的器件称为检偏器.实际上，起偏器和检偏器是互为通用的.自然光透过偏振片后，只剩下沿透光方向的光振动，透射光成为平面偏振光（图 3.21.2 所示）.

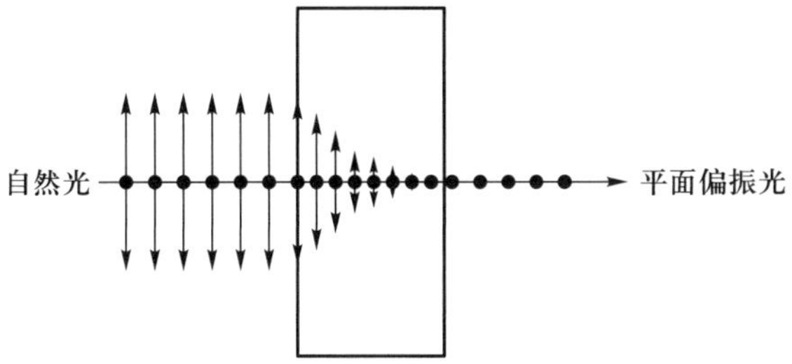

图 3.21.2　二向色性起偏

（1）反射和折射产生偏振

根据布儒斯特定律，自然光由空气或真空入射到折射率为 n 的介质表面上，当入射角 $i=i_B=\arctan n$ 时，其反射光为完全的线偏振光，振动面垂直入射面；而透射光为部分偏振光.i_B称为布儒斯特角.如果自然光以 i_B 入射到重叠的互相平行的玻璃片堆上，则经过多次反射和折射，最后从玻璃片堆透射出来的光一般是部分偏振光.如果玻璃片数目足够多，则透射光接近于线偏振光，其振动面平行于入射面.

（2）偏振片

偏振片：在赛璐璐基片上蒸镀一层硫酸碘奎宁的晶粒，基片的应力可以使晶粒的光轴定向排列起来，使得振动电矢量与光轴平行的光可以通过，而与振动电矢量与光轴垂直的光不能通过.用偏振片可以制成各种偏振器，如起偏器和检偏器.

当一束激光照在起偏器上，透射光只在一个平面内偏振.如果这个偏振光入射到第二个检偏器上，入射光的偏振平面与检偏器透光轴垂直，则没有光可以透过检偏器；若起偏器和检偏器成一夹角，则有部分偏振光透过检偏器.

偏振光电场 E_0 的该分量 E，可由下式得出

$$E=E_0\cos\phi \tag{3.21.1}$$

因为光强度随电场的平方而变化，所以透过检偏器的光强就可由下式得出

$$I=I_0\cos^2\phi \tag{3.21.2}$$

这里，I_0 是透过起偏器的光强，ϕ 是两个偏振器的偏振轴之间的夹角.考虑两种极端的情况：如果 ϕ 等于零，检偏器与起偏器光轴平行，$\cos^2\phi$ 的值等于 1，则透过检偏器的光强等于透过起偏器的光强度.这种情况下，透射光的强度达到最大值.

如果 $\phi=90°$，检偏器与起偏器的光轴垂直，$\cos^2 90°$ 的值等于 0，则没有光透过第二个偏振器.这种情况下，透射光的强度达到最小值.

(3) 波晶片

波晶片是从单轴晶体中切割下来的平行平面板，其表面平行于光轴.

当一束单色平行自然光正入射到波晶片上时，光在晶体内部便分解为遵从折射定律的寻常光(o 光)与不遵从折射定律的非常光(e 光).o 光电矢量垂直于光轴；e 光电矢量平行于光轴.而 o 光和 e 光的传播方向不变，仍都与表面垂直.但 o 光在晶体内的速度为 v_o，e 光的为 v_e，即相应的折射率 n_o、n_e 不同.

设晶片的厚度为 l，则两束光通过晶体后就有位相差

$$\sigma=\frac{\pi}{\lambda}(n_o-n_e)l \tag{3.21.3}$$

式中 λ 为光波在真空中的波长.$\sigma=2k\pi$ 的晶片，称为全波片；$\sigma=2k\pi\pm\pi$ 的称为半波片；$\sigma=2k\pi\pm\frac{\pi}{2}$ 为 $\frac{1}{4}$ 波片，上面的 k 都是任意整数.不论全波片，半波片或 $\frac{1}{4}$ 波片都是对一定波长而言.

以下直角坐标系的选择，是以 e 光振动方向为横轴，o 光振动方向为纵轴.沿任意方向振动的光，正入射到波晶片的表面，其振动便按此坐标系分解为 e 分量和 o 分量.

平行光垂直入射到波晶片后，分解为 e 分量和 o 分量，透过晶片，二者间产生一附加相位差 σ.离开晶片时合成光波的偏振性质，决定于 σ 及入射光的性质.

不同厚度的波晶片可使入射光通过晶体后的出射光具有不同的偏振态.

(1) 偏振态不变的情形

a. 自然光通过波晶片，仍为自然光.

b. 若入射光为线偏振光，其电矢量 E 平行 e 轴(或 o 轴)，则任何波长片对它都不起作用，出射光仍为原来的线偏振光.

(2) 半波片

a. 若入射光为线偏振光，且与晶片光轴成 θ 角，则出射光仍为线偏振光，但与

光轴成$-\theta$角.即线偏振光经半波片电矢量振动方向转过了2θ角.

b. 若入射光为椭圆偏振光,则半波片既改变椭圆偏振光长(短)轴的取向,也改变椭圆偏振光(圆偏振光)的旋转方向.

(3) $\frac{1}{4}$波片

a. 若入射为线偏振光,则出射光为椭圆偏振光.

b. 若入射为圆偏振光,则出射光为线偏振光.

c. 若入射为椭圆偏振光,则出射光一般仍为椭圆偏振光.

【实验内容与步骤】

1. 系统的安装与调试

1.1　将半导体激光器、起偏器、检偏器(通过皮带与编码器轮连接)、光功率探头依次安装在光具座上(注意:光功率计探头选择圆孔滤光,即通光旋转盘置于5 mm或8 mm处).

1.2　接通电源,调节光路,使各元件中轴线一致,如图3.21.1所示.

1.3　旋转起偏器,使激光通过起偏器检偏器后得到最大光强.调节光功率探头竖直位置以及微调半导体激光器上的水平和垂直调节螺钉,使偏振光全部入射到光功率计探头内,此时光功率显示值最大.

2. 实验测量

2.1　验证马吕斯定律

(1) 按图3.21.1将半导体激光器、起偏器、检偏器、功率计探头安放在光学导轨上,点亮激光器,调节各器件使等高共轴;将功率计探头与光功率计连接起来.

(2) 将起偏器和检偏器均转到0°位置,旋转激光器(半导体激光器发出的是部分偏振光),使光功率计接收到较大光强(一般选择2 mW挡),固定激光器;将检偏器转至90°位置,转动起偏器到消光位置,此时光功率计读数最小,固定起偏器(后续所有实验起偏器均固定不变).实验时,注意杂散光线对实验结果的影响.

(3) 将检偏器转到0°(此时光强为最大值)开始测量,每转15°或10°测量一次光功率的数值I,并记录测量结果(填写表3.21.1).

2.2　了解波片的作用

2.2.1　先使起偏器和检偏器正交(仅需转动检偏器),然后进行如下实验.

(1) 在两偏振片之间插入半波片,旋转波片360°,观察消光的次数并解释这种现象.

(2) 将半波片转任意角度,这时消光现象被破坏.把检偏器转动360°,观察发生的现象并作出解释.

(3) 仍使起偏器和检偏器处于正交(即处于消光现象时),插入半波片,旋转波片使消光,再旋转波片15°,破坏其消光.转动检偏器至消光位置,并记录检偏器所转动的角度.继续将半波片转15°(即总转动角为30°),记录检偏器达到消光所转总角度.依次使半波片总转角为45°,60°,75°,90°,记录检偏器消光时所转总角度

(填写表 3.21.2).

2.2.2　用波片产生圆偏振光和椭圆偏振光

(1) 使起偏器和检偏器正交,用$\frac{1}{4}$波片代替半波片,转动$\frac{1}{4}$波片使消光.

(2) 再将$\frac{1}{4}$波片转动 15°,然后将检偏器缓慢转动 360°,观察现象,并分析这时从$\frac{1}{4}$波片射出光的偏振状态.

(3) 依次将波片转动总角度为 30°,45°,60°,75°,90°,每次将检偏器转动一周,记录所观察到的现象(填写表 3.21.3).

(4) 在步骤(1)基础上,将$\frac{1}{4}$波片转动 15°,旋转检偏器一周,记录检偏器角度盘读数 θ 和对应光功率光强 I(填写表 3.21.4),绘制椭圆偏振光 $I-\theta$ 曲线并求出椭偏度.

(5) 在步骤(1)基础上,将$\frac{1}{4}$波片转动 30°,旋转检偏器一周,记录检偏器角度盘读数和对应光功率光强 I(填写表 3.21.5),绘制椭圆偏振光 $I-\theta$ 曲线并求出椭偏度.

2.3　采用综合光学数据采集器开展光偏振实验

(1) 在图 3.21.1 所示的实验基础上,用专用连接线将功率计前面板上的“输出”接口与综合光学数据采集器上的“光强输入”接口相连;将智能检偏器上的编码器插头与综合光学数据采集器上的“光电编码器”接口相连.

(2) 其他实验步骤同之前的步骤,只是用数据采集器自动记录检偏器角度位置及对应的光强值(检偏器通过皮带与光电编码器链接,编码器旋转一周对应 1 000 个脉冲输出).

(3) 根据数据采集器测得的数据曲线可以查看光强值与检偏器角度之间的关系,取出数据点,在 Origin 软件中绘制$(I-I_{\min})-\cos^2\theta$ 曲线,验证马吕斯定律.

(4) 在起偏器和检偏器中插入波片,重新测量,观测曲线的变化情况.

【注意事项】

1. 激光束光强极高,切勿用眼睛对视,防止视网膜遭永久性损伤.

2. 保护光学元件的光学表面,不得触摸光学元件的光学表面.

3. 本实验要测量的数据较多,实验的实际操作比较繁琐,因而实验过程中,一定要做到耐心、细致,按照实验步骤逐次完成.

4. 起偏器和检偏器表面不清洁、放置位置不合适造成光来回反射叠加、通光孔选择不合理都可造成采集的波形幅度不对称.

【数据的记录与处理】

按实验步骤要求进行实验,测量的数据及现象记录到相应表格中,并按要求使用 Origin 软件绘制相应曲线.

表 3.21.1 马吕斯定律测量数据表

I_{max} =_______ I_{min} =_______

θ	0°	15°	30°	45°	60°	75°	90°
I							
$\cos^2\theta$							
$I-I_{min}$							

要求：以 $I-I_{min}$ 为纵坐标，$\cos^2\theta$ 为横坐标作图.验证马吕斯定律.

表 3.21.2 考查平面偏振光通过半波片时的数据记录表

半波片转动角度	15°	30°	45°	60°	75°	90°
检偏器转动角度						

表 3.21.3 用波片产生圆偏振光和椭圆偏振光

$\frac{1}{4}$波片转动的角度	检偏器转动 360°观察到的现象	光的偏振性质
15°		
30°		
45°		
60°		
75°		
90°		

表 3.21.4 $\frac{1}{4}$波片转动 15°，旋转检偏器得到的 $I-\theta$ 数据

θ/(°)	I/mW	θ/(°)	I/mW	θ/(°)	I/mW	θ/(°)	I/mW

要求：绘制椭圆偏振光 $I-\theta$ 曲线，并求椭偏度.

表 3.21.5 $\frac{1}{4}$波片转动 30°，旋转检偏器得到的 $I-\theta$ 数据

θ/(°)	I/mW	θ/(°)	I/mW	θ/(°)	I/mW	θ/(°)	I/mW

要求：绘制椭圆偏振光 $I-\theta$ 曲线，并求椭偏度.

【思考题】

1. 如何应用光的偏振现象说明光的横波特性？
2. 如何验证马吕斯定律？
3. 三块外形相同的偏振片、半波片、$\frac{1}{4}$波片被弄混了，能否把它们区分开来？
4. 用怎样的措施获得圆偏振光？

【附录】 综合光学数据采集器使用说明

综合仪面板如图 3.21.3 所示.

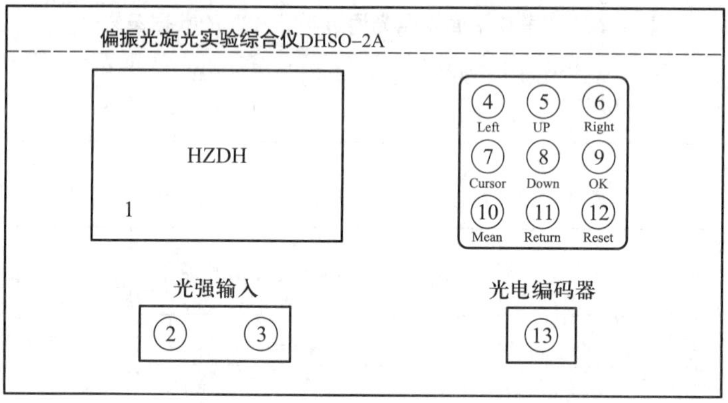

图 3.21.3 偏振光旋光实验综合仪面板图

1—点阵 240×160 液晶显示器；2、3—光强信号输入，用于连接光功率计电压输出；4—Left 功能键；5—Up 功能键；6—Right 功能键；7—Cursor 功能键，显示光标；8—Down 功能键；9—OK 确认键；10—Menu 菜单选择键；11—Return 返回键；12—Reset 系统复位键；13—光电编码器输入接口

1. 主菜单界面（图 3.21.4、图 3.21.5）

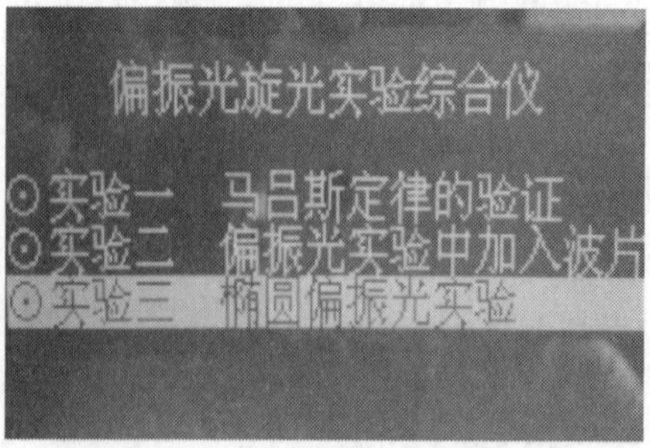

图 3.21.4 主菜单界面

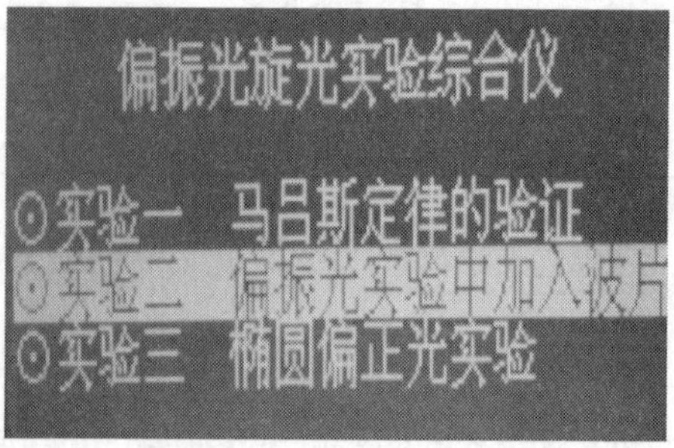

图 3.21.5 主界面按键操作

在此界面下，通过按“Up”、“Down”键上下调节滚动条的位置，来选择需要开展的实验项目，并按“OK”键确定.

2. 实验一 马吕斯定律的验证(图 3.21.6、图 3.21.7)

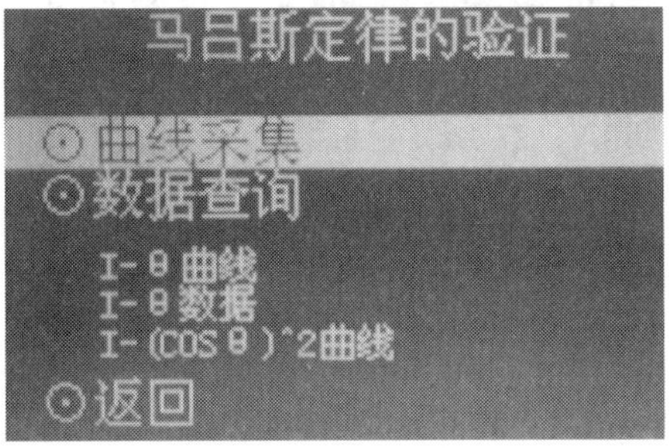

图 3.21.6 实验一 菜单界面

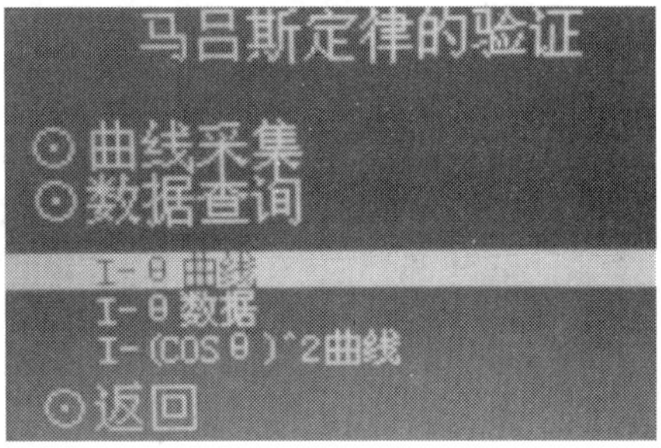

图 3.21.7 实验一 按键操作

在此界面下,通过按"Up"、"Down"键上下调节滚动条的位置,来选择操作内容,并按"OK"键确定.

2.1 曲线采集(图 3.21.8、图 3.21.9)

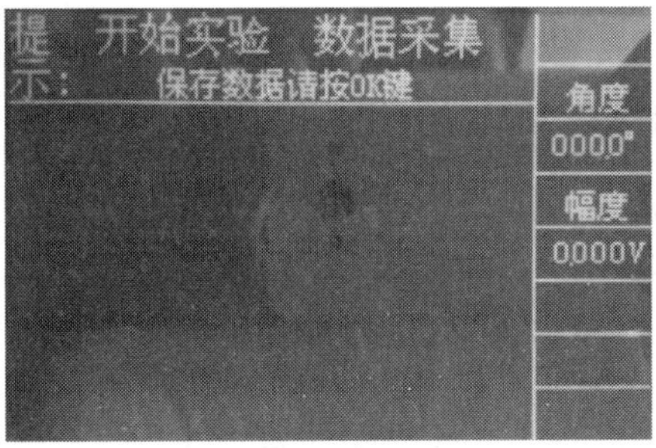

图 3.21.8 实验一曲线采集界面

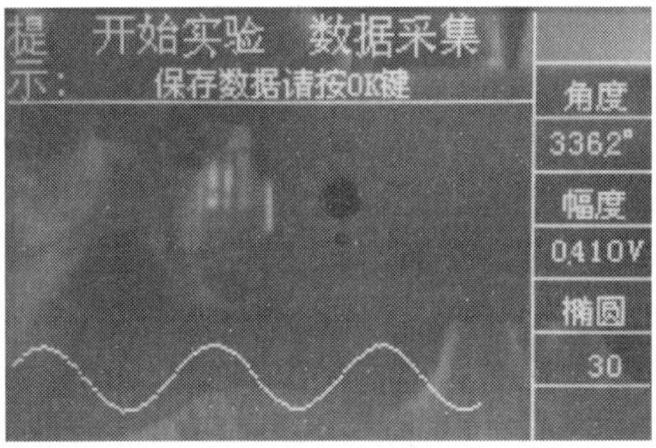

图 3.21.9 采集曲线显示

在此界面下,通过转动检偏器,屏幕上会将编码器角度信号以及其对应的光强信号以曲线的形式动态显示出来,并在右侧栏显示当前对应的角度与幅度.编码器有角度 0 位置,刚开始实验时,只有当编码器转动到 0 位置时才开始数据采集.当曲线在整屏显示完的情况下,如果继续转动检偏器,则之前采集的数据将被清除,重新开始数据采集.在数据采集完后,按"OK"键保存数据.若采集的数据不是很理想,可以调整光路,重新进行数据采集.

2.2 数据查询

通过按"Up"、"Down"选择数据查询中的"I-θ 曲线"、"I-θ 数据"、"I-$\cos^2\theta$ 曲线",并按"OK"键确定,如下图 3.21.10、图 3.21.11、图 3.21.12 所示.

在"I-θ 曲线"界面下,按"Cursor"键可以显示或隐藏光标坐标线;按"Left"、"Right"键左右移动显示图形中光标座对应的数据点;按"Up"、"Down"对图形进行缩放.

在"I-θ 数据"界面下,"Up"、"Down"对数据翻页显示.

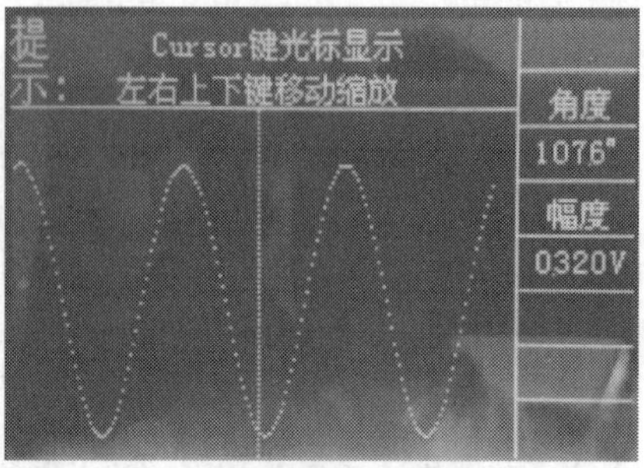

图 3.21.10　I–θ 曲线

角度(°)	光强(V)		角度(°)	光强(V)
359.8	1.043	第	351.7	1.069
358.9	1.048	0	351.0	1.069
358.2	1.052	1	350.2	1.070
357.4	1.055	页	349.5	1.070
356.7	1.058		348.8	1.070
356.0	1.059		348.1	1.070
355.3	1.062		347.4	1.070
354.6	1.064		346.6	1.069
353.8	1.066		345.9	1.067
353.1	1.068		345.2	1.064
352.4	1.069		344.5	1.062

图 3.21.11　I–θ 数据

在“$I-\cos^2\theta$ 曲线”界面下，按“Cursor”键可以显示光标坐标线；按“Left”、“Right”移动光标，显示对应的数据；按“Up”、“Down”调整采点间隔.

若需返回上级菜单，按“Return”键返回.

3. 实验二　偏振实验中加入半波片

在起偏器与检偏器之间放入半波片，调好光路，实验操作同实验一.

4. 实验三　椭圆偏振光实验(图 3.21.13)

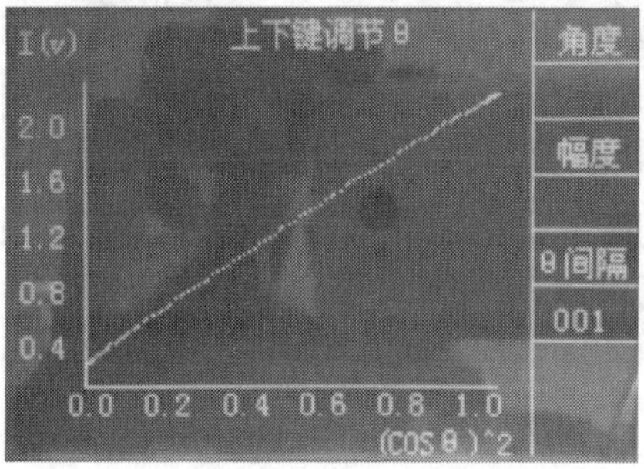

图 3.21.12　I–$\cos^2\theta$ 曲线

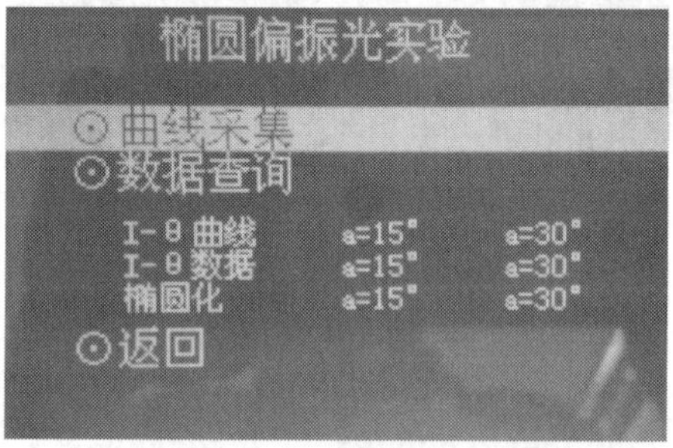

图 3.21.13　实验三菜单界面

在此菜单界面下，通过“Up”、“Down”键上下调节选择项.在数据查询选项中，可以通过“Left”、“Right”键选择偏转角大小.

4.1　曲线采集(图 3.21.14、图 3.21.15)

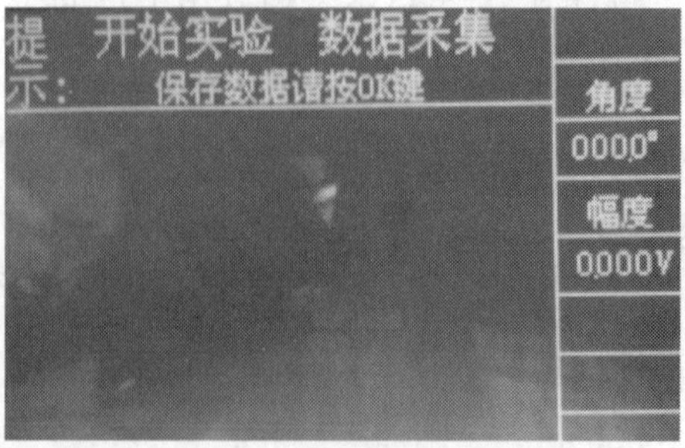

图 3.21.14　曲线采集界面

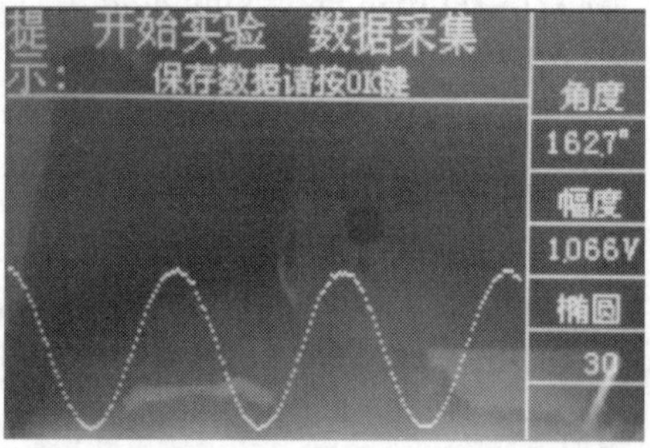

图 3.21.15　采集曲线显示

在此界面下，可以开始转动检偏器，屏幕上会将编码器角度信号以及其对应的光强信号以曲线的形式动态显示出来，并在右侧栏显示当前对应的角度与幅度.当曲线在屏幕显示满的情况下如果继续转动检偏器，则之前采集的数据将被清除，重新开始采集.在数据采集完后，按“Ok”键保存数据.

4.2 数据查询

按“Up”、“Down”选择数据查询中的“$I-\theta$ 曲线”、“$I-\theta$ 数据”、“椭圆化”，通过“Left”、“Right”键选择偏转角为 15°或 30°并按“OK”键确定查看实验结果，如下图 3.21.16 所示：

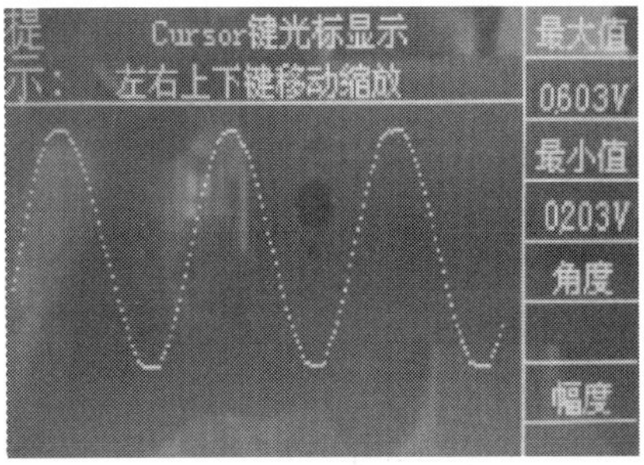

图 3.21.16 $I-\theta$ 曲线

在“$I-\theta$ 曲线”界面下，按“Cursor”键可以显示或隐藏光标坐标线；按“Left”、“Right”键左右移动显示图形中光标座对应的数据点；按“Up”、“Down”对图形进行缩放.

如图 3.21.17 所示，在“$I-\theta$ 数据”界面下，“Up”、“Down”对数据翻页显示.

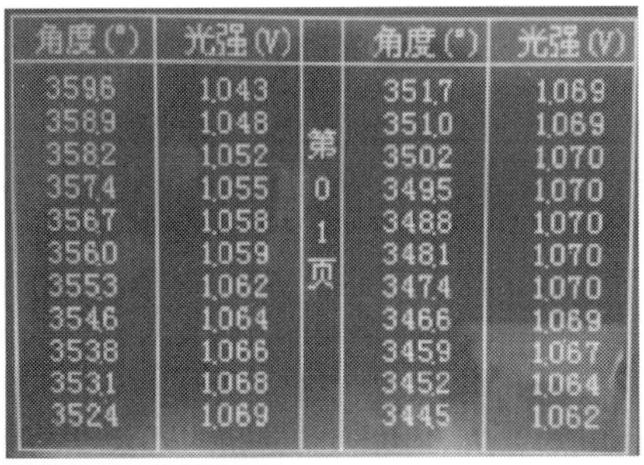

角度(°)	光强(V)		角度(°)	光强(V)
359.6	1.043		351.7	1.069
358.9	1.048	第	351.0	1.069
358.2	1.052		350.2	1.070
357.4	1.055	0	349.5	1.070
356.7	1.058	1	348.8	1.070
356.0	1.059	页	348.1	1.070
355.3	1.062		347.4	1.070
354.6	1.064		346.6	1.069
353.8	1.066		345.9	1.067
353.1	1.068		345.2	1.064
352.4	1.069		344.5	1.062

图 3.21.17 $I-\theta$ 数据

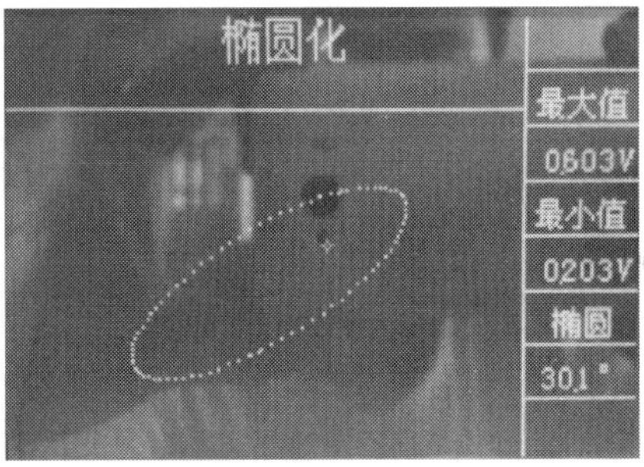

图 3.21.18 椭圆化

如图 3.21.18 所示，在“椭圆化”界面下，界面右侧栏将显示采集光强数据的最大值和最小值，并自动计算出椭圆化的偏移角度.

若需返回上级菜单，按“Return”键返回.

3.22 物质旋光性的研究

【实验简介】

1811 年法国物理学家阿拉戈首次发现了石英晶体的旋光性质，大约在同时毕奥在多种自然物质的蒸气和液态情况下也观察到了同样的现象，同时他还发现了左旋和右旋两种旋光现象.当线偏振光在某些透明介质中传播时，线偏振光的振动面会旋转一定的角度，介质的这种性质称为旋光性，相应的能使振动面旋转的介质称为旋光物质.常见的旋光物质有石英晶体、糖溶液等.迎着光线传播方向观察,使振动面顺时针方向旋转叫做右旋,使振动面逆时针方向旋转叫做左旋.常见的右旋物质有葡萄糖、右旋石英等,左旋物质有果糖、左旋石英等.利用溶液的旋光性,可以测量溶液中所含旋光物质的浓度,这在制糖、制药、化学工业和农业科学中有着极其重要的应用.

在本实验中,利用旋光仪对石英片即葡萄糖溶液进行旋光特性测量,求出两种不同材料的旋光率,从而进一步理解旋光现象及其基本原理和应用.

【实验目的】

1. 观察旋光现象,了解旋光物质的旋光特性的基本原理.

2. 了解旋光仪的基本结构、原理及使用方法,学会用旋光仪测量旋光溶液的旋光率和浓度.

【预习思考题】

1. 什么是旋光现象? 物质的旋光度和哪些因素有关?

2. 旋光仪的基本结构和测量原理是什么?

【实验仪器】

He-Ne 激光器,钠光灯,会聚透镜,扩束镜,带刻度盘的偏振片两块,光具座,加热控温设备,不同厚度的石英片,旋光仪及葡萄糖溶液.

【实验原理】

偏振光通过某些晶体或某些物质的溶液以后,偏振光的振动面将旋转一定的角度,这种现象称为旋光现象.如图 3.22.1 所示,这个角 α 称为旋光角,实验表明对于固体旋光物质它与偏振光通过的厚度 L 成正比,即

$$\alpha=\rho L \tag{3.22.1}$$

式中 ρ 为比例系数,称为旋光率,它与物质的基本特性有关,对于同一种物质,它与入射的波长有关,还与物质的温度 T 有关.

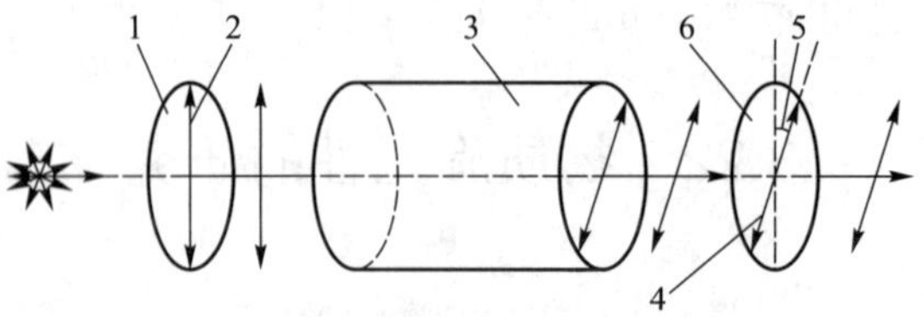

图 3.22.1　旋光现象原理

1—起偏器；2—起偏器偏振化方向；3—旋光物质；
4—检偏器偏振化方向；5—旋光角α；6—检偏器

对于具有旋光性质的溶液,振动面的旋光角 α 与光线所通过的溶液的长度 L 及溶液的浓度 C 成正比,即

$$\alpha = \rho CL \tag{3.22.2}$$

式中的旋光率 ρ 标志着溶液的特性,它与波长和温度都有关,并且当溶剂发生改变时也随之发生变化.

由(3.22.2)式可知,如果已知待测溶液的浓度 C 和长度 L,只要测出旋光角 α 就可以直接算出旋光率 ρ.当溶液长度不变时,改变溶液浓度,测出相应的旋光角,则可以作出旋光角与浓度之间的关系曲线(称为旋光曲线),由旋光曲线的斜率则可求出旋光率.通常可根据测出的旋转角可从该物质的旋光曲线上查出对应的浓度.

【仪器介绍】

旋光仪的结构如图 3.22.2 所示.

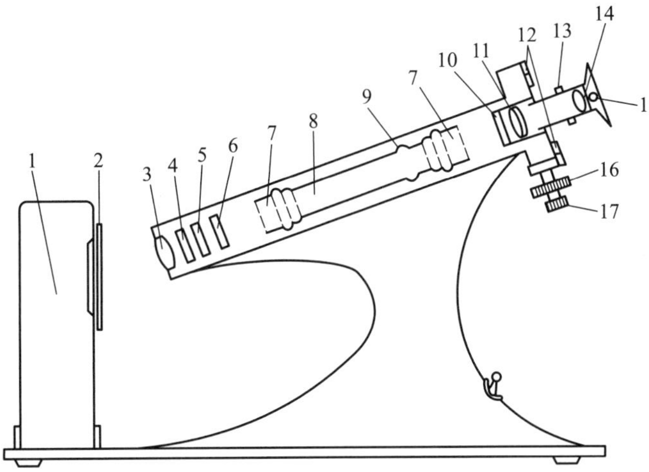

图 3.22.2 旋光仪结构示意图

1—钠光灯;2—毛玻璃片;3—会聚透镜;4—滤色镜;5—起偏镜;6—石英片;7—测试管端螺帽;8—测试管;9—测试管凸起部分;10—检偏镜;11—望远镜物镜;12—度盘和游标;13—望远镜调焦手轮;14—望远镜目镜;15—游标读数放大镜;16—度盘转动细调手轮;17—度盘转动粗调手轮

光源采用 20 W 钠光灯(波长为 589.44 nm);半波片为一块圆形薄片,由三块两种物质组成,两边是玻璃,中间为石英片;刻度盘和检偏镜固定一体,通过手轮可作粗、细调节转动,主刻度盘分度值为 1°,游标盘等分为 20 格,分度值为 0.05°,为消除刻度盘偏心差,采用双游标读数.

旋光仪的测量原理:先将旋光仪的起偏镜和检偏镜的偏振轴调至正交,这时目镜中的视场最暗;然后在起偏镜和检偏镜之间加入待测样品,则视场亮度发生变化,再转动检偏镜,使目镜中重新看到最暗的视场,此时检偏镜旋转的角度即为待测样品的旋光度.

而在实际操作中,人眼难以准确地判断视场是否最暗,因此采用比较视场中相邻两光束的强度是否相同来判断视场是否最暗,因此在起偏镜后加有半波片.没有待测样品时，由于石英片具有旋光特性，通过目镜我们可以观察到三分视界，如图 3.22.3 中的(a)或(b)所示.然后转动检偏镜使三分视界的亮度相同且最暗，我们把此时的视场作为参考视场；再加入待测样品，由于样品的旋光特性视场的亮度将发生改变，如果此时转动检偏镜使视场再次回到参考视场的状态，则检偏镜转过的角度即为待测样品的旋光度.

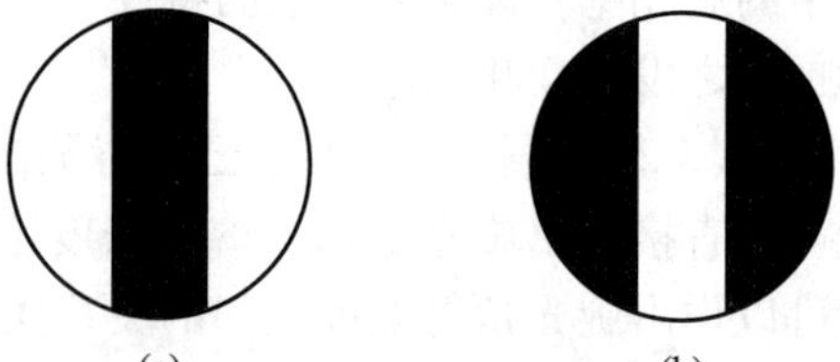

图 3.22.3 旋光仪半波片的三分视界

【实验内容与步骤】

1. 观察旋光现象，研究旋光物质的旋光特性

在光具座上自组一简易旋光仪，进行下列观察：

1.1 用钠光作光源，测定不同厚度石英片的旋光角 α，说明旋光角与厚度的关系，填写表 3.22.1.

1.2 对同一块石英片，分别用钠光和 He－Ne 激光器作光源，测出旋光角 $\alpha(\lambda)$，说明石英的旋光率 ρ 和波长 λ 的关系，填写表 3.22.2.

1.3 用钠光作为光源，将石英片置于加热器中，然后将加热器置于旋光仪的光路中.改变温度 T，测定不同温度下的旋光角 $\alpha(T)$，说明石英片的旋光率 ρ 与温度 T 之间的关系，填写表 3.22.3.

2. 用旋光仪测定葡萄糖溶液的旋光率和浓度

2.1 点燃钠灯，旋转目镜，使视场中的三分视界清晰.将试管装满蒸馏水置于旋光仪套筒中，旋转度盘观察视场的亮暗变化.当视场照度一致且最暗时，记下度盘读数 φ_0 和 φ_0'.

2.2 将已知浓度的葡萄糖溶液注入试管并置于旋光仪套筒中，此时视场的照度不一致(为什么发生变化?)，旋转度盘至视场亮度一致且最暗时，记下度盘读数 φ_1 和 φ_1'.则待测溶液的旋光角 $\theta=\frac{1}{2}|(\varphi_1-\varphi_0)+(\varphi_1'-\varphi_0')|$.

2.3 重复 2.2 的步骤，测出液柱长度相同，浓度不同的葡萄糖溶液的旋光角，并记录测量环境的温度 T 和测试波长 λ.

2.4 以溶液浓度为横坐标，旋光角为纵坐标，绘出葡萄糖溶液的旋光曲线，并由此曲线求出该物质的旋光率.(应说明温度 T 和波长 λ 的影响)

2.5 用旋光仪测出未知浓度的葡萄糖溶液的旋光角，再根据旋光曲线确定其浓度，填写表 3.22.4.

【注意事项】

1. 测试管应轻拿轻放，小心打碎.

2. 所有镜片，包括测试管两头的护片玻璃都不能用手直接揩拭，应用柔软的绒布或镜头纸揩拭.

3. 只能在同一方向转动度盘手轮时读取始、末示值，决定旋光角，而不能在来回转动度盘手轮时读取示值，以免产生回程误差.

【数据记录与处理】

表 3.22.1 石英片厚度与旋光角关系

	厚度 1:____mm		厚度 2:____mm		厚度 3:____mm		厚度 4:____mm		无石英片	
次数	φ_1	φ_1'	φ_1	φ_1'	φ_1	φ_1'	φ_1	φ_1'	φ_0	φ_0'
1										
2										
3										
4										
5										
平均值/(°)										
旋光角/(°)										

表 3.22.2 石英片旋光角与不同光源波长关系

	钠光波长____nm		激光器波长____nm		无石英片	
次数	φ_1	φ_1'	φ_1	φ_1'	φ_0	φ_0'
1						
2						
3						
4						
5						
平均值/(°)						
旋光角/(°)						

表 3.22.3 石英片旋光角与不同温度关系

	温度 1:____℃		温度 2:____℃		温度 3:____℃		温度 4:____℃		无石英片	
次数	φ_1	φ_1'	φ_1	φ_1'	φ_1	φ_1'	φ_1	φ_1'	φ_0	φ_0'
1										
2										
3										
4										
5										
平均值/(°)										
旋光角/(°)										

表 3.22.4 不同浓度葡萄糖溶液旋光角

次数	$C_1/(\text{g/ml})$：		$C_2/(\text{g/ml})$：		$C_3/(\text{g/ml})$：		$C_4/(\text{g/ml})$：		待测溶液		蒸馏水	
	φ_1	φ_1'	φ_1	φ_1'	φ_1	φ_1'	φ_1	φ_1'	φ_1	φ_1'	φ_0	φ_0'
1												
2												
3												
4												
5												
平均值/(°)												
旋光角/(°)												

【思考题】

1. 如何利用实验的方法来确定旋光物质是左旋或右旋物质?
2. 旋光仪使用时应注意哪些问题?

3.23 红外物理特性及应用

【实验简介】

波长范围在0.75~1 000微米的电磁波称为红外波,对红外频谱的研究历来是基础研究的重要组成部分.对热辐射的深入研究导致普朗克量子理论的创立.对原子与分子的红外光谱研究,帮助我们洞察它们的电子、振动、旋转的能级结构,并成为材料分析的重要工具.对红外材料的性质,如吸收、发射、反射率、折射率、电光系数等参量的研究,为它们在各个领域的应用研究奠定了基础.

在现代通信技术中,为了避免信号互相干扰,提高通信质量与通信容量,通常用信号对载波进行调制,用载波传输信号,在接收端再将需要的信号调制还原出来.不管用什么方式调制,调制后的载波要占用一定的频带宽度.波的频率间隔若小于信号带宽,则不同信号间要相互干扰.通信容量与所用载波频率成正比,与波长成反比,能够用作无线电通信的频率资源非常有限,国际国内都对通信频率进行统一规划和管理,仍难以满足日益增长的信息需求.目前微波波长能做到厘米量级,在开发应用毫米波和亚米波时遇到了困难.红外波长比微波短得多,用红外波作载波,其潜在的通信容量是微波通信无法比拟的,红外通信就是用红外波作载波的通信方式.无论光纤通信还是无线光通信,用的都是红外光.一般所称的光通信实际就是红外通信.

【实验目的】

1. 了解红外通信的原理及基本特性.

2. 了解部分材料的红外特性.

3. 掌握红外发光二极管的伏安特性、电光转换特性和角度特性等;红外光电二极管的伏安特性.

4. 通过实验掌握基带调制传输和副载波传输的原理.

5. 了解红外传输音频信号和数字信号的特性.

【实验仪器】

红外通信特性实验仪,示波器,信号发生器.

【实验原理】

1. 红外材料

光在光学介质中传播时,由于材料的吸收和散射会使光波在传播过程中逐渐衰减,对于确定的介质,光透过衰减吸收系数为 α,厚度为 L 的介质后,光强 I 衰减为

$$I=I_0 e^{-\alpha L} \tag{3.23.1}$$

材料的衰减系数是由材料本身的结构及性质决定的,对不同的波长的光衰减系数不同.普通的光学材料由于在红外波段衰减较大,通常并不适用于红外波段.常用的红外光学材料包括:石英晶体及石英玻璃,它在 0.14~4.5 μm 的波长范围内都有较高的透射率;半导体材料及它们的化合物如锗,硅,金刚石,氮化硅,碳化硅,砷化镓,磷化镓;氟化物晶体如氟化钙,氟化镁;氧化物陶瓷如蓝宝石单晶(Al_2O_3),尖晶石($MgAl_2O_4$),氮氧化铝,氧化镁,氧化钇,氧化锆;还有硫化锌,硒化锌,以及一些硫化物玻璃,锗硫系玻璃等.

光波在不同折射率的介质表面会反射,入射角为零或入射角很小时反射率

$$R=\left(\frac{n_1-n_2}{n_1+n_2}\right)^2 \tag{3.23.2}$$

由于色散,不同波长的光在材料中折射率不同.折射率与衰减系数是表征材料光学特性的最基本参量.

由于材料通常有两个界面,测量到的反射与透射光强是在两界面间反射的多个光束的叠加效果.可以推导出反射光强和透射光强与入射光强的关系如下

反射光强与入射光强之比为

$$\frac{I_R}{I_0}=R\left[1+\frac{(1-R)^2 e^{-2\alpha L}}{1-R^2 e^{-2\alpha L}}\right] \tag{3.23.3}$$

透射光强与入射光强之比为

$$\frac{I_T}{I_0}=\frac{(1-R)^2 e^{-\alpha L}}{1-R^2 e^{-2\alpha L}} \tag{3.23.4}$$

原则上测量出 I_0、I_R、I_T,可以求出 R 与 α(不一定是解析解).材料的衰减系数是由材料本身的结构及性质决定的,对不同波长的光衰减系数不同.普通的光学材料由于在红外波段衰减较大,通常不适用于红外波段.下面讨论在两种特殊情况下

求 R 与 α.

对于衰减可忽略不计的红外光学材料,$\alpha=0$,

$$R=\frac{I_R/I_0}{2-I_R/I_0} \tag{3.23.5}$$

对于衰减较大的非红外光学材料,可以认为多次反射的光线经材料衰减后光强接近零,只需考虑第一次的反射光与透射光,此时

$$R=\frac{I_R}{I_0} \tag{3.23.6}$$

$$\alpha=\frac{1}{L}\ln\frac{I_0\,(1-R)^2}{I_T} \tag{3.23.7}$$

如果入射光从空气中入射到材料,测出 R 后,由于 $n_1=1$,那么可求出材料的折射率

$$n=\frac{1+\sqrt{R}}{1-\sqrt{R}} \tag{3.23.8}$$

很多红外光学材料的折射率较大,在空气与红外材料的界面会产生严重的反射.例如硫化锌的折射率为 2.2,反射率为 14%,锗的折射率为 4,反射率为 36%.为了降低表面反射损失,通常在光学元件表面镀上一层或多层增透膜来提高光学元件的透过率.

2. 发光二极管

红外通信的光源为半导体激光器或发光二极管,本实验采用发光二极管.

发光二极管是由 p 型和 n 型半导体组成的二极管.p 型半导体和 n 型半导体结合在一起,形成 p-n 结.由于空穴和自由电子的扩散在 p-n 结附近形成空间电荷区与势垒电场;势垒电场使得空穴和自由电子反向漂移,最终流过 p-n 结的静电流为 0;在空间电荷区,空穴和自由电子复合,使得该区几乎没有可以导电的载流子,因此该区又被称为结区或耗尽区.

当加上与势垒电场方向相反的正向偏压时,结区变窄,在外电场作用下,p-n 结附近产生电子与空穴的复合,并以热能或光的形式释放能量.采用适当的材料,使复合能量以发射光子的形式释放,就构成了发光二极管.采用不同的材料及材料组分,可以控制发光二极管发射光谱的中心波长.

由图 3.23.1 和图 3.23.2 可知,发光二极管的伏安特性与一般二极管类似,发光二极管输出光功率与驱动电流近似呈线性关系.这是因为:驱动电流与注入 pn 结的电荷数成正比,在复合发光的量子效率一定的情况下,输出光功率与注入电荷数成正比.

发光二极管的发射强度随发射方向而异.以发射强度的最大值为基准,定义其方向角度为零度.当方向角度增大时,其发射强度相对减少.发射强度为峰值的一半时的角度称为方向半值角,此角度越小即代表元件的指向性越灵敏.一般使用红外线发光二极管,均附有透镜,使其指向性更灵敏.

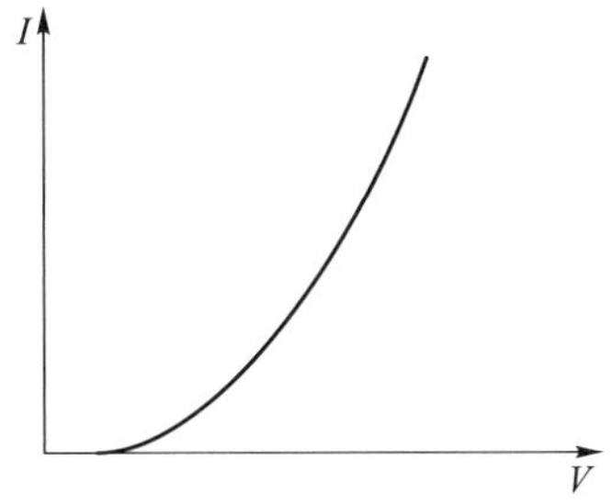

图 3.23.1 发光二极管的伏安特性

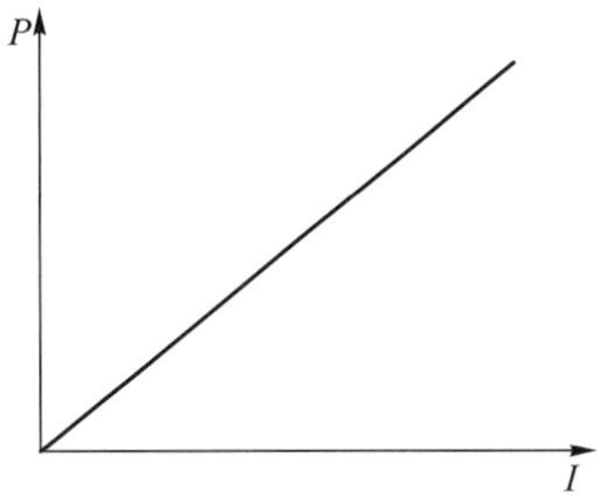

图 3.23.2 发光二极管的输出特性

3. 光电二极管

红外通信接收端常用 pin 型光电二极管完成光电转换.它与普通光电二极管的区别在于在 p 型和 n 型半导体之间夹有一层没有渗入杂志的本征半导体材料,称为 i 型区.这样的结构使得结区更宽,结电容更小,从而提高光电二极管的光电转换效率和响应速度.

在给光电二极管加反向偏置电压的情况下,反向偏置电场方向与势垒电场方向一致,使结区变宽,无光照时只有很小的暗电流;当能量足够高的光子照射到 pn 结上时,价电子被激发,成为自由电子,在结区产生电子-空穴对,在电场作用下,电子和空穴分别向 n 区和 p 区运动,形成光电流.在较低反向电压下光电流随反向电压的增加有一定升高,这是因为反向偏压增加使结区变宽,结电场增强,提高了光生载流子的收集效率.当反向偏压进一步增加时,光生载流子的收集接近极限,光电流趋于饱和,此时,光电流仅取决于入射光功率.在适当的反向偏置电压下,入射光功率与饱和光电流之间呈较好的线性关系.

图 3.23.3 是光电转换电路,光电二极管在晶体管基极,集电极电流与基极电流之间有固定的放大关系,基极电流与入射光功率成正比,则流过 R 的电流与 R 两端的电压都与光功率成正比.

4. 光源的调制

对光源的调制可以采用内调制和外调制.内调制用信号直接控制光源的电流,使光源的发光强度随外加信号变化,内调制易于实现,一般用于中低速传输系统.外调制时光源输出功率恒定,利用光通过介质时的电光效应,声光效应或磁光效应实现信号对光强的调制,一般用于高速传输系统.本实验采用内调制.

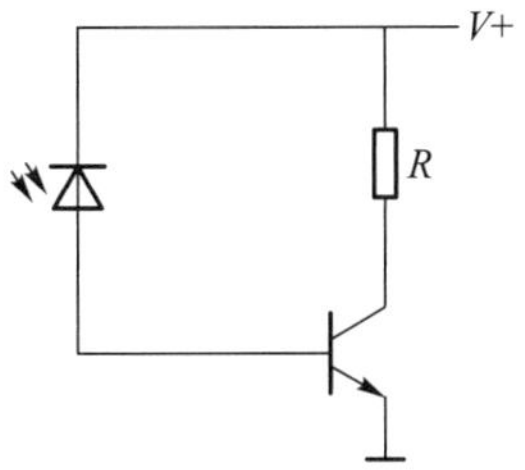

图 3.23.3 简单的光电转换电流

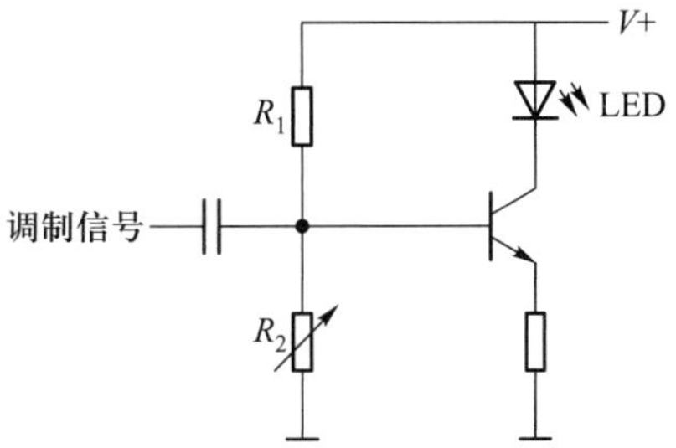

图 3.23.4 简单的调制电路

图 3.23.4 是简单的调制电路.调制信号耦合到晶体基极,晶体管作共发射极连接,流过发光二极管的集电极电流由基极电流控制,R_1,R_2提供直流偏置电流.在适当的电流偏置下,随调制信号变化的电流变化由发光二极管转换成了相应的光输出功率变化.

5. 副载波调制

由需要传输的信号直接对光源进行调制,称为基带调制.

在某些应用场合,例如有线电视需要同一根光纤上同时传输多路电视信号,此时可用 N 个基带信号对频率f_1,$f_2\cdots f_N$的 N 个副载波频率进行调制,将已调制的 N 个副载波合成一个频分复用信号,驱动发光二极管.在接收端,由光电二极管还原频分复用信号,再由带通滤波器分离出副载波,调制后得到需要的基带信号.

对副载波的调制可采用调幅、调频等不同方法.调频具有抗干扰能力强,信号失真小的优点,本实验采用调频法(图 3.23.5).

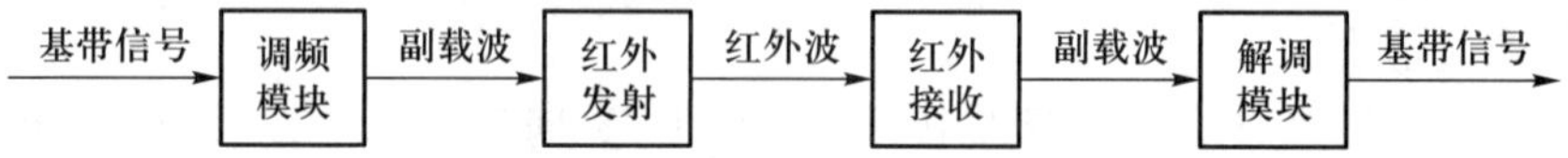

图 3.23.5　副载波调制传输框图

如果载波的瞬时频率偏移随调制信号 $m(t)$ 线性变化,即

$$\omega_d(t)=k_f m(t) \tag{3.23.9}$$

则称为调频,k_f是调频系数,代表频率调制的灵敏度,单位为 $2\pi\ \mathrm{Hz}\cdot\mathrm{V}^{-1}$.

调频信号可写成

$$u(t)=A\cos\left[\omega t+k_f\int_0^t m(\tau)\,\mathrm{d}\tau\right] \tag{3.23.10}$$

式中 ω 为载波的角频率, $k_f\int_0^t m(\tau)\,\mathrm{d}\tau$ 为调频信号的瞬时相位偏移.下面考虑两种特殊情况:

假设 $m(t)$ 为电压为 V 的直流信号,则调频信号可以写为

$$u(t)=A\cos[(\omega+k_f V)t] \tag{3.23.11}$$

表明直流信号调制后的载波仍为余弦波,但角频率偏移了 $k_f V$.

假设 $m(t)=U\cos\Omega t$,那么调频信号可以写为

$$u(t)=A\cos\left[\omega t+\frac{k_f U}{\Omega}\sin\Omega t\right] \tag{3.23.12}$$

可以证明已调信号包括载频分量 ω 和若干个边频分量 $\omega\pm n\Omega$,边频分量的频率间隔为 Ω.

任意信号可以分解为直流分量与若干余弦信号的叠加,以上两种特殊情况可以帮助理解一般情况下调频信号的特征.

【仪器介绍】

整套实验系统由红外发射装置、红外接收装置、测试平台(轨道)以及测试镜片组成.

图 3.23.6 中,红外发射装置产生的各种信号,通过发射管发射出去.发出的信号通过空气传输或者经过测试镜片后,由接收管将信号送到红外接收装置.接收装置将信号处理后,通过仪器面板显示或者示波器观察传输后的各种信号.

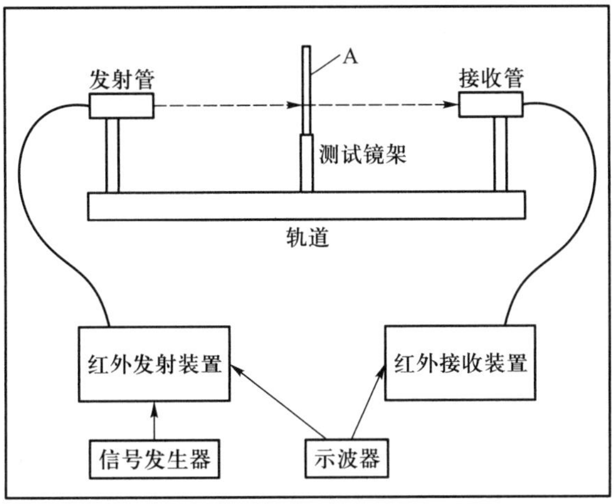

图 3.23.6 实验系统组成框图

测试镜架的"A"处,可以安装不同的材料,以研究这些材料的红外传输特性.

信号发生器可以根据实验需要提供各种信号,示波器用于观测各种信号波形经红外传输后是否失真等特性.

【实验内容与步骤】

1. 部分材料的红外特性测量

1.1 将红外发射器连接到红外发射装置的"发射管"接口,接收器连接到接收装置的"接收管"接口(在所有的实验过程中,都不能取下发射管和接收管),两者相对放置,通电.

1.2 连接发射装置"电压源输出"到发射模块"信号输入端 2"(注意按极性连接),向发射管输出直流信号.将发射系统显示窗口设置为"电压源".接收系统显示窗口设置为"光功率计".

1.3 在电压源输出为 0 时,若光功率计显示不为 0,即为背景光干扰或 0 点误差,记下此时显示的背景值,以后的光强测量数据应是光功率计的显示值减去该背景值.

1.4 调节电压源,使初始光强 I_0>4 mW,微调接收器受光方向,使显示值最大.

1.5 按照表 3.23.1 中样品编号安装样品(样品测试镜厚度都为 2 mm),测量

透射光强 I_T.

1.6 将接收端红外接收器取下,移到紧靠发光二极管处安装好,微调样品入射角与接收器方位,使接收到的反射光最强,测量反射光强 I_R.

2. 发光二极管的伏安特性、输出特性和角度特性测量

2.1 将红外发射器与接收器相对放置,发射系统显示窗口设置为“发射电流”,接收系统显示窗口设置为“光功率计”.调整接收端受光方向,使光功率计显示值最大.

2.2 调节电压源,改变发射管电流,记录发射电流与接收器接收到的光功率(与发射光功率成正比);将发射系统显示窗口切换到“正向偏压”,记录与发射电流对应的发射管两端电压.

2.3 作发光二极管的伏安特性和输出特性曲线,并讨论所作曲线与图 3.23.1 和图 3.23.2 所描述的规律是否符合.

2.4 增大电压源输出,使接收的光功率大于 4 mW.

2.5 将最大接收光功率的方向定义为 0°,分别测量不同角度下的光功率.

2.6 作出红外发光二极管发射强度和角度之间的关系曲线,并得出方向半值角(光强超过最大光强 50%以上的角度).

3. 光电二极管伏安特性的测量

3.1 调节发射装置的电压源,使发光二极管接收到的光功率如表 3.23.4 所示.

3.2 调节接收装置的反向偏置电压,在不同光功率时,切换显示状态,分别测量光电二极管的反向偏置电压与光电流.

3.3 作光电二极管的伏安特性曲线,并讨论是否与实验原理中所描述的规律一致.

4. 基带调制传输实验

4.1 将信号发生器输出信号接入发射装置信号输入端 1,要求信号频率低于 100 kHz.将电压源输出连接到发射模块信号输入端 2(注意按极性连接),调节电压源为 2.5 V.

4.2 将发射装置信号输入观测点接入双踪示波器的其中一个通道,接收装置信号输出端的观测点接入双踪示波器的另一个通道.观测输出信号经红外传输后波形是否失真,频率有无变化.

4.3 调节信号发生器输出幅度,当幅度超过一定值后,接收信号明显失真,记录信号不失真对应的输入电压范围.

4.4 转动接收器角度,或在光路中插入衰减板,用遮挡物遮挡,观测对输出的影响.

4.5 对实验数据作定性讨论.

5. 副载波调制传输实验

5.1 观测调频电路的电压频率关系

5.1.1 将发射装置中的电压源输出接入 V–F 变换模块的 V 信号输入,用直流信号作调制信号.将 F 信号输出的“频率测量”接入示波器.

5.1.2 调节电压源,通过示波器观测输入电压与 F 信号输出频率之间的 V-F 变换关系.通过在示波器上读输出信号的周期来换算成频率.

5.1.3 作输入电压和输出频率的曲线图,求出调频系数 k_f.

5.2 副载波调制传输实验

5.2.1 通过信号发生器,将频率约为 1 kHz,幅度 V_{p-p}小于 5 V 的正弦信号接入发射装置 V-F 变换模块的外信号输入,再将 V-F 变换模块 F 信号输出接入发射模块信号输入端 2,用副载波信号作发光二极管调制信号.

5.2.2 将光电二极管还原的副载波信号经红外接收装置的接收信号输出接入 F-V 变换模块 F 信号输入,经过解调后的基带信号通过 V 信号输出端输出.

5.2.3 用示波器观测基带信号(将外信号观测接入示波器),以及经调频,红外传输后解调的基带信号波形(F-V 变换模块的观测点接入示波器),传输后的频率可以通过示波器上读输出信号的周期换算得到.

5.2.4 改变输入基带信号的频率(400~5 000 Hz)和幅度,转动接收器角度使输入接收器的光强改变,观测 F-V 变化模块输出的波形.

6. 音频信号传输实验

将发射装置"音频信号输出"接入发射模块"信号输入";

将接收装置"接收信号输出"端接入音频模块"音频信号输入".

倾听音频模块播放出来的音乐.定性观察接收器偏离发射器,衰减,遮挡等外界因素对传输的影响.

7. 数字信号传输实验

本实验用编码器发送二进制数字信号(地址和数据),并用数码管显示地址一致时所发送的数据.

7.1 将发射装置"数字信号输出"接入发射模块"信号输入",接收装置"接收信号输出"接入数字信号解调模块"数字信号输入".

7.2 设置发射地址和接收地址,设置发射装置的数字显示.观测发射地址和接收地址一致和不一致两种情况下的信号传输.

7.3 将发射装置发射模块的"观测点"接入示波器.用示波器观察改变发射装置的地址位和显示位时的传输波形,加深对二进制数字信号传输的理解.

【注意事项】

1. 红外发生装置、红外接收装置、轨道部分这三者要保证接地良好.

2. 连接发射装置"电压源输出"到发射模块"信号输入 2"时,要按照极性连接.

3. 所有的光强测量数据都应该减去在电压源输出为 0 时,光功率计显示的背景值.

【数据记录与处理】

实验记录数据分别填入表 3.23.1—表 3.23.7.

表 3.23.1　部分材料的红外特性测量　初始光强 I_0 =　　mW

材料	样品厚度 /mm	透射光强 I_T /mW	反射光强 I_R /mW	反射率 R	折射率 n	衰减系数 α /mm^{-1}
测试镜 01						
测试镜 02						
测试镜 03						

说明：测试镜 01：可见与红外都透光，衰减可忽略不计（$\alpha=0$）．测试镜 02：不透可见光，透红外光，对红外光的衰减可忽略不计．测试镜 03：对可见光有部分透过率，对红外光衰减严重．对衰减可忽略不计的红外光学材料，用（3.23.5）式计算反射率，（3.23.8）式计算折射率．对衰减严重的材料，用（3.23.6）式计算反射率，（3.23.7）式计算衰减系数，（3.23.8）式计算折射率．

表 3.23.2　发光二极管伏安特性与输出特性测量

正向偏压/V										
发射管电流/mA	0	5	10	15	20	25	30	35	40	45
光功率/mW										

表 3.23.3　红外发光二极管角度特性的测量

转动角度											
光功率/mW											

表 3.23.4　光电二极管伏安特性的测量

反向偏置电压/V		0	0.5	1	2	3	4	5
$P=0$	光电流/μA							
$P=1$ mW								
$P=2$ mW								
$P=3$ mW								

表 3.23.5　基带调制传输实验

发光二极管调制电路输入信号			光电二极管光电转换电路输出信号			
波形	频率/kHz	不失真输入电压范围	波形	频率/kHz	信号失真度描述	衰减对输出的影响
正弦波						
方波						

表 3.23.6 调频电路的 f–V 关系

输入电压/V	0	0.2	0.4	0.6	0.8	1.0	1.2	1.4	1.6	1.8	2.0
输出频率 f_V/kHz											

表 3.23.7 副载波调制传输实验

基带信号		红外传输后解调的基带信号			
幅度/V	频率/kHz	幅度	频率/kHz	信号失真程度	衰减对输出的影响

【思考题】

1. 为什么发光二极管输出光功率与驱动电流近似呈线性关系？
2. 衰减对副载波调制传输、音频和数字传输的影响是否一样？

第四章

综合性实验

4.1 小型制冷系统制冷系数的测定

【实验简介】

小型制冷系统通常指家用电冰箱、冷藏箱以及小型空调器等，因其制冷量一般比较小，可看作小型制冷装置.目前广泛用于小型制冷装置中压缩式制冷循环的制冷剂主要是卤化烃类（氟利昂）.从节能的角度看，小型制冷装置制冷量和效率的测量，对其制冷性能的检测及改进无疑是至关重要的，各种新型制冷循环的设计与制冷剂的开发，最终都离不开对不同条件下制冷量及制冷系数的检测.

【实验目的】

1. 学习电冰箱的制冷原理，加深对热学知识的理解.
2. 测定小型制冷系统的制冷系数.

【预习思考题】

1. 在一定温度下，随着被冷却液温度的降低，预计制冷机的制冷量和制冷系数是增加还是降低？为什么？

2. 为什么测量时一定要使被冷却液温度充分稳定后才记录数据？

3. -20 ℃附近和-10 ℃附近的制冷量和制冷系数有何差别，为什么会出现这种差别？

【实验仪器】

MB-2 型模拟电冰箱实验装置.

【实验原理】

1. 制冷的理论基础

热力学第二定律的克劳修斯说法是：不可能把热量从低温物体传到高温物体而不引起外界的变化.因此，只可能通过某种逆向热力学循环，外界对系统做一定的功，使热量从低温物体（冷端）传到高温物体（热端）如图 4.1.1 所示，且有：

$$Q_2 = Q_1 - W$$

图 4.1.1

电冰箱是对循环系统的冷端进行利用，称制冷机.

2. 制冷的方式

电冰箱一般用氟利昂作为制冷剂，当液体氟利昂在蒸发器里大量蒸发（实际是沸腾，但在制冷技术中习惯称为蒸发）时，带走所需的热量，从而达到制冷的目的.因此，电冰箱是一种利用蒸发热方式制冷的机器.

3. 制冷系数 ε

根据热力学第二定律制冷机的制冷系数为

$$\varepsilon=\frac{Q_2}{W}$$

上式表示，压缩机对系统所做的功 W 越小，自低温热源吸取的热量 Q_2 越多，则制冷系数 ε 越大，越经济.制冷系数是反映制冷机制冷特性的一个参量，它可以大于 1，也可以小于 1.如把制冷机看作逆向卡诺循环机，则制冷系数为

$$\varepsilon=\frac{T_2}{(T_1-T_2)} \tag{4.1.1}$$

由此可见，T_1、T_2 越接近，即冷冻室的温度与室温越接近时，ε 越大.消耗同样的功率，可以获得较好的制冷效果.冰箱里没有需要深度冷冻的物品时，不必将冷冻室的温度调得很低，一般保持在-5℃左右即可，这样可以省电.

4. 电冰箱的制冷循环

电冰箱的制冷循环如图 4.1.2(a)和(b)所示.图 4.1.2(a)为制冷循环装置示意图，图 4.1.2(b)为表示在 $p-V$ 图上的制冷循环过程.

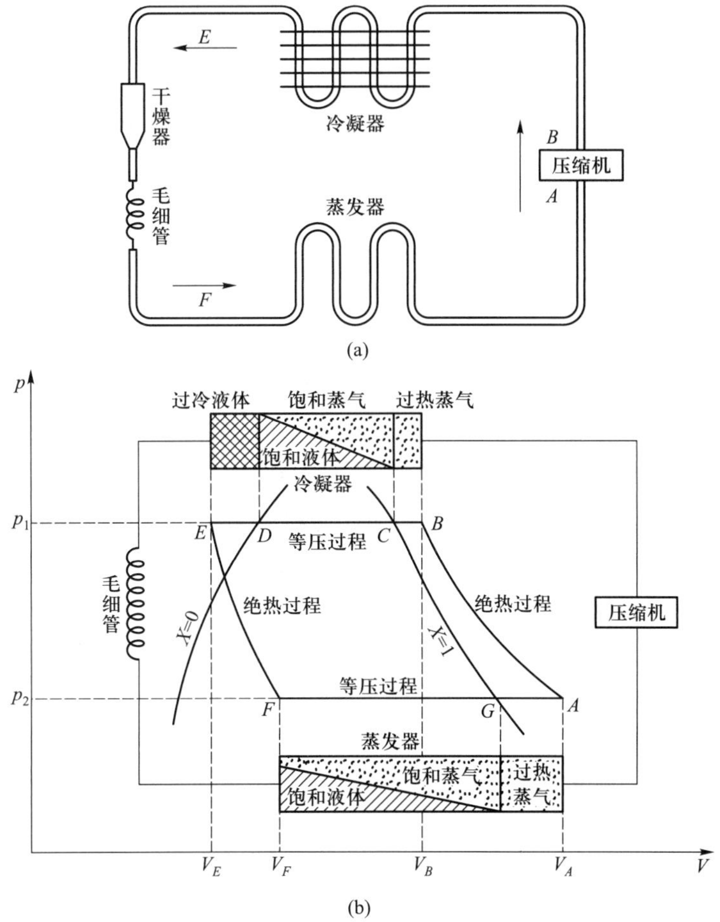

图 4.1.2

从图 4.1.2(b)可见,电冰箱的制冷循环主要有四个过程:压缩机压缩 R12 蒸汽,使它的压力由低增高成高温高压蒸气;冷凝器(散热器)使高温高压蒸汽放热冷凝为中温高压液体;毛细管使中温高压液体节流膨胀为低温低压气液混合体,并不断供向蒸发器;蒸发器使 R12 液体吸热成低温低压蒸气,从而达到制冷的目的.4 个过程的具体情况如下:

(1) 压缩过程(绝热过程)—在压缩过程中,由于压缩机活塞的运动速度很快,可近似地看作与外界没有热量交换的绝热压缩过程.在 $p-V$ 图中为 $A \to B$ 的一条绝热线.绝热线下的面积即为压缩机对系统所做的功 W.

(2) 冷凝过程(等压过程)—从压缩机排出的制冷剂刚进入冷凝器时是过热蒸气(B 点),它被空气冷却成干饱和蒸气(C 点),并进一步冷却成湿饱和液体(D 点),再进一步冷却成过冷液体直到 E 点.一般情况下,进入毛细管之前的制冷剂是过冷液体,这是等压过程,冷凝压力为 p_1.在 $p-V$ 图中为 $B \to C \to D \to E$ 的一条水平线.在此过程中制冷剂放出热量 Q_1.

(3) 减压过程(绝热过程)—制冷剂通过毛细管狭窄的通路时,由于摩擦和紊流,在流动方向产生压力下降,此即焦耳-汤姆逊节流过程.在 $p-V$ 图中为 $E \to F$ 的一条绝热线.

(4) 蒸发过程(等压过程)—从毛细管出口经过蒸发器进入压缩机吸入口为止的制冷剂,状态虽然有变化,但其压力是不变的,都是蒸发压力 p_2.进入蒸发器的制冷剂是气液混合体(F 点).制冷剂在通过制冷剂的过程中从周围吸收热量,蒸发成干饱和蒸气(G 点),再进一步成过热蒸气被压缩机吸入(A 点).在 $p-V$ 图中为 $F \to G \to A$ 的一条水平线.在此过程中制冷剂吸收热量 Q_2.

以上四个过程,构成电冰箱的制冷循环过程.

5. 制冷系数的测量

5.1 压缩机功率的测量

小型电冰箱压缩机的内部包括压缩机和电动机两部分,由电动机拖动压缩机做功.电动机因种种损耗输向压缩机的功率小于电源输入电动机的电功率 $P_{电}$,其效率 $\eta_{电} \approx 0.8$;压缩机也因种种损耗,用于压缩气体的功率小于电动机输向压缩机的功率,其效率 $\eta_{压} \approx 0.65$.因此,压缩机对制冷机做功的功率 P(简称压缩机功率).

$$P = \eta P_{电} = \eta_{电} \eta_{压} P_{电} = 0.52 P_{电} \tag{4.1.2}$$

5.2 制冷量的测量

制冷量 Q 表示单位时间内制冷剂通过蒸发器吸收的热量.在热平衡状态下,测出冷冻室在不同温度下加热器的加热功率 $P_{加}$,则 $Q = P_{加}$.

5.3 求制冷系数

分别测出同一温度下的输入电动机的电功率 $P_{电}$ 和加热器的加热功率 $P_{加}$,代入下列公式即可求出制冷系数.

$$\varepsilon = \frac{Q_2}{W} = \frac{Q}{P} = P_{加} / 0.52 P_{电} \tag{4.1.3}$$

【实验内容与步骤】

1. 接通实验仪电源,记录蒸发器内温度,同时观察并记录压缩机排气口、进气口及冷凝器末端的压力.

2. 接线柱 $I_{电}$、$U_{电}$,用于接测量压缩机电功率的功率计;接线柱 $I_{加}$、$U_{加}$,用于接测量加热功率的功率计.如不用功率计测量,也可用交流电流表串接在 I 和" * 接线柱"间,测出 $I_{加}$和 $I_{电}$,然后将 I 和" * 接线柱"短接,再用交流电压表测出 $U_{加}$和 $U_{电}$,计算出电功率.

3. 调节加热器的输出功率,使蒸发器温度至-20 ℃附近,温度稳定保持不变(稳定的标准为至少两分钟内温度读数不发生改变),记录此温度下的加热功率及压缩机功率.

4. 改变压缩机工作电流使蒸发器内的温度升高,从-20 ℃到 0 ℃间至少测量 6 组数据.

5. 在进行上述各点加热功率测量的同时,分别记录压缩机排气口、进气口及冷凝器末端压力和温度.

6. 画出压缩机功率-温度关系曲线、制冷量-温度关系曲线、制冷系数-温度曲线.

【注意事项】

1. 压缩机停机后 5 分钟内不要启动,以免启动电流过大,损坏仪器.

2. 注意搅拌器是否正常工作.

【思考题】

1. 利用本实验方法可以研究不同氟利昂灌注量对制冷量和制冷系数的影响,如何进行测量?

2. 能否进行不同制冷剂最佳制冷系数的选择实验?

【附录】 仪器介绍

实验装置如图 4.1.3 所示.

1. 冷冻室　杜瓦瓶中盛 2/3 深度的含水酒精作为冷冻物,用舌形管蒸发制冷剂吸热;用加热器平衡制冷剂蒸发时的吸热量,并用马达带动搅拌器使冷冻室内温度均匀.温度计可读出冷冻室内含水酒精的温度,以判断是否达到了热平衡.

2. 冷凝器　也就是散热器,在实验装置的背后,接"冷凝器入口 B"和"冷凝器出口"E.

3. 电流表　电流表用于检测压缩机的工作电流,当电流大于 1 A 时,制冷系统可能有堵塞现象.电流表后装有通电延时器,以防电流过载.

4. 调压变压器用于调节加热器电压 U,以改变加热功率.S_1 为压缩机开关,S_2 为加热器开关.

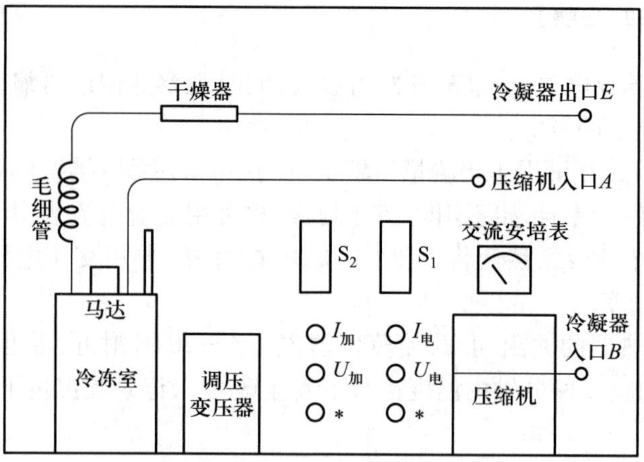

图 4.1.3　MB-2 型模拟电冰箱实验装置

4.2　测量超声波在空气中的传播速度

【实验简介】

声波是一种在弹性介质中传播的机械波,它能在气体、液体和固体中传播,但在各种介质中的传播速度是不同的.声波的振动频率在 20 Hz~20 kHz 时,可以被人听见;频率低于 20 Hz 的声波称为次声波;频率高于 20 kHz 的声波称为超声波.对于声波特性(如频率、波长、波速、相位等)的测量是声学技术的重要内容.声速的测量在声波定位、探伤、测距中有广泛的应有.本实验分别采用驻波法和相位法测量超声波在空气中的传播速度.

【实验目的】

1. 学会使用驻波法和相位法测定超声波在空气中的传播速度.
2. 深刻理解驻波的特性,以及相位的物理含义.
3. 了解产生和接收超声波的原理.

【预习思考题】

1. 什么是驻波以及驻波的特点是什么?
2. 什么是共振?如何判断测量系统是否处于共振状态?
3. 如何确定最佳工作频率?
4. 相位法中比较的相位是哪两个相位?

【实验仪器】

示波器,声速测试仪,信号发生器.

【实验原理】

1. 声速的测量

声波在空气中是以纵波传播的，其传播速度 v 和声源的振动频率 f 以及波长 λ 有如下关系

$$v=f\lambda \tag{4.2.1}$$

测出声波波长和声源的振动频率就可以由(4.2.1)式求出声波的传播速度.声波波长的测量通常用驻波法和相位法来测量.

1.1 驻波法测声速

驻波法就是利用入射波和反射波在一定条件下干涉形成驻波进行测量的.

由波动理论可知：声源产生的声波信号经介质垂直入射到某一刚性反射面上，就会被反射回来，形成反射波，在声源和反射界面之间，入射波和反射波发生干涉形成驻波.改变声源和刚性反射面之间的距离 l，驻波场中各质点振动的振幅也在发生变化，当声源到刚性反射面之间的距离满足

$$l=n\frac{\lambda}{2} \tag{4.2.2}$$

时，各质点振动的振幅最大，这时在声源和刚性反射面之间各质点处于驻波共振状态.保持声源位置不变，沿波的传播方向上，改变刚性反射面的位置 x，在满足(4.2.2)式的位置上可以观察到驻波共振状态.由(4.2.2)式可知：相邻两次出现驻波共振状态对应的刚性反射面移动的距离 Δx 为$\frac{\lambda}{2}$，即

$$\Delta x=\frac{\lambda}{2} \tag{4.2.3}$$

只要测出相邻两次出现驻波共振状态对应刚性反射面之间的距离 Δx，就可以求出声波的波长，从而由(4.2.1)式计算出声速.这种测量声速的方法又称为驻波共振法.

实验中，通过用示波器观测反射端处的振动状态来判断质点是否处于驻波共振状态.

1.2 相位法测声速

相位法又称为行波法，是通过比较同一列波上两质点的相位差来进行测量的.

由声源发出的声波在沿其传播方向上，相位差为 π 的两质点之间的距离为半个波长$\frac{\lambda}{2}$，因此，只要测出相位差为 π 的两质点之间的距离 Δd，就可由

$$\Delta d=\frac{\lambda}{2} \tag{4.2.4}$$

计算出波长，从而由波长及声源振动频率计算出声速.

实验中保持声源的位置不变，改变反射面的位置，用示波器测声源和反射面处两质点的相位差，记下相位差每变化 π 时反射面的位置 d，求出相位差变化 π 时反射面位置的变化 Δd.

示波器测两信号的相位差有两种方法：双踪示波法和李萨如图形法，本实验用李萨如图形测两点的相位差.将声源和反射面处的信号分别输入至示波器的两个偏转板上，在示波器上观察到的李萨如图形是一椭圆，当改变反射面的位置时，两信号的相位差发生变化，李萨如图形由椭圆→直线→椭圆→直线发生周期性变化，如图 4.2.1 所示，其中相邻两次出现直线时反射面位置的变化就是相位差为 π 时两质点的距离 Δd.

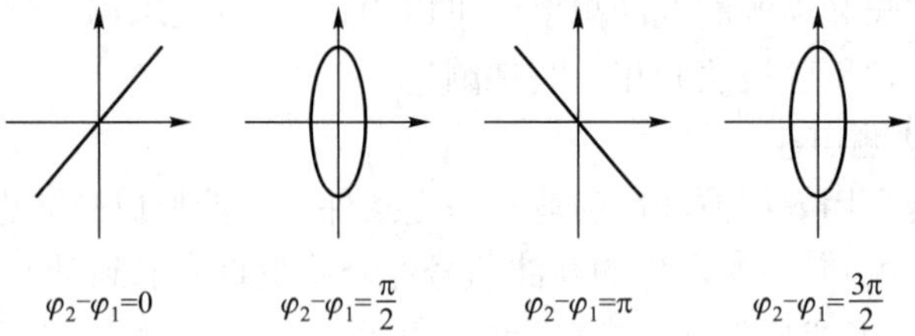

图 4.2.1

2. 声波的发射和接收-压电换能器

任何振动的物体都可以作为其周围介质的声源，但要产生持续而频率单一的声波，通常都采用电声转换的方法(如电声喇叭).实验室为避开音频区域对人听觉的影响，也为避免周围音频对实验的干扰，采用了超声频段，压电换能器是发射和接收超声波的器件.

压电换能器是根据某些晶体(如石英、钛酸钡等)具有压电效应而制成的.当这些晶体受压或拉伸时，其表面会出现电荷而有电压；反之，当在这些晶体的两个面上加电压时，晶体就会收缩或伸展.实验使用由钛酸钡压电材料制成的超声波发射器和接收器，其结构如图 4.2.2 所示.当在它的两个电极加上单一频率的正弦电压信号时，压电片将产生同频率的机械伸缩，从而产生同一频率的超声波，反之，压电换能器也可将接收到的超声波信号转换为电压信号从两个电极输出.

振动物体都有自身的固有频率，它取决于振动体材料的性质和几何尺寸.当加于压电片的信号频率等于压电片的固有频率时，就会产生机械共振.图 4.2.3 中的 f_0 就是达到共振的谐振频率，此时发射的声波最强.因此，在使用时应将电信号的频率调为该压电片的谐振频率.

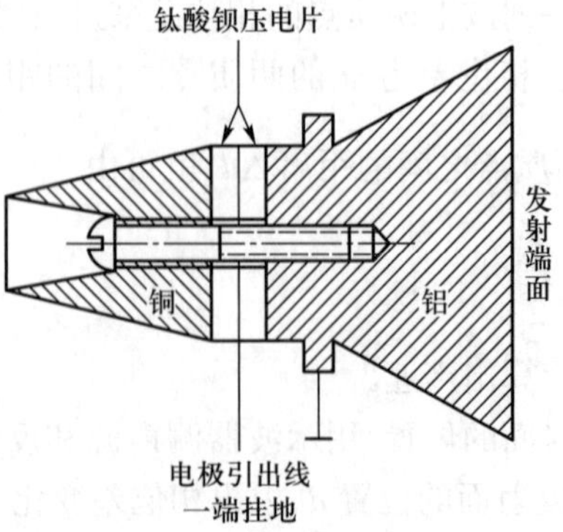

图 4.2.2

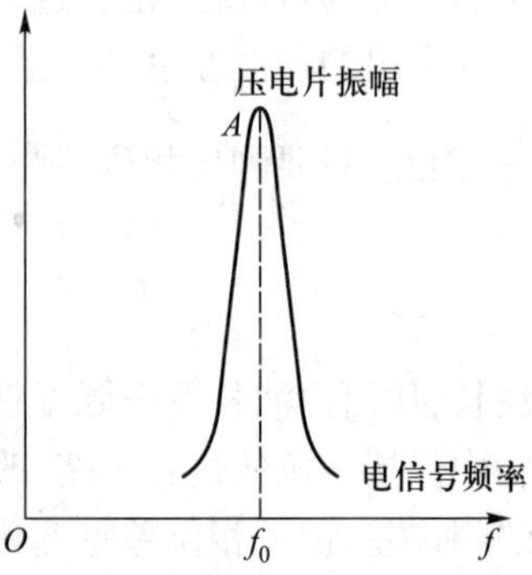

图 4.2.3

【实验内容与步骤】

1. 驻波法测声速

1.1 将信号发生器输出的正弦波信号加在声速测试仪的发射端，声速测试仪的接收端与示波器相连（y_1通道），如图 4.2.4 所示.

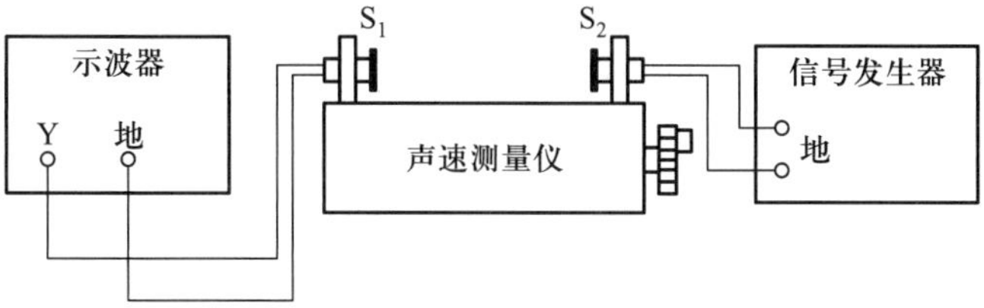

图 4.2.4

1.2 转动距离调节手把，使声速测试仪的发射端和接收端的两个端面相距为 1 cm 左右，并使两个端面保持平行. 调节信号发生器的频率（换能器的谐振频率为 40 kHz 左右），观察示波器上波形幅度的变化，当接收到的信号幅度最大时，记录信号发生器的频率 f（f 为共振频率），并在实验中保持 f 不变.

1.3 缓慢转动距离调节手把，使声速测试仪的接收端远离发射端，观察示波器上图形的变化. 当示波器上波形幅度最大时，记录声速测试仪接收端的位置读数. 转动手把连续读取 10 个波形幅度最大时测试仪接收端的位置读数. 相邻读数的差值即为 $\lambda/2$.

1.4 用逐差法求波长 $\bar{\lambda}$，将 f 和 $\bar{\lambda}$ 代入（4.2.1）式求出声波的速度.

2. 相位法测声速

2.1 在驻波法测声速的连线基础上，将信号发生器输出端再引出一根线接入示波器的 Y 端口（y_2通道），将示波器的“扫描频率”旋钮旋至“$x-y$”位置，即将示波器调至观察李萨如图形的状态，如图 4.2.5 所示.

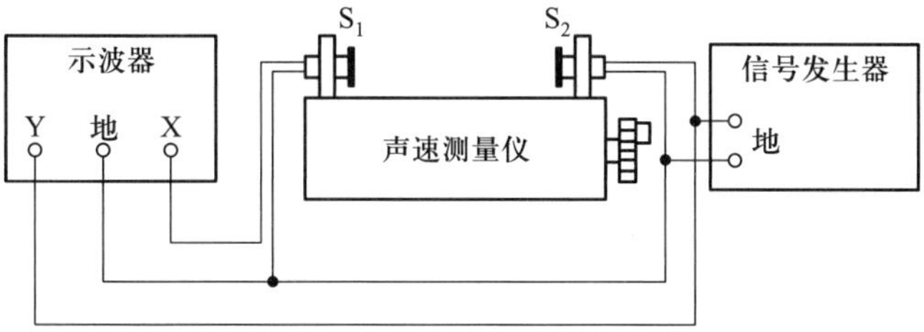

图 4.2.5

2.2 缓慢转动距离调节手把，观察示波器上图形的变化. 当出现图 4.2.5 中的直线时，记录声速测试仪接收端的位置读数. 转动手把连续读取 10 个直线（包括一、三象限的直线和二、四象限的直线）出现时测试仪接收端的位置读数. 相邻读数的差值即为 $\lambda/2$.

2.3 用逐差法求波长 $\bar{\lambda}$，由(4.2.1)式计算声速，并计算其不确定度.

【注意事项】

1. 每台声速测试仪的谐振频率不同，实验时要注意仪器所标示数，找出自己使用的仪器的谐振频率，并按实验要求微调出最佳值.
2. 注意消除螺距差.
3. 实验时要减少振动和手接触仪器的面积，以减少干扰.

【思考题】

1. 声波的传播速度与温度等条件有关，当空气的温度变化时，声速将怎样变化？
2. 本实验选取超声频段，以减少干扰，如果要求测试可闻声波频段，实验装置应如何改进.
3. 可否测量声波在水中的速度？实验装置应如何改进？并且利用此装置可否测量某种液体的密度？简述实验方案.

4.3 超声波测厚

【实验简介】

超声波测厚是无损检测方法之一，运用超声检测的方法来检测待测件的厚度的仪器称之为超声波测厚仪.它可对各种待测件的厚度作精确测量，我们实验室所采用的脉冲反射式超声波测厚仪的原理简单，以脉冲方式工作，使它在仪器上更容易实现，且易做到体积小、速度快、精度高、耗电少.仪器可以对生产设备中各种管道和压力容器进行监测，监测它们在使用过程中受腐蚀后的减薄程度，还可广泛应用于石油、化工、冶金、造船、航空、航天等各个领域.

【实验目的】

1. 通过实验了解超声波测厚的基本原理.
2. 掌握超声波测厚仪的使用及基本测厚方法.

【预习思考题】

1. 待测件的表面的油漆层、氧化皮等均可能引起测厚误差，为什么？

【实验仪器】

CTS-39 型超声测厚仪(见本节附录 1 和附录 2)，不同材质的标准块，探头[5P10FG-H(标配)、5C10-2ND(窄脉冲)，1.25P10FG-H(低频，适用于铸铁)].

【实验原理】

1. 超声波及测厚原理

声波是由物体的机械振动所发出的波,它在均匀弹性介质中匀速传播,其传播距离与时间成正比.自然界的声波按频率可以划分为三大类:次声、可闻声波、超声.频率低于 20 Hz 的波动称为次声波;频率在 20 Hz~20 kHz 之间的波动称为可闻声波;频率在 20 kHz 以上的波动称为超声波.我们人耳可以听见可闻声波但是听不见次声波和超声波.声波的频率、波长和声速间的关系是:

$$\lambda=\frac{v}{f} \tag{4.3.1}$$

式中 λ 为波长,v 为波速,f 为频率.由公式可见,声波的波长与频率成反比,所以超声波具有很短的波长.

超声波测厚技术,就是利用超声波的高频率和短波长所决定的传播特性.即:

a. 具有指向性,同一束光在介质中是直线传播的,可以定向控制.

b. 具有穿透性,频率越高,波长越短,穿透能力越强,因此可以测量厚度很大的各种金属和非金属零件.

c. 具有界面反射性、折射性,对密度稀疏的空气将发生全反射.声波频率越高,它的传播特性和光的传播特性越接近,如超声波的反射、折射规律完全符合光的反射、折射规律.

超声波在零件中传播,频率越高,波长越短,穿透能力越强,但超声波的频率并非越高越好,频率越高,在介质中的衰减也越大,同时同一频率的超声波,在不同介质内的衰减也不同,穿透的介质越致密,能量衰减越小.介质的晶粒粗大,超声波在其中传播时衰减也大,故探伤时,频率的选择要适当.对于晶粒粗大的铸件和奥氏体不锈钢等,应选用频率较低的超声波信号.

超声波测厚是根据超声波脉冲反射原理来进行厚度测量的,当探头发射的垂直于待测件表面的超声波脉冲通过被测物体到达材料分界面时,脉冲被反射回探头,通过精确测量超声波在材料中传播的时间来确定被测材料的厚度.凡能使超声波以一恒定速度在其内部传播的各种材料均可采用此原理测量.

其方法是将超声波短脉冲送入物体,当遇到物体的边界时返回,得到回波,测量超声波脉冲通过被测件所需的时间间隔,然后根据脉冲在被测件中的传播速度求出被测件厚度.被测件厚度 D 可用下式求出

$$D=\frac{vT}{2} \tag{4.3.2}$$

式中 v 为被测材料中的声速,T 为超声脉冲在被测件两表面之间往返一次的时间.

2. 超声波测厚仪

超声波测厚仪主要由主机和探头两部分组成.

主机电路包括超声波发射电路及接收电路、单片机控制电路、显示驱动电路等.由单片机控制发射电路输出宽度很窄,前沿很陡的周期性电脉冲,通过电缆加

到探头上,由探头发射的超声波在被测件上下两面形成多次反射,反射波经过探头转变成电信号,经放大滤波后,由计时电路测出声波在被测件上下两面之间的传播时间 T,送入单片机,然后通过单片机计算处理后,换算成厚度,送入驱动电路,由驱动电路输出信号给 LCD 显示器进行厚度显示.

超声波探头是超声波测厚仪的重要附件,探头又叫做换能器,测厚仪发射出来的是高频电脉冲,利用探头上的压电晶片(常用锆钛酸铅)将电脉冲转换成机械振动——超声波.探头又可以将由工件上接收到的超声波转换成电脉冲,输给接收放大电路.

测厚前应该根据测量的具体要求选择使用的探头.5P10FG-H 为一般使用探头,大部分情况使用该探头;5C10-2ND 为窄脉冲探头,探测精度高,可以测较薄的待测件;1.25P10FG-H 为低频探头,适用于铸铁.

在测厚过程中,为了排除探头与待测件之间的空气间隙,避免空气层产生的强烈反射,使超声波能量尽可能多地入射待测件,故在探测时需在工件表面加耦合剂.耦合剂如果选择种类或使用方法不当,将造成误差或耦合标志闪烁,无法测量.应根据使用情况选择合适的种类,当使用在光滑材料表面时,可以使用低黏度的耦合剂;当使用在粗糙表面、垂直表面及顶表面时,应使用粘度高的耦合剂.

【实验内容与步骤】

1. 确定材料的声速

当已知材料的声速时,可以利用仪器提供的声速手动调节功能,并依据附录 1 中的参考声速值,调整仪器的内置声速值.

在被测材料的声速未知时,可利用仪器提供的声速测量功能计算材料的声速值.注:利用这一功能时,请用户提供与被测材料同质并已知厚度的试块.

2. 待测件表面预处理

待测件的表面状态,如粗糙度、油漆层、氧化皮等均可能引起测厚误差.因此,在测厚之前应进行工件表面状态的调查和必要的处理,如用铲刀、砂轮、钢刷等进行打磨等.本仪器的灵敏度高、检出能力强,对工件的表面状态的要求较低.

3. 探头和耦合剂的选择

测厚前应该根据测量的具体要求选择使用的探头,并使用耦合剂以保证耦合稳定.

4. 依照仪器说明书,熟悉仪器面板,保证操作正确.

5. 测量

一般的测量方法有以下几种:

5.1 一次测量法

每一个测量点测量一次.适用于新工件或腐蚀程度小的工件,常用于测量面与内面不平行度小于$\frac{1}{4}$波长的情况.

5.2 直径 $\Phi 30$ mm 的多点测量法

对腐蚀较严重或测量结果有疑问的时候,可以采用这个方法.此方法是以一个测量点为中心,在直径为 30 mm 的圆内进行多点测量.在这些测量当中,显示值为最小的即被认为是测量值.

5.3 连续测量法

用单点测量法,沿指定线路连续测量,其间隔不小于 5 mm,取其中最小值为被测体厚度值.在腐蚀呈线状而要了解某一部分较严重或者局部腐蚀又较难发现时可采用这种方法.

5.4 管壁测量法

测量时,探头分割面可分别沿管材的轴线或垂直管材的轴线测量.若管径大时,测量应在垂直轴线的方向测量;管径小时,应在多方向测量,还需要缓慢移动探头,取其中最小值为厚度值.

各介质材料声速见附录 3.

【注意事项】

影响超声波测厚仪示值的因素:

1. 声速选择错误.测量工件前,根据材料种类预置其声速或根据标准块反测出声速.当用一种材料校正仪器后(常用试块为钢)又去测量另一种材料时,将产生错误的结果.要求在测量前一定要正确识别材料,选择合适声速.

2. 工件表面粗糙度过大,造成探头与接触面耦合效果差,反射回波低,甚至无法接收到回波信号.

3. 工件曲率半径太小,尤其是小径管测厚时,因常用探头表面为平面,与曲面接触为点接触或线接触,声强透射率低(耦合不好),可选用小管径专用探头,能较精确地测量管道等曲面材料.

4. 检测面与底面不平行,声波遇到底面产生散射,探头无法接受到底波信号.

5. 探头接触面有一定磨损.常用测厚探头表面为丙烯树脂,长期使用会使其表面粗糙度增加,导致灵敏度下降,从而造成显示不正确.可选用 500#砂纸打磨,使其平滑并保证平行度,如仍不稳定,则考虑更换探头.

6. 金属表面氧化物或油漆覆盖层的影响.金属表面产生的致密氧化物或油漆防腐层,虽与基体材料结合紧密,无明显界面,但声速在两种物质中的传播速度是不同的,从而造成误差,且随覆盖物厚度不同,误差大小也不同.

7. 我们的仪器测厚范围是 0.8~250.0 mm(钢),声速范围为 1 000~9 999 $m\cdot s^{-1}$,要避免超量程使用.

【思考题】

1. 当一个零件的厚度尺寸知道的话,你能通过使用测厚仪来判断该零件内部是否有垂直与表面的缺陷及该缺陷到表面的距离吗?怎么判断?

2. 对于测量由多层材料制成的设备(非均质)的厚度时,测厚仪的示值表示的是整个厚度吗?若不是的话测厚仪显示的是哪一部分的厚度?

【附录 1】 CTS-39 外观

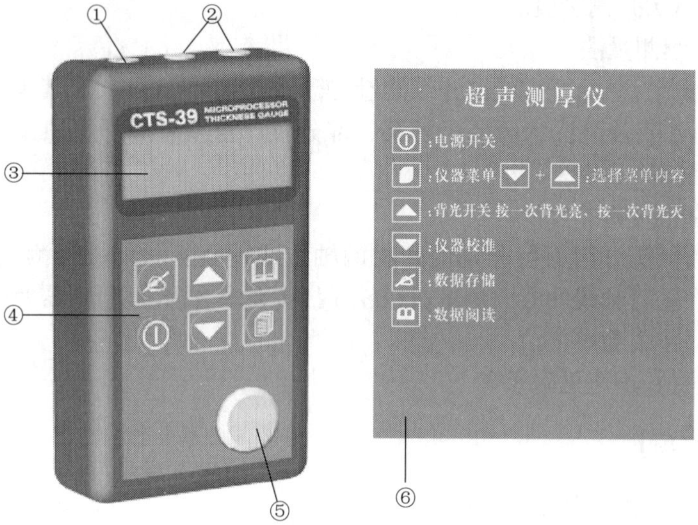

图 4.3.1

① 通信接口；② 双晶探头插座；③ 液晶显示屏；
④ 仪器键盘；⑤ 校准试块；⑥ 仪器说明标牌(背面)

【附录 2】 液晶显示屏的显示内容说明

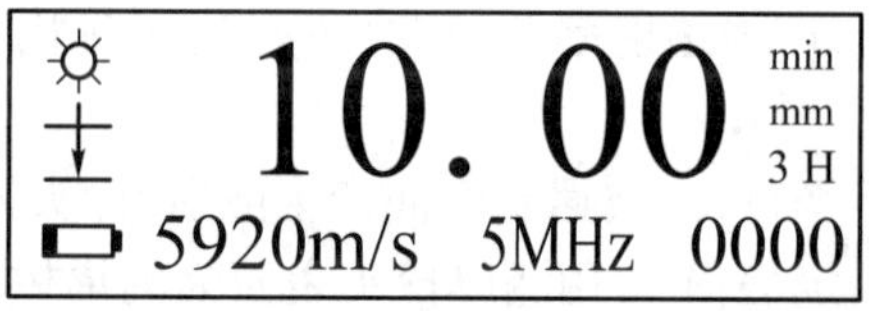

图 4.3.2

(1) ☼ 背光显示符号；
(2) ⊥ 测量耦合符号；
(3) ▭ 低压显示符号；
(4) 5 920 m/s 当前声速；
(5) 5 MHz 当前探头频率；
(6) 0000 当前存储地址；
(7) 10. 00 测量值显示；
(8) H/L 上下限设置后的测试显示；
(9) 3 平均测量点数显示；
(10) mm 测量制式；
(11) min/AVG 最小值测量/平均值测量.

【附录 3】 介质材料声速

介质材料名称	纵波声速($m\cdot s^{-1}$)
铝	6 260
黄铜	4 280~4 700
铸铁	4 400~5 820
铬	6 200
铜	4 720
玻璃	5 260~6 120
金	3 240
铁	5 930
铅	2 400
镁	5 750
尼龙	2 680
银	3 700
不锈钢	5 740
钢	5 920
钛	5 990
锌	4 170
钨	5 174
锡	3 230
水(20 ℃)	1 480
甘油	1 920
水玻璃	2 350
丙烯酸类树脂	2 730

注:所列的声速均为近似值,仅供参考.

4.4 声光效应激光超声光栅实验

【实验简介】

1922 年布里渊(L.Brillouin)曾预言,当高频声波在液体内传播时,如果有可见光通过该液体,可见光将产生衍射效应.这一预言在 10 年后被验证,这一现象被称作声光效应.1935 年,拉曼(Raman)和奈斯(Nath)对这一效应进行研究发现,在一定条件下,声光效应的衍射光强分布类似于普通的光栅,所以也称为液体中的超声光栅.目前,随着声光技术的发展,声光信号处理已成为光信号处理的一个分支.声光器件能快速有效地控制激光束的强度、方向和频率,还可把电信号实时转换为光信号.此外,声光衍射还是探测材料声学性质的主要手段.

【实验目的】

1. 认识光栅衍射的规律.
2. 了解声光效应.
3. 利用声光效应演示超声光栅现象,并测量声波在液体中的传播速度.

【预习思考题】

1. 超声光栅是如何形成的?
2. 如何利用超声光栅产生的衍射条纹计算液体中的声速?

【实验仪器】

DHSL-1 型声光效应与超声光栅实验仪,待测液体(去离子水).

【实验原理】

1. 声光效应与声场光栅的形成

当超声波在介质中传播时,将引起介质的弹性应变作时间和空间上的周期性的变化,并且导致介质的折射率也发生相应变化.当光束通过有超声波的介质后就会产生衍射现象,这就是声光效应.如声波在传播的过程中,遇到反射产生信号叠加产生驻波,就会更加加剧上述现象.

设介质在 y 方向的高度 h 正好是超声波半波长的整数倍,在受到底部反射后就在介质中形成驻波场,有 $U(y,t)=2U_0\cos k_s y\cos \omega_s t$,理论证明它使得介质在 y 方向的应变是

$$S=2S_0\sin k_s y\cos \omega_s t \tag{4.4.1}$$

可见驻波的作用可以成倍地引起振幅应变的变化,所以要使实验现象明显,本实验将在驻波声场中进行.

介质的应变 S 引起的折射率发生相应的变化,它们的关系可以表示为

$$\Delta\left(\frac{1}{n^2}\right)=\rho S \tag{4.4.2}$$

其中 n 是介质的折射率,ρ 是应变引起的 $\frac{1}{n^2}$ 的光弹系数,由于在诸如水这样的各向同性的介质中,ρ 与 S 都是标量,对于驻波声场

$$\Delta n=-\frac{n^3}{2}\rho S=-n^3\rho S_0\sin k_s y\cos \omega_s t=-2A\sin k_s y\cos \omega_s t \tag{4.4.3}$$

上式中 $A=\frac{1}{2}n^3\rho S_0$ 为超声波引起介质的折射率变化的幅值,这样在声波传播的 y 方向上,折射率是以

$$n(y)=n_0+\Delta n=n_0+2A\sin k_s y\cos\omega_s t \qquad (4.4.4)$$

的规律发生变化,使介质内部疏密层次也发生相应的变化.

由驻波振动原理可知驻波波节两侧的波段振动方向永远相反,设一波节点,某时刻波节两侧质点涌向该点形成密集区,而在半个周期后质点又左右散开形成稀疏区,因此在振动过程中相邻节点光密与光疏交替排列,每隔半个周期交替变化,而同一时刻相邻波节附近的密集与稀疏正好相反,显见液体密度的空间变化间距正好为超声波之波长,用 Λ 表示.

当光线垂直于超声波传播方向透过超声场后,由于入射光的波速是声波的 10^5 倍,这些变化被忽略,因此介质在空间的分布可以认为是静止的.因此在光通过介质时只有光速发生变化,从而引起相位变化,而光的振幅不变,使平面的光波波阵面而变成褶皱波阵面,这样当光速通过有超声驻波场的介质时,就会产生光栅效应,介质密的地方形成阻光层,光疏处形成透光层,声场光栅就形成如图 4.4.1 所示.

2. 超声光栅

在超声波的频率较高时(即 Λ 较小)与光栅的作用相同.当光通过超声区域时产生了与正常光栅一样的衍射现象,经研究表明,超声波的频率很高时($f\geqslant$ 100 MHz),而超声水槽的厚度 L 较长,满足 $2\pi\lambda L\gg\Lambda^2$ 条件,属于布拉格衍射,超声水槽类似一个体光栅;当 L 不是很长,超声波的频率也不是很高(10 MHz 左右),满足 $2\pi\lambda L\ll\Lambda^2$,属于拉曼-奈斯衍射,是相位光栅,常称为超声光栅.对于拉曼-奈斯衍射,其衍射规律与平行光通过平面透射光栅产生的衍射相似,符合以下所示的光栅方程

$$\Lambda\sin\theta=k\lambda \quad k=0,\pm1,\pm2,\cdots \qquad (4.4.5)$$

(其中 Λ 为超声波之波长,θ 是衍射角,k 为衍射波级数,λ 是光波波长)

3. 声场光栅的演示及超声声速的测量

声场光栅就是超声波波阵面轮廓成像,由于光波波阵面变成褶皱波阵面,通光的能力随褶皱波阵面产生周期性的变化,其图形是明暗相间等间距的分布条纹,这是超声波对光调制的结果,其图像如图 4.4.2 所示.

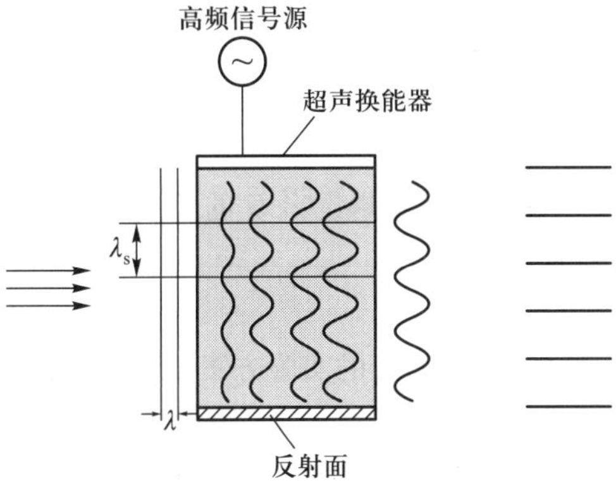

图 4.4.1 声场光栅的形成示意图

图 4.4.2 声场光栅

实验装置如图 4.4.3 所示，用相似三角形的原理得到

$$\Lambda=\frac{2\alpha S_1}{S_1+S_2} \tag{4.4.6}$$

如果 f 为超声波的频率，从而可以得到液体中声速为

$$C=\Lambda f=\frac{2\alpha S_1}{S_1+S_2}f \tag{4.4.7}$$

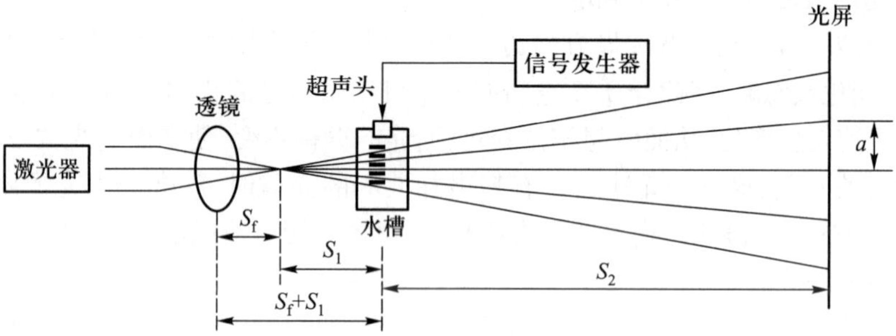

图 4.4.3　实验设置示意图

也可以从驻波形成的原理来进行测量，固定超声探头到反射面的距离 D 为确定值，在 $D=n\dfrac{\Lambda}{2}(n=0,1,2,\cdots)$ 时入射波与反射波形成驻波，调节超声频率可以在声光介质中形成不同的驻波振动，f 的大小与 n 值有关. 当激光束以垂直声场的方向入射时，在超声头频率响应带宽 Δf 范围内，调节 f 的大小，根据公式 $D=n\dfrac{\Lambda}{2}$ 可以找到多个形成条纹像相对应的 f 值，因此可以通过光栅图像形成点判断 n 值的变化.

因为 $\Lambda=\dfrac{C}{f}$ 则 $f=\dfrac{nC}{2D}$ 对该公式取微分，即

$$\mathrm{d}f=\mathrm{d}n\frac{C}{2D} \tag{4.4.8}$$

如果令 $\mathrm{d}n=1$ 则

$$\mathrm{d}f=\frac{C}{2D} \text{或 } C=2D\Delta f \tag{4.4.9}$$

这里 Δf 为相邻两次出现光栅图像的频率差，如果能测量出 D 的长度，再通过频率计读出频率间隔的大小，则可由(4.4.9)式求出声速.

4. 超声光栅的演示及超声声速的测量

提高超声波的频率到 10 MHz 左右，这时采用图 4.4.4 的实验方案：就可以观察到衍射图像.

根据公式 $\Lambda\sin\theta=k\lambda$，由于角度 θ 很小，实验中如能测量出屏与水槽之间的距离 S_2，以及 0 级到 k 级条纹的间距 T，由公式得

$$\Lambda=\frac{k\lambda}{\sin\theta} \tag{4.4.10}$$

因为当角度 θ 很小的时候,可以近似地利用:$\sin\theta\approx\tan\theta=\frac{T}{S_2}$得出

$$\Lambda=\frac{k\lambda S_2}{T} \tag{4.4.11}$$

如果知道声波频率 f,则声速

$$C=\Lambda f=\frac{k\lambda S_2}{T}f \tag{4.4.12}$$

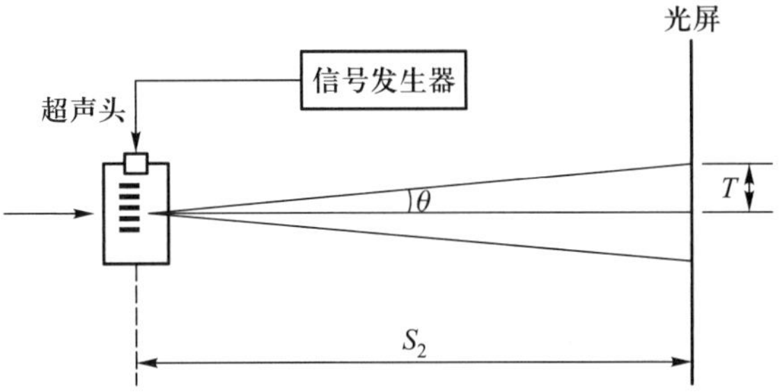

图 4.4.4 实验设置图

【实验内容与步骤】

1. 声场光栅测液体中声速(选择 800 kHz 金属封装超声换能器和 DHSG-2 信号发生器),按图 4.4.3 开展实验.

1.1 将玻璃容器中盛入水,将超声波探头微微浸入液体上表面几毫米深处,并且使探头平行于玻璃容器底部;利用一焦距 f= 16 mm 的凸透镜将入射的平行激光束散射,凸透镜与玻璃容器的中心距离定位在 200 mm 左右,玻璃容器中心与投射屏之间的距离调节为 600 mm;打开激光发生器,根据激光束,仔细调节使其三者同轴;控制室内的光线;打开信号发生器,仔细观察水槽,可以看到在超声波作用下的水波链,通过调节发射强度及频率,直到屏幕上光栅投影条纹最为清晰.

1.2 条纹 α 的测量可以按图 4.4.5 所示,用公式 $\alpha=\frac{S_{N-1}}{N-1}$来测量,其中是 N 条纹数,S_{N-1}是 D_1到 D_N条纹的间隔.

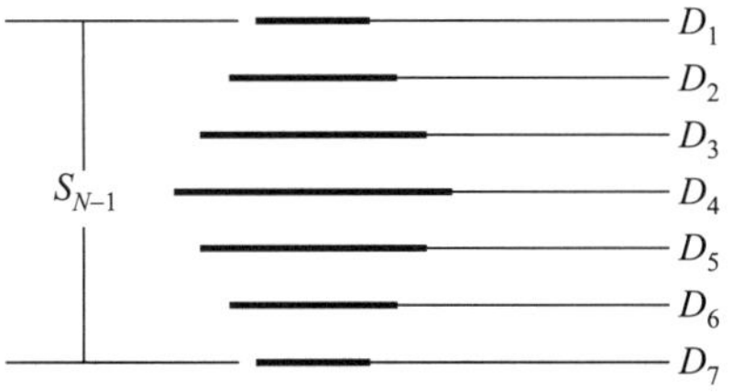

图 4.4.5 光栅投影条纹示意图

1.3 S_f+S_1,S_2可以直接从光具座上读出.用(4.4.7)式求出声速.改变透镜到屏的位置,再次测量屏上的条纹的间隔长度 α,将数据记录于下表 4.4.1:

表 4.4.1　f=__________ kHz

S_f+S_1/mm	S_1/mm	S_2/mm	S_6/mm	α/mm	Λ/mm	C/m·s^{-1}

注：表中 S_f=16 mm，S_1=(S_f+S_1)−16 mm；S_6=S_{N-1}，图 4.4.5 中 N=7.

1.4　将测出的声速与声波在水中传播速度的理论值：C=1 557−0.024 5×(74−t)^2 m·s^{-1}(其中：t 为水的温度)作比较，计算相对误差.

2. 超声光栅

(1) 去掉凸透镜，换上 10 MHz 的有机玻璃封装超声换能器和 DHSG−1 信号发生器，按图 4.4.4 所示进行实验.调节换能器的水平位置以及信号发射频率，使屏幕上显示清晰的点状条纹，如图 4.4.6 所示.

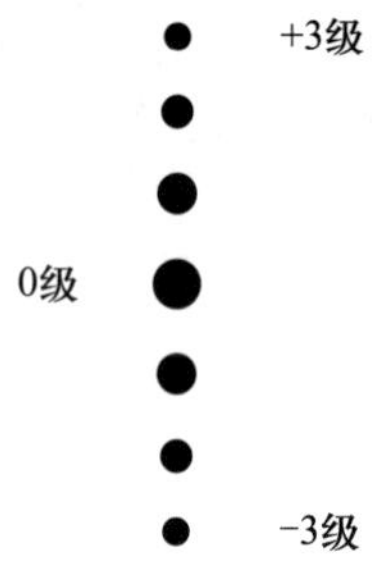

图 4.4.6　超声光栅衍射图

(2) 测量 0 级与 k 级衍射条纹的间距 T，有关数据填入表 4.4.2.

表 4.4.2　f=__________ kHz

k	T/mm	$\Lambda=k\lambda\dfrac{S_2}{T}$/mm	$C=\Lambda f$/m·s^{-1}	C/m·s^{-1}
+3				
+2				
+1				
−1				
−2				
−3				

(3) 将测出的声速与声波在水中传播速度的理论值：C=1 557−0.024 5×(74−t)^2 m·s^{-1}(其中：t 为水的温度)作比较，计算相对误差.

【思考题】

1. 本实验如何保证平行光束垂直于声波的方向？

2. 驻波波节之间距离为半个波长$\dfrac{\lambda}{2}$，为什么超声光栅的光栅常量等于超声波的波长 λ？

3. 超声光栅与平面衍射光栅有何异同?

4.5 光电效应及普朗克常量的测定

【实验简介】

光电效应在证实光的量子性方面有着重要地位.1905 年爱因斯坦在光量子假说的基础上圆满地解释了光电效应.十年后密立根以精确的光电效应实验证实了爱因斯坦的光电效应方程,并测定了普朗克常量.今天光电效应已广泛地应用于各科技领域,利用光电效应制成的各种光电器件已成为生产和科研中不可缺少的器件.

【实验目的】

1. 通过光电效应基本特性曲线的测量,加深对光的量子性的理解.
2. 验证爱因斯坦光电效应方程,并测定普朗克常量.

【预习思考题】

1. 什么是光电效应? 它具有什么实验规律?
2. 什么是截止电压? 如何用实验来测定?
3. 如何利用光电效应测定普朗克常量?

【实验仪器】

汞灯,光电管暗盒(包括光电管、滤色片及小孔光阑),THQPC-1 微电流测试仪.

【实验原理】

1. 光电效应及其实验规律

当光照射到金属表面时,金属中有电子逸出的现象称为光电效应.研究光电效应的实验原理图如图 4.5.1 所示.当单色光入射到光电管阴极 K 时,阴极上会有(光)电子逸出.部分光电子会到达阳极 A,形成光电流.通过改变外电场的大小和方向,以及选择不同频率的单色光入射,得到光电效应的实验规律:

1.1 饱和光电流与入射光强成正比,如图 4.5.2 所示;

1.2 光电效应存在一个截止频率 ν_0,当入射光的频率 $\nu<\nu_0$ 时,不论光的强度如何都没有光电子产生;

1.3 光电子的初动能与入射光的频率成正比,与入射光强无关;

1.4 光电效应是瞬时发生的,$\Delta t<10^{-9}$ s,与入射光强无关.

对于这些实验事实,经典的波动理论无法给出圆满的解释.

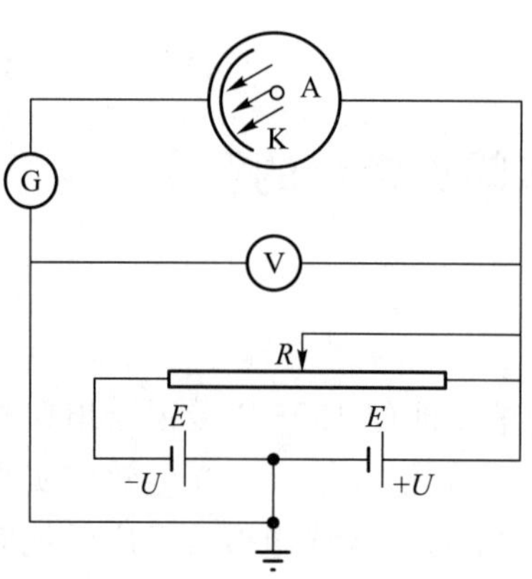

图 4.5.1

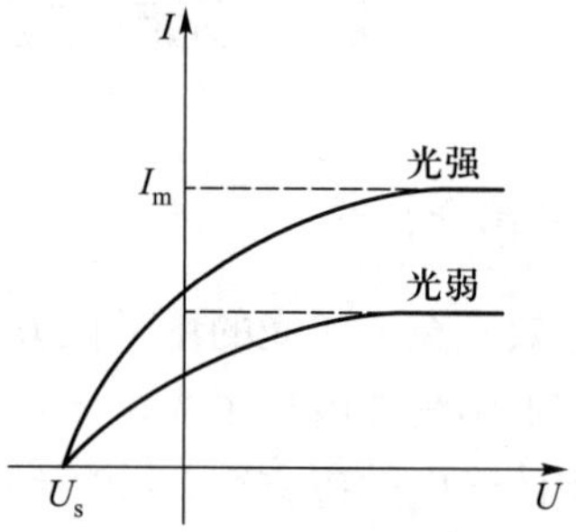

图 4.5.2

2. 爱因斯坦光量子理论

爱因斯坦受普朗克量子假设的启发，提出了光量子理论并成功地解释了光电效应：频率为 ν 的光由能量为 $h\nu$ 的粒子组成，这些粒子称为光子.光入射到金属表面时，一个光子的能量通过碰撞立即被一个电子吸收，只要电子获得的能量足以克服金属对它的束缚能（即逸出功），即可瞬间产生光电效应.根据能量转化与守恒定律，逸出电子的初动能与入射光频率和金属逸出功的关系为

$$h\nu=\frac{1}{2}mv^2+w_0 \tag{4.5.1}$$

即爱因斯坦光电效应方程.其中 h 为普朗克常量，公认值为 $6.625\,7\times10^{-34}$ J · s，ν 为入射光频率，m 为电子质量，v 为电子逸出金属表面时的最大初速度，w_0 为金属材料的逸出功.

3. 普朗克常量的测定

使光电流为零而在光电管两端所加的反向电压 U_s 被称为截止电压，如图 4.5.2 所示.由爱因斯坦光电效应方程(4.5.1)和截止电压与电子最大初动能的关系 $eU_s=\frac{1}{2}mv^2$ 可得到截止电压与入射光频率的关系

$$U_s=\frac{h}{e}\nu-\frac{w_0}{e} \tag{4.5.2}$$

显然，选择不同频率的光入射，测量相应的截止电压，得到两者的线性关系，由斜率和截距可得到普朗克常量和金属材料的逸出功.

4. 截止电压的确定

由于热电子发射、光电管极间漏电、本底电流及阳极产生的反向光电流等因素的影响，使实际测得的光电流曲线下移，故截止电压并非是电流为零时的电压，而是实测曲线两线性段之间的弯曲联接处，即截止电压对应的是曲线上反向电流部分斜率变化很大时的电压，如图 4.5.3 所示.

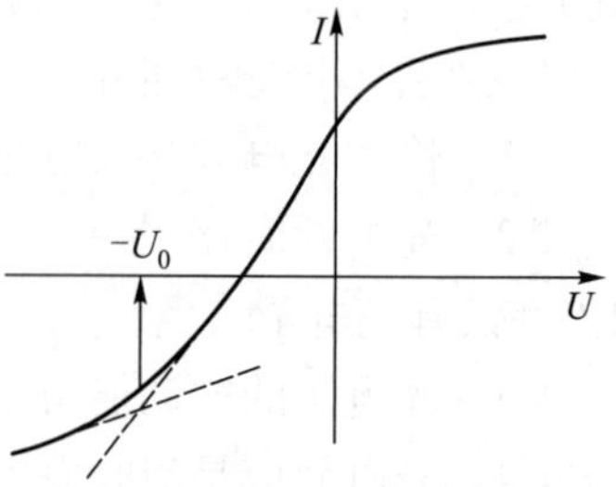

图 4.5.3

【实验内容与步骤】

1. 开机准备

1.1 连接好光电管暗盒与微电流测定仪之间的接线.开启汞灯、微电流测定仪使它们预热 20~30 min.

1.2 调整微电流测定仪.先调整零点:调节量程旋钮指向调零位置,调节调零旋钮,使微电流指示为零.后校正满度:调节量程旋钮指向满度位置,调节满度旋钮,使微电流指示为-100 μA.

2. 测量光电管在不同波长光照射下的 $I-U$ 特性

2.1 调节光电管暗盒与光源距离约 30~50 cm,转动滤色片圆盘使光通过短波滤色片,其波长由盘上读出.

2.2 放大器倍率置于 10^{-11},先粗侧一下在该光光照下光电管的 $I-U$ 特性,确定出合理的实验点、电压的测量范围.(选取实验点时应注意:在光电流发生突变的地方应多测几个数据点);测出该波长光照下光电管的 $I-U$ 特性曲线.

2.3 换用不同的滤色片,选择其他波长的光照射,重复步骤 2.2,测出其他波长光照射下光电管的 $I-U$ 特性曲线.

2.4 在坐标纸上绘制不同波长的光照射下光电管的 $I-U$ 特性曲线.

3. 作出 $U_s-\nu$ 关系曲线,求出普朗克常量并与公认值比较,计算其误差.

4. 测量不同光强下 $I-U$ 特性

4.1 分别选取直径为 5 mm、10 mm、20 mm 的不同光阑孔,测波长为 577 μm 的光照下的 $I-U$ 特性(重点测不同光强下的饱和电流).

4.2 作出不同光强下的 $I-U$ 特性曲线.

【注意事项】

1. 微电流测定仪和汞灯预热时间必须长于 20 min.实验中不能关闭汞灯.如果关闭,必须经 5 min 后才可重新启动,且须重新预热.

2. 光电管应避免光线长时间照射,使用完毕,必须遮盖住暗盒窗口.

【思考题】

1. 为什么反向电压加到一定数值后,光电流会出现负值?

2. 入射光的强度对光电流的大小有无影响?

3. 试用光量子理论解释光电效应的实验规律.

4.6 液晶电光效应

【实验简介】

液晶是介于液体与晶体之间的一种物质状态,即具有液体的流动性,又具有晶体各向异性的特性.当光通过液晶时,会产生像晶体那样的偏振面旋转及双折射等效应.液晶分子是含有极性基团的棒状极性分子,在外电场作用下,偶极子会按电场方向取向,使分子原有的排列方式发生变化,从而液晶的光学性质也随之发生改变,这种因外电场引起的液晶光学性质的改变称为液晶电光效应.

液晶电光效应的应用很广,利用液晶电光效应可以做成各种液晶显示器件、光导液晶光阀、光调制器、光路转换开关等,尤其是利用液晶电光效应制成的液晶显示器件,由于具有驱动电压低(一般为几伏),功耗小,体积小,寿命长,环保无辐射等优点,在当今各种显示器件的竞争中有独领风骚之势,因此,研究液晶电光效应具有很重要的意义.常用的液晶显示器件类型有:TFT 型(有源矩阵液晶显示)、STN 型(超扭曲液晶显示)、TN 型(扭曲向列相液晶显示),其中 TN 型液晶显示器件原理比较简单,是 TFT 型、STN 型液晶显示的基础,因此本实验研究 TN 型液晶材料,希望通过一些基本现象的观察和研究,对液晶有一个基本了解.

【实验目的】

1. 了解液晶的结构特点和物理性质.

2. 了解液晶电光效应、液晶光开关的工作原理及简单液晶显示器件的显示原理.

3. 通过液晶电光特性和时间响应特性曲线的观测,测量液晶的一些性能参数.

【预习思考题】

1. 扭曲向列相液晶具有哪些物理特性,如何利用其电光效应制成液晶光开关?如何利用液晶光开关进行数字、图形显示?

2. 如何在示波器上显示驱动信号波形和时间响应曲线,如何测量响应曲线的上升时间和下降时间?

【实验仪器】

液晶盒及液晶驱动电源,二维可调半导体激光器,偏振片(两个),光功率计,光电二极管探头,双踪示波器,白屏,光学实验导轨及元件底座,钢板尺.

【实验原理】

1. 液晶分类

大多数液晶材料都是由有机化合物构成的.这些有机化合物分子多为细长的棒状结构,长度为数纳米,粗细约为 0.1 nm 量级,并按一定规律排列.就形成液晶方式而言,液晶可分为热致液晶和溶致液晶.热致液晶在一定的温度范围内呈现液晶的光学各向异性,溶致液晶是溶质溶于溶剂中形成的液晶.热致液晶按照液晶分子排列方式不同又可分为近晶相、向列相和胆甾相.近晶相液晶,结构大致如图 4.6.1(a),这种液晶的结构特点是:分子分层排列,每一层内的分子长轴相互平行,且垂直与层面.向列相液晶,结构如图 4.6.1(b),这种液晶的结构特点是:分子的位置比较杂乱,不再分层排列.但各分子的长轴方向仍大致相同,光学性质上有点像单轴晶体.胆甾相液晶,结构大致如图 4.6.1(c),分子也是分层排列,每一层内的分子长轴方向基本相同并平行于分层面,但相邻的两层中分子长轴的方向逐渐转过一个角度,总体来看长轴方向呈现一种螺旋结构.其中向列相液晶是液晶显示器件的主要材料.

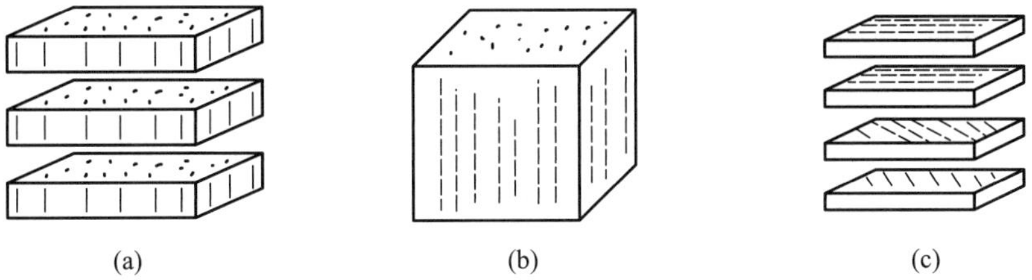

图 4.6.1 液晶结构

2. TN 型液晶及其电光效应

TN 型液晶又称扭曲向列相液晶,是将向列相液晶材料夹在涂覆透明电极的两块玻璃基板之间,四周用密封材料(一般为环氧树脂)密封.两玻璃基板内侧覆盖着一层定向处理层(配向膜),经定向摩擦处理,可使棒状液晶分子平行于玻璃基板表面并沿定向处理的方向排列,两玻璃基板内侧面的定向处理方向互相垂直.由于液晶分子间范德瓦尔斯力的作用,使得盒内液晶分子的取向平行于玻璃板表面并自一侧到另一侧逐渐扭曲,如图 4.6.2(a)所示,所以称为扭曲向列相液晶,这种装置称为液晶盒.

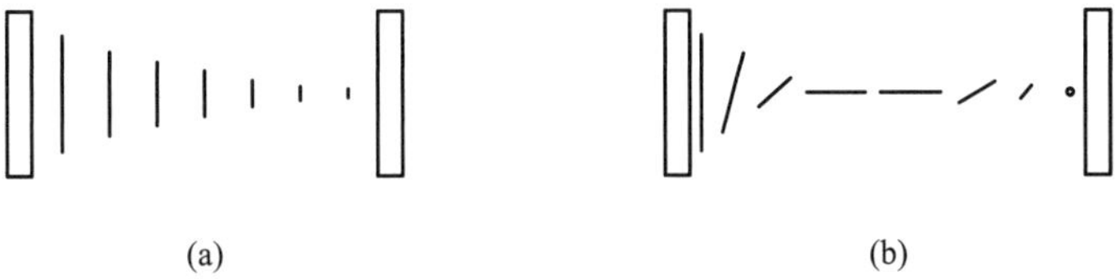

图 4.6.2 TN 型液晶分子排列

理论和实验证明:扭曲向列相液晶具有类似于晶体的旋光效应,当入射的线偏振光通过扭曲排列的液晶传播到另一侧时,其偏振方向会顺着分子扭曲的方向转过一定的角度.线偏振光通过液晶材料,其偏振方向转过的角度称为液晶的扭曲角,理想情况为 90°.

对液晶盒施加电压,当达到某一数值时,液晶分子在电场作用下长轴开始沿电场方向倾斜,电压继续增加到某一数值(本实验 12 V)时,除附着在液晶盒上下表面的液晶分子外,所有液晶分子长轴都按电场方向进行重排列,如图 4.6.2(b)所示,旋光效应随之消失,这时,线偏振光垂直入射到液晶盒上,通过液晶盒其偏振方向将不发生变化,这种在电场作用下液晶旋光效应消失的现象,称为扭曲向列相液晶电光效应.

3. 液晶光开关工作原理及显示数字、图形的原理

利用液晶的这种电光效应可以制成液晶光开关和各种显示器件.将两个偏振片置于液晶盒的两侧,其中一侧偏振片用作起偏器,其透振方向与液晶盒左侧分子轴向平行,另一侧偏振片用作检偏器,其透振方向与起偏器透振方向平行或垂直,就构成液晶光开关.若检偏器 P_2 透振方向与起偏器 P_1 透振方向垂直,不加电压时,入射光通过起偏器形成线偏振光,经过液晶盒后偏振方向随液晶分子轴向旋转 90°,偏振方向与检偏器透振方向相同,有光通过检偏器;施加足够电压后,旋光效应消失,通过液晶合后光偏振方向不变,与检偏器透振方向垂直,光不能通过检偏器.由于上述光开关在没有电场的情况下让光透过,加上电场光被关断,因此叫做常白模式液晶光开关,如图 4.6.3 所示.若检偏器透振方向与起偏器透振方向平行,则没有电场的情况下,光被关断,加上电场的时候,有光通过,称为常黑模式液晶光开关.

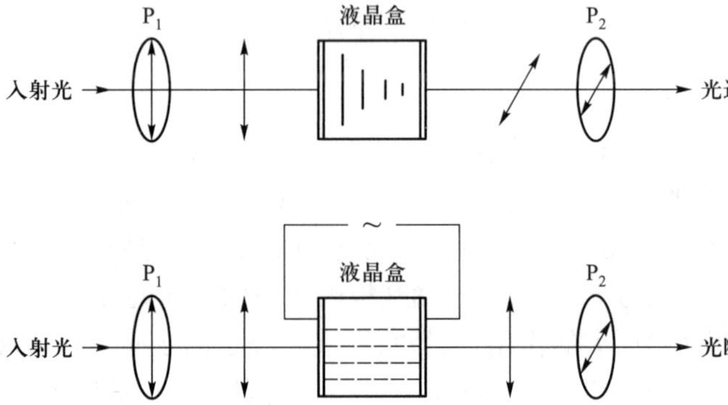

图 4.6.3 常白模式液晶光开关

利用液晶光开关对外界光线的开关控制可以实现信息显示.TN 型液晶光开关主要用于数字、简单字符及图案显示,主要有笔段式显示和矩阵式显示方式.笔段式显示比较简单,主要用于数码显示,笔段式 TN 液晶显示屏是通过段形显示像素实现显示的.段形显示像素是指显示像素为一个长棒形,也称笔段形,在数字显示时,常采用七段电极结构,即每位数字由一个"8"字形公共电极和构成"8"字图案的七个段形电极组成,如图 4.6.4(a)所示,分别设置在液晶显示屏的两个玻璃基板内侧,通过控制电路和驱动电路有选择地在各电极段上加上电压,来显示不同的数字,例如,在 a、b、g、e、d 电极段上加上电压可以显示数字"2".如图 4.6.4(b)所示.

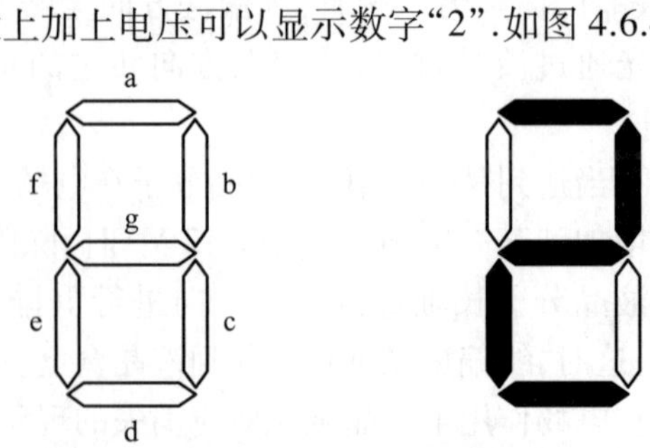

(a) (b)

图 4.6.4

矩阵式显示屏的两个玻璃基板内侧分别由行电极和列电极组成,行和列的交叉点组成像素点,通过分别在行电极、列电极上加扫描信号和控制电压信号,逐行扫描让每一个液晶光开关处于关断或选通,所有行被扫描一遍,处于选通的像素点组成文字、图形和图像.

4. 液晶电光特性

液晶在电场作用下将引起透光强度的变化,透光强度随外加电压的变化关系称为液晶电光特性.对于常白模式的液晶光开关,其液晶电光特性曲线如图 4.6.5 所示.

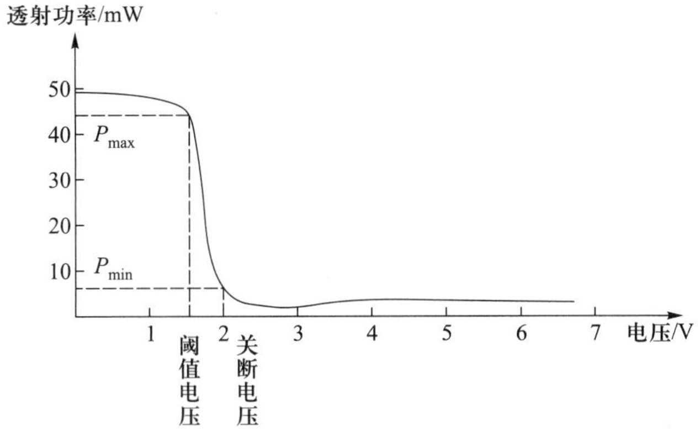

图 4.6.5

在液晶电光特性曲线上,对于常白模式透射率为 90%而对于常黑模式透射率为 10%的驱动电压我们称为阈值电压,对于常白模式透射率为 10%而对应常黑模式透射率为 90%的驱动电压称为关断电压.阈值电压与关断电压的差值越小,即曲线越陡,由液晶光开关单元构成显示器件允许的驱动路数越多.

液晶光开关作为显示单元其对比度是反映液晶屏图像质量的一个重要参数,对比度 c 定义为 $c=P_{max}/P_{min}$,其中 P_{max}、P_{min} 为液晶光开关接通和关断时透射光的强度.

5. 液晶光开关时间响应特性

加上或去掉驱动电压,液晶光开关的状态会发生变化,这种状态随外电场变化的快慢,反映在液晶对外电场的响应速度上.液晶对外电场的响应速度是液晶显示的一个重要参数,用上升时间和下降时间来衡量.液晶的响应时间越短,显示动态图像的效果越好,早期的液晶显示器在这方面逊色于其他显示器,现在通过结构方面的改进,已达到很好的效果.

给液晶上加高频间歇驱动电压信号,常黑模式液晶光开关透射光强随驱动电压的变化情况如图 4.6.6 所示.

上升时间:透射率由 10%上升到 90%对应的时间

下降时间:透射率由 90%下降到 10%对应的时间

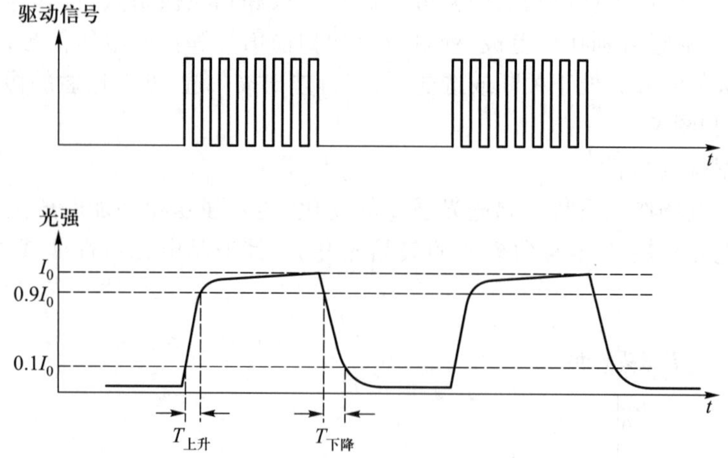

图 4.6.6　液晶响应曲线

6. 液晶光栅

当加在液晶上的驱动电压在某一范围时（小于液晶的工作电压），液晶将形成液晶光栅，当光通过时可以观察到类似于光栅衍射现象，利用液晶光栅的衍射，可以推算出特定条件下液晶的结构尺寸.

【实验内容与步骤】

如图 4.6.7 连接光路.

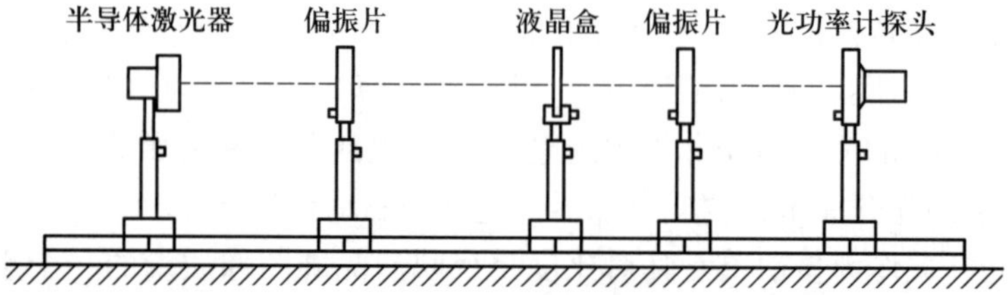

图 4.6.7　光路顺序

1. 测量液晶的扭曲角

1.1　按照激光器、偏振片（起偏器）、液晶盒、偏振片（检偏器）、光功率计探头的顺序在导轨上摆好光路（注意要认清各元件及它们的作用）.

1.2　打开激光器，仔细调整各个光学元件的高度和激光器的方向，尽量使激光从光学元件的中心穿过，进入功率计探头.

1.3　旋转起偏器，使通过起偏器的激光最强.

1.4　打开液晶驱动电源，将功能按键置于连续状态，驱动电压调整到 12 V，旋转检偏器和液晶盒，找到系统输出功率最小的位置，记下此时检偏器的位置 θ_0.

1.5　关闭液晶驱动电源，此时系统通光情况将发生变化，再次调整检偏器位置，找到系统通光功率最小的位置，记下此时检偏器的位置 θ.

1.6　根据液晶盒扭曲角的定义可知，液晶盒的扭曲角为 $\theta=\theta-\theta_0$.

2. 测量常白模式液晶光开关的电光特性曲线,求其阈值电压、关断电压和对比度

2.1 打开液晶驱动电源,将功能按键置于连续状态,驱动电压调整到 12 V,旋转检偏器和液晶盒,使系统输出功率最小.

2.2 调节驱动电压,定性观察光开关输出光功率的变化,根据输出功率变化趋势和变化范围合理选取实验点和功率计的量程,测出液晶光开关的电光特性曲线.

2.3 从电光特性曲线上求其阈值电压、关断电压和对比度.

3. 观察液晶光开关的时间响应曲线,测量液晶光开关的上升时间 $T_{上升}$ 与下降时间 $T_{下降}$

3.1 打开液晶驱动电源,将功能按键置于连续状态,驱动电压调整到 12 V,旋转检偏器和液晶盒,使系统输出功率最小.

3.2 用光电二极管探头换下光功率计探头,并将光电二极管探头的电源输入端与液晶驱动电源背面的二极管 12 V 电源输出端相接(红为+,黑为-,红对红,黑对黑),光电二极管的输出端接至示波器的一个输入端,同时液晶驱动电源背面“接示波器”的驱动电压输出端接至示波器的另一输入端.

3.3 将液晶驱动电源置于间隙状态,在示波器上同时显示驱动信号和光电二极管输出信号波形(液晶光开关的时间响应曲线),仔细调节间歇频率调节旋钮,使示波器上出现图 4.6.5 所示波形,体会液晶光开关的工作原理.

3.4 根据定义用示波器测量时间响应曲线的上升时间 $T_{上升}$ 和下降时间 $T_{下降}$

4. 测量液晶光栅的衍射角,推算出特定条件下液晶的结构尺寸(选做)

4.1 取下检偏器和光电二极管探头,打开液晶驱动电源,将功能按键置于连续,将驱动电压调到 6 V 左右,几分钟后,用白屏观察光经液晶盒后光斑的变化情况,这时可观察到类似光栅的衍射现象,仔细调整驱动电压和液晶盒角度,使衍射效果最佳.

4.2 用尺子量出某级衍射光的位置 y 及液晶盒到观察屏之间的距离 L,求出衍射角 θ,用光栅衍射公式求出液晶光栅的光栅常量 d.

5. 观察液晶衍射斑的偏振状态(选做)

紧靠液晶合后面,放置检偏器,用白屏观察衍射斑.旋转检偏器,观察各衍射斑的变化情况,指出其变化规律.

【注意事项】

1. 拆装时切忌挤压液晶盒中部;保持液晶盒表面清洁,不能有划痕;应防止液晶盒受潮、受阳光直射.

2. 切勿直视激光器.

【思考题】

1. 实验中液晶样品盒采用单面附着偏振片,能否完成实验? 如果能,应将附着

偏振片的一面朝向哪边？

2. 液晶的应用有哪些？试举例说明.

4.7 超声定位和形貌成像实验

【实验简介】

脉冲回波式超声技术的应用非常广泛，如军事上的潜艇声呐、工业上的超声探伤及临床医学的超声诊断等.采用回波式超声技术可以进行水下超声定位、测速及成像，并可观察回波波形，研究物体的表面形貌像，其基本原理涉及传统的 A 超、B 超，这是一种新型的超声波应用实验，其实验内容丰富.

【实验目的】

1. 了解脉冲回波型声成像的原理.
2. 掌握脉冲回波型声成像实验仪的使用方法.
3. 观察脉冲回波波形.
4. 应用脉冲回波法对目标物体进行定位.
5. 利用脉冲回波测量水中声速.
6. 应用脉冲回波法来研究物体的运动状态.
7. 利用脉冲回波型声成像实验仪对给定目标物体进行扫描成像实验.

【预习思考题】

1. 如何判断超声换能器正对目标物？
2. 什么是脉冲回波型声成像？还有哪种类型声成像？

【实验仪器】

DH6001 超声定位与形貌综合实验仪，超声换能器，水槽与测试架，电脑数据处理软件，数据线以及电脑.

【实验原理】

1. 超声定位的基本原理

超声定位的基本原理是由超声波发生器（收发一体式）向目标物体发射脉冲波，然后接收回波信号；当超声波发生器正对着目标物体时，接收到的回波信号强度将最大，这时得到发射波与接收波之间的时间差 Δt，再根据脉冲波在介质中的传播速度 v 而得到目标物体离脉冲波发射点的距离.这样就可以得出目标物体离脉冲波发射点的方位和距离，即图 4.7.1 中的 θ 和 s，$s=v\Delta t$.

2. 水中声速的测量

用脉冲回波法测量水中声速的原理：改变超声换能器离目标物体的距离得到

不同的接收回波时间差,用时差法来测量水中声速.假设声源到目标物体的垂直距离为 s_1时,脉冲发射波到接收波的时间为 t_1;改变声源到目标物体的垂直距离为 s_2,此时脉冲发射波到接收波的时间为 t_2;这样,水中的声源传播速度为:$v=2\dfrac{|s_2-s_1|}{|t_2-t_1|}=2\dfrac{\Delta s}{\Delta t}\text{m}\cdot\text{s}^{-1}$,具体见图 4.7.2(说明:$s$ 为声源离目标物体的垂直距离,t 为声源发射到接收到回波信号之间的时间).

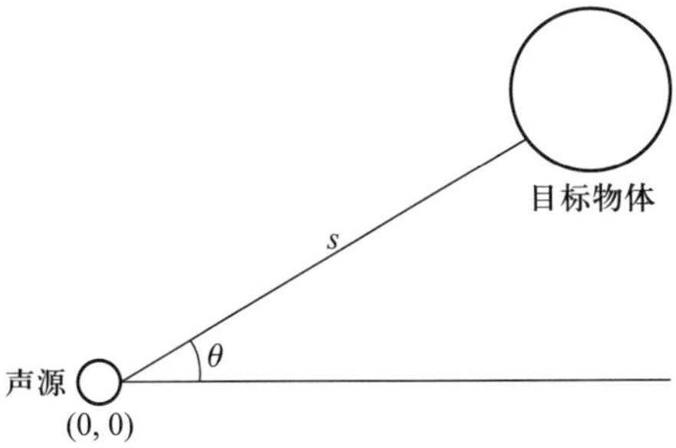

图 4.7.1 超声定位的基本原理

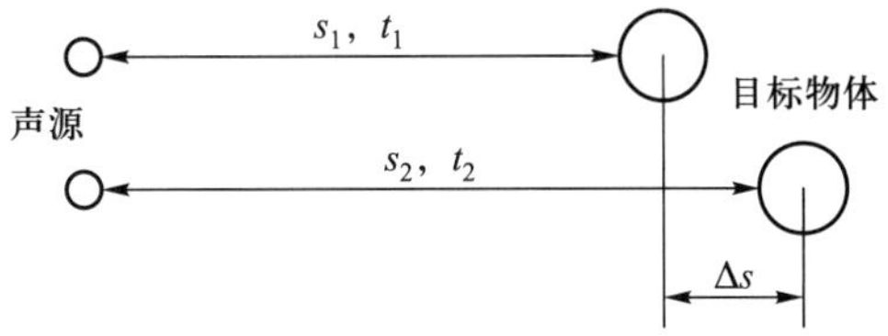

图 4.7.2 时差法测量水中声速

3. 超声成像的基本原理

超声成像(ultrasonic imaging)是使用超声波的声成像,它包括脉冲回波型声成像(pulse echo acoustical imaging)和透射型声成像(transmission acoustical imaging).前者是发射脉冲声波,接收其回波而获得物体图像的一种声成像方法;后者是利用透射声波获得物体图像的声成像方法.目前,在临床应用的超声诊断仪都是采用脉冲回波型声成像.而透射型声成像的一些成像方法仍处于研究之中,如某些类型的超声 CT 成像(computed tomography by ultrasound).目前研究较多的有声速 CT 成像(computed tomography of acoustic velocity)和声衰减 CT 成像(computed tomography of acoustic attenuation).

本实验以脉冲回波型超声成像(也称反射式超声成像)为研究对象,也就是利用超声波照射物体,通过接收和处理载有物体组织或结构性质特征信息的回波,获得物体组织性质与结构的可见图像的方法和技术.它与其他成像技术相比,有自己独特的优点,例如装置较为简明、直观,容易理解成像的原理;它没有放射性,实验者可以自己进行不同物体的形貌成像实验.

4. 超声成像的一般规律

所有脉冲回波型声成像凭借回声来反映物体组织的信息,而回声则来自组织界面的反射和散射体的后散射.回声的强度取决于界面的反射系数、粒子的后散射强度和组织的衰减.

物体组成界面的组织之间声阻抗差异越大,则反射的回声越强.反射声强还和声束的入射角度有关,入射角越小,反射声强越大,声束垂直于入射界面时,即入射角为零时,反射声强最大,而入射角为 90 度时,反射声强为零.

物体组织对声能的衰减取决于该组织对声强的衰减系数和声束的传播距离

(即检测深度).物体衰减特征主要表现在后方的回声.

多重反射超声遇强反射界面,在界面后出现一系列的间隔均匀的依次减弱的影像,称为多次反射,这是声束在探头与界面之间往返多次而形成.

如图 4.7.3 所示,采用收发一体式的超声换能器来完成信号的发射与回波信号的接收;用 DSP 处理器对超声传感器的发射和接收信号进行控制和高速采集,基于 FFT 变换来对数据进行分析和处理,并把处理数据传递到电脑,由电脑软件来显示测量的回波波形,完成物体的表面形貌成像或二维断面像、研究物体的运动状态以及对目标物体进行定位等实验.

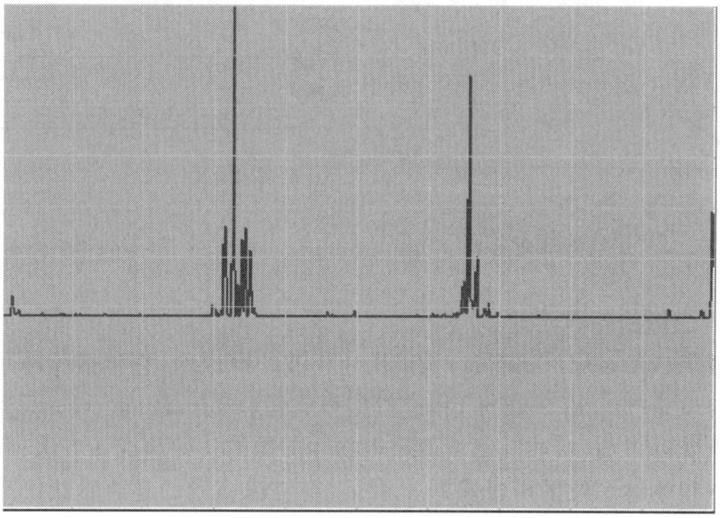

图 4.7.3 经过 DSP 数据处理后电脑显示的回波信号

【实验内容与步骤】

1. 观察水中物体的回波波形

1.1 换能器安装在测试架上并放在水槽中,载物台上放置表面不规则的有机玻璃样品;调整换能器头,使之对准水槽正面的载物台上的物体.

1.2 连接换能器与信号源前面板上的"传感器"插座,并把仪器后面板上的串口与电脑相连,开启电源.注意:通电工作时,一定确保换能器置水中.

1.3 打开电脑软件,用鼠标左键单击显控画面右下角的串口通信按钮,串口状态框上出现OK!!,然后变成END,说明计算机的串口已打开,可以与实验仪进行数据和命令通信.

1.4 用鼠标左键单击显控画面上 工作方式 框中的波形按钮,工作状态下面显示红色的波形显示,画面上将显示实时波形.

1.5 通过角度旋转座水平旋转换能器探头,改变换能器的入射角,观察回波波形(图 4.7.4).

2. 水中声速的测量

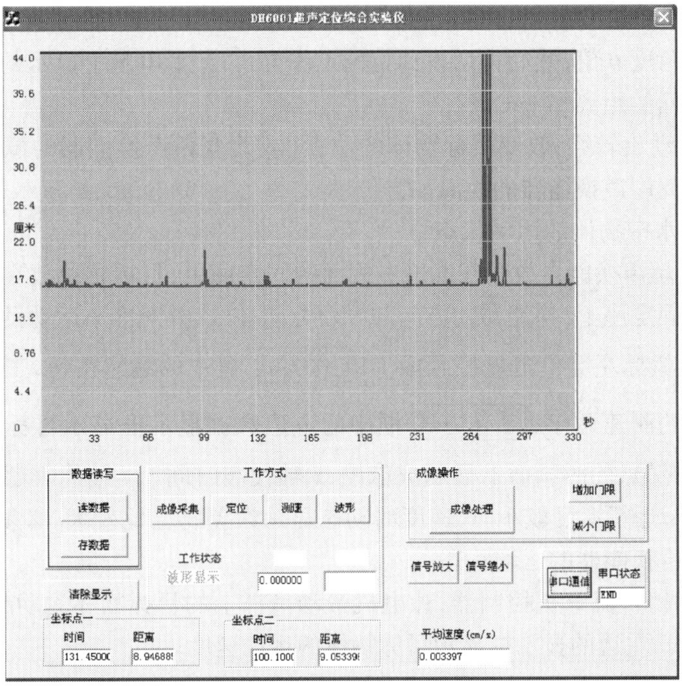

图 4.7.4　回波波形图

2.1　把目标物体放置在水槽右侧面的固定座上，换能器放在滑块吊杆旋转机构下的固定座上，换能器的方向与导轨方向一致，并对准小目标物体.

2.2　启动电源，打开串口，用鼠标左键单击显控画面上工作方式框中的波形按钮，工作状态下面显示红色的波形显示，画面上将显示实时波形以及发射脉冲波到接收回波之间的时间.

2.3　启动电机控制系统，使带着超声换能器一起运动的滑块到 s_1 的位置后停止，记下此时发射波到接收波之间的时间 t_1；再启动电机，改变滑块到位置 s_2，记下此时发射波到接收波之间的时间 t_2.

2.4　计算声速：$v=2\dfrac{|s_2-s_1|}{|t_2-t_1|}\ \mathrm{m\cdot s^{-1}}$.

2.5　改变超声换能器滑块到不同的位置，测量 6 次求平均值.

3. 对水中目标物体进行定位

3.1　拿出载物台上的有机玻璃样品，先转动测试架后面的悬挂梁，使目标物体处在某个位置.

3.2　用鼠标左键单击显控画面上工作方式框中的定位按钮，工作状态下面显示红色的定位两字，工作方式框中的左边数据显示框显示经过的时间（单位：s），右边数据显示框显示传感器离目标的距离（单位：cm），画面上有成像图显示.

3.3　启动电机控制系统，使滑块移动到导轨中间位置.

3.4　切换到波形工作方式，通过传感器吊杆旋转机构，缓慢旋转超声传感器，当传感器对准目标物体后,电脑界面上将显示最大的回波值,此时记下旋转机构上的物体方位角度 θ 值;然后再切换到定位工作方式,记下电脑上显示的目标物体距离换能器之间的距离 y(cm).

3.5　转动旋转梁,改变目标物体的位置(或改变超声换能器的位置),重新测量目标物体离超声换能器的距离和方位.

4. 测量水中物体的运动状态

4.1　把超声换能器放置在水槽右侧面的固定座上,目标物块放在滑块吊杆旋转机构下的固定座上,换能器的方向与导轨方向一致,并对准小运动目标物体.

4.2　用鼠标左键单击显控画面上工作方式框中的测速按钮,工作状态下面显示洋红色的测速两字,工作方式框中的左边数据显示框显示目标运动的速度(单位:cm · s^{-1}),同时画面上显示成像图,x 轴代表时间 t,y 轴代表超声传感器离物体的距离 s.运行速度较小时,速度的动态显示误差将会比较大,必须通过 $s-t$ 曲线来分析超声换能器的运动状态.

4.3　启动直流电机控制器,让电机带动吊杆上的目标物体运动起来,就可以看见 $s-t$ 曲线,左边的显示框显示目标物体的运动速度.

4.4　分析 $s-t$ 曲线,可以通过 $\Delta s/\Delta t$ 得到目标物体运动的平均速度.具体方法是:在 $s-t$ 曲线上单击两个坐标点,对应的坐标点坐标以及两坐标点间的平均速度将在界面中显示出来.

4.5　通过直流电机控制器,改变目标物体的运动速度,再次测量观察目标物体的运动曲线并计算平均速度.具体的实例如图 4.7.5 所示.

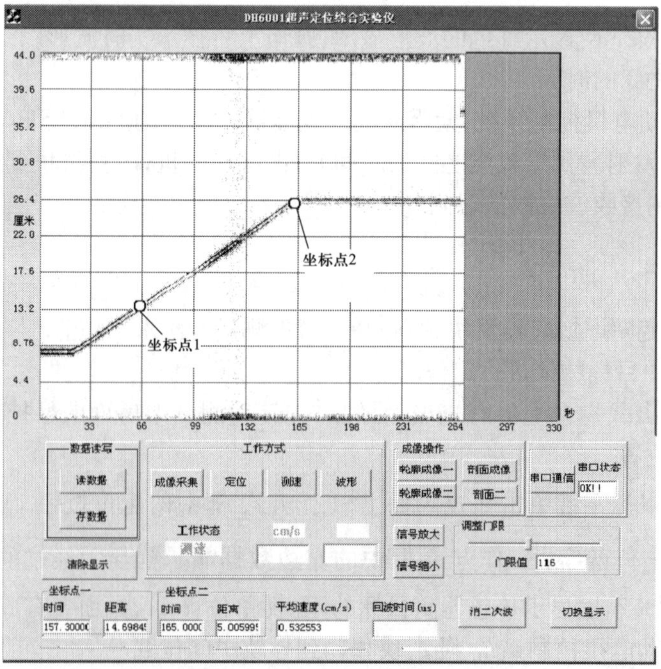

图 4.7.5　目标物体运动状态曲线

5. 扫描成像物体组织结构剖面图或表面形貌

5.1 操作步骤同 1.1–1.3，观察成像物体的回波波形的步骤.

5.2 连接直流电机控制系统，启动检查运行是否正常.

5.3 成像操作.用鼠标左键单击显控画面上 工作方式 框中的成像采集按钮，工作状态下面显示洋红色的成像两字，画面上有成像图显示.采集结束后，用鼠标左键单击显控画面上 成像操作 框中的成像处理按钮，显示处理后的成像画面.根据显示效果，用鼠标左键点击增加门限或减小门限按钮，可对其进行后置处理，得到相对较好的成像图(如图 4.7.6 所示).在采集的过程中，可以按信号放大和信号缩小来改变接收信号的强度.

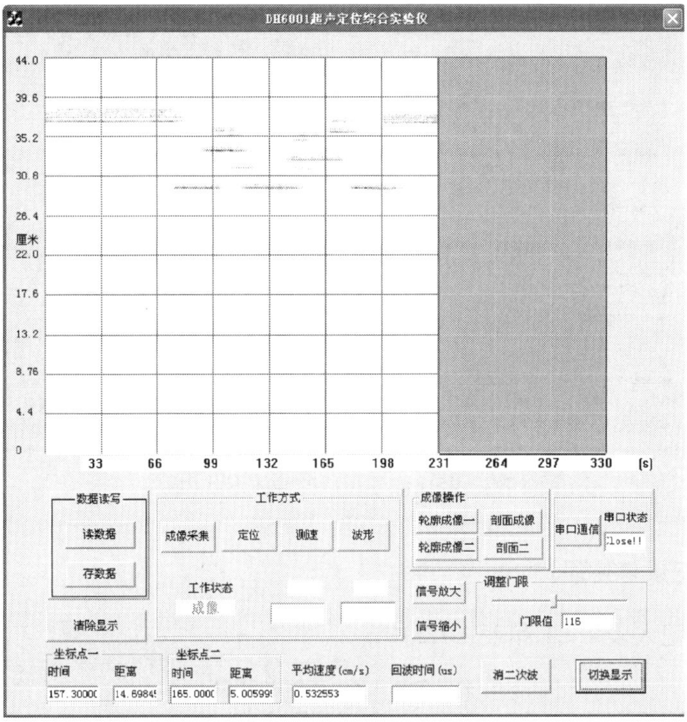

图 4.7.6 实时扫描物体得到的回波成像图

5.4 启动直流电机控制系统，使换能器垂直扫描物体，观察实时成像图.为使成像效果好，可以设置控制器，使扫描速度最慢，具体设置见直流电机控制器说明.

5.5 该成像不仅可以显示物体表面轮廓图(形貌)，对于超声透射效果比较好的物体，还可以清晰地观察出二维剖面图.

5.6 要使成像效果好，需要选择合适的扫描距离，也就是被成像物体离超声传感器的距离要合适，可以通过观察回波波形以及信号放大或信号缩小来确定距离；由于超声传感器的波束角不为零，距离太远会造成回波信号重叠，两个不同反射面的回波信号叠加在一起，降低了成像分辨率，波形重叠现象可以从图 4.7.7 中看出，所以成像物体尽可能离超声传感器近些；成像物体太近，则会产生多次反射，同一个反射面会出现一次、两次或多次回波.

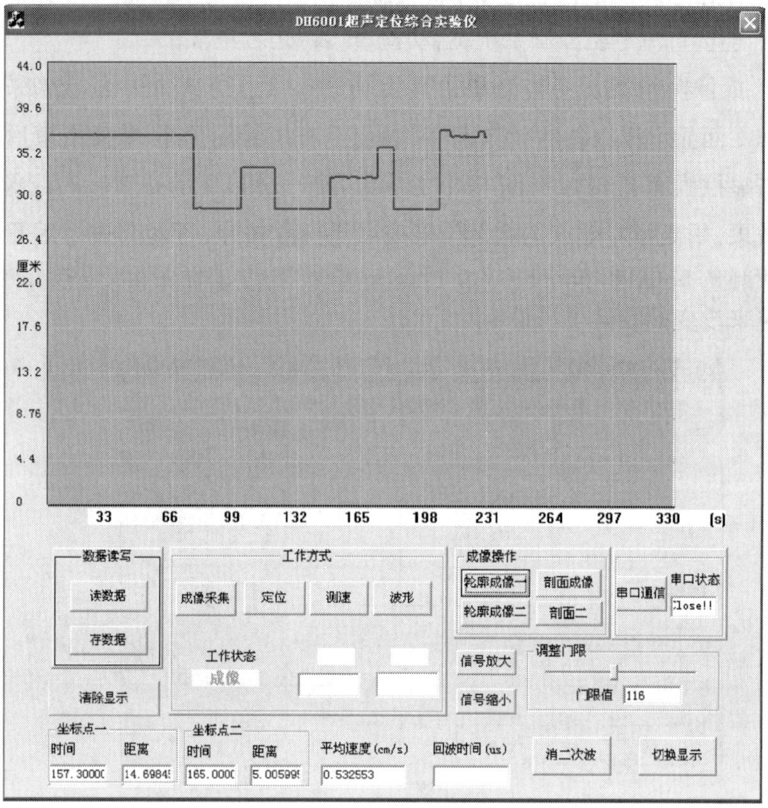

图 4.7.7 经成像处理后的物体形状(形貌)

【数据记录与处理】

将数据记入表 4.7.1 和表 4.7.2 中.

表 4.7.1 水中声速的测量

参数 / 序号	t_1	t_2	s_1	s_2	v
1					
2					
3					
4					
5					
6					

完整表示出测量结果.

表 4.7.2 水中目标物体的定位

θ	y

【注意事项】

1. 在通电时不要把换能器露出水面,最好关掉实验仪电源后再操作.
2. 超声传感器正对着前方载物台时为 0 度,实验前要调节好.

【附录】

1. DH6001 超声定位与形貌综合实验仪(图 4.7.8、图 4.7.9、图 4.7.10)技术参数以及使用说明

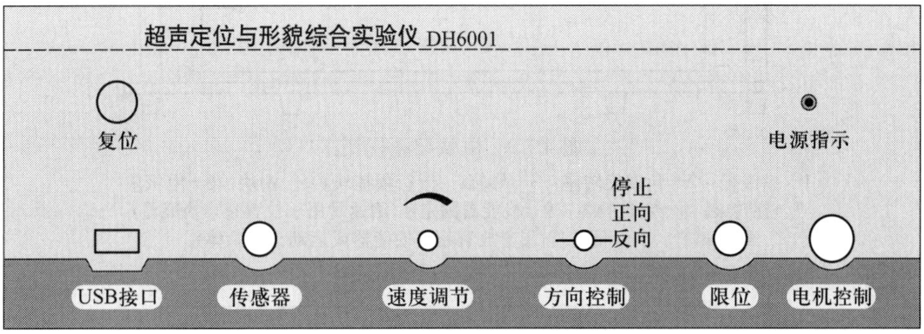

图 4.7.8 DH6001 超声定位与形貌综合实验仪

◆ 实验仪采用 DSP 处理器,采样频率 12.5M.
◆ 超声波传感器工作频率:2.5 MHz,收发一体式.
◆ 超声波传感器与定位/成像物体的距离:7~80 cm.
◆ 直流电机控制调速,可正反运行,速度可调.
◆ 定位指标:
水平距离精度:≤2.5 cm;
方位精度:≤2.5°.
◆ 仪器提供 USB 接口,与电脑相连.
◆ 可以完成的实验内容:回波波形观察;物体运动速度的测量;目标物体定位;扫描成像实验:包括物体表面形貌成像以及断面像(剖面像).

2. 软件界面

功能描述:

读数据/存数据:对采集数据进行读取和存储.

工作方式:共提供成像采集,定位,测速以及波形四种工作方式.

工作状态显示窗:指示当前的工作方式.

清除显示:用于清除显示的波形或成像图.

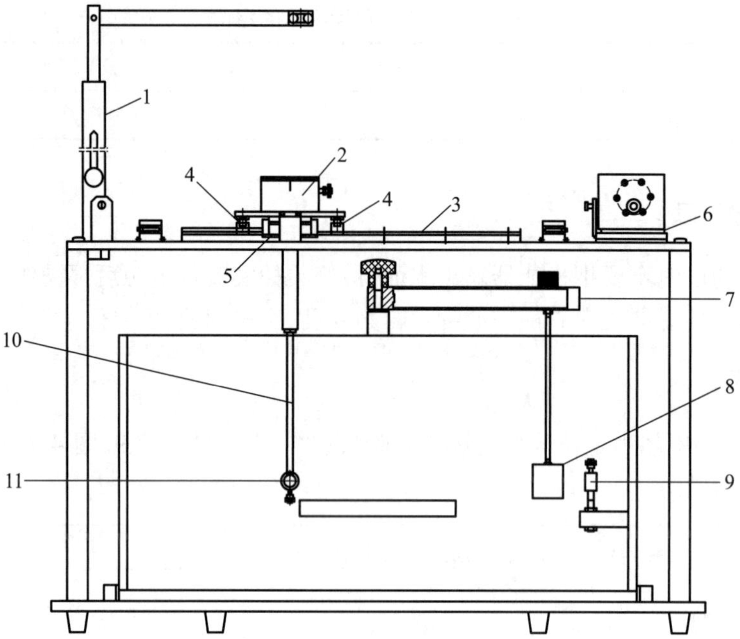

图 4.7.9　测试架正视图

1—撑线杆；2—角度旋转座；3—导轨；4—行程撞块；5—滑块；6—电机座；7—旋转梁；8—定位物体；9—换能器固定座(测速时用于放置超声换能器)；10—吊杆；11—固定座(用于放置超声换能器或运动目标物体)

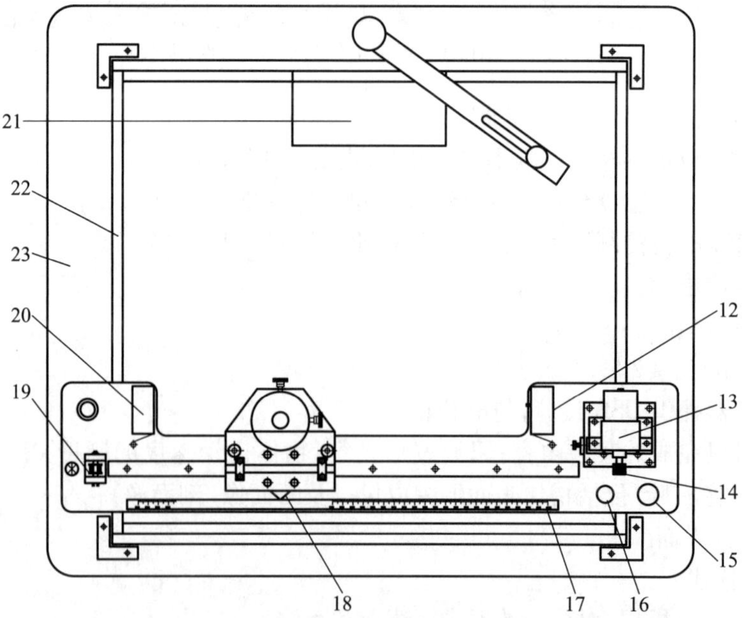

图 4.7.10　测试架俯视图

1—撑线杆；2—角度旋转座；3—导轨；4—行程撞块；5—滑块；6—电机座；7—旋转梁；8—定位物体；9—换能器固定座(测速时用于放置超声换能器)；10—吊杆；11—固定座(用于放置超声换能器或运动目标物体)

成像操作功能:对采集的数据进行成像处理,处理的时候可以通过调整门限滚动条来改变门限值,从而调整成像图.

信号放大/信号减小:对接收信号的显示强度进行放大和缩小.

串口通信:用于启动和关闭通讯口,启动后串口状态显示 OK!! 或 END,关闭后显示 Close!!.

坐标点一/坐标点二:显示坐标点的具体坐标,分别对应时间和距离,表示该时刻超声传感器扫过物体时对应的垂直距离.

平均速度:两坐标点之间的平均速度.

回波时间:显示第一次回波时间,用于时差法测水中声速.

切换显示:用于切换显示数据和成像.

消二次波:用鼠标左键框中成像线条中的二次波,然后按消二次波按钮即可消除二次波成像图.

4.8 传感器技术应用实验

【实验简介】

信息检测技术作为信息科学的一个重要分支,与计算机技术、自动控制技术和通信技术等一起构成了信息技术的完整学科.在人类进入信息时代的今天,人们的一切社会活动都是以信息获取与信息转换为中心,传感器作为信息获取与信息转换的重要手段,是信息科学最前端的一个阵地,是实现信息化的基础技术之一."没有传感器就没有现代科学技术"的观点已为全世界所公认.以传感器为核心的检测系统就像神经和感官一样,源源不断地向人类提供宏观与微观世界的种种信息,成为人们认识自然、改造自然的有利工具.本实验根据 FB716-Ⅱ型传感器实验装置介绍了传感器的基本知识和几种常用的传感器基本特性及其应用技能.

【实验目的】

1. 了解和掌握传感器的基本知识.
2. 熟悉几种传感器的基本结构、工作原理及测量电路.
3. 了解和掌握几种传感器基本特性及其应用技能,为今后的学习、工作打下扎实的基础.

【实验仪器】

FB716-Ⅱ型传感器实验装置,本实验装置主要由以下所述 5 个部分组成:

1. 传感器实验台部分:装有双平行振动梁(包括应变片上下各 2 片、梁自由端的磁钢)、双平行梁测微头及支架、振动盘(装有磁钢、用于固定霍尔传感器的两个半圆磁钢、差动变压器的可动芯子、电容传感器的动片组、磁电传感器的可动芯子、压电传感器).

2. 九孔实验板接口平台部分：九孔实验板作为实验的一个桥梁.

3. JK-20 型频率振荡器部分：含音频振荡器和低频振荡器.

4. JK-19 型直流恒压电源部分：提供实验时所必须的电源.

5. 处理电路模块部分：电桥模块（提供元件和参考电路，由学生自行搭建）、差动放大器、电容放大器、电压放大器、移相器、相敏检波器、电荷放大器、低通滤波器、调零、增益、移相等模块组成.

【实验原理】

传感器（英文名称：transducer 或 sensor）是一种检测装置，能感受到被测量的信息，并能将检测感受到的信息，按一定规律变换成为电信号或其他所需形式的信息输出，以满足信息的传输、处理、存储、显示、记录和控制等要求.它是实现自动检测和自动控制的首要环节.

1. 传感器组成及分类

传感器组成一般由敏感元件、转换元件组成，有时也将信号调节与转换电路、辅助电源作为传感器的组成部分，如图 4.8.1 所示.

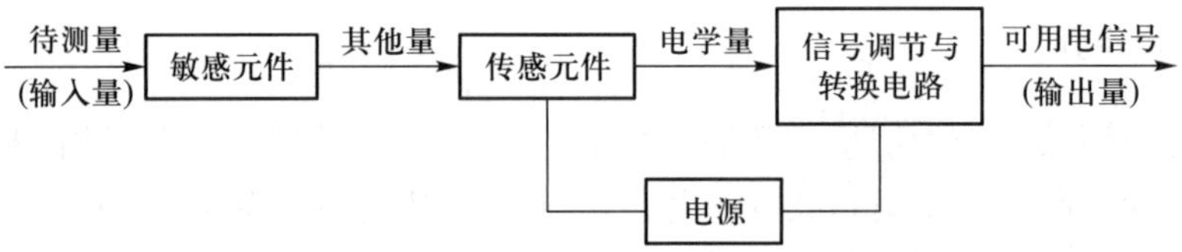

图 4.8.1　传感器的组成

敏感元件：指能直接感受被测量，并输出与被测量有确定关系的其他量的元件.如应变式压力传感器中的弹性体就是敏感元件，它的作用是将压力转换成弹性体的形变.敏感元件如果直接输出电学量（如热电偶），它就同时兼为转换元件.

转换元件：也称传感元件，一般情况下它不直接感受被测量，而是将敏感元件的输出量转换为电学量输出的元件，如应变式压力传感器中的应变片就是传感元件，它的作用是将弹性体的形变转换成电阻的变化.

信号调节和转换电路：把转换元件输出的电学量转换为便于显示、记录、处理和控制的有用电信号（电压、电流、频率等）的电路.信号调节与转换电路的种类要视传感元件的类型而定，常用的电路有电桥、放大器、振荡器、阻抗变换器等.

现在发展起来的传感器用途纷繁、原理各异、形式多样，就其分类方法也有多种，按转换成电信号所依据的物理、化学、生物效应可分为物理传感器、化学传感器、生物传感器；按测量原理分类，可分为应变式、电容式、电感式、电磁式、压电式、热电式等传感器；按照使用分类，可分为位移传感器、加速度传感器、压力传感器、温度传感器、流量传感器、气体传感器等；按输出量的性质分类，可分为模拟传感器、数字传感器和开关型传感器.

下面介绍几种常用的传感器和信号放大电路，增加对传感器和放大电路的认识和了解.

2. 力-电传感器

该类传感器种类很多，本实验用的是电阻应变式传感器.其传感元件为电阻应变片，应变片的工作原理是基于金属材料的电阻应变效应：金属材料发生机械形变时，其电阻值也随之改变.

当传感器受力时，应变片随弹性体发生形变，因而电阻也发生改变：

$$\frac{\Delta R}{R}=K\frac{\Delta L}{L}$$

式中 R 为受力前应变片的电阻值；ΔR 为受力后应变片的电阻变化量；K 为应变片的灵敏系数；L 为受力前应变片的长度；ΔL 为受力后应变片的长度改变量.通常，选用 K 为常数的材料作为应变片.

电阻应变式传感器是将电阻应变片黏贴在弹性元件的特定表面上，当力、扭矩、速度、加速度及流量等物理量作用于弹性元件时，会导致弹性元件应力和应变的变化，进而引起电阻应变片电阻的变化，再通过变换测量电路，将电阻的变化转化为电压的变化后输出，由输出电压变化量的大小可得出被测量的大小.

本实验所用的电阻应变式传感器结构及其变换测量电路如图 4.8.2 所示，由悬臂梁（弹性体）及对称紧贴其上下表面的两个电阻应变片 R_1、R_2 组成，其变换测量电路采用非平衡电桥，两个应变片 R_1、R_2 分别连接到电桥相邻的两个桥臂上.悬臂梁由合金材料冶炼制成，加工成长条型，为了产生弹性，挖空或部分挖空其内部，悬臂梁的一端固定，另一端加载荷（如外力 F）.电阻应变片是由金属材料制成的，在力 F 的作用下，一个应变片受拉，另一个应变片受压，引起桥臂电阻 R_1、R_2 的变化，在外接电源激励下，转化为电压的变化 ΔU 被传输、指示出来.在上述过程中，如不考虑中间环节，则只有两个输入量：压力 F、电源电压（通常称为“桥压”）U 及一个输出量 ΔU.当 U 固定时，F 和 ΔU 之间满足线性关系

$$\Delta U=CF$$

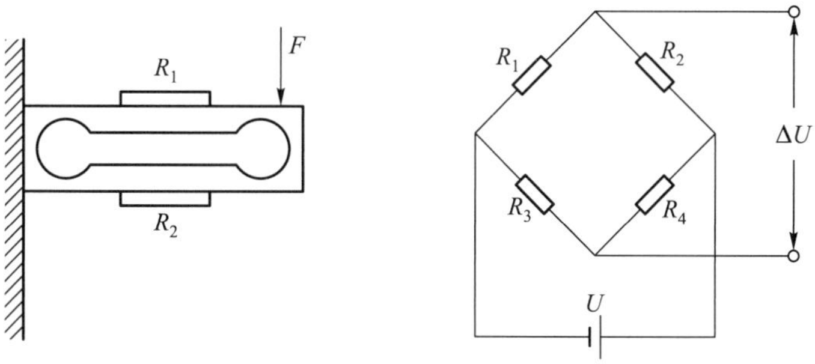

图 4.8.2　电阻应变式传感器

式中 C 取决于弹性体的几何结构、材料特性、应变片的特性以及实验电压，我们可以使其为常数.这样，只要测得 ΔU 即可得出与之对应的 F.通常情况下，当桥压取 5 V 时，可以得到大小约为几十微伏的输出电压 ΔU.

3. 霍尔传感器

霍尔传感器是根据霍尔效应制作的一种磁场传感器.霍尔效应是磁电效应的一种,在半导体薄片两端通以控制电流 I,并在薄片的垂直方向施加磁感应强度为 B,则在垂直于电流和磁场的方向上,将产生电势差为 U_H 的霍尔电压.通过霍尔效应实验测定的霍尔系数,能够判断半导体材料的导电类型、载流子浓度及载的匀强磁场流子迁移率等重要参数.霍尔传感器被广泛地应用于工业自动化技术、检测技术及信息处理等方面.

4. 热电传感器

热电传感器是利用热敏元件对温度敏感的特性将反映温度变化的信号转换为电信号的装置,常用的热敏元件有热电偶、热电阻、热敏电阻、热敏二极管、热敏三极管等,本实验以热敏电阻作为敏感元件.热敏电阻传感器是利用半导体的电阻值随温度显著变化这一特性而制成的.热敏电阻按照其电阻随温度变化的典型特性可分为具有负温度系数热敏电阻(称为 NTC 型)、具有正温度系数的热敏电阻(称为 PTC 型)和临界温度温度系数热敏电阻(称为 CTR 型),其温度特性曲线如图 4.8.3 所示.

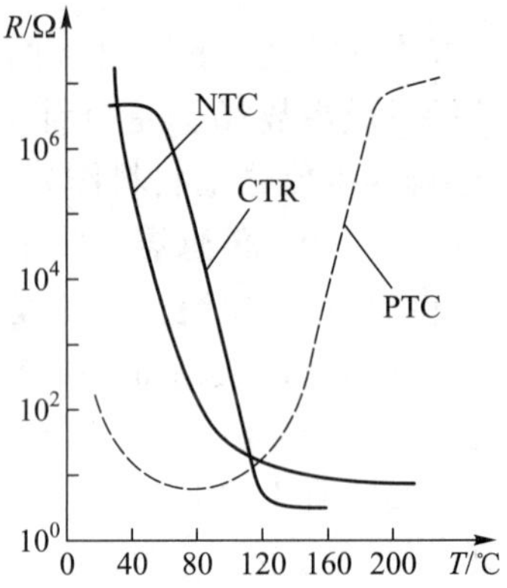

图 4.8.3 热敏电阻

PTC 型和 CTR 型热敏电阻电阻急变区的温度变化范围窄,故适应于在特定温度范围作为控制和报警的传感器,而 NTC 型热敏电阻主要用于测温和控温领域.本实验用的是 NTC 型热敏电阻,它是由某些金属氧化物按照不同的比例混合,经高温烧结而成,然后经不同的封装形式制成珠状、片状、柱状、垫圈状等不同形状,其阻值和温度的关系如下

$$R_T = R_\infty e^{\frac{B}{T}}$$

式中 R_T、R_∞ 分别为热力学温度为 T 和 $T\to\infty$ 时的阻值,B 为热敏电阻的材料常数,T 为热力学温度.

热敏电阻的电阻-温度特性因材料不同差异很大,有的线性较好,有的线性较差,选择时需要对其线性区进行考查,根据需要作出选择.

本实验将热敏电阻接至非平衡电桥的一个桥臂上,用热源对热敏电阻加热,引起热敏电阻阻值变化,从而由非平衡电桥输出电压的变化测出对应温度的变化.

5. 光电传感器

光电传感器是利用光电器件把光信号或引起光信号变化的非电量转换为电信号,从而实现非电量的电测量的装置.光电传感器一般由光源、光学通路、光电器件组成.常用的光电器件有光电管、光电倍增管、光敏电阻、光电池、光电二极管、光电三极管等,本实验选用的是光敏三极管,它将接受收到的光信号转换为光电流输出.

本实验装置包含一个作为光源的发光二极管和作为光接收器并可将接收到的

光转化为电信号的光电三极管.输入的电信号驱动发光二极管(LED),使之发出一定波长的光,被光敏三极管接收而产生光电流,通过检测电路的电阻输出,输出电压的大小与发光二极管的发光强度成正比.

6. 磁电式传感器

磁电式传感器是利用电磁感应原理,将输入运动速度变换成感应电势输出的传感器.它不需要辅助电源,就能把被测对象的机械能转换成易于测量的电信号,是一种有源传感器.

7. 压电传感器

压电传感器是利用某些电介质受力后产生的压电效应制成的传感器.所谓压电效应是指某些电介质在受到某一方向的外力作用而发生形变(包括弯曲和伸缩形变)时,由于内部电荷的极化现象,会在其表面产生电荷的现象.

8. 湿敏电阻传感器

湿敏电阻是利用湿敏材料吸收空气中的水分而导致本身电阻值发生变化这一原理而制成的.工业上流行的湿敏电阻主要有氯化锂湿敏电阻,有机高分子膜湿敏电阻.

9. 热释电传感器

压电陶瓷类电介质在电极化后能保持极化状态, 称为自发极化.自发极化随温度升高而减小, 在居里点温度降为零.因此,当这种材料受到红外辐射而温度升高时, 表面电荷将减少,相当于释放了一部分电荷,故称为热释电.将释放的电荷经放大器可转换为电压输出,这就是热释电传感器的工作原理.

10. 输出信号放大电路

由传感器输出的信号都很弱,而且往往伴有干扰信号,必须加以妥善处理.经分析,发现常见的有两类信号:

共模信号:两个大小相等、相位相同的信号.

差模信号:两个大小相等、相位相反的信号.

有一类放大器,能够放大差模信号、抑制共模信号,称为差动放大器.这是一种常用的放大器.

本实验中产生的有效信号强度十分弱,且为差模信号,而环境产生的干扰信号强度一般都大于有效信号,且以共模信号方式叠加在有效信号上,与地之间构成共模信号.因此,我们采用差动放大器对有效信号进行放大.

【实验内容与步骤】

FB716-Ⅱ传感器实验装置可以开展 27 个实验,根据实际情况选择部分实验内容.实验内容和步骤见附录 FB716-Ⅱ传感器实验装置实验指导书.

【附录】 FB716-Ⅱ传感器实验指导书

该实验装置可开设 27 个实验,这里仅列出 6 个实验.

实验一、应变片性能——单臂电桥

实验二、磁电式传感器的性能

实验三、气敏传感器(MQ3)实验

实验四、湿敏电阻实验

实验五、热释电人体接近实验

实验六、光电传感器测转速实验

实验一、金属箔式应变片性能——单臂电桥

【实验目的】

了解金属箔式应变片,单臂电桥的工作原理和工作情况.

【实验仪器】

JK-19 型直流恒压电源,电桥模块(只提供器件),差动放大器(含调零模块),测微头及连接件,应变片,万用表,九孔实验板接口平台和 FB716-Ⅱ传感器实验台.

【实验步骤】

预设:JK-19 型直流恒压电源:±4 V 挡,万用表打到 2 V 挡,差动放大增益中间位置.

1. 了解所需模块、器件设备等,观察梁上的应变片,应变片为棕色衬底箔式结构小方薄片.上下两片梁的外表面各贴两片受力应变片.测微头在双平行梁后面的支座上,可以上、下、前、后、左、右调节.安装测微头时,应注意是否可以到达磁钢中心位置.

2. 差动放大器调零:V+接至直流恒压电源的+15 V,V-接至于-15 V,调零模块的 GND 与差动放大器模块 GND 相连,V_{REF}与 V_{REF}相连,V+与 V+相连,再用导线将差动放大器的输入端同相端 $V_P(+)$、反相端 $V_N(-)$与地短接.用万用表测差动放大器输出端的电压,开启直流恒压电源,调节调零旋钮使万用表显示为零.

3. 根据图 4.8.4 接线,R_1, R_2, R_3 为电桥模块的固定电阻,R_4 则为应变片;将直流恒压电源的输出电压调至±4 V,万用表置 20 V 挡.开启直流恒压电源,调节电桥平衡网络中的电位器 W_1,使万用表显示为零.

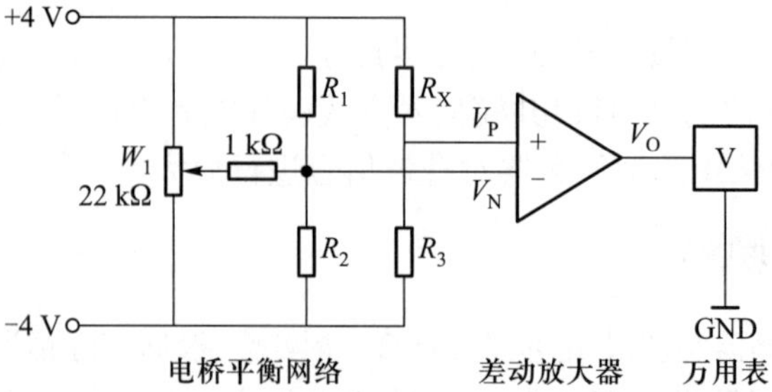

图 4.8.4

4. 将测微头转动到 10 mm 刻度附近,安装到双平行梁的自由端(与自由端磁钢吸合),调节测微头支柱的高度(梁的自由端跟随变化)使万用表显示最小,再旋动测微头,使万用表显示为零(细调零),并记下此时测微头上的刻度值(要准确无

误地读出测微头上的刻度值).

5. 往下或往上旋动测微头,使梁的自由端产生位移(X)记下万用表显示的值.建议每旋转测微头一周即 $\Delta X=0.5$ mm 记一个值填入下表:

X/mm					
U/mV					

6. 根据所得结果计算灵敏度:$S=\Delta U/\Delta X$(式中 ΔX 为梁的自由端位移变化,U 为相应万用表显示的电压相应变化).

7. 在托盘未放砝码之前,记下此时的电压数值,然后每增加一只砝码记下一个数值并将这些数值填入下表.根据所得结果计算系统灵敏度 $S=\Delta U/\Delta W$,并作出 U-W 关系曲线,ΔU 为电压变化率,ΔW 为相应的重量变化.(重量用 W 表示,电压用 U 表示,后面所用与此相同,不再另作说明.)

W/g	20	40	60	80	100	120
U/mV						

【思考题】

1. 本实验电路对直流恒压电源和放大器有何要求?

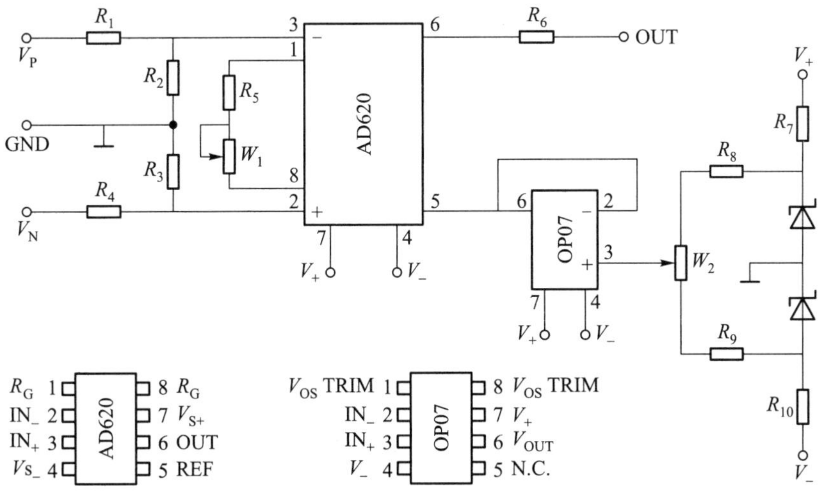

图 4.8.5

2. 根据原理图 4.8.5,简要分析差动放大器的工作原理.

【注意事项】

1. 在记录数据之前,请将测微头调至一个合适位置.合适位置,指的是测微头螺杆最长及最短时,万用表示数的范围要足够大.调节方法:通过调整测微头支杆座的高度来实验.

2. 在旋转旋钮时,请不要转动测微头支杆.

实验二、磁电式传感器的性能

【实验目的】

了解磁电式传感器的原理及其性能.

【实验仪器】

差动放大器,JK-20 型频率振荡器,示波器,磁电式传感器及磁芯连接板(与差动式连接板通用),频率计,九孔实验板接口平台和 FB716-Ⅱ传感器实验平台.

【实验步骤】

预设:差动放大器增益合适位置,低频振荡器幅度最小.

1. 观察磁电式传感器的结构,并将磁电式传感器及磁芯的位置调整好,按下振动梁的自由端,可以有一个较大的位移,再按图 4.8.6 接线,将磁电式传感器、差动放大器、低通滤波器和示波器连接起来,组成一个测量线路.

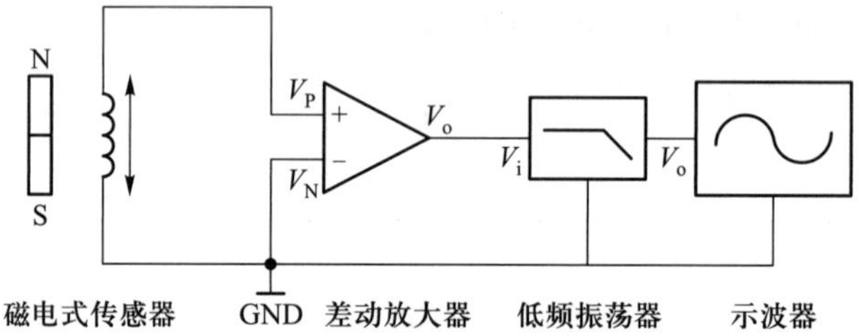

图 4.8.6 磁电式传感器实验线路

2. 将低频振荡器的输出端接入低频振荡器和频率计的输入端,打开电源.

f/Hz							
V_{P-P}/V							

3. 调整好示波器,低频振荡器的幅度旋钮固定至某一位置,调节频率,调节时用频率计监测频率变化,并记录峰峰值填入上表.

【思考题】

1. 磁电式传感器具备怎样的特点?
2. 通过实验能否推测出线圈的振动频率?

实验三、气敏电阻(MQ_3)实验

【实验目的】

了解气敏电阻(传感器)的原理与应用.

【实验仪器】

JK-19 型直流恒压电源,差动放大器,电桥模块,万用表,气敏电阻(传感器)和九孔实验板接口平台.

【实验步骤】

预设:直流恒压电源±4 V,万用表 2 V 挡,差动放大器增益拧至最小、电桥模块中的 W_1 逆时针拧至最小.

1. 先将差动放大器调零;

2. 按图 4.8.7 接线;

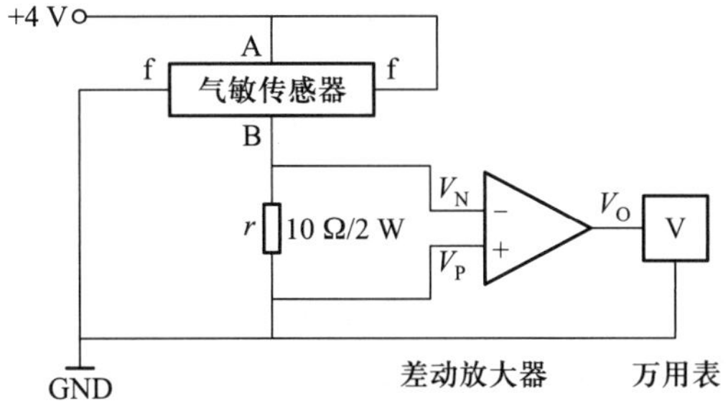

图 4.8.7 气敏电阻传感器实验线路

3. 打开直流恒压电源,预热 5~15 分钟后,用浸有酒精的棉球靠近传感器,并轻轻吹气使酒精挥发并进入传感器金属网内,同时观察万用表数值的变化.此时电压读数__________.它反映了传感器 AB 两端间的电阻随着__________发生了变化.说明 MQ_3 检测到了酒精气体的存在与否,如果万用表变化不够明显,可适当调大差动放大器增益.

设计:

利用现有的条件是否可以设计出一个酒精气体报警器,你认为还需要哪些条件?

提示:

1. 需进行浓度标定;

2. 还需增加哪些必要的电路.

MQ 系列气敏元件使用说明:

1.0 结构、外形和元件符号:MQ 系列气敏元件的结构如图 4.8.8(a)所示,由微型 Al_2O_3 陶瓷管、SnO_2 敏感层、测量电极和加热器构成的敏感元件固定在塑料或不锈钢网的腔体内,加热器为气敏元件的工作提供了必要的工作条件.气敏元件有 6 只针状管脚,其中 4 只用于信号取出,2 只用于提供加热电流.

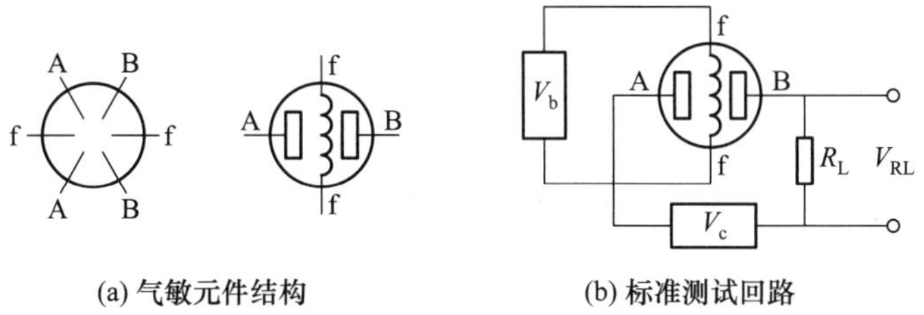

(a) 气敏元件结构　　(b) 标准测试回路

图 4.8.8

2.0 标准回路:如图 4.8.8(b)所示,MQ 气敏元件的标准测试问路由两部分组成.其一为加热回路;其二为信号输出回路,它可以准确反映传感器表面电阻的变化.

3.0 传感器的表面电阻 R_S 的变化,是通过与其串联的负载电阻 R_L 上的有效电压信号 V_{R_L} 输出面获得的.二者之间的关系表述为:$R_S/R_L=(V_C-V_{RL})/V_{R_L}$

实验四、湿敏电阻实验

【实验目的】

了解湿敏电阻(传感器)的原理与应用.

【实验仪器】

差动放大器,万用表,电桥模块,湿敏电阻(传感器),JK-19 型直流恒压电源和九孔实验板接口平台.

【实验步骤】

预设:直流恒压电源±2 V 挡、万用表 20 V 挡

1. 观察湿敏电阻结构,它是在一块特殊的绝缘基底上射了一层高分子薄膜而形成的,先将差动放大器调零,再按图 4.8.9 接线;

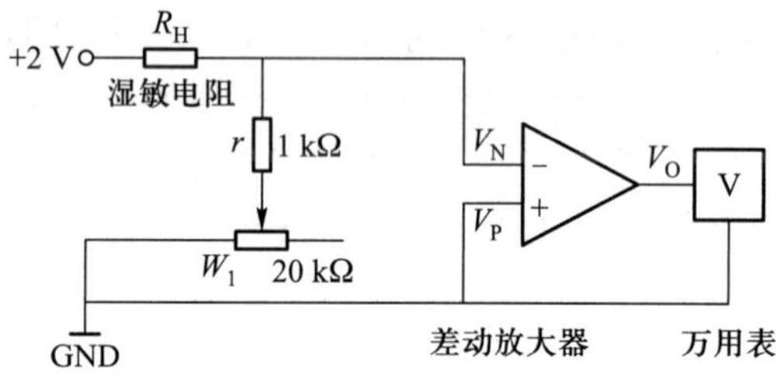

图 4.8.9　湿敏电阻实验

2. 取两种不同潮湿度的海绵或其他易吸潮的材料,分别轻轻地与传感器接触,观察万用表数字变化,此时万用表的显示数值变化,也就是 R_H 的阻值变化.说明 R_H 检测到了湿度的变化,而且随着湿度的不同,阻值变化也不一样.

注意:在实验时所取的湿材料不要太湿,只要有点潮就行了,否则会产生湿度饱和现象,延长脱湿时间.

3. R_H 的通电稳定时间、脱湿时间与环境的湿度、温度都有一定的关系,请实验者注意.

设计:请你用 R_H 设计成一个湿度测量仪,并给出电路原理图和简要的文字说明.

实验五、热释电人体接近实验

【实验原理】

热释电传感器是利用热电效应的热电型红外传感器,它在温度不变化时不产生任何信号.所谓热电效应就是随温度变化产生电荷的现象,此传感器多用于人体红外辐射温度检测.

【实验目的】

了解热释电传感器的特性和基本原理.

【实验仪器】

热释电传感器,差动放大器,电荷放大器,JK-19 型直流恒压电源,九孔实验板接口平台,万用表和示波器传感器外由金属腔外壳和滤色片构成,中间黑色方孔为滤色片,内有敏感元件和阻抗交换电器.实验时请勿用手或其他物体碰触滤色片,以免损坏器件,不能进行正常实验.

【实验步骤】

1. 按图 4.8.10 接线，热释电传感器模块+4 V 接在直流恒压电源的+4 V 上，GND 与 GND 相连，热释电的 V_O 端接差动放大器的 V_N 端，V_P 接 GND，差动放大器的 V_O 端接到电荷放大器的 V_i 端，电荷放大器的 V_O 端接示波器.

2. 差动放大器的增益为最小，注意观察示波器上的波形及万用表（交流 20 V 挡）示数的变化，改变手指与传感器之间的距离，又有什么现象？

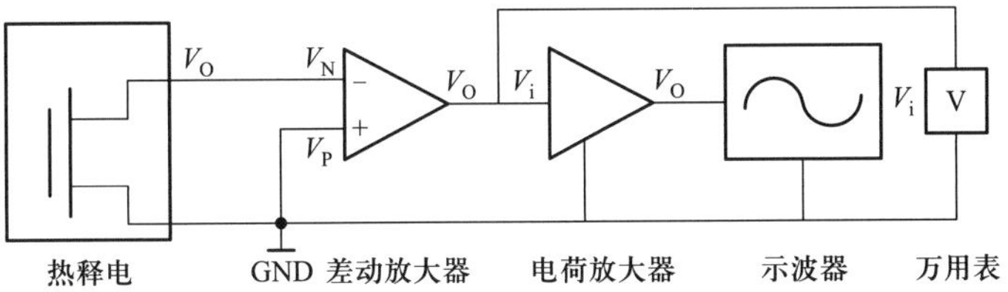

图 4.8.10 热释电人体感应传感器实验线路

3. 画出 100 cm and <1 cm 时 $V_{P-P}-t$ 的波形，并分析其原因.

【注意事项】

因为传感器的灵敏度比较高，对周围的红外辐射都能接收，所以在实验时周围的人不要随意走动.

【思考与设计】

通过本实验的学习，请用热释电传感器设计一个简单的人体感应装置控制大门，如何实现，画出电路原理图并给出简要的文字说明.

实验六、光电传感器测转速实验

【实验原理】

光电传感器由红外发射二极管、红外接收管及波形整形组成.发射管发射红外光经电机转动叶片间隙，接收管接收到反射信号，经放大、波形整形输出方波，再经转换测出其频率.

【实验目的】

了解光电传感器测转速的基本原理及运用.

【实验仪器】

光电式传感器，JK-19 型直流恒压电源，示波器，差动放大器，电压放大器，频率计和九孔实验板接口平台.

【实验步骤】

1. 先将差动放大器调零，按图 4.8.11 接线；

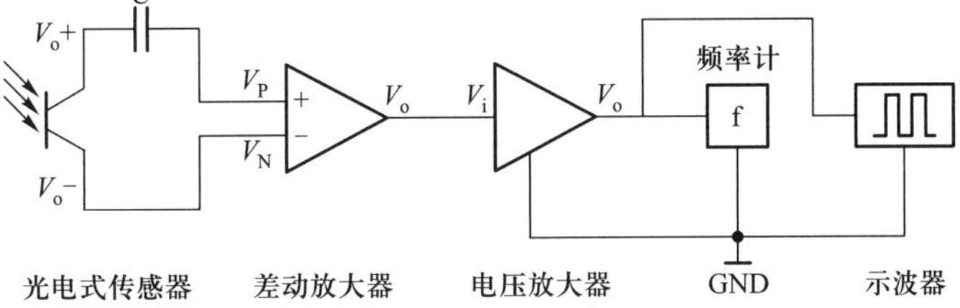

图 4.8.11 光电传感器实验线路

2. 光电式+,-端分别接至直流恒压电源 0~12 V 的+,-端;
3. V_i+,V_i-分别接直流恒压电源的+6 V 和 GND,并与±15 V 处的 GND 相连;
4. 调节电压粗调旋钮使电机转动;
5. 根据测到的频率及电机上反射面的数目算出此时的电机转速;
即:$N=P\times60\div6$(转/分)(式中 P 是频率计显示值 转/6 秒)
6. 实验完毕,先关闭直流恒压电源.

【思考题】

1. 光电传感器测转速产生误差大和稳定性差的原因是什么? 主要有哪些因素?

2. 通过本实验的学习,是否能够对家用电风扇进行测速.如果可行,如何实验,需要注意哪些问题,请给出方案和必要的电路图和文字说明.

4.9 半导体热敏电阻特性研究

【实验简介】

热敏电阻是由半导体材料制成的一种电阻对温度变化非常敏感的热敏元件,利用这一特性可以将它作为感温元件制成热敏电阻温度计、温度传感器,实现测温、控温等功能.热敏电阻作为感温元件具有灵敏度高、体积小、热惯性小等特点,在自动控温、测温等方面应用很广.

热敏电阻的温度特性曲线是热敏电阻的基本特性,本实验主要测量负温度系数、正温度系数热敏电阻的温度特性曲线,了解其测温原理.

【实验目的】

1. 了解热敏电阻的温度特性及其测温、控温原理.
2. 测量热敏电阻的温度特性曲线.
3. 掌握作图法和最小二乘法(曲线拟合法)处理实验数据.

【预习思考题】

1. 负温度系数(NTC)热敏电阻的特性是什么?
2. 怎样用电桥测电阻?
3. 如何用作图法和最小二乘法(曲线拟合法)处理实验数据?

【实验仪器】

QJ23 市电型直流电阻电桥、DHT-2 型热学实验仪.

【实验原理】

1. 热敏电阻温度特性

热敏电阻是其电阻值随温度显著变化的一种热敏元件,按照电阻随温度变化特性可以分为负温度系数热敏电阻(NTC)、正温度系数热敏电阻(PTC)、临界温度系数热敏电阻(CTC).负温度系数热敏电阻其电阻随着温度的升高而降低,主要用于测温和控温;正温度系数热敏电阻其电阻在达到某一温度后随着温度的升高而升高,在这一温度之前有一很小的负温度系数,在某一温度范围内,其电阻值会产生急剧变化.适用于某些狭窄温度范围内的一些特殊应用;临界温度系数热敏电阻其电阻在达到临界温度点时急剧变化,主要用作开关.热敏电阻的电阻-温度特性曲线如图 4.9.1 所示.

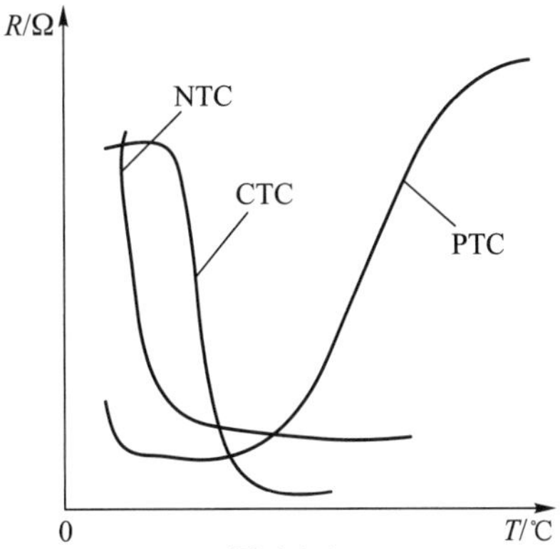

图 4.9.1

温度系数是反映热敏电阻对温度的敏感程度,是热敏电阻作为感温元件的一个重要参数,用 α_T 表示,其定义为温度升高 1 ℃,热敏电阻的相对变化量,即

$$\alpha_T=\frac{\mathrm{d}R}{\mathrm{d}T}\frac{1}{R_T} \tag{4.9.1}$$

2. NTC 型热敏电阻温度特性及其温度系数测量

NTC 半导体热敏电阻是由一些金属氧化物,如钴、锰、镍、铜等过渡金属的氧化物,采用不同比例的配方,经高温烧结而成,然后采用不同的封装形式制成珠状、片状、杆状、垫圈状等各种形状.由这类金属氧化物半导体制成的热敏电阻,具有很大的负温度系数.

实验证明:在一定温度范围内,负温度系数热敏电阻与温度之间的关系为

$$R_T=A\mathrm{e}^{\frac{B}{T}} \tag{4.9.2}$$

式中 T 为热力学温度; R_T 为温度为 T 时的阻值;B 为由材料性质决定的常数;A 为与材料性质和电阻几何尺寸有关的常数.

根据热敏电阻温度系数的定义,NTC 型热敏电阻温度系数为

$$\alpha_T=\frac{\mathrm{d}R}{\mathrm{d}T}\cdot\frac{1}{R_T}=-\frac{B}{T^2} \tag{4.9.3}$$

由(4.9.3)式可知:只要测出 B,即可求出某温度下 NTC 型热敏电阻的温度系数.对(4.9.2)式线性化,可得

$$\ln R_T=\ln A+B\frac{1}{T} \tag{4.9.4}$$

$\ln R_T$ 与$\frac{1}{T}$呈线性关系,在实验中测得各温度 T 的 R_T 值后,即可对 $\ln R_T$ 与$\frac{1}{T}$作线性拟合,即可求出 B,根据(4.9.4)式可算出某温度下的 α_T.

3. PTC 型热敏电阻温度特性

PTC 半导体热敏电阻是一种以钛酸钡为主要原料的氧化物半导体陶瓷,具有

独特的电阻温度特性,本实验不做详细介绍,只要求测出其温度特性曲线.

【实验内容与步骤】

1. 测 NTC 型热敏电阻的温度特性曲线,计算 B 和 $T=30$ ℃时的温度系数.

1.1 熟悉箱式电桥的使用方法,选择合适的电桥参数,测出室温时的热敏电阻值.

1.2 将 DHT-2 型热学实验仪预设温度设为 100 ℃;加热电阻,温度从室温到 100 ℃每 5 ℃测一次对应的电阻值.

1.3 将数据输入 Origin 数据处理软件,作出 NTC 型热敏电阻的温度特性曲线.

1.4 作出 $\frac{1}{T}\sim\ln R_T$ 曲线,求 B 和 $T=30$ ℃时的温度系数 .

2. 测 PTC 型热敏电阻的温度特性曲线.

2.1 实验仪预设温度为 120 ℃;加热电阻,温度从 40~120 ℃每 5 ℃测一次对应的电阻值.

2.2 将数据输入 Origin 数据处理软件,作出 PTC 型热敏电阻的温度特性曲线.

【注意事项】

1. 注意绝对温度 T 与摄氏温度 t 的关系.

2. 电桥检流计须先调零点,电阻加热前先测室温电阻值.

3. 测量时,密切注视检流计,若指针迅速偏转至满偏,说明通过检流计的电流很大,应迅速断开检流计按钮“G”,以免烧坏检流计.

【思考题】

1. 提出一种用热敏电阻制作控温装置的方案.

2. 你的生活中有哪些仪器用到了热敏元件? 各热敏元件的作用是什么?

4.10 磁耦合谐振式无线电力传输实验研究

【实验简介】

不用电线就可以传输电力,点亮一个灯泡或者使一台电视工作,这样的事情是利用什么原理和技术实现的? 摒弃杂乱的输电导线,实现电力的无线传输一直以来都是人们追求的梦想.早在 1890 年,美国物理学家尼古拉斯 · 特斯拉就提出并设计了无线电力传输实验模型.麻省理工学院发明的无线输电技术,利用“磁耦合共振”原理实现无线供电.2010 年青岛海尔公司研制出了“无尾”电视.可以肯定的是随着人们对生活品质要求的日益提高,各种家电设备会逐渐采用这种新型的无线传电技术,它会为人们生活带来很大的便利.

本实验为同学们自己动手实验探索利用磁耦合谐振原理进行无线电力传输提供了实验平台,通过实验你会深切地感到自己就可以研制这样一种实用的无线电力传输仪器.

【实验目的】

1. 了解磁耦合无线电力传输的基本原理.
2. 自组装和调试磁耦合式无线电力传输系统.
3. 探索频率和距离对无线电力传输的影响.

【实验仪器】

振荡电路,开关电路,直流电源,发射电路和接收电路,电烙铁,电子元器件,面包板,数字多用表,示波器,*LC* 电表,导线等.

实验系统简介

本实验采用磁耦合谐振方式进行电力传输,系统的工作原理如图 4.10.1 所示.

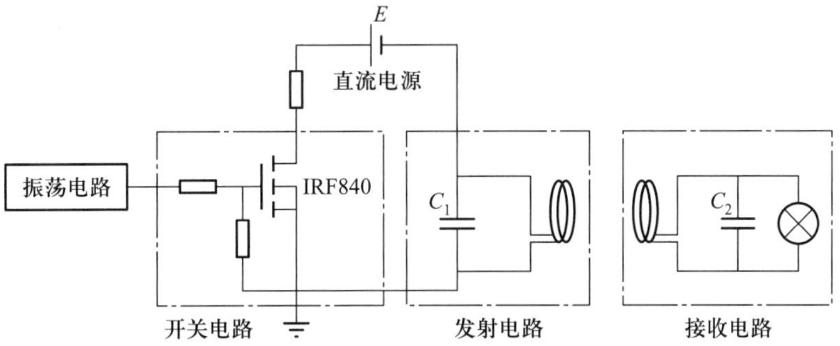

图 4.10.1 磁耦合共振式无线电力传输电路系统原理图

实验系统主要由振荡电路、开关电路、直流电源、发射电路和接收电路共五部分组成.这其中最主要的部分是发射电路和接收电路,这两部分都是由一个铜线绕制的线圈和一个电容组成的 *LC* 谐振电路构成.发射电路中的线圈能够在空间中产生交变的磁场,而变化的磁场能够在接收线圈中通过谐振耦合接收到电能,这样发射电路中的电能就能够传输到接收电路中去,而这中间的“介质”就是交变的磁场.为了产生交变的磁场,本系统利用高频的方波信号去激励电容(*C*)和线圈电感(*L*)组成的 *LC* 回路,这会导致能量在电容中的电能和线圈中的磁能中相互转化和相互激励,在空间中产生交变磁场.本系统采用直流供电,并利用开关电路将直流电源调制为“通-断”交替的交流信号.振荡电路能够产生高频率的方波信号,用来控制开关电路的通断.

【实验原理】

1. 磁耦合谐振原理

磁耦合是指两个线圈通过磁场产生相互作用.线圈与线圈之间的耦合是通过电磁感应来实现的,如图 4.10.1 所示.首先,发射电路中通电的线圈 1 周围能够产生磁场,此时如果磁场是随时间变化的,则接收电路中线圈 2 的磁通量也将随时间发生变化,根据法拉第效应,线圈 2 将产生感应电动势.感应电动势会在线圈 2 内形成电流,而产生的感应电流也会产生新的磁场,进而影响线圈 1 的磁通量.除此之外,变化的磁场也会影响线圈自己的磁通量,这就是线圈之间的互感和自感.

当振荡电路的振荡频率和发射电路(LC 电路)的固有频率相一致时,发射电路会在空间产生最大的交变磁场(为什么?),而当接收电路(LC 电路)的固有频率也和发射电路的振荡频率一致时,电磁感应也会在接收电路中产生最大的电能吸收,这时候电力传输效率最高,我们把这种通过交变磁场产生的耦合叫做谐振式磁耦合.

实验时要设法让振荡频率、发射电路固有频率以及接收电路的固有频率相一致,以产生最高的能量传输效率,以达到磁耦合谐振的电能传输.

LC 谐振电路固有频率的计算公式为

$$f=\frac{1}{2\pi\sqrt{LC}} \tag{4.10.1}$$

式中 L 为线圈的电感,C 为电容量.

相互耦合的两个线圈的电压和电流的关系:

设两个线圈的电感分别为 L_1 和 L_2,电压和电流分别为 u_1,u_2,i_1 和 i_2,线圈之间的互感为 M,则相互耦合的两个线圈的电压和电流的关系为

$$\begin{aligned} u_1 &= L_1\frac{\mathrm{d}i_1}{\mathrm{d}t}+M\frac{\mathrm{d}i_2}{\mathrm{d}t} \\ u_2 &= L_2\frac{\mathrm{d}i_2}{\mathrm{d}t}+M\frac{\mathrm{d}i_1}{\mathrm{d}t} \end{aligned} \tag{4.10.2}$$

为了使线圈 1 在空间能够产生交变磁场,本系统将电感线圈与电容连接组成 LC 谐振电路.

2. LC 谐振回路特性

根据电感 L 和电容 C 的连接方式不同,电感和电容谐振电路分为串联谐振 LC 回路和并联谐振 LC 回路.

(1) 串联谐振

串联谐振线路如图 4.10.2 所示,电感 L、电容 C 和负载 R 都处于串联连接,线路的阻抗为

$$Z=R+j[\omega L-(\omega C)^{-1}] \tag{4.10.3}$$

$$\begin{aligned}|Z| &= \sqrt{R^2+[\omega L-(\omega C)^{-1}]^2} \\ &= R\sqrt{1+\left[\frac{\omega L}{R}-\frac{1}{\omega RC}\right]^2} \\ &= R\sqrt{1+Q^2\left[\frac{\omega}{\omega_0}-\frac{\omega_0}{\omega}\right]^2}\end{aligned} \tag{4.10.4}$$

其中,品质因数:$Q=\dfrac{\omega_0 L}{R}=\dfrac{1}{\omega_0 RC}=\dfrac{1}{R}\sqrt{\dfrac{L}{C}}$,固有频率 $\omega_0=\dfrac{1}{\sqrt{LC}}$.

当激励频率与固有频率相同时($\omega=\omega_0$),电感和电容的交流阻抗大小相等,方向相反,回路总阻抗最小,等于 R,表现为纯电阻性.这时如果线路的 Q 值越大,则线圈两端电压和电容两端电压越高,所以串联谐振也叫电压谐振.

(2) 并联谐振

电路如图 4.10.3 所示,其总阻抗为

$$|Z| = \sqrt{\frac{R^2}{1+R^2\left(\omega C-(\omega L)^{-1}\right)^2}} \tag{4.10.5}$$

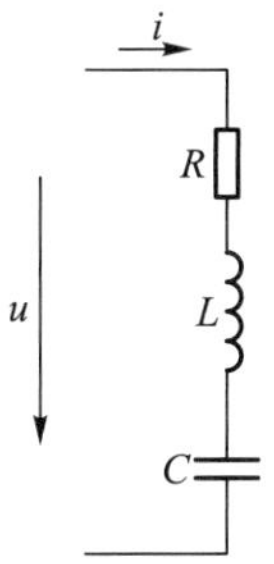

图 4.10.2 *LC* 串联电路

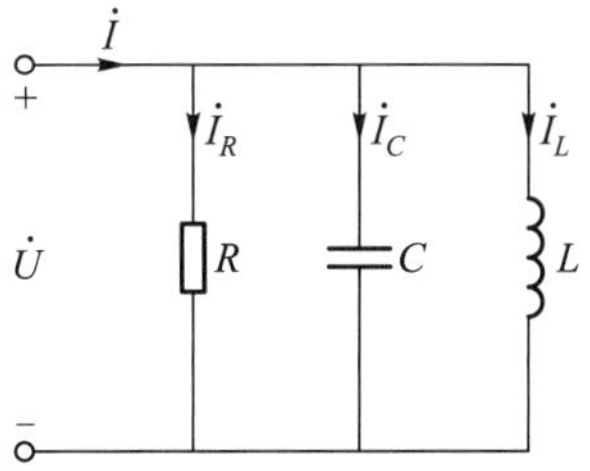

图 4.10.3 *LC* 并联电路

当 $\omega=\omega_0=\dfrac{1}{\sqrt{LC}}$时,电路发生谐振,谐振时,电阻上的电流和电流源上的电流相等,而线圈上的电流和电容上的电流大小相等,都等于电阻上电流的 Q 倍,但方向相反.所以并联谐振也称为电流谐振.

(3) 线圈和电容的选取

本系统采用的线圈为密集绕制的线圈,如果绕制规则的话,则线圈的电感大小可以用如下公式来进行计算

$$L=N^2R\mu_0\left[\ln\left(\frac{8R}{a}-1.75\right)\right] \tag{4.10.6}$$

式中 N——线圈匝数,μ_0——真空磁导率,R——线圈半径,a——铜线半径.

本系统使用的是高频特性比较稳定的高品质云母电容.

3. 电路系统原理

(1) 开关电路

开关电路的作用是控制主电路的通断,进而实现发射电路的间歇充放电,让线圈产生交变磁场.本实验系统采用型号为 IRF840 的 N 沟道增强型场效应晶体管来实现开关电路.图 4.10.4 为 IRF840 场效应管的管脚示意图,它和三极管一样有三个管脚,分别叫做栅极(G)、源极(S)和漏极(D).栅极为控制极,在栅极上加电压和不加电压来控制管脚 2 和管脚 3 的通断.对于 N 沟道型场效应管,在栅极加上电压,则管脚 2 和管脚 3 连通,P 沟道型场效应管则相反.

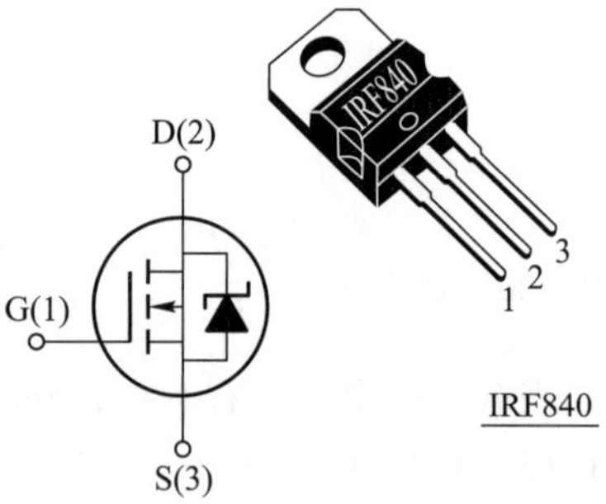

图 4.10.4 IRF840 场效应晶体管管脚示意图

(2) 振荡电路

采用信号发生器输出的方波信号来控制开关电路进行工作,方波的高电平应不小于 5 V.

(3) 发射电路与接收电路

本实验系统的发射电路采用 *LC* 并联电路,接收电路为 *LC* 串联电路,它们的固有频率相同(其中 $L=3.4\ \mu H$,$C=4.4\ nF$,固有频率约为 1.36 MHz. 注意:仪器通过实验台上一个接口电路板上的“选择开关”也可以选择所用电容为 2.2 nF).

当信号发生器频率调节到共振频率附近时,*LC* 发射电路的线圈中会产生幅值最大的交变电流,此电流会在空间中产生最大的交变磁场,同时处以交变磁场中的接收电路会通过磁耦合共振效应接收电能,驱动负载工作.

【实验内容与步骤】

1. 确定 *LC* 电路的共振频率

以下为确定 *LC* 电路的共振频率的几种方法,任选其中一种.

方法一:利用实验室提供的 *LC* 电表分别测量线圈的电感和电容,然后利用(4.10.1)式计算共振频率.

方法二:如果线圈绕线比较规则,可以利用实验室提供的工具测量铜线的直径、线圈直径等参数,然后利用(4.10.6)式计算线圈的电感,最后利用(4.10.1)式计算共振频率.

方法三:利用信号发生器和示波器观察 *LC* 电路的充放电过程,测量其共振频率.

2. 按照图 4.10.1 完成实验系统的连接,经老师确认无误后接通电源.

3. 振荡信号的选取

用示波器观察发射电路的方波输出信号,调节信号发生器输出频率和电压,注意信号高电平要置于 5 V 左右,以使开关器件正常工作.

4. 研究工作频率对电力传输效率的影响

固定接收线圈与发射线圈的距离，如 10 cm.改变工作频率，利用示波器测量接收电路的信号幅度和频率，先观察频率改变，灯泡负载的亮度变化规律，测试接收电路输出电压与频率的关系.

5. 研究无线电力传输的距离对传输效果影响

调节 R_1 的大小使得电路工作在共振频率之下，改变接收线圈与发射线圈的距离，利用示波器测量接收电路的信号幅度与距离的关系.

6. 自制 *LC* 谐振增强器，利用实验室提供的铜质漆包线和电容元件，按照实验设备的共振频率自制一个固有频率相同的 *LC* 谐振器，将此 *LC* 谐振器放入发射器和接收器之间，观察负载灯泡亮度的变化，解释实验现象.

【注意事项】

实验时在偏离谐振频率的情况下，电源电压要调低一些，一般不要超过 15 V，以防电流过大损坏仪器；另外不要让系统长时间工作在远离谐振频率的区域.

【数据记录与处理】

1. 记录振荡信号的电压和频率.
2. 研究工作频率对电力传输的影响，填写表 4.10.1.

表 4.10.1 工作频率与接收信号幅度

频率/kHz									
幅度/V									

3. 研究无线电力传输的距离对传输效果影响，填写表 4.10.2.

表 4.10.2 接收距离接与接收信号幅度的关系

距离/cm									
幅度/V									

4. 测量自制 *LC* 谐振增强器的固有频率，记录实验现象.

【思考题】

1. 什么叫磁共振耦合？
2. 推导一下 *LC* 电路的固有频率 $f=\dfrac{1}{2\pi\sqrt{LC}}$.
3. 为什么当振荡频率和 *LC* 电路的频率一样时，发射线圈能在周围产生大的交变磁场？
4. 你认为提高能量传输效率的方式有哪些？
5. 自己设计一台无线台灯，给出设计方案.

4.11 电磁混合磁悬浮实验

【实验简介】

磁悬浮技术是集电磁学、电子学、力学和控制工程于一体的现代高新技术,利用此技术可实现无摩擦、无接触、无噪声和无污染等状态,因而备受世人关注.它在磁悬浮列车、磁悬浮轴承等领域得到了广泛应用.

本实验通过设定自制电磁混合磁悬浮实验系统的项目学习任务,要求同学们在规定的时间内通过合作,从系统分析、电路设计、电路板焊接、分系统测试、系统总装、总体调试等过程,自己动手达到项目学习的目标——电磁混合磁悬浮系统实验的正常运行.在本实验中你自己就是实验总体设计师,你自己需要对任务进行合理安排和调整,完成实验任务.

【实验目的】

1. 了解磁悬浮实验系统的工作原理和系统的实现.

2. 学习电路元器件的测量、焊接技术和电路调试方法;焊接非稳态多谐振荡器和脉宽调制器电路板,调整和测试各电路板的参数及波形.

3. 在面包板上按线路图连接各电路部分,悬起物体,在总体上把握实验系统的总装方法和调试方法.

【预习思考题】

1. 了解多谐振荡器、脉宽调制器电路和 H 桥驱动器的工作原理.

2. 了解测试仪器的使用,测量电阻、电容的数值.

【实验仪器】

电源,电磁铁线圈,电烙铁,电子元器件,面包板,数字多用表,示波器,导线等.

本实验系统的工作框图 4.11.1 如下,系统包含有:永磁体悬浮物,带铁芯的电磁铁,霍尔位移传感器,控制器,驱动电路等.

系统工作时,永久磁体悬浮物在平衡位置处,悬浮物的重力和永久磁体与电磁线圈中铁芯间作用力平衡.电磁线圈中的电流主要用于控制,假设悬浮物在平衡位置受到向下的扰动,悬浮物会偏离原来的平衡位置向下运动,此时霍尔传感器所在处的磁场减小,霍尔传感器会将这个信息传给调制控制器,控制器将这一信号处理后,通过改变输出脉宽调制信号的占空比来增加电磁线圈对悬浮物的吸力,使悬浮物受到的向上的力大于向下的力,则悬浮物回到原来的平衡位置.同理,当悬浮物受到径向的向上的扰动时,控制器控制电磁力变成斥力,悬浮物就会下移,通过这种动态控制达到悬浮物在平衡位置附近的动态悬浮.

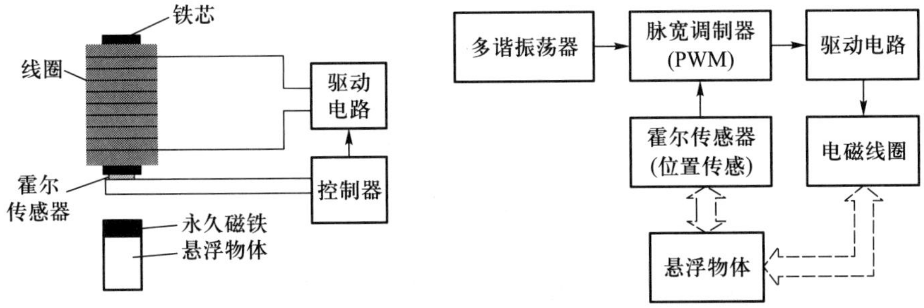

图 4.11.1 电磁混合磁悬浮实验的工作原理图和工作框图

【实验原理】

1. 电磁悬浮系统的物理模型

本系统的数学建模是以悬浮物的动力学方程和电磁学、力学关联方程为基础而建立的.因此系统的模型建立从下面两个方面来考虑.

1.1 悬浮对象的动力学模型

假如忽略掉悬浮物受到的其他干扰力(如风力、电压波动等)的影响,则受控悬浮对象只受到自身的重力 mg 和系统电磁作用力 F(包括永磁体和铁芯间的作用力和电磁线圈和永磁体的作用力).

动力学方程为

$$m\frac{\partial^2 x}{\partial t^2}=F_1(x)+F_2(i,x)-mg \tag{4.11.1}$$

其中,m 是悬浮物的质量,x 是悬浮物和铁芯间的距离,i 是电磁铁中的电流.$F_1(x)$ 是悬浮物中永磁体和铁芯的磁力,此力方向和重力方向相反,大小和位移 x 有关,$F_2(i,x)$ 是电磁线圈和永磁体的作用力,此力可正可负(由电流方向决定),大小与位移 x 和电流 i 有关.

1.2 系统的电磁力模型

设线圈内通过的磁通量为 ϕ_m,线圈截面积为 A,悬浮物距离线圈的距离为 x.考虑到漏磁,设通过电磁铁与悬浮物之间的磁通量 ϕ_0 与通过线圈的磁通量之比为 c,即 $\phi_0=c\phi_m$.

电磁铁线圈内部的磁感应强度为

$$B=\frac{\mu Ni}{l} \tag{4.11.2}$$

其中,μ 为铁芯材料的磁导率,N 为线圈匝数,i 为线圈中的电流,l 为铁芯导磁长度.

根据定义,有电磁铁和悬浮物构成系统的自感系数为

$$L(x)=c\frac{\mu N^2 A}{l} \tag{4.11.3}$$

当线圈中的电流为 i 时,系统的自感能量为

$$W=\frac{1}{2}L(x)i^2 \tag{4.11.4}$$

由此可计算出悬浮磁体和线圈之间的相互作用力

$$F=-\frac{\partial W}{\partial x}=-\frac{c\mu N^2A}{2l}\frac{i^2}{x^2} \tag{4.11.5}$$

此力是电磁铁和永磁体间的作用力,即(4.11.1)式中的 $F_2(i,x)$.

至于永磁体和铁芯材料间的磁力 $F_1(x)$,其大小和距离 x 的平方成反比.

根据上述分析,电磁混合磁悬浮系统的运动方程为

$$m\frac{\partial^2 x}{\partial t^2}=\frac{k'}{x^2}\pm\frac{k''i^2}{x^2}-mg \tag{4.11.6}$$

式中 k' 为与系统参数有关的常数,$k''=\frac{c\mu N^2A}{2l}$,式中第二项的正负对应于是吸力或斥力,m 为悬浮物的质量,g 为重力加速度.

当悬浮物处于平衡位置 x_0 时,电磁线圈中的等效电流为零(对应本系统状态为等宽占空比调制控制),可由(4.11.6)式得到平衡位置 x_0 和系统参数的关系.

2. 控制系统和电路实现

2.1 设计制作对悬浮磁体位置作出响应的位置传感器

要实现对悬浮物的控制,首先要准确地获取悬浮物的位置状态.传感器的灵敏度、可靠性是成功实施控制的先决条件.由于悬浮的是永磁体,可以选用与磁场相关的传感器.这里选用体积很小的霍尔效应传感器,并将其黏贴在电磁铁线圈的最下端中心处,距离悬浮磁体为 x.霍尔效应传感器的输出信号与磁感应强度成正比,悬浮磁块离它越近,它输出的信号越强.

本实验使用的霍尔传感器 SS495A 是一种高灵敏线性霍尔传感器.

它可反应于正的或负的磁场,工作电压为+5 V DC,当磁场为零时,其输出电压是电源电压的一半,然后输出电压随着磁场的变化而线性变化.特性曲线如图 4.11.2 所示.

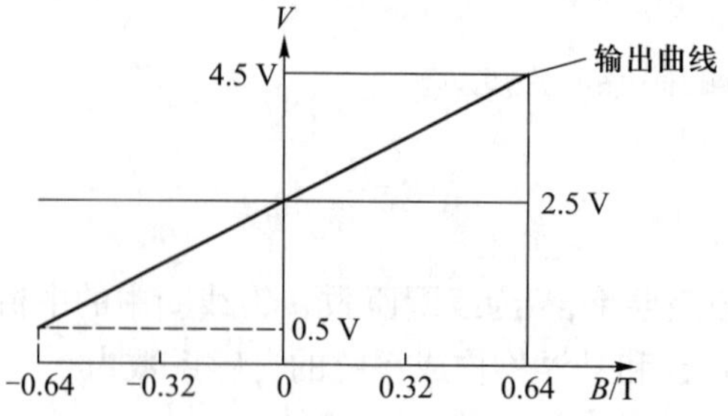

图 4.11.2 SS495A 磁场强度-输出电压特性曲线

2.2 设计制作利用调制位置传感器输出信号来控制电磁铁的控制装置

我们需要将霍尔效应传感器输出的线性信号转变为脉宽调制信号,通过脉冲宽度的变化来控制电磁铁线圈电流的大小和方向.电路用分立元件搭建 555 电路实现.具体电路分为两部分:

2.2.1 非稳态多谐振荡器

此电路用来产生频率确定的脉冲振荡信号,以此作为后面的脉宽调制器的时钟输入信号.产生的脉冲振荡信号的频率由 R_1+2R_2 的值决定.在搭建的电路中,R_1 选可变电阻器.而振荡信号的频率直接决定着电磁铁磁力变化的响应频率,一般来说,响应频率高一些比较好(为什么?).因此通过调节 R_1 的大小可直接控制磁悬浮系统的响应频率.非稳态多谐振荡器电路图如图 4.11.3,输出波形图如图 4.11.4.响应频率与 R_1+2R_2 的关系如图 4.11.5.

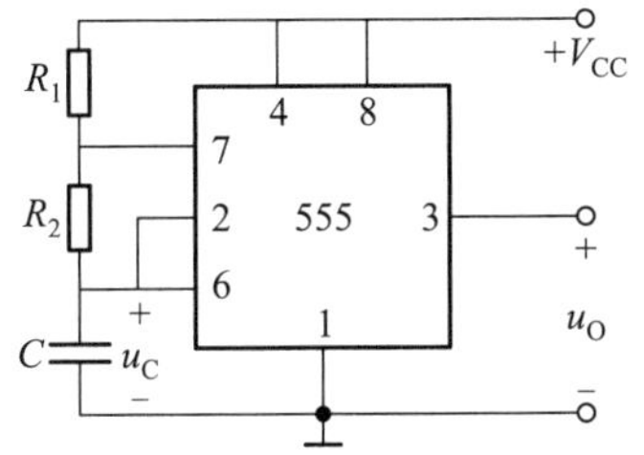

图 4.11.3 非稳态多谐振荡器电路图

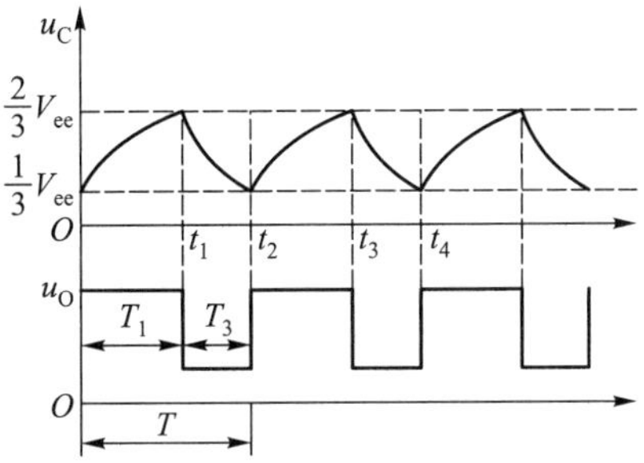

图 4.11.4 输出波形图

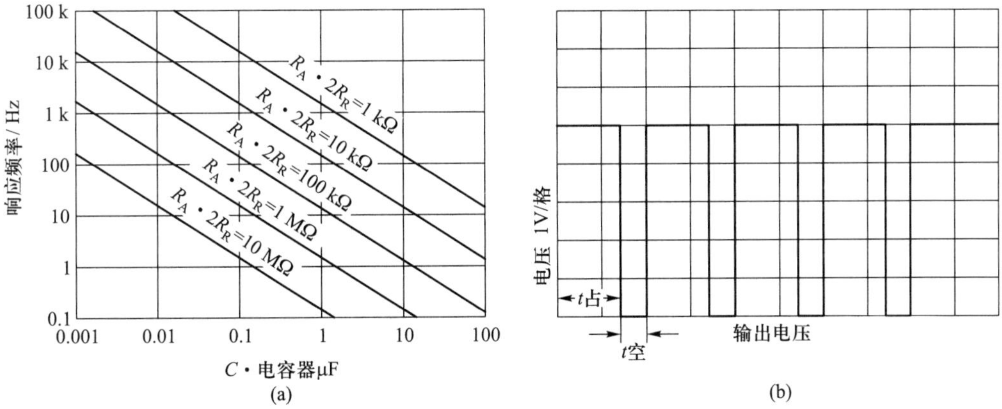

图 4.11.5 非稳态多谐振荡器响应频率

矩形波的振荡周期 $T=T_1+T_2=\ln 2(R_1+2R_2)C\approx 0.7(R_1+2R_2)C$

2.2.2 脉宽调制器

时钟输入 2 接〈1〉中的非稳态多谐振荡器的输出,输入脉冲振荡作为时钟信号;调制输入 5 接霍尔效应传感器的输出信号,作为调制信号.此电路将原本脉宽一定的时钟信号调制为随霍尔效应传感器的输出信号大小而改变脉冲宽度大小的PWM 信号.脉宽调制器电路图见图 4.11.6.输入、输出波形对比图见图 4.11.7.当悬浮磁体离霍尔效应传感器较近时,传感器的输出信号较大,这相当于调制输入电压较大;由图 4.11.7 可见,对于较大的调制输入电压,输出电压的脉冲宽度较大,反之亦然.在此电路中,R_1 为可变电阻器,它的作用是调节初始状态占空比.

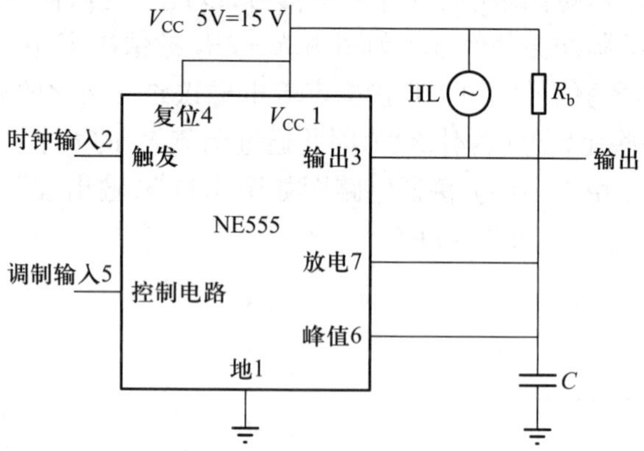

图 4.11.6 脉宽调制器电路图

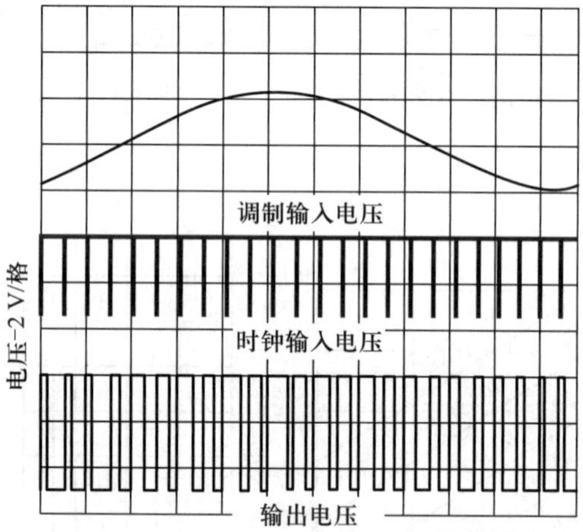

图 4.11.7 脉宽调制器输入、输出波形图

2.2.3 线圈驱动电路的设计制作

由于电磁铁线圈内有铁芯,当悬浮磁块离贴在铁芯上的传感器太近时,一定会被铁芯吸引.这时,电磁铁线圈应该产生将它推开的斥力.而对于相反的情况,电磁铁线圈应该产生吸力.这就需要电磁铁能够改变极性,可以提供从斥力一直连续变化到吸力的输出.本实验选择机器人控制领域常用的元件——电机控制芯片LMD18201.LMD18201 可提供很多种功能,使用它来得到包含方向与脉宽两方面信息的信号,它还起到将控制信号放大的作用.将 LMD18201 的 3 脚(方向)接 555 电路的 PWM 信号输出;LMD18201 的 5 脚直接接高电平.输入输出信号示意图如

图 4.11.8.电路中每个周期都有正向及反向的电压存在,最终电压的方向决定于电压对时间的积分.例如,脉冲宽度为整个周期的 50% 的 PWM 信号,积分结果平均电压为零,所以线圈电流也为零.这种控制方法意味着电磁铁的线圈电流在控制过程中以极高的频率转换方向,积分后的平均值决定最终线圈内的控制电流.

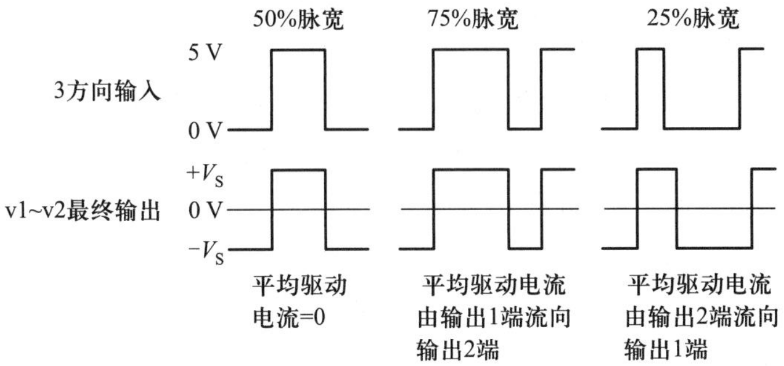

图 4.11.8　线圈驱动电路的输入、输出信号比较图

3. 电磁混合磁悬浮实验系统

按图 4.11.9 连线,并测试画星号各点的电压值或波形,记录数据.

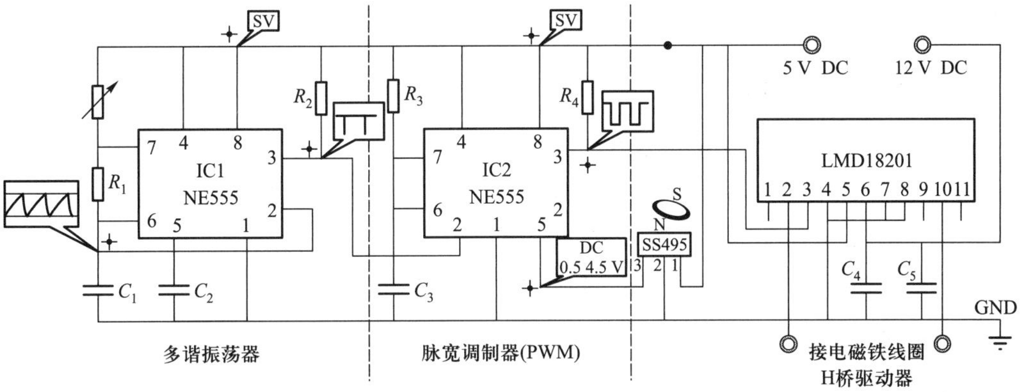

图 4.11.9　线圈驱动电路的输入、输出信号比较图

★ 图上带有星号的点需要用电压表或者示波器测试,并做记录.

【实验内容与步骤】

1. 焊接电路板之前,首先弄清楚系统的工作原理,在教师的指导下辨认、测试各种电子元器件的参数.

2. 根据实验室提供的三块电路板分别焊接组成多谐振荡器、脉宽调制器和线圈驱动控制器;将电子元件正确地插入线路板(PCB)相应的位置上,用电烙铁焊接元件.注意不要虚焊,焊接时间也不能太久,否则容易过热而损坏元件.

3. 利用测量仪器分别测量分系统的工作状态,保证各电路系统正常工作,记录相应测试现象;焊接好线路板之后,将线路板安装进插件盒子当中.然后分别对线路板进行测试.首先选好电源电压(注意:集成电路组件的供电电压有严格要求,电压过高会瞬间烧毁组件),12 V 和 5 V 电源不要接错,然后测试组件供电是否正常,输出波形是否正确(输出幅度和频率等).

4. 利用实验室提供的大面包板,将各分电路系统总装在一起,注意面包板的正确使用;用导线连接各线路板,继续用示波器观察各个线路板的输出波形是否正确.如果波形正确,可以试着将物体放在电磁铁的正下方并上下移动,感觉一下手受到的力是怎样的? 如果明显地感觉到一直是斥力,可以将电磁线圈的两个接点对调一下,改变一下电磁铁的出力方向.然后慢慢地将物体由远至近靠近电磁铁,如果电磁铁出力方向正确,此时用手向上或者向下推动物体,都会感觉到一股相反的力存在.此时松开手,物体会在电磁铁下方的某一点稳定地悬浮.

5. 总机调试,观察实验现象,分析实验过程,实现系统目标.

【注意事项】

焊接好线路板之后,一定要在老师检查完线路之后方可通电测试及实验.由于本实验所用的集成电路组件较贵重,一旦烧毁将严重影响实验的继续进行,并可能造成其他同学无法继续实验,请同学们一定仔细检查线路的连接,并请老师检查后再通电.

【数据记录与处理】

1. 列表记录电路中电子和电容的数值.

2. 稳定悬浮起物体后,用电压表和示波器测试带有星号点处的电压表和波形波器,并记录电压、输出波形、幅度、频率等信息.

3. 拍摄磁悬浮实验系统的照片,打印出来后附在实验报告中.

【思考题】

总结本次实验心得体会.

4.12　巨磁阻效应实验

【实验简介】

巨磁阻效应是一种磁致电阻效应,相对于传统的磁电阻效应大一个数量级以上,因此命名为巨磁阻(Giant Magnetoresistance),简称 GMR.磁场作用于磁性多层膜中导电电子的自旋,导致膜电阻发生很大的变化,这种变化可以通过测量电阻或以电压方式反映出来.巨磁阻效应的应用已发展到计算机磁头、巨磁电阻传感器、磁随机存储器等许多领域.

【实验目的】

1. 了解巨磁阻效应原理,掌握巨磁阻传感器原理及其特性.
2. 掌握巨磁阻传感器的定标方法,用巨磁阻传感器测量弱磁场.
3. 测量巨磁阻传感器的灵敏度与工作电压的关系.

【预习思考题】

1. 什么是巨磁阻效应?
2. 如何利用巨磁阻效应来测量弱磁场?

【实验仪器】

DH-GMR-2 巨磁阻效应实验仪.

【实验原理】

1. 巨磁电阻(GMR)效应

磁致电阻效应普遍存在于所有金属(如 Au,Cu 等)以及半导体中.所谓磁阻(MR),即磁致电阻,是指电阻率在外加磁场下所产生的变化;若电阻随磁场增大称为正磁阻效应,减小则为负磁阻效应.通常金属中的磁电阻在 1%~3%左右.

1988 年,法国巴黎大学的研究小组首先在 Fe/Cr 多层膜中发现了巨磁阻效应,如图 4.12.1 所示.在达到饱和磁化后,电阻下降的幅度在 4.2 K 可达 50%,远大于普通的磁阻变化,称为巨磁阻.巨磁电阻(GMR)效应是一种量子力学效应,这种效应只有在纳米尺度的层状薄膜结构中才能观测出来,这种结构由铁磁材料(Fe,Co,Ni 等)和非铁磁材料(Cr,Cu,Ag 等)交替叠合而成.多层膜的 GMR 效应的特点是:(1) MR 幅值巨大;(2) 负磁电阻效应;(3) 各向同性的磁电阻效应,即 MR 与电流 I 和磁场 H 的相对取向无关或基本无关.

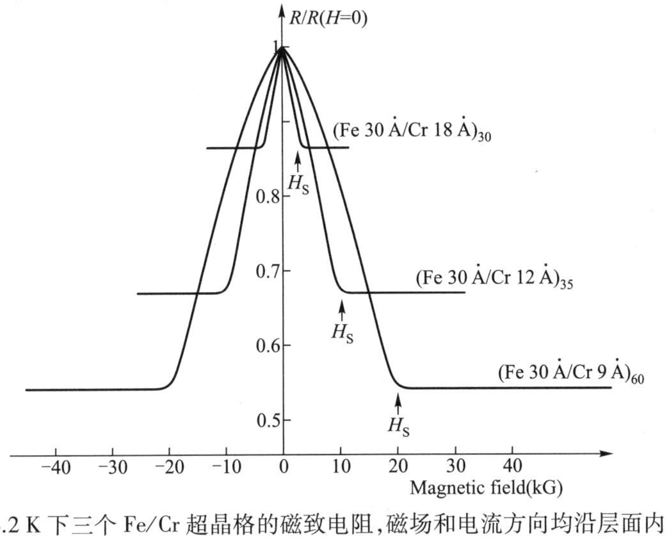

图 4.12.1 4.2 K 下三个 Fe/Cr 超晶格的磁致电阻,磁场和电流方向均沿层面内的[110]轴

巨磁阻效应来自于载流电子的不同自旋状态与磁场的作用不同,因而导致的电阻值的变化.它依赖于相邻铁磁层的磁矩的相对取向.当相邻铁磁层的磁矩平行,且铁磁材料的磁化方向与电子的自旋方向相同时载流子与自旋有关的散射最小,材料有最小的电阻值;当相邻铁磁层的磁矩反平行,且铁磁材料的磁化方向与电子的自旋方向相反时,与自旋有关的散射最大,材料的电阻最大.图 4.12.2 是两流模型解释 GMR 机制的示意图.

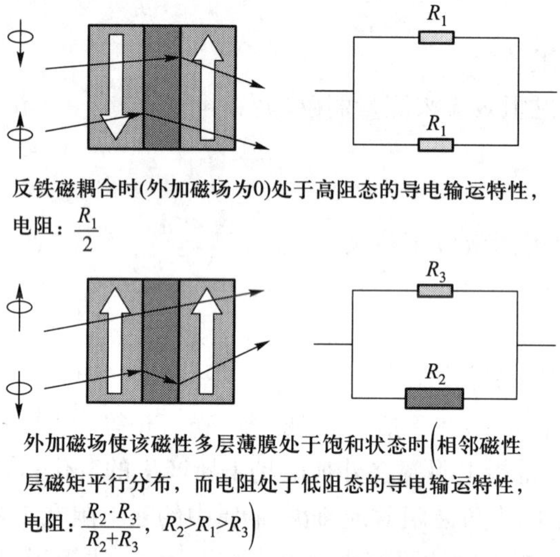

图 4.12.2 利用两流模型来解释 GMR 的机制

2. 巨磁电阻(GMR)传感器原理

巨磁电阻(GMR)传感器将四个巨磁电阻(GMR)构成惠斯通电桥结构,该结构可以减少外界环境对传感器输出稳定性的影响,增加传感器灵敏度.工作时图 4.12.3 中"电流输入端"接 5~15 V 的稳压电压,"输出端"在外磁场作用下输出电压信号.

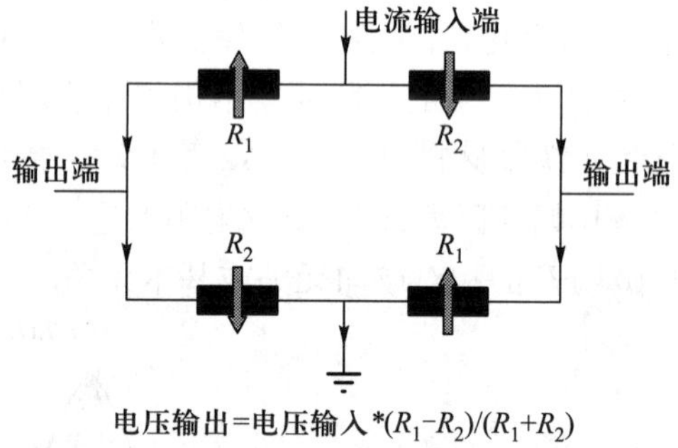

图 4.12.3 惠斯通电桥在磁场传感器应用中的原理

巨磁电阻(GMR)传感器的输出:

$$U_{输出}=U_{out+}-U_{out-}=V_+ \cdot R_1/(R_1+R_2)-V_+ \cdot R_2/(R_1+R_2) \tag{4.12.1}$$

若 $R_1=R_2=R_1=R_2$,在无加场强时,$U_{输出}=U_{out+}-U_{out-}=0$

当存在外场强时,$U_{输出}=U_{out+}-U_{out-}=V_+ \cdot (R_1-R_2)/(R_1+R_2)$ (4.12.2)

3. 亥姆霍兹线圈的磁场分布

(1) 载流圆线圈磁场

根据毕奥-萨伐尔定律,载流线圈在轴线(通过圆心并与线圈平面垂直的直线上某点的磁感应强度为

$$B=\frac{\mu_0 R^2}{2(R^2+x^2)^{3/2}}NI \tag{4.12.3}$$

式中 I 为通过线圈的励磁电流强度，N 为线圈的匝数，R 为线圈平均半径，x 为圆心到该点的距离，μ_0 为真空磁导率.因此，圆心处的磁感应强度 B_0 为

$$B_0=\frac{\mu_0}{2R}NI \tag{4.12.4}$$

（2）亥姆霍兹线圈

亥姆霍兹线圈是一对匝数和半径相同的共轴平行放置的圆线圈，两线圈间的距离 d 正好等于圆形线圈的半径 R.这种线圈的特点是能在其公共轴线中点附近产生较广的均匀磁场区，故在生产和科研中有较大的实用价值，其磁场合成示意图如图 4.12.4 所示.

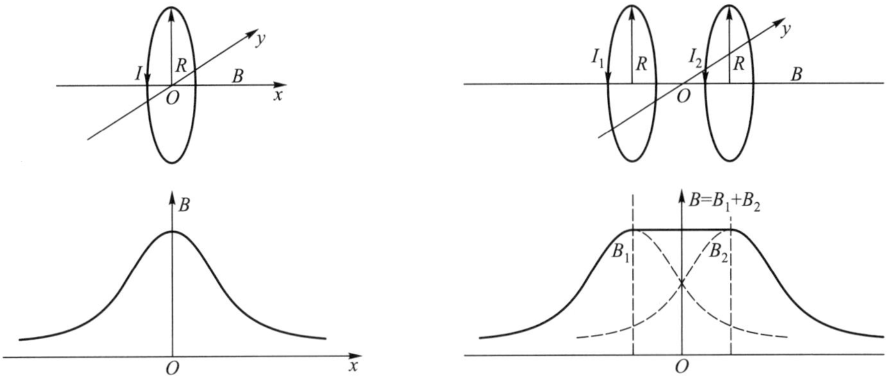

图 4.12.4 亥姆霍兹线圈磁场分布图

当两线圈的通电电流方向一样时，线圈内部形成的磁场方向也一致，这样两线圈之间的部分就形成均匀磁场.当两通电线圈电流方向不同时在两线圈中心的磁场应为 0.

设 Z 为亥姆霍兹线圈中轴线上某点离中心点 O 处的距离，则亥姆霍兹线圈轴线上任点的磁感应强度为

$$B=\frac{1}{2}\mu_0 NIR^2\left\{\left[R^2+\left(\frac{R}{2}+Z\right)^2\right]^{-3/2}+\left[R^2+\left(\frac{R}{2}-Z\right)^2\right]^{-3/2}\right\} \tag{4.12.5}$$

而在亥姆霍兹线圈轴线上中心 O 处磁感应强度 B_O 为

$$B_O=\frac{\mu_O NI}{R}\times\frac{8}{5^{3/2}} \tag{4.12.6}$$

实验取 $N=500$ 匝，$I=500$ mA，$R=110$ mm，圆心 O 处 $x=0$，可算得圆电流线圈磁感应强度为 2.05 mT.（注：1 mT = 10 Gs）.实验仪器的亥姆霍兹线圈红色接线柱是接的内铜导线，黑色接线柱是外铜导线，可用右手法则判别磁场方向.

【实验内容与步骤】

1. 首先，将所有的旋钮按照面板上的方向标示，调到最小位置.按图 4.12.5 进行实验连线，检查无误后，再开启电源（注意亥姆赫兹线圈中各线圈通电电流方向不要弄错，可用右手法则判别磁场方向）.注：VCC－巨磁阻传感器的工作电压；

Vi-巨磁阻传感器的输出电压测量.

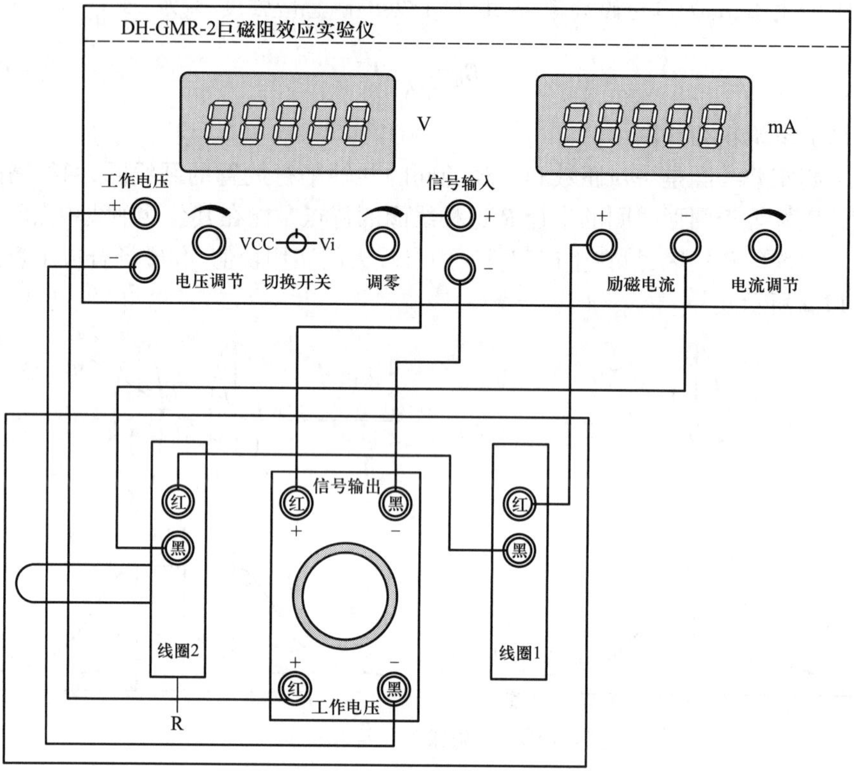

图 4.12.5　实验接线示意图

2. 正向磁场特性

（1）确保可移动线圈 2 固定在 10(R)处,确保双线圈为亥姆赫兹线圈.

（2）将传感器转盘的角度指示转到 0 刻度上,使传感器敏感轴与亥姆赫兹线圈共轴;旋转测试架,使亥姆赫兹线圈轴线与地磁场水平方向一致(巨磁阻传感器灵敏度较高,地磁场对实验测试有一定的影响,如何确定地磁场水平方向?).将显示“切换开关”打到“VCC”端,调节“电压调节”旋钮,使传感器的“工作电压”调到 5 V,将“励磁电流”调到 350 mA.静置 1 分钟后,“励磁电流”调节到 0 mA.

（3）将显示“切换开关”打到“Vi”端,对“输入信号”调零.按照(4.12.4)式计算亥姆霍兹线圈的磁感应强度 B,依次增加励磁电流值,记录传感器输出电压值 U_o,记入表 4.12.1 中.

表 4.12.1　传感器输出电压与磁感应强度的关系

工作电压＝ 5.000 V

序号	励磁电流/mA	线圈磁感应强度 B/Gs	传感器输出电压 U_o/mV
0	0		
1	10		

续表

序号	励磁电流/mA	线圈磁感应强度 B/Gs	传感器输出电压 U_o/mV
2	20		
3	30		
4	40		
5	50		
6	60		
7	70		
8	80		
9	90		
10	100		
11	110		
12	120		
13	130		
14	140		
15	150		
16	160		
17	170		
18	180		
19	190		
20	200		
21	210		
22	220		
23	230		
24	240		
25	250		
26	260		
27	270		
28	280		
29	290		
30	300		

3. 根据表4.12.1数据，以亥姆霍兹线圈的磁感应强度 B(Gs)为横坐标，以传感器输出的电压值 U_o(mV)为纵坐标，绘制巨磁阻传感器的 U_o-B 曲线.

4. 计算工作电压为 5 V 时传感器灵敏度 δ(mV/Gs/V). 传感器灵敏度计算公式:

$$灵敏度\ \delta = 电压变化量(\Delta V)/(Gs * 工作电压)$$

注:电压变化量(ΔV)——巨磁阻传感器的输出电压值的变化量;

Gs——磁场单位高斯;工作电压——即 VCC,传感器的工作电压值.

5. 巨磁阻传感器敏感轴与被测磁场间夹角与传感器灵敏度的关系

在相同场强下,当外场强方向平行于传感器敏感轴方向时,传感器输出最大. 当外场强方向偏离传感器敏感轴方向时,传感器输出与偏离角度成余弦关系. 即传感器灵敏度与偏离角度成余弦关系

$$\delta(\theta) = \delta(0)\cos\theta$$

(1) 将传感器转盘转到 0 角度刻线上,并使亥姆赫兹线圈轴线与地磁场水平方向一致. 将显示"切换开关"打到"VCC"端,调节"电压调节"旋钮,使传感器的"工作电压"调到 5 V,将"励磁电流"调到 350 mA. 静置 1 分钟后,"励磁电流"调节到 0 mA.

(2) 将显示"切换开关"打到"Vi"端,对"输入信号"调零. 将"励磁电流"调节到 200 mA,即 $B = 8.18$ Gs. 顺时针旋转传感器转盘 θ 角度,每次旋转 5°,记录对应的输出电压值,测到 90°为止,数据记录在表 4.12.2 中.

表 4.12.2 传感器输出电压与传感器敏感轴与被测磁场间夹角的关系

工作电压 = 5.000 V　　　　励磁电流 = 200 mA

角度 θ(°)	$\cos\theta$	传感器输出电压 U_i
0		
5		
10		
15		
20		
25		
30		
35		
40		
45		
50		
55		
60		
65		
70		

续表

角度 θ(°)	$\cos\theta$	传感器输出电压 U_i
75		
80		
85		
90		

(3) 参照表4.12.2数据,分析传感器敏感轴与磁场间的夹角 θ 对应的传感器灵敏度 δ_θ,与传感器敏感轴与磁场间的夹角 θ 为0°时对应的传感器灵敏度 δ_0 的关系,是否满足余弦关系.(考虑到有地磁场的影响,会与理论值有一定的误差).

6. 巨磁阻传感器的灵敏度与工作电压的关系

(1) 传感器的"工作电压"调到5 V,将"励磁电流"调到350 mA.静置1分钟后,"励磁电流"调节到0 mA,将显示"切换开关"打到"Vi"端,对"输入信号"调零.

(2) 参照表4.12.1进行测量,使传感器工作电压分别为5 V、8 V、10 V、15 V等,数据记录到表4.12.3中.作图分析传感器不同工作电压时对应的灵敏度 δ_v(mV/Gs).(注意,每次改变巨磁阻工作电压后,传感器输出要重新调零).

表4.12.3 不同工作电压下的传感器输出与磁感应强度的关系

励磁电流和磁感应强度		传感器输出 U_o/mV			
励磁电流/mA	磁感应强度/Gs	VCC=5 V	VCC=8 V	VCC=10 V	VCC=15 V
0					
10					
20					
30					
40					
50					
60					
70					
80					
90					
100					
110					
120					
130					
140					

续表

励磁电流和磁感应强度		传感器输出 U_o/mV			
励磁电流/mA	磁感应强度/Gs	VCC = 5 V	VCC = 8 V	VCC = 10 V	VCC = 15 V
150					
160					
170					
180					
190					
200					
210					
220					
230					
240					
250					
260					
270					
280					
290					
300					

（3）根据表 4.12.4 数据，作图分析巨磁阻传感器灵敏度 δ 与工作电压关系.

表 4.12.4　传感器工作电压与灵敏度的关系

工作电压/V	5	8	10	15
灵敏度 δ_v (mV/Gs)				

【思考题】

1. 测量开始前，为什么要设好工作电压，将励磁电流调到 300 mA 或 350 mA，静置 1 分钟后，再将励磁电流调到 0.

2. 巨磁阻传感器的灵敏度主要和什么参量有关?

4.13 单色仪及其应用

4.13.1 用单色仪测量物质的透射率

【实验简介】

单色仪是常用的基本光谱仪器,用它可获得各种颜色的单色光,常用于测量介质的光谱特性、光源的光谱能量分布及光电探测器的光谱响应等.

介质对光的吸收、透射和反射与入射光的波长有关,介质的这种特性称为介质的光谱特性.介质光谱特性的测量是材料研究的重要内容.

【实验目的】

1. 了解光栅单色仪的构造原理和使用方法.
2. 学习测量介质透射曲线的方法.

【预习思考题】

1. 正确使用单色仪应注意哪些问题?
2. 如果电流示值超出其显示范围,主要由哪些因素造成的? 如何解决?
3. 如何测定某样品的光谱透射率?

【实验仪器】

单色仪,测试仪,待测的钕玻璃样品.

【实验原理】

1. 光栅单色仪的结构和原理

如图 4.13.1.1 所示,光栅单色仪由光源、分光系统(单色仪)和接收系统(光电倍增管)三部分组成.

1.1 光源:由氘灯和溴钨灯组成.在可见光范围内,氘灯由 410.1、433.9、486.0、656.1 nm 谱线构成,用于波长定标;溴钨灯为连续光谱用于测量.

1.2 单色仪的分光系统

光栅单色仪的分光系统如图 4.13.1.1 所示,光源发出的光均匀地照亮入射狭缝 S_1,S_1 位于离轴抛物镜 M_1 的焦平面上,光通过 M_1 变成平行光照射到光栅上,经光栅 G 衍射的光经过 M_2 会聚到出射狭缝 S_2,由于光栅的分光作用,从 S_2 出射的光为单色光.当光栅转动时,不同波长的光从出射狭缝 S_2 依次出现.

单色仪的基本特性是其单色性和出射单色光的强度,实验中,总是希望出射的单色光的光谱宽度尽量窄(即单色性尽量好)和单色光的强度尽量高.除了光栅的色散率的大小外,单色仪出射光的光谱宽度的宽窄主要由缝宽,衍射和像差等因素

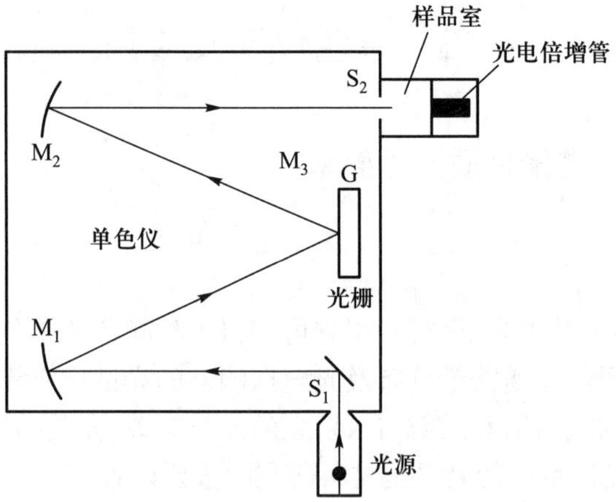

图 4.13.1.1

决定,其中像差在设计调整时已尽量减小.在正常情况下,对单色仪来说,主要是解决缝宽问题.

缝宽的选择,一方面使缝宽尽可能窄,使相邻两波长尽可能分开,另一方面,缝的宽度又不能太小,否则出射的单色光的强度变得太小,而无法探测到.至于缝宽究竟选择多少,则要根据光强的强弱和接收器的灵敏度来决定.

1.3　单色仪的接收系统——光电倍增管

光电倍增管的主要功能是将微弱的光信号通过光电阴极转换为光电子,并使光电子数量借助二次发射,从而得到倍增放大.如图 4.13.1.2 所示为光电倍增管的示意图.

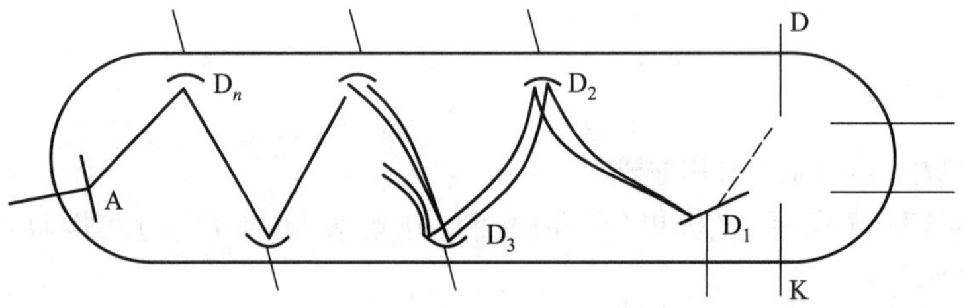

图 4.13.1.2

工作原理如下:光照射在光电倍增管上,光电阴极 K 在入射光的激发下逸出光电子,该光电子在电场被加速后打到第一倍增极 D_1 上,然后又在高速初级电子的激发下,D_1 产生二次电子发射,这些电子又被电场加速并入射到 D_2 上,激发出更多的二次电子,最后经倍增的光电子被阳极 A 收集而输出光电流.

2. 单色仪的定标

单色仪的鼓轮刻度值与光谱波长的对应曲线称为单色仪的定标曲线.单色仪在出厂时都有定标曲线的数据,但经过长期使用或重新装调后,其数据会发生变化,就需要重新定标,作出定标曲线,以便由鼓轮刻度值得到出射光波长.

制作单色仪的定标曲线时，是用一些波长已知的谱线宽度较窄的复色光源照亮单色仪入射狭缝，经单色仪色散，各种单色光按光波波长顺序从出射狭缝射出，读出和波长相应的鼓轮刻度值，便可由波长和鼓轮刻度值的对应关系，作出单色仪的定标曲线.在可见光区，汞灯、钠灯、氖灯等均可作为波长已知的光源.本实验用氖灯作为已知谱线的光源.

3. 介质的光谱透射率

一束波长为 λ 的单色光垂直入射到一透明介质上，设入射光的强度为 $I_0(\lambda)$，透射光的强度为 $I(\lambda)$，则介质的透射率 $T(\lambda)$ 定义为

$$T(\lambda)=\frac{I(\lambda)}{I_0(\lambda)} \tag{4.13.1.1}$$

$T(\lambda)$ 的值越大，表示该介质对此波长的光吸收得越少，透射得越多.同一种介质，对不同波长光的透射率不同，即 $T(\lambda)$ 是 λ 的函数.

$T(\lambda)-\lambda$ 曲线称为介质的光谱透射率曲线.测量时，常以溴钨灯作光源，出射的单色光由光电倍增管接收，用检流计测量光电流值.

当未放置待测样品时，由出射狭缝射出的单色光产生的光电流 $i_0(\lambda)$ 与入射光强 $I_0(\lambda)$、单色仪的光谱透射率 $T(\lambda)$ 以及光电倍增管的光谱灵敏度 $S(\lambda)$ 成正比，即

$$i_0(\lambda)=kI_0(\lambda)T_0(\lambda)S(\lambda) \tag{4.13.1.2}$$

式中 k 为常数.若将一光谱透射率为 $T(\lambda)$ 的待测样品置于光路中，则相应出射光的光电流 $i(\lambda)$ 可表示为

$$i(\lambda)=kI(\lambda)T_0(\lambda)S(\lambda)=kI_0(\lambda)T(\lambda)T_0(\lambda)S(\lambda) \tag{4.13.1.3}$$

由(4.13.1.2)式和(4.13.1.3)式可得

$$T(\lambda)=\frac{I(\lambda)}{I_0(\lambda)}=\frac{i(\lambda)}{i_0(\lambda)} \tag{4.13.1.4}$$

实验时，转动单色仪的读数手轮 k，测量不同波长下的 $i(\lambda)$ 和 $i_0(\lambda)$ 值，即可作出 $T(\lambda)-\lambda$ 曲线.

【实验内容与步骤】

1. 熟悉测试仪的使用

测试仪由氖灯、溴钨灯电源，光电倍增管负高压模块，光电流放大电路和低压电源及数字显示表组成.光电流放大电路用来放大光电倍增管输出的直流信号电流，其放大倍数可由前面板增益调节旋钮控制，实验者可根据需要调节其大小.光电倍增管负高压电源用来供给光电倍增管工作时所必需的负高压，可根据光强信号强弱适当增减.

2. 测单色仪的定标曲线

2.1 仪器调整.打开测试仪的电源开关，用氖灯作光源，使其发出的光照射在狭缝 S_1 上.调节入射狭缝和出射狭缝的大小；转动单色仪的读数手轮，观察氖灯谱线光强的变化，在光强最大位置处调节电流增益及光电倍增管电压，使电流显示在其量程内.

2.2　定标测量.转动单色仪的读数手轮,定性观察氖灯谱线,从谱线的强度和间距辨认谱线,认准后单方向转动读数手轮使氖灯的各谱线依次通过,分别记下手轮读数 N 和所对应的波长 λ.

2.3　作定标曲线.以 N 为纵坐标,λ 为横坐标,在坐标纸上绘出定标曲线.

3. 测钕玻璃的透射曲线

3.1　合理选择电流增益及光电倍增管电压.溴钨灯作光源,在可见光范围内观察显示窗口电流随波长的变化情况,在光强最大位置处,使电流显示值在 170~190 间.

3.2　测量.依次按一个方向(从红光至紫光或反之)转动读数手轮,每隔 5 nm 记录一次不同波长光出射时对应的光电流 $i_0(\lambda)$,然后放置待测样品,记录不同波长的光经过样品后的光电流 $i(\lambda)$ 值,用(4.13.1.4)式计算样品对不同波长的光谱透射率 $T(\lambda)$,作出被测样品在可见光范围内的光谱透射率曲线.

【注意事项】

1. 狭缝是单色仪的精密元件,要特别小心使用.缩小狭缝宽度时,切勿使狭缝的两刀口相碰,即不允许螺旋读数小于零.

2. 钕玻璃样品属易磨损玻璃片,一定要轻拿轻放,不要随便扔在桌子上,以免碎掉或磨损坏.

3. 不要将加有高压的光电倍增管置于强光(包括自然光)照射下,以免损坏,不用时将高压调为零.

4. 光电倍增管上加有高电压,实验时切勿触摸以免触电.

【思考题】

1. 从单色仪出射狭缝 S_2 射出的光是真正的单色光吗？若出射缝的宽度不变,出射的红光和紫光所包含的波长范围是否相同?

2. 试讨论单色仪的入射狭缝和出射狭缝的宽度对出射光单色性的影响.

4.13.2　用(CCD)单色仪测量物质的透射率

【实验简介】

HCD-CTD-1 智能单色仪与传统 PMT 单色仪的实验原理基本相同,区别主要体现在仪器结构简化和操作的快捷.智能单色仪中使用了平场凹面全息光栅和线阵 CCD,使得光谱瞬时分析得以实现,大大改善了光谱分析的效率.

【实验目的】

1. 了解(CCD)单色仪的构造原理和使用方法.

2. 学习测量介质透射曲线和吸光度的方法.

【预习思考题】

1. 平场凹面光栅与传统单色仪中光栅的区别在哪里?
2. CCD 工作原理是什么?

【实验仪器】

(CCD)单色仪(见附录),低压汞灯,溴钨灯,待测的钕玻璃样品.

【实验原理】

1. 智能单色仪的结构和原理

智能单色仪由光谱仪模块、样品池模块和触摸显示屏三大模块组成.

实验原理图见图 4.13.2.1;智能单色仪光路图见图 4.13.2.2.

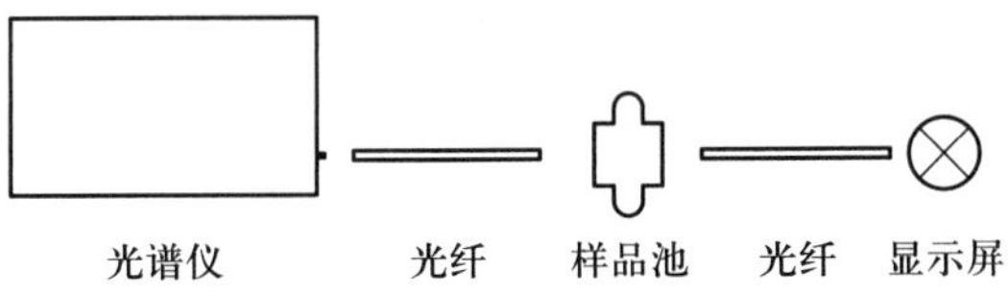

图 4.13.2.1 物质的透射率测量光路图

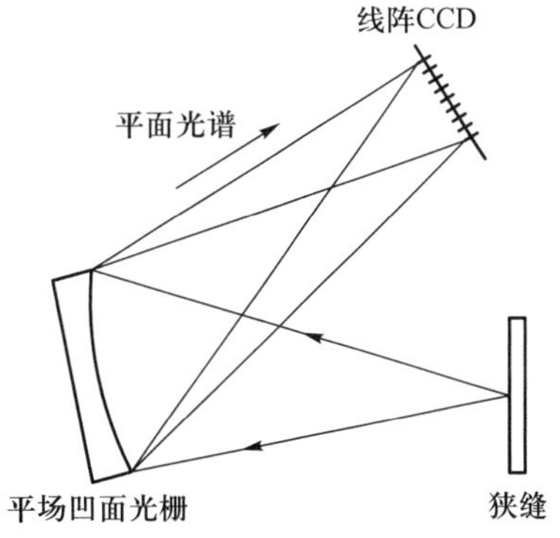

图 4.13.2.2 智能单色仪光路图

CCD 智能单色仪与 PMT 单色仪在结构上的区别:1. 平场凹面全息光栅代替凹面全息光栅.经凹面全息光栅出射的光谱面是球面,而经平场凹面全息光栅出射的光谱面为平面,为利用线阵 CCD 等光电子器件对光谱信号进行采集、处理和存储提供了基础.由于平场凹面光栅自身集聚焦、分光等多功能于一体,省去了反射镜、准直镜、聚焦镜的使用,使仪器构造简单.2. CCD 阵列检测器代替光电倍增管接收系统.用光电倍增管作为探测器,1 次只能测量 1 个波长的光谱信息.CCD 可以同时接收比较宽的光谱带并进行检测,以实现多波长光谱的瞬时分析.

CCD 阵列检测器工作原理:CCD 全称电荷耦合器件,是一种新型的半导体光电传感器件,它是由光敏像元或线阵排列组成,当线阵排列时即为线阵 CCD.在入射光激发下,每个光敏像元像素产生 1 个电信号,电信号的电压值与光强的大小相对应.通过对电信号的分析实现对光谱信号的分析.

2. 定标

智能单色仪定标的意义:确定 CCD 像素点(像元序号)与波长的对应关系.

定标时采用已知谱线波长的汞灯作为光源.汞灯在可见光区域有 6 条较强能量谱线,分别是 365.48 nm、404.66 nm、435.83 nm、546.07 nm、576.96 nm、579.06 nm.

定标公式：$\lambda = ax^2+bx+c$，是波长关于像素点的一元二次方程.确定此函数公式，需确定三个常量，因此需三个波长和像素点的对应位置（即找到3组满足函数的坐标点(x,y)）.因此定标时选择谱线强度最强的3条，用仪器中寻峰的功能准确找到对应已知谱线波长的像素点，即可完成定标.

3. 测量介质的透射率和吸光度

智能单色仪可以测量不同形式的样品的透射率$\left(T(\lambda)=\dfrac{I(\lambda)}{I_0(\lambda)}\right)$和吸光度$\left(A=\lg\dfrac{I_0(\lambda)}{I(\lambda)}\right)$，其中$I_0$为入射光强，$I$为透射光强.

【实验内容与步骤】

1. 设置积分时间

1.1　打开电源开关，TouchPad界面启动.

1.2　界面启动后，自动弹出“选择要使用的应用程序”.先在默认选项方框上打钩，再选择 GpyAndroidPad 图标.

1.3　点击 启动 图标，软件开始循环读取光谱谱线数据.

1.4　点击 停止 ，再点击 积分 ，弹出参数设置，可设置“积分”和“频率”.默认“积分”设置0，“频率”设置1，此时积分时间为0.007秒.当测量较弱信号时，可设置较长的积分时间.建议“积分”设置不超过8.

2. 定标

2.1　如图4.13.2.3所示，点击 像素/波长 ，将谱线显示界面横坐标切换到“像素”模式.

2.2　智能单色仪运行中，将波长校准光源（如低压汞灯或其他有多个特征谱线的光源）发出的光经SMA905接口的光纤引入智能单色仪，智能单色仪软件界面实时更新谱线，点击 停止 让智能单色仪处于当前光谱获取状态.

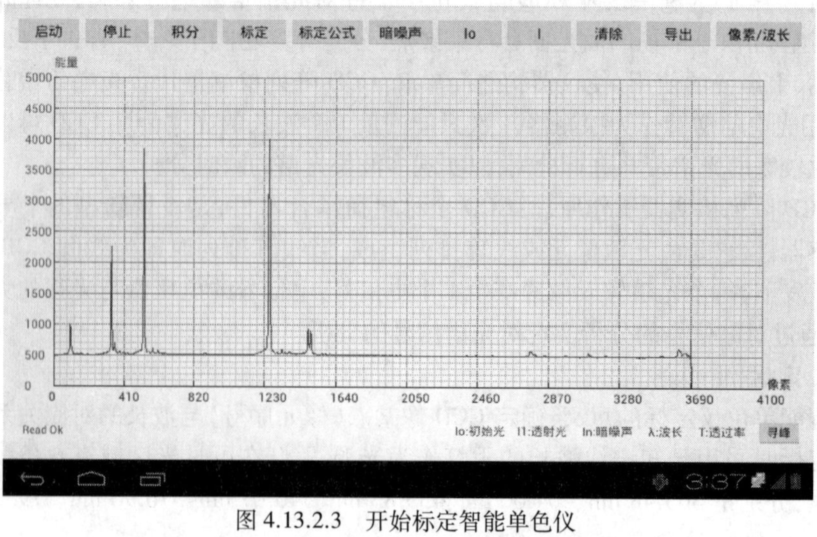

图 4.13.2.3　开始标定智能单色仪

2.3 点击 标定 ,则弹出波长标定界面,如图 4.13.2.4 所示.

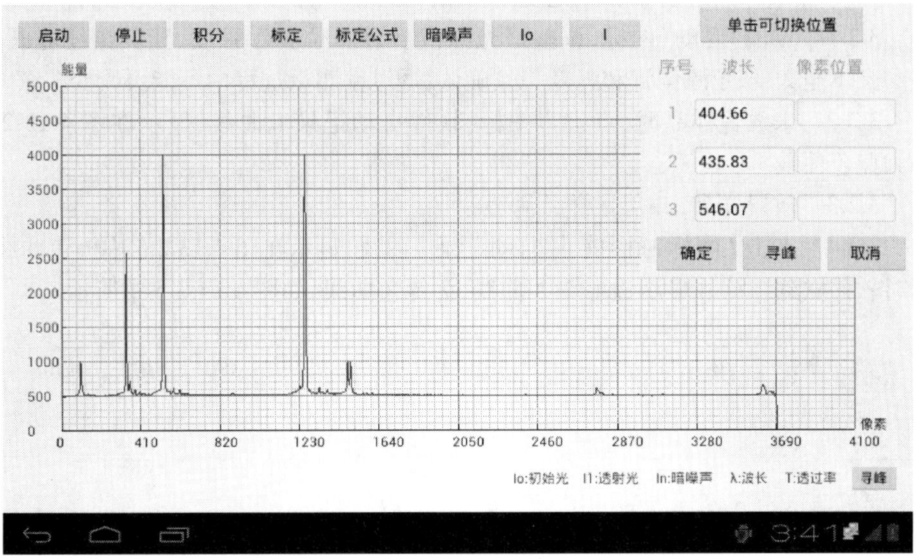

图 4.13.2.4　波长标定界面

2.4 已知低压汞灯在可见光区域有 6 条较强能量谱线,分别是 365.48 nm、404.66 nm、435.83 nm、546.07 nm、576.96 nm、579.06 nm.如果采用 3 组数据标定,只用中间 3 条特征谱线.则观察谱线,可确定 404.66nm 谱线对应的像素位置在 200~410 之间.在弹出的波长标定界面上点击“寻峰”图标,弹出“输入寻峰范围”,在“上限”输入 200,“下限”输入 410,点击“确定”.显示“像素位置”为 337,“填充序号”选择 1,因为该像素位置对应的波长是序号为 1 的 404.66 nm.

2.5 按照上述方法依次确定 435.87 nm 和 546.07 nm 特征谱线对应的像素位置.

2.6 像素位置寻峰完毕后,点击“确定”,软件自动弹出标定公式,点标定公式下方的“确定”后会更新并保存在图标 标定公式 显示的公式中.

2.7 点击 像素/波长 图标,光谱谱线横坐标切换到波长模式下,波长定标完成.

注:如果标定光源不是低压汞灯,请将其他使用的标定光源波长数值输入标定对话框中.

3. 样品透射率和吸光度的测量

3.1 暗噪声测量

在测量样品的透射率和吸光度之前,需测量暗噪声的大小.

暗噪声测量必须在软件界面横坐标为波长时才能显示,因此请先点击 像素/波长 图标至波长状态.此外,测量时请先点击 停止 图标,让软件处于停止状态.然后,再点击暗噪声图标.界面中弹出提示框“请用黑色物体挡住入光口”.

用黑色物体挡住入光口,然后点击“确定”图标,软件左下角会显示暗噪声测量过程.请耐心等待,暗噪声测量完毕后,在波长显示模式下有条紫色的水平线,此即为暗噪声线，如图 4.13.2.5 中紫红色的线.

3.2　测量样品透射率和吸光度

3.2.1　点击“启动”图标，调整好光源（溴钨灯）位置和强度，让其谱线能既不饱和又不至太弱.光源位置和强度一旦确认，透过率测量过程中不能再改变.

3.2.2　未放置样品时，点击 I_0图标，软件自动记录 I_0曲线，显示在图 4.13.2.5 中为蓝色曲线.

3.2.3　放置样品，并盖好样品池盖.

3.2.4　点击 I 图标，图中软件自动记录 I 曲线，显示在图 4.13.2.5 中橙色曲线，同时软件立刻计算并显示透射率 A 曲线，为绿色曲线，如图 4.13.2.5 中所示.

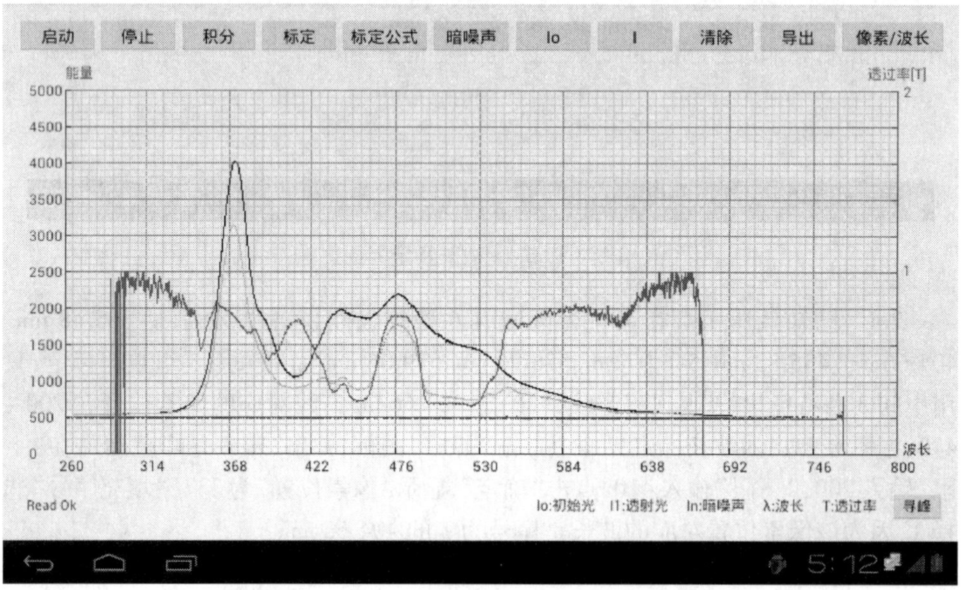

图 4.13.2.5　I_0曲线（蓝色）、I 曲线（橙色）、和透过率曲线（绿色）

3.2.5　导出数据.插入 U 盘，按“导出”图标，则数据导出到 U 盘中.用 Origin 画图软件将导出数据绘图，并打印附在实验报告中.注意：如果 I_0太弱，则其透射率曲线计算会不准确.建议此时，应该提高入射光能量，重新测量.

【注意事项】

1. 外接光纤属于易断物品，切勿过度弯曲.

2. 触摸屏触摸时注意尽量使手指跟屏幕的接触面积多一些，轻轻一触即可，按键触发时会有颜色显示，此时请耐心等待.

3. 外接光纤在不使用时务必将塑料套子套在两端，以保证不损坏光纤.

4. 如果单色仪在读取光能量较弱时，注意调整光纤入射光一端位置（适当前进后退）以获取最大能量，并用手拧螺丝锁紧，以确保测量透过率时入射光能量一致.

5. 如果软件长时间运行后停止，请再次点击“启动”按键即会继续运行.

【附录】 HCD-CTD-1 智能单色仪使用说明书

1. 技术指标(附表 4.13.2.1)

附表 4.13.2.1 智能单色仪技术指标

名称	技术指标
HCD-CTD-1 智能单色仪	1. 波长范围 300~1 000 nm(可扩展为 190 nm~20 μm) 2. 平场光栅 1 200 线/mm,刻划面积 40 mm×50 mm,闪耀波长 λb = 500 nm(可按用户要求选配其他规格的光栅) 3. 波长准确度±0.2 nm(1 200 线/mm 光栅) 4. 波长重复性 0.1 nm(1 200 线/mm 光栅) 5. 相对孔径 D/f = 1/6 6. 分辨率≤0.2(1 200 线/mm 光栅,按照国标规定,用谱线半宽度法测定) 7. 触摸屏显示 8. 外形尺寸 长×宽×高:350 mm×300 mm×200 mm

2. 工具栏图标功能说明(附表 4.13.2.2)

附表 4.13.2.2 图标功能说明

图标	功能说明	图标	功能说明
启动	开始动态读取数据.连接设备,进入软件主界面,点击该图标,则软件进入动态读取数据状态,读取的数据实时更新.	停止	停止动态读取数据.多数情况下进行软件操作之前,需要停止动态读取数据.
积分	设置积分时间和频率.默认积分 0, 频率 1 时, 积分时间0.007 秒	标定	用波长校准光源标定光谱仪波长.
标定公式	标定公式.标定公式为 $\lambda = ax^2 + bx + c$,a,b,c 由标定获得	暗噪声	用黑色物体挡住入光口获取暗噪声
Io	初始光强.计算样品透过率曲线时,首先测量未放置样品时的初始光强	I	计算样品透过率曲线时,测量放置样品后的光强.
清除	清除.清除当前主界面的曲线.	导出	导出数据
像素/波长	像素/波长.用于切换主界面内横坐标显示波长还是像素.	寻峰	寻峰.显示指定像素或波长范围内的波峰能量最大值

4.14 全息照相

【实验简介】

全息照相是20世纪60年代发展起来的一门立体摄影和波前再现技术.与普通照相相比具有更多的特点,故在摄影艺术、精密计量、无损检测、信息处理、遥感图像分析、生物医学和国防科研中具有广泛的应用.

全息照相是将物体表面漫射光波的振幅和相位以干涉条纹(全息图)的形式记录下来.当光波按一定方向照射全息图时,通过全息图的衍射,能够再现物光波前,使我们看到被摄物体的立体像.

【实验目的】

1. 了解全息照相的基本原理、特点.
2. 学习全息照片的拍摄、观察方法.

【预习思考题】

1. 要获得一张合格的全息照片,应注意满足哪些实验条件?
2. 如何观察全息照片,得到原物无畸变的像?

【实验仪器】

防震平台,He-Ne激光器,分束镜,反射镜,扩束镜,拍摄物,全息底片,磁性座,洗相设备.

【实验原理】

1. 全息照相技术

光是电磁波,任一物体发出或反射的光,可以看成由许多不同频率的单色光的叠加

$$x=\sum_{i=1}^{n}A_i\cos\left(\omega_i t+\varphi_i-\frac{2\pi r_i}{\lambda_i}\right)$$

式中A_i为振幅,ω_i为圆频率,λ_i为波长,φ_i为初相位.光在传播过程中,借助于它们的频率、振幅和相位来区别物体的颜色、明暗、形状和远近.

普通照相通过成像系统将物体成像在感光材料上,材料上的感光强度只与物体表面光强分布有关,由于光强与振幅平方成正比,所以它只记录了物光的振幅信息,没有记录物光的相位差别.因此普通照相记录的是物体的二维平面像,缺乏立体感.

全息照相不仅记录了物体发出或反射的光的振幅信息,而且把光的相位信息也记录下来,所以全息照相所记录的不是物体的像,而是物光波本身.它记录了物

光波的全部信息(振幅与相位),并且在一定条件下,能将所记录的全部信息完全再现出来,因而再现的物像是一个逼真的三维立体像.

全息照相包括两个过程:记录(拍摄)过程——把物光波的全部信息记录在感光材料上;再现过程——照明已被记录下全部信息的感光材料使其再现物光波.

2. 全息照相的基本过程

2.1 全息照相记录过程——光的干涉

图 4.14.1 是记录过程中的光路.从激光器 S 发出的光经分束镜 N 分为两束,一束经反射镜 M_1反射并经扩束镜 L_1扩束后照射到物体 O 上,物体的漫反射光(即物光)照射到感光板 H 上;另一束作为参考光,经反射镜 M_2反射并经扩束镜 L_2扩束后直接照射到 H 上.这两束光光程近似相等,且符合相干条件,故在 H 平面相遇时产生一组稳定的干涉条纹.干涉条纹的形状、间距等几何特征反映了物光的相位分布,而条纹的可见度反映了物光波的振幅分布.所以即使是对同一参考光波,不同的物光波将产生不同的干涉图样.感光板经曝光和暗室处理后所记录的干涉图样,称为全息图.

2.2 全息照相再现过程——光的衍射

我们知道人之所以看到物体,是因为从物体发出或反射的光波被眼睛所接收.所以,想要从全息图上看到原物体的像,必须使全息图再现原物体发出的光波,这个过程就称为全息图的再现过程,它所利用的是光栅衍射原理.

再现过程的观察光路如图 4.14.2 所示.用一束与原参考光完全相同(即波长和方向相同)的再现光照射全息图.全息图上每一组干涉条纹相当于一个复杂的光栅,它使再现光产生衍射.透过全息图沿着光衍射的方向向原来被摄物的方位观察,可以看到一个完全逼真的三维立体图像.如图 4.14.2 所示,按光栅衍射原理,再现光发生衍射,其+1 级衍射光是发散光,与物体在原来位置时发出的光波完全一样,形成一个虚像,称为真像.-1 级衍射光是会聚光,将形成一个共轭实像,称为赝像.

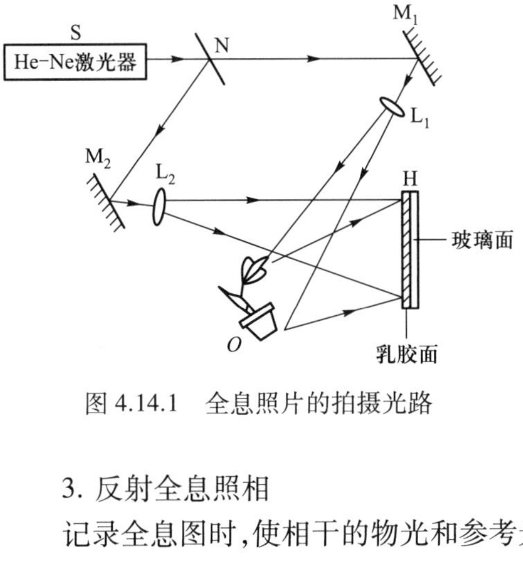

图 4.14.1 全息照片的拍摄光路

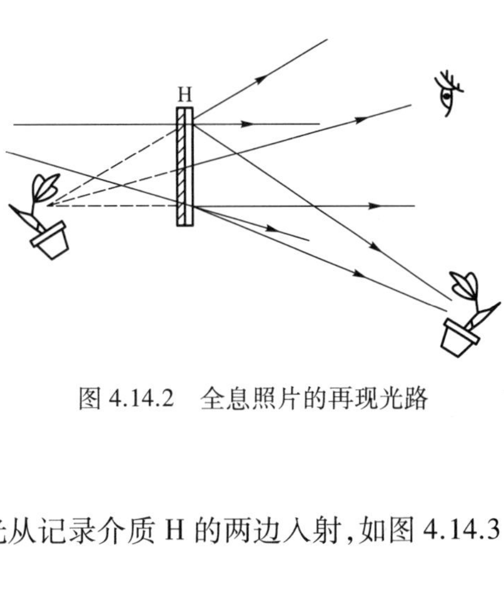

图 4.14.2 全息照片的再现光路

3. 反射全息照相

记录全息图时,使相干的物光和参考光从记录介质 H 的两边入射,如图 4.14.3

所示，就可获得用非相干白光照明再现的全息像.由于像的再现过程是通过记录的全息图的反射，故称为反射全息照相.

图4.14.3是用一束光记录反射全息图的光路图，扩束后的激光束从感光板H的背面入射，作为参考光，透过感光板的光束照射到被摄物体上，由物体漫射回来的光作为物光照射到H上.物光、参考光之间的夹角近似为180°，两光波的相干叠加形成的干涉条纹是一些近似平行于乳胶层表面的峰值强度面，经显影处理后，在峰值强度面上形成高密度的银层，其作用相当于一些反射平面，各反射平面的间距d约为$\frac{\lambda}{2}$（λ为记录光波波长）.

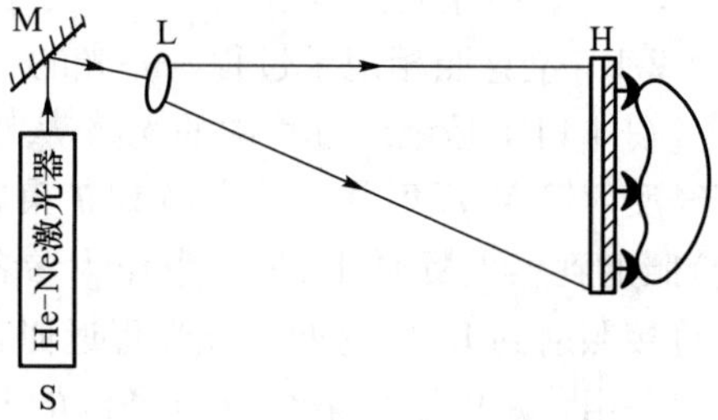

图 4.14.3　反射全息的拍摄光路

反射全息主要利用了布拉格衍射效应和照相底片的厚乳胶.用厚乳胶制成的反射全息图，相当于三维光栅.如图4.14.4所示.若再现光波以与银层成ψ和ψ'角方向照明全息图，则一部分光被银层散射，一部分光透过，各峰值强度面层所散射的光相干叠加形成衍射极大值.同一面层的散射光，满足反射定律时是同相相加的；对于不同面层之间的散射光，则须满足布拉格方程，即

$$2d\sin\psi=\lambda$$

这就是反射全息图再现的条件.

如果用白光照明全息图，则只有满足布拉格条件所要求的那种波长的光有衍射极大值.因而，再现的像是单色的.白光再现反射全息的观察光路如图4.14.5所示.

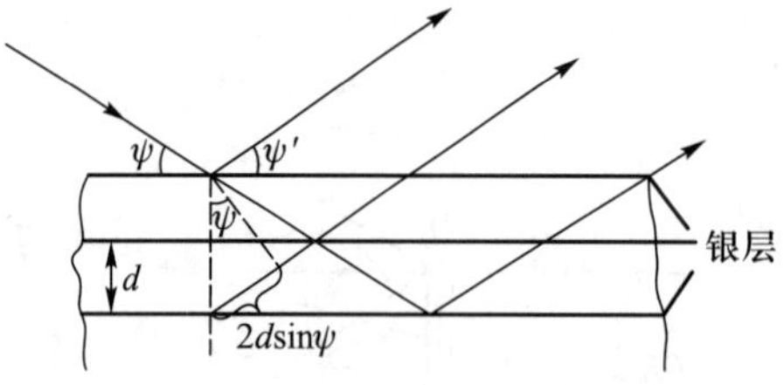

图 4.14.4　反射全息的再现原理

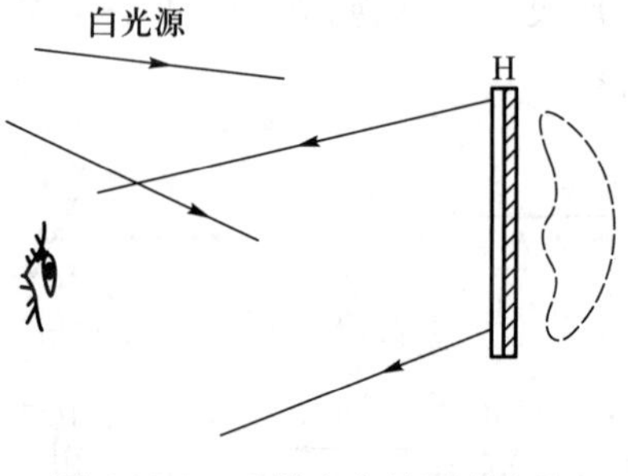

图 4.14.5　反射全息的再现光路

4. 全息照相的特点

4.1　立体感强.由于全息照片记录了物光波的全部信息，所以再现像是逼真的三维物体像，和眼睛看到的实际景物一样.

4.2　全息照片具有分割性.这是因为物体上每一点的光波都分布在整个底片上.反过来说，底片上每一部分都完整地贮存着整个物光波，都能再现被摄物的完整图像.即使H打碎了，每块碎片也能再现完整的图像，当然，碎片越小，像的分辨率越低.

4.3 一张全息干版可以多次曝光.对同一物体,用不同角度的参考光束拍摄,则相应物体的再现像就出现在不同的衍射方向上,各个再现像可以互不干扰的独立再现.

由于全息照相具有上述独特的特点,所以,它在各个领域中已得到较广泛的应用,如利用全息图的立体视觉特性,可作三维显示、立体广告、立体电影等.利用全息图的可分割性和多重记录特性,可作信息存储、全息干涉计量、振动频谱分析、无损检测和测量位移、应力、应变等.

5. 拍摄系统的技术要求

为了成功拍摄一张全息图,必须具备以下几个基本条件:

5.1 实验系统的稳定性高.由于全息底片记录的干涉条纹很细密,相当于波长数量级,在曝光过程中极小的震动干扰都会引起干涉条纹模糊,甚至使干涉条纹无法记录.因此,所有的光学元件和支架在曝光时都要使用磁性座牢固地吸在全息防震台上,使整个系统组成一个稳定的刚体.此外,气流通过光路、声波干扰以及温度变化引起空气密度的变化,都会导致光路不稳定,所以曝光时应避免大声喧哗、吹风扰动等.

5.2 良好的相干光源.全息拍摄是干涉记录,光源的相干性直接影响物光和参考光的干涉效果,所以全息拍摄要用好的相干光源,实验中采用 He-Ne 激光器作光源.

5.3 合理的光路

5.3.1 受光源的相干长度限制,光路中应尽量减小物光和参考光的光程差,将光程差控制在光源的相干长度之内,最好是等光程.

5.3.2 物光和参考光投射到干版上的夹角要适当,一般取 30°~45°为宜.物光与参考光夹角太大,条纹的间距就小,曝光过程中受到的限制就大;物光与参考光夹角太小,条纹间距就大,衍射角就小,各级衍射光分不开,观察时不方便.

5.3.3 物光和参考光的光强比合适,一般以 1∶4 到 1∶6 为宜.

5.4 高分辨率的记录介质.全息图的干涉条纹间距很细密,故必须用高分辨率的记录介质.本实验中使用的Ⅰ型全息干版,分辨率可达 3 000 条/mm.

【实验内容与步骤】

1. 全息图的拍摄

1.1 按图 4.14.1 布置光路

(1) 以激光器出光孔高度为准,使各光学元件光轴处于与防震台面平行的平面内.

(2) 物光与参考光的光程分别从分束镜算起到全息干版处,要尽可能相等.

(3) 物光束与参考光束的夹角在不影响观察的情况下尽可能小些.

(4) 全息干版平面上物光束与参考光束的强度比要适当,一般取 1∶4 到 1∶6 均可取得良好效果.

(5) 用一白屏代替干版固定在干版夹上,使参考光束照在白屏中间,再插入扩束镜,扩束光束中心也照射在白屏中间.挡住参考光束,首先使物光束均匀照明所拍摄的物体,再使物光束散射光也照射在白屏中间,使参考光与物体散射光在白屏上重合.

1.2 曝光

挡住光源,将全息干版固定在干版夹上,要求乳胶面对着物光和参考光的方向,等待 2~3 分钟让全息台稳定下来,再进行曝光,曝光时间一般取 10~30 s.

1.3 冲洗

将已曝过光的全息干版依次放在显影液(D−19),清水和定影液(F−5)中进行冲洗.显影时与旁边放置的灰度适中的对比片进行比较,显影时间以对比度片的灰度为准,记录显影时间.定影为 3 分钟,定影后经水洗并晾干即得到一张全息照片.

2. 全息图的再现

2.1 再现虚像的观察

(1) 将拍摄好的全息照片放回原干板夹上,挡住物光束,移走被摄物体,用原参考光照明,像即呈现在原物所在位置上.并使眼睛左右、前后慢慢移动,观察像的变化.

(2) 改变全息图到扩束镜之间的距离,观察再现虚像的位置和大小的变化.

(3) 用纸片部分遮盖全息照片,观察像的变化,注意有无放大、缩小、缺陷或其他变化.

2.2 再现实像的观察(选做)

将全息图绕垂直轴旋转 180°,使乳胶面向着观察者,移去参考光路中的扩束镜,用未经扩束的激光束照射全息照片的玻璃基面,在观察者一侧用白屏接收并观察再现像.分别改变入射光束的入射点及白屏到全息照片的距离,观察并记录屏上所获得像的变化,找出像的质量最佳位置,即为实像位置,比较它与虚像位置之间的关系.

2.3 记录以上观察结果,并做出合理解释.

3. 反射全息图的拍摄与观察(选做)

【注意事项】

1. 眼睛不能直视未扩束的激光束.

2. 应保持光学元件清洁,若光学面有灰尘,应及时请指导教师处理,切勿用手或纸片揩拭.

3. 全息拍摄曝光过程中,切勿触及全息防震台,人员也不要走动和喧哗,以免造成不必要的振动干扰,影响全息图的拍摄质量.

4. 照相暗室中显影、水洗、定影的条件和顺序应严格按规定进行,及时记录各实验参数.冲洗结束后应整理实验环境,并将药液倒回原瓶.

【思考题】

试列表总结全息照相与一般照相的区别.

4.15 密立根油滴实验

【实验简介】

电子电荷是一个基本的物理量,对它的准确测定在物理学及所有相关自然科学工程科学中具有极其重大的意义.美国物理学家密立根(R.A.Milikan)从1906年起历经11年,从事测量微小油滴所带电子电荷的实验研究,即通常所说的油滴实验,堪称物理实验的典范,油滴实验由于其设计精巧,原理清晰易懂,设备及方法简单直观,在物理学史上是十分著名的实验,其结果证明了电荷的不连续性和得到了基本的电子电荷的电荷量值,并得到全世界的认可,从而获得1923年的诺贝尔物理学奖.密立根油滴实验因其设计思想和方法十分具有启发性而被选入大学物理实验的保留题目之一.

本实验采用CCD成像方法,在监视器上观察测量观察微小油滴的运动,相比传统的显微镜观测法有少许改进,能避免长时间观测引起的眼睛疲劳,另外在监视器中测量结果也较用读数显微镜测量的准确度高.

【实验目的】

1. 了解密立根油滴仪的结构及利用油滴测量电子电荷的设计思想和方法.

2. 通过对带电油滴在重力场和静电场中运动的测量,验证电荷的不连续性,并测定电子的电荷值.

【预习思考题】

1. 加电压后,油滴在电容器极板内可能会有几种运动方式?为什么?

2. 实验中选择合适油滴的原则使什么?

3. 为什么要使油滴做匀速运动或静止?实验中怎样保证油滴在测量范围内做匀速运动?

【实验仪器】

MOD-5型密立根油滴实验仪,秒表和喷雾器等.

MOD-5型密立根油滴仪包括:油滴盒,测量显微镜,数字电压表,工作电压调节旋钮,工作电压反向开关,升降电压调节旋钮,升降电压反向开关,CCD和监视器等.

油滴盒结构如图4.15.1所示.油滴盒是由两块经过精磨的平行极板,上极板中央有一个直径0.4 mm的小孔,油滴从油雾室经油雾孔落入小孔,进入上下极板之间.油滴盒防风罩前装有测量显微镜,用以观察平行极板间的油滴.测量显微镜目镜头中装有分划板,用以测量油滴运动的距离.

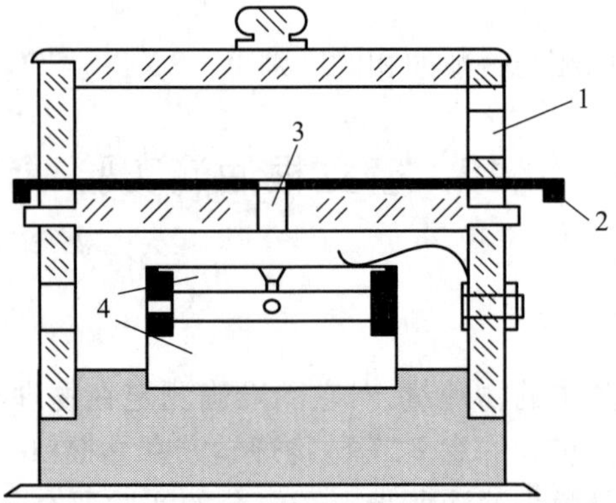

图 4.15.1 油滴盒示意图

1—喷雾口;2—油雾口开关;3—油雾孔;4—上下极板

【实验原理】

用喷雾器将油滴喷入电容器两块水平的平行电极板之间时,油滴经喷射后,一般都是带电的.利用带电荷的微小油滴在均匀电场中运动的受力分析,可将油滴所带的微观电荷量 q 的测量转化为油滴宏观运动速度的测量.

设一个半径为 r 的油滴所带电荷量 q 为负,分析电场中油滴受力情况如图4.15.2,电容器极板电场方向向下,强度为 E.通常它将受到自身重力 mg,电场力 qE,空气浮力 F_f,和与其运动方向相反的斯托克斯黏滞阻力 F_η 的作用,重力 $mg=4\pi\cdot r^3\rho g/3$;浮力 $F_f=4\pi\cdot r^3\sigma g/3$;黏滞阻力 $F_\eta=6\pi\eta\cdot rv$,式中 ρ 和 σ 分别是油和空气的密度,η 是空气的黏度,v 是油滴的运动速度.

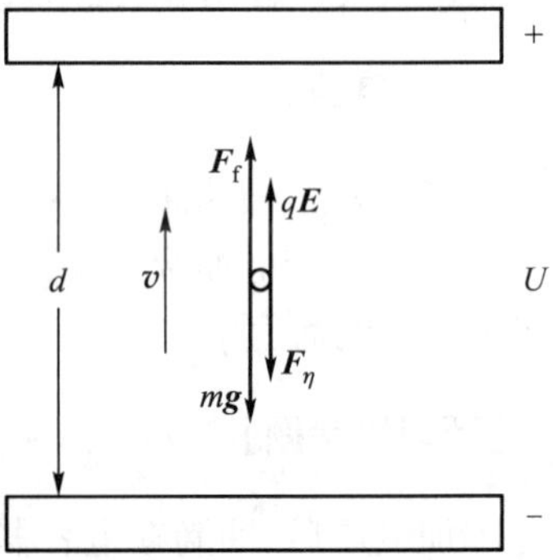

图 4.15.2 油滴受力分析

不加电场时,选择匀速 v_g 下降的油滴,分析其平衡受力情况:

$$\frac{4\pi\cdot r^3\rho g}{3}=\frac{4\pi\cdot r^3\sigma g}{3}+6\pi\eta\cdot rv_g \tag{4.15.1}$$

可计算得油滴半径

$$r=\left[\frac{9\eta v_g}{2(\rho-\sigma)g}\right]^{\frac{1}{2}} \tag{4.15.2}$$

加上恒定电场 E 时,带电油滴在水平的平行板均匀电场中受到重力 mg、电场力 qE 和空气浮力 F_f 作用,平衡不动时有

$$\frac{4\pi\cdot r^3\rho g}{3}=\frac{4\pi\cdot r^3\sigma g}{3}+qE \tag{4.15.3}$$

向上匀速 v_E 运动时,重力,电场力,空气浮力,空气阻力 4 个力达到平衡,

$$\frac{4\pi \cdot r^3\rho g}{3}+6\pi\eta \cdot rv_E=\frac{4\pi \cdot r^3\sigma g}{3}+qE \tag{4.15.4}$$

综合上面几个公式,推导可得油滴所带电荷

$$q=\frac{9\sqrt{2}\pi}{E\sqrt{(\rho-\sigma)g}}\eta^{\frac{3}{2}}[v_E+v_g]v_g^{\frac{1}{2}} \tag{4.15.5}$$

油滴悬浮不动时 $v_E=0$,可由上式推导出

$$q=\frac{9\sqrt{2}\pi}{E\sqrt{(\rho-\sigma)g)}}\eta^{\frac{3}{2}}v_g^{\frac{3}{2}} \tag{4.15.6}$$

对黏度的修正,斯托克斯定律适用于连续介质中球状物体所受的黏性力.由于油滴很小,其直径可和空气分子的平均自由程相比拟,所以不能再将空气看成是连续介质,油滴所受黏性力必将减小,黏度应进行修正,修正后电荷的公式式为

$$\eta=\frac{\eta_0}{\left(1+\frac{b}{rp}\right)} \tag{4.15.7}$$

式中 p 为电容器内大气压,单位是帕斯卡(Pa),$b=8.226\times10^{-3}$ m · Pa.式中 r 在精度要求不太高时由(4.15.2)式算出.

油滴电荷量最终计算时要考虑到电容器所加电压为 U,两极板距离为 d,则电场强度

$$E=U/d \tag{4.15.8}$$

在显微视场中,油滴垂直运动路程为 l,故

$$v_g=l/t_g \tag{4.15.9}$$

$$v_E=l/t_E \tag{4.15.10}$$

式中 t_g,t_E 分别为油滴自行下落、加上电场 E 后向上运动走过路程 l 所用的时间.

将(4.15.7)、(4.15.8)、(4.15.9)、(4.15.10)式带入(4.15.5)和(4.15.6)式中,即得到

$$q=\frac{9\sqrt{2}\pi}{E\sqrt{(\rho-\sigma)g}}\left[\frac{\eta_0}{\left(1+\frac{b}{rp}\right)}\right]^{\frac{3}{2}}(l/t_g)^{\frac{3}{2}} \quad (\text{静态法}) \tag{4.15.11}$$

$$q=\frac{9\sqrt{2}\pi}{E\sqrt{(\rho-\sigma)g}}\left[\frac{\eta_0}{\left(1+\frac{b}{rp}\right)}\right]^{\frac{3}{2}}[l/t_g+l/t_E](l/t_g)^{\frac{1}{2}} \quad (\text{动态法}) \tag{4.15.12}$$

为了证明电荷的不连续性和所有电荷都是元电荷 e 的整数倍,并得到元电荷 e 值,应对实验测得的各个电荷量 q 求最大公约数,这个最大公约数就是元电荷 e 值,也就是电子的电荷值.但由于存在测量误差,且数据量有限,要求出各个电荷量

q 的最大公约数比较困难.所以本实验必须在大量实验数据下方可做得比较完美.在时间允许的条件下,尽量提高测试速度和熟练的测试技巧是圆满完成本实验的保证.

【实验内容与步骤】

1. 仪器调节

调节仪器水平.预热十分钟,同时调节分划板位置,并调节目镜使分划板刻线清晰.将油从喷雾口喷入,微调测量显微镜的调焦手轮,使视场中出现大量清晰的油滴.

2. 选择合适的油滴并控制其运动

练习控制油滴运动:尝试选择合适的油滴(通常选择平衡电压在 200 V 以上,在 20~30 秒内匀速下落 2 mm 的油滴,其大小和带电荷量比较合适),通过加减电压,来观察油滴运动速度,并达到熟练控制油滴运动速度.

3. 正式测量

3.1 首先选择合适的油滴,一般选择平衡电压在 200~300 V 左右,通过 2 mm 行程的时间在 20 s 左右的油滴为宜.

3.2 将油滴调至分划板的上方,仔细调整并记录平衡电压,然后将平衡电压开关置"0",让油滴自由匀速下落,记录油滴通过 2 mm 行程的时间 t_g.

3.3 这时油滴在分划板的下方,加上平衡电压使油滴平衡然后加上升降电压,调节升降电压调节旋钮至数字电压表读数约为 450 V 左右,使油滴匀速上升,测量并记录通过 2 mm 行程的时间 t_E.

3.4 重复 3.2 和 3.3 步骤,对同一油滴测量 4~6 次.注意,每次必须重新调整平衡电压并做记录.整个测量过程中都要对油滴进行跟踪,以免油滴丢失.

3.5 用同样的方法选择 10 粒左右合适的油滴进行测量.

3.6 整理数据,分别用平衡法和动态法计算元电荷 e,并作误差分析.

实验所用参数:

1. 重力加速度 $g=9.794\ \mathrm{m\cdot s^{-1}}$;
2. 油滴密度 $\rho=981\ \mathrm{kg\cdot m^{-3}}$;
3. 空气密度 $\sigma=1.293\ \mathrm{kg\cdot m^{-3}}$;
4. 电容器极板间距 $d=5.00\times10^{-3}\ \mathrm{m}$;
5. 空气黏度 $\eta_{t=20\,℃}=1.83\ \mathrm{kg\cdot m^{-1}\cdot s^{-1}}$;
6. 电容器内大气压强 $p_{t=20\,℃}=1.0133\times10^{5}\ \mathrm{Pa}$;
7. 修正参数 $b=8.22\times10^{-3}\ \mathrm{m\cdot Pa}$.

【注意事项】

1. 喷油前必须打开油雾口开关将油从油雾室旁的喷口喷入,一次不可喷得太多,否则会堵塞油滴盒上盖的小孔.

2. 测量油滴通过 2 mm 行程的时间时,为了保证油滴作匀速运动,一定要使油滴运动 0.1 秒之后方能开始计时.

【思考题】

将实验中测得的值 q 与国际推荐值(1.602 176 563×10^{-19} C)比较,估计测量精度,讨论误差原因,特别是对系统误差的来源、大小范围和修正方法作具体分析讨论.

4.16 弗兰克-赫兹实验

【实验简介】

1913 年丹麦物理学家玻尔(N.Bohr)在卢瑟福原子核模型的基础上,结合普朗克量子理论,提出了原子能级的概念并建立了原子模型理论,成功地解释了原子的稳定性和原子的线状光谱理论.该理论指出,原子处于稳定状态时不辐射能量,当原子从高能态(能量 E_m)向低能态(能量 E_n)跃迁时才辐射.辐射能量满足 $\Delta E=E_m-E_n$对于外界提供的能量,只有满足原子跃迁到高能级的能级差,原子才吸收并跃迁,否则不吸收.

1914 年德国物理学家弗兰克(J.Franck)和赫兹(G.Hertz)用慢电子穿过汞蒸气的实验,测定了汞原子的第一激发电位,从而证明了原子分立能态的存在.后来他们又观测了实验中被激发的原子回到正常态时所辐射的光,测出的辐射光的频率很好地满足了玻尔理论.弗兰克-赫兹实验的结果为玻尔理论提供了直接证据.

玻尔因其原子模型理论获 1922 年诺贝尔物理学奖,而弗兰克与赫兹也因其实验于 1925 年获诺贝尔物理学奖.

【实验目的】

1. 测量氩原子的第一激发电位;证实原子能级的存在,加深对原子结构的了解.

2. 了解在微观世界中,电子与原子碰撞和能量交换过程的概率及影响因素.

【预习思考题】

1. 电子与原子碰撞过程中能量是如何交换的?

2. 玻尔理论原子模型是什么?

【实验仪器】

DH4507 智能型弗兰克-赫兹实验仪、示波器.

DH4507 智能型弗兰克-赫兹实验仪由四组程控直流稳压电源、微电流检测器和单片机控制器组成,有手动和自动两种工作模式.DH4507 智能型实验仪可手动逐点测绘爬坡曲线,也可在慢速自动扫描情况下在示波器上观察爬坡曲线.

DH4507 智能型弗兰克-赫兹实验仪主要技术指标:弗兰克-赫兹管:氩气;4 电极;谱峰(谷)数量≥6;管子寿命≥3 000 小时;四路程控电源(四位显示):灯丝电压 DC 0~5.9 V,1 A,最小步进电压值:0.1 V,最大步进电压值 1 V;第一栅压 U_{G_1K}:DC 0~7.9 V,10 mA,最小步进电压值 0.1 V,最大步进电压值 1 V;拒斥电压 U_{G_2A}:DC 0~9.9 V,10 mA,最小步进电压值 0.1 V,最大步进电压值 1 V;第二栅压 U_{G_2K}:DC 0~85.3 V,5 mA,最小步进电压值 0.2 V,最大步进电压值 10 V.在“自动”工作方式下,第二栅压自动从 0 V 扫描到 85.3 V.微电流测量仪(四位显示)测量范围:10^{-6}~10^{-9} A,±1%.电源电压:~220V,50Hz.

【实验原理】

根据玻尔的原子理论,原子只能较长久地停留在一些稳定的状态下,简称“定态”,原子在定态时既不发射能量也不吸收能量,各定态的能量是分立的,也就是处于不同的能级上,原子只能吸收或辐射出相当于各能级之间差值的能量.原子从一个定态跃迁到另一个定态时将发生能量的发射和吸收,发射或吸收的能量辐射的频率也是一定值,其辐射频率决定于 $h\nu=\Delta E=E_m-E_n$,h 为普朗克常量,则有

$$\nu=(E_m-E_n)/h \tag{4.16.1}$$

要使原子状态改变,必须有一外部能量对原子作用,轰击原子以便使之获得能量产生跃迁.弗兰克-赫兹实验就是通过加速电子,使具有一定能量的电子与原子进行碰撞,进行能量交换而实现原子能态的改变.

弗兰克-赫兹实验原理如图 4.16.1 所示,充氩气的电子管中有阴极 K 和板极 A,G_1、G_2分别为第一、第二栅极.

阴极 K-栅极 G_1-栅极 G_2之间加正向电压,为电子提供能量.U_{G_1K}的作用主要是消除空间电荷对阴极电子发射的影响,提高发射效率.栅极 G_2-极板 A 之间加反向电压,形成拒斥电场.

电子从热阴极 K 发出,在 K-G_2区间获得能量,在 G_2-A 区间损失能量.如果电子进入 G_2-A 区域时动能大于或等于 eU_{G_2A},就能到达板极形成板极电流 I.

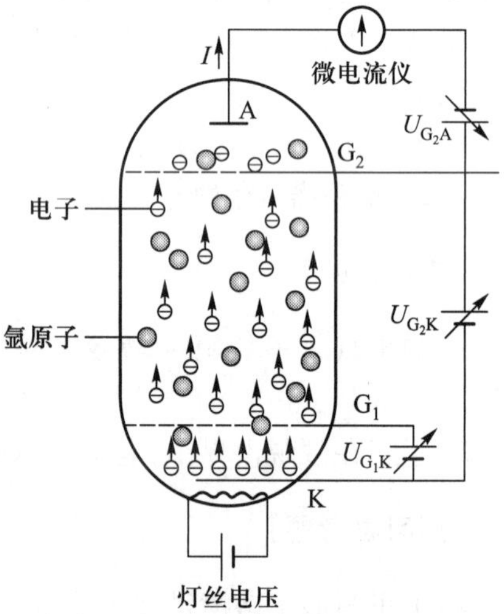

图 4.16.1　弗兰克-赫兹实验原理

电子在不同区间的情况:

在 K-G_1区间,电子迅速被电场加速而获得能量;在 G_1-G_2区间,电子继续从电场获得能量并不断与氩原子碰撞.当其能量小于氩原子第一激发态与基态的能级差 $\Delta E=E_2-E_1$时,氩原子基本不吸收电子的能量,碰撞属于弹性碰撞.当电子的能量达到 ΔE,则可能在碰撞中被氩原子吸收这部分能量,这时的碰撞属于非弹性碰

撞.ΔE 称为临界能量;在 G_2-A 区间,电子受阻,被拒斥电场吸收能量.若电子进入此区间时的能量小于 eU_{G_2A}则不能达到极板.

由此可见,若 $eU_{G_2K}<\Delta E$,则电子带着 eU_{G_2K}的能量进入 G_2-A 区域.随着 U_{G_2K} 的增加,电流 I 增加(如图 4.16.2 中Oa 段).

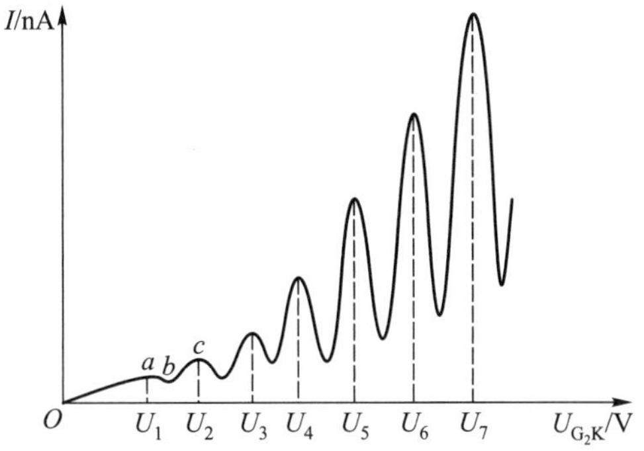

图 4.16.2 弗兰克-赫兹实验 U_{G_2K}-I 曲线

若 $eU_{G_2K}=\Delta E$ 则电子在达到 G_2 处刚够临界能量,不过它立即开始消耗能量了.继续增大 U_{G_2K},电子能量被吸收的概率逐渐增加,板极电流逐渐下降(如图 4.16.2 中 ab 段).

继续增大 U_{G_2K},电子碰撞后的剩余能量也增加,到达板极的电子又会逐渐增多(如图 4.16.2 中 bc 段).

若 $eU_{G_2K}>n\Delta E$ 则电子在进入 G_2-A 区域之前可能 n 次被氩原子碰撞而损失能量.板极电流 I 随加速电压 U_{G_2K}变化曲线就形成 n 个峰值,如图 4.16.2 所示.相邻峰值之间的电压差 ΔU 称为氩原子的第一激发电位.氩原子第一激发态与基态间的能级差

$$\Delta E=e\Delta U \tag{4.16.2}$$

【实验内容与步骤】

测量原子的第一激发电位.通过 U_{G_2K}-I 曲线,观察原子能量量子化情况,并求出氩原子的第一激发电位.

实验步骤以 DH4507 智能型弗兰克-赫兹实验仪为例分为自动和手动的两个过程.

1. 将面板上的四对插座(灯丝电压;U_{G_2K}:第二栅压;U_{G_1K}:第一栅压;U_{G_2A}:拒斥电压)按面板上的接线图与电子管测试架上的相应插座用专用连接线连好.微电流检测器已在内部连好.将仪器的"信号输出"与示波器的"CH1 输入(X)"相连;仪器的"同步输出"与示波器的"外接输入"相连.

注意:各对插线应一一对号入座,切不可插错!否则会损坏电子管或仪器.

2. 打开仪器电源和示波器电源.

3. "自动/手动"挡开机时位于"手动"位置,此时"手动 "灯点亮.

4. 电流挡为 10^{-9} A、10^{-8} A、10^{-7} A 和 10^{-6} A.开机时位于"10^{-9} A"本实验保持此挡不变.

5. 按电子管测试架铭牌上给出的灯丝电压值、第一栅压 U_{G_1K}、拒斥电压 U_{G_2A}、电流量程 I 预置相应值.按下相应电压键,指示灯点亮,按下"∧"键或"∨"键,更改预置值,若按下"<" 键或">" 键,可更改预置值的位数,向前或向后移动一位.

6. 电子管的加载.同时按下“set”键和“>”键,则灯丝电压,第一栅压,第二栅压和拒斥电压等四组电压按预置值加载到电子管上,此时“加载”指示灯亮.注意:只有四组电压都加载时,此灯才常亮.

7. 四组电压都加载后,预热十分钟以上方可进行实验.

8. 按下“自动/手动”键,此时“自动”灯点亮.此时仪器进入自动测量状态.

9. 在自动测量状态下,第二栅压从 0 开始变到 85 V 结束,期间要注意观察示波器曲线峰值位置,并记录相应的第二栅压值.

10. 自动状态测量结束后,按“自动/手动”键到“手动”状态,等待 5 分钟后进行手动测量.

11. 改变第二栅压从 0 开始变到 85 V 结束,要求每改变 1 V 记录相应 I 和 U_{G_2K} 值,在坐标纸上描绘各组 $I_A-U_{G_2K}$ 数据对应曲线.

注意:在示波器所观察的曲线峰值位置附近每 0.2 V 记录相应 I 和 U_{G_2K} 值,不少于 10 个点.

12. 实验完毕后,同时按下“set”键和“<”键,“加载”指示灯熄灭,使四组电压卸载.

13. 关闭仪器电源和示波器电源.

14. 计算每两个相邻峰或谷所对应的 U_{G_2K} 之差值 ΔU_{G_2K},并求出其平均值 $\overline{u_0}$.将实验值 $\overline{u_0}$ 与氩的第一激发电位 $U_0 = 11.55\text{V}$ 比较,计算相对误差,并写出结果表达式.

【注意事项】

1. 仔细阅读仪器说明书.
2. 灯丝电压不要超过 4.5 V.第二栅压不要超过 86 V.
3. 注意实验仪器要先预热不低于 10 分钟.

【思考题】

1. I 的谷值并不为零,而且谷值依次沿 U_{G_2K} 轴升高,如何解释?
2. 第一峰值所对应的电压是否等于第一激发电位?原因是什么?
3. 如何测定较高能级激发电位或电离电位?

4.17 单色仪测量氢原子光谱

【实验简介】

从量子角度看,原子、分子或离子具有一系列分立的运动状态,每个分立状态对应一定的能量值,这种分立的、具有不同能量的状态称为能级,按能量大小的排列,能量最低的状态称为基态,其他能量较高的状态称为激发态,它们构成原子的各能级.高能量激发态可以跃迁到较低能态而发射光子,反之,较低能态可以吸收光子跃迁到较高激发态,发射或吸收光子的各频率构成发射谱或吸收谱.光谱是能级的宏观输出表象,是人们认识物质结构的重要途径.光谱技术作为非接触测量技术,通过测量提供原子内部结构的丰富信息,对于研究分子结构、固体结构等有着非常重要的作用,还用于研究包含原子、分子在内的若干物理过程,现已广泛用于物理、化学、生物等应用技术学科之中.

光谱是光的频率成分和强度分布的关系图,它是研究原子结构的重要途径之一.最原始的光谱分析始于牛顿的棱镜色散实验.氢原子是最简单的原子,其光谱最早为人们所注意,研究也最为广泛.1885 年,巴耳末(Balmer)根据人们的观测数据,总结出了氢光谱线的经验公式.根据这个公式所得到的计算结果与实验观测的结果惊人的相符,后人称这个公式为巴耳末公式,而将它所表达的一组谱线(均落在可见光区)称为巴耳末系.此后光谱规律陆续被总结出来,原子光谱学逐渐形成了一门系统的科学.1913 年,玻尔(Bohr)成功地解释了氢原子光谱的规律性.1925 年,海森伯(Heisenberg)提出的量子力学理论,更是建立在原子光谱的测量基础之上的.现在,原子光谱的观测研究,仍然是研究原子结构的重要方法之一.

【实验目的】

1. 学习利用光栅单色仪进行光谱分析的方法.
2. 测量氢光谱巴耳末系在可见光区的几条谱线的波长,验证巴耳末规律的正确性.
3. 验算里德伯常量.
4. 理解玻尔的氢原子理论.

【预习思考题】

1. 对单色仪进行定标的目的是什么? 测物质光谱波长时,如何定标?
2. 你知道有哪些测定光波波长的方法?

【实验仪器】

光栅单色仪、氢灯、汞灯、凸透镜、光电探测器、光电倍增管.

【实验原理】

1. 氢原子光谱规律性

巴耳末根据实验结果将可见光范围内氢原子光谱的谱线波长规律总结为

$$\lambda = B\frac{n^2}{n^2-4} \tag{4.17.1}$$

式中 $B=364.56$ nm 是个经验常数,n 为大于 3 的连续整数.当 $n=3,4,5,\cdots$时,上式分别给出了氢原子光谱巴耳末线系中 $H_\alpha,H_\beta,H_\gamma,\cdots$谱线的波长.

后来,里德伯又将(4.17.1)式改写为

$$\frac{1}{\lambda}=R_{\mathrm{H}}\left(\frac{1}{2^{2}}-\frac{1}{n^{2}}\right) \tag{4.17.2}$$

式中,$n=3,4,5,\cdots,R_{\mathrm{H}}=1.096\,776\times10^{7}\ \mathrm{m}^{-1}$,称为氢的里德伯常量.

在这些完全从实验得到的经验公式的基础上,玻尔建立了原子模型的理论,并解释了气体放电时的发光过程.根据玻尔理论,每条谱线是对应原子中电子能级跃迁释放能量的结果.对于巴耳末系有

$$\frac{1}{\lambda}=\frac{2\pi^{2}me^{4}}{(4\pi\varepsilon_{0})^{2}h^{3}c\left(1+\dfrac{m}{m_{\mathrm{H}}}\right)}\left(\frac{1}{2^{2}}-\frac{1}{n^{2}}\right) \tag{4.17.3}$$

式中,e 为电子电荷,h 为普朗克常量,m 为电子质量,m_{H} 为氢原子核的质量,c 为光速,ε_0 为真空介电常量.

这样,不仅给氢原子光谱巴耳末系的经验公式以物理解释,而且将里德伯常量和许多基本物理量联系起来.

1889 年,里德伯提出了一个普遍的方程来描述氢原子的谱线

$$\sigma=R_{\mathrm{H}}\left(\frac{1}{m^{2}}-\frac{1}{n^{2}}\right)=T_{m}-T_{n} \tag{4.17.4}$$

式中,$R_{\mathrm{H}}=1.096\,776\times10^{7}\ \mathrm{m}^{-1}$,$\sigma=\dfrac{1}{\lambda}$,称为波数,$T$ 为谱项,$T_m=\dfrac{R_{\mathrm{H}}}{m^2}$,$T_n=\dfrac{R_{\mathrm{H}}}{n^2}$,$m=1,2,3,\cdots$,对于每一个 m,有 $n=m+1,m+2,m+3,\cdots$构成一个谱线系.从(4.17.4)式可知,氢的任一谱线都可表示为两个光谱项之差,氢光谱是各种光谱项差的综合.

2. 氢的特征谱

图 4.17.1 为氢原子的能级跃迁与光谱系的示意图.主要包括了莱曼系、巴耳末系、帕邢系、布拉开系.

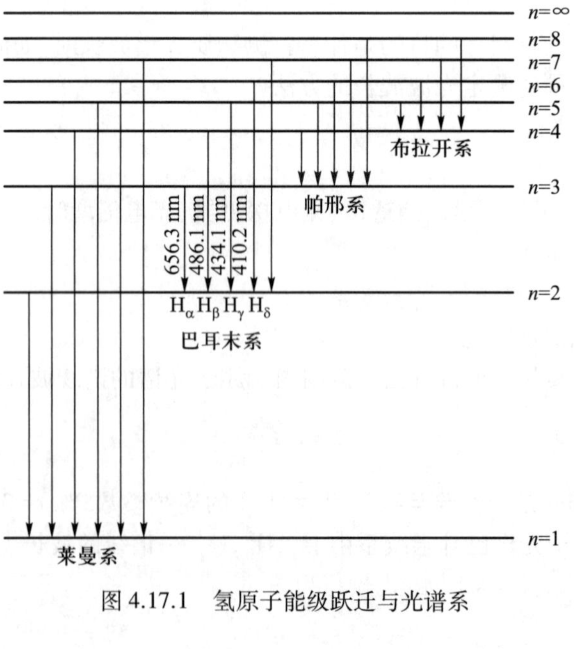

图 4.17.1 氢原子能级跃迁与光谱系

利用光栅单色仪可将氢灯出射的氢光谱进行谱线分离,测量其各个波长.光栅单色仪可将紫外、可见和红外三个光谱区的复合光分解为单色光,利用它可以进行原子吸收光谱、荧光光谱、拉曼光谱、激光光谱以及光源能谱的定性和定量分析.

【实验内容与步骤】

1. 熟悉实验仪器,了解各旋钮的作用

光栅单色仪是用光栅衍射的方法获得单色光的仪器,它的结构如图 4.17.2 所示.

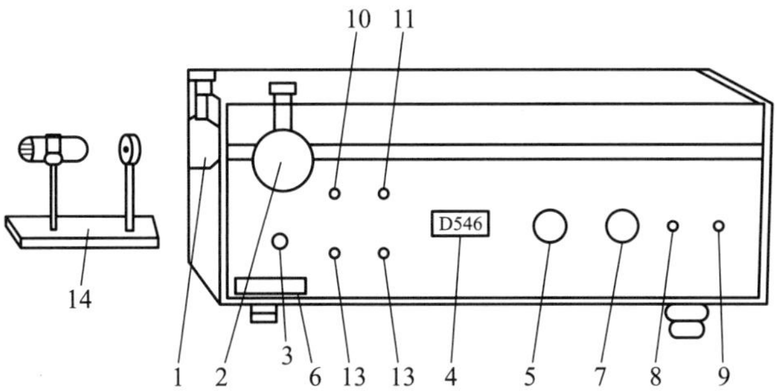

图 4.17.2 光栅单色仪光学结构图

1—入射狭缝；2—出射狭缝；3—调节螺钉；4—波长显示器；5—手动扫描手轮；6—仪器铭牌；7—扫描速度旋钮；8—扫描方向开关；9—扫描开关；10—电源指示灯；11—报警灯；12—电源开关；13—本机/计算机转换开关；14—前置系统

光栅单色仪的工作原理如图 4.17.3 所示,S_1:入射狭缝;M_1:反射镜;M_2:准光镜;G:衍射光栅;M_3:物镜;S_2:出射狭缝.光源发出的光束进入入射狭缝 S_1,M_1一位于反射式准光镜 M_2的焦面上,通过 S_1射入的光束经 M_2反射成平行光束投向平面光栅 G 上,衍射后的平行光束经物镜 M_3会聚在狭缝 S_2上,可由光电倍增管来接收射出的光.当光栅转动时,从狭缝依次射出从短波长到长波长的单色光.

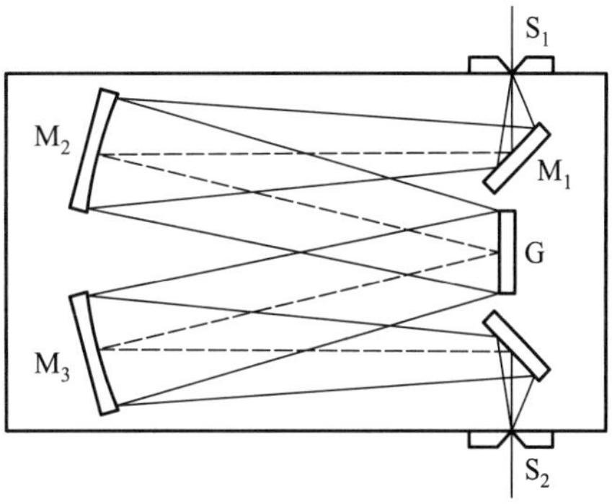

图 4.17.3 单色仪光学原理图

2. 利用 He-Ne 激光器或汞原子光谱校正光栅单色仪

光栅单色仪的波长显示器的读数会与实际的波长值有偏离,这样就需要对光栅单色仪进行重新定标,即用一些已知波长、谱线宽度较窄的光照亮入射狭缝 S_1,转动扫描手轮让这些光按波长顺序依次从出射狭缝 S_2照出,读出波长显示器上相应的指示值 R,再利用已知波长的准确值,可以作出光栅单色仪的校准曲线.有了校准曲线,在测量其他光波波长时,就可以利用校准曲线,将波长显示器上的读数作相应的修正,得到所测光波波长的准确值.在实验室常用高压汞灯作为已知的标准光源.

3. 辨认氢灯的谱线

4. 测量谱线波长

分别将两种光电探测器安装在单色仪的出射狭缝处,缓慢转动单色仪的"手动扫描"手轮,注意观察光电流(压)放大器的显示表,当指针读数对最大时,从单色仪的波长显示器中读出相应的波长数.由各波长值代入(4.17.2)式计算出里德伯常量并取平均,与理论值比较计算其误差.

【注意事项】

狭缝宽度不能调为零,以免损坏刀口.

【思考题】

1. 光栅单色仪怎样将复合光分解为单色光?

2. 如何选择光栅? 光栅的参数对实验结果有何影响?

3. 根据光栅实验和本实验的学习、实践,请对光栅光谱和棱镜光谱作简要的比较、分析.

【附录】

巴耳末线系的谱线如图 4.17.4 所示.

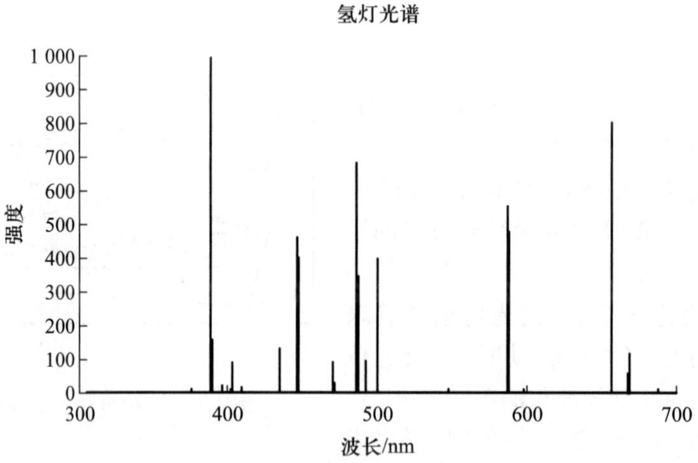

图 4.17.4　巴耳末线系的谱线

第五章
设计性和研究性实验

本章的设计性和研究性实验主要是提出实验的要求，学生需要根据所学知识或查阅相关资料，掌握实验原理，确定实验方案，选择合适的仪器，自拟实验步骤，完成该实验的具体要求，并写出完整的实验报告.设计、研究性实验不同于以掌握基本知识、基本方法和基本技能为基础的常规教学实验，它偏重于实验知识、方法和技能的灵活应用，注重培养学生自学、查阅资料、分析问题、解决问题以及撰写科技论文的能力，具有对学生进行科学实验全过程初步训练的性质，为进行科学研究作铺垫.

做设计、研究性实验一般包括以下几个步骤：

1. 查阅有关资料，选择和制订实验方案

这是设计、研究性实验的核心，由提出的任务和要求，通过查阅资料，罗列出各种可能的实验方案，通过分析比较各种方案的适用条件、可能引入的不确定度、所能达到的实验精度及现实可能性，确立一个既符合精度要求又最简便、直观、经济的最佳实验方案.

2. 选择合适的实验仪器和实验装置

根据不确定度均分原则估算各个测量量对实验结果精度的影响，选择一套符合精度要求而又经济、实用的仪器或装置.

3. 确定测量方法和实验步骤，进行测量

在实验方案和仪器确定后，还应考虑具体的测量方法，通过选择合理巧妙的测量方法，或使测量的不确定度最小，或使问题简化.

4. 对测量结果进行分析比较，得出实验结果并写出完整的实验报告

设计、研究性实验报告应包括：实验要求；完成实验任务的设计思路及设计方案；完成实验方案的具体步骤；实验现象的观察、实验数据的记录与处理；对结果的分析和讨论及实验的最后结论；完成该实验所查找的主要参考资料等内容.

5.1 测量石蜡、食盐密度

【实验要求】

1. 用流体静力称衡法测定石蜡的密度，要求测量结果的不确定度小于1%.
2. 用比重瓶法测食盐的密度，要求测量结果的不确定度小于1%.

【原理提示】

参考实验3.1“物体密度的测定”的实验原理，并考虑到石蜡的密度小于水的密度及食盐溶于水等因素.

【设计方案要求】

1. 写出测量原理.
2. 根据对测量结果不确定度的要求，选择实验仪器及被测材料的大小、多少.

3. 拟定实验步骤,画出实验数据表格.

5.2 单摆周期的研究

【实验要求】

1. 研究摆球质量、摆角、摆长对周期的影响,确定哪些量对周期的影响显著,哪些量在什么条件下对周期的影响不显著.

2. 归纳出反映单摆周期规律的经验公式.

【原理提示】

1. 在质量 m、摆角 θ、摆长 l 诸因素中,先确定两个,观察另一个与周期的关系.

2. 物理实验中常见的函数关系有 $y=ax+b$、$y=ax^b$、$y=ae^x$.依据测量数据用最小二乘法从中选出相关系数最接近 1 的函数作为经验公式.

【设计方案要求】

1. 确定对各个量的研究方案.

2. 确定各个量的测量方法,分析测量不确定度,选择实验仪器.

3. 拟定实验步骤,画出实验数据表格.

5.3 筛选电阻

【实验要求】

某工厂生产一种电子产品,需要使用若干 1 kΩ 的电阻,阻值精度为(1.00±0.01)kΩ;且对用在同一台产品中的两只 1 kΩ 的电阻,要求阻值相互之间差别不大于 0.1%.现购得一批电阻,阻值在 700 Ω 到 1 200 Ω 之间.因此需要从这些电阻中筛选出阻值为(1.00±0.01)kΩ 的电阻,并对筛选出的这些电阻进行分组,使得每组内的电阻相互之间阻值的差别不高于 0.1%.

本实验要求设计一个快速、准确、经济的筛选电阻的方案,对给定电阻进行筛选和分组,要求每测一只电阻的时间不超过 20 秒.

【原理提示】

市场上可以买到测电阻误差在 0.01%之内的高精度数字万用表.它可以直接用于筛选电阻,但价格昂贵,从经济角度讲不是最佳方案,我们可以考虑电桥测电阻的方案,并从电桥灵敏度的定义及电桥的相对不平衡量与测量误差的关系等方面考虑,并给出分类依据,然后在实验室对电阻进行分类.

【设计方案要求】

1. 确定筛选电阻的方案,画出电路图.
2. 计算电桥参数,选择实验仪器.
3. 拟定实验步骤,画出实验数据表格.

5.4 测量双棱镜的锐角及折射率

【实验要求】

在分光计上测出双棱镜的锐角及玻璃的折射率.

【原理提示】

本实验由于双棱镜的锐角很小,在某光学面上反射时,要考虑到后表面反射像的影响,正确分析、判断各反射像产生的原因.

【设计方案要求】

1. 用光路图说明双棱镜各个光学面反射光所成的像.
2. 画出光路图,叙述双棱镜两锐角的测量原理并给出测量公式.
3. 画出光路图,叙述双棱镜折射率的测量原理并给出测量公式.
4. 拟定实验步骤(具有可操作性).
5. 列出实验数据表格.

5.5 设计组装简易万用电表

【实验要求】

1. 设计一个简易万用表.该表设有:两个直流电流挡(量程为 1 mA,10 mA)、两个直流电压挡(量程为 1.5 V,5 V)、两个欧姆挡(中值电阻为几百欧和几千欧).

2. 组装万用表.

3. 用标准电流表和标准电压表校准万用表的电流挡和电压挡.作出校准曲线,计算表的级别.

4. 用电阻箱作为标准电阻,对欧姆表的中值电阻进行校准,和设计要求的中值电阻进行比较并计算误差. 在$\frac{1}{5}R_{中} \sim 5R_{中}$ 范围内,用电阻箱校准其他刻度,作出校准曲线.

【原理提示】

一般的微安表头只能测很小的电流和电压,如果要用它测量较大的电流或电压,就必须改装,以扩大其量程.平常使用的各种电表都是表头经改装、设计完成的.经过改装后的电表具有测量大电流、电压和电阻等多种用途.

1. 改装电流表

改装电流表就是将表头改装成大量程的电流表,其方法是在表头上并联分流电阻 R_p,使得超过表头的那部分电流从 R_p 上流过.由表头和 R_p 组成的整体就构成了改装后的电流表如图 5.5.1 所示.

R_p 的大小由改装电流表的量程决定.设表头量程为 I_g,内阻为 R_g,改装表的量程为 I,由图 5.5.1 得

$$I_gR_g=(I-I_g)R_p$$

$$R_p=\frac{I_g}{I-I_g}R_g=\frac{1}{\frac{I}{I_g}-1}R_g=\frac{1}{n-1}R_g \tag{5.5.1}$$

其中 $n=\frac{I}{I_g}$为表头扩大量程的倍数.并联不同的电阻可得到不同量程的电流表,多量程电流表的改装线路通常采用图 5.5.2 的形式.

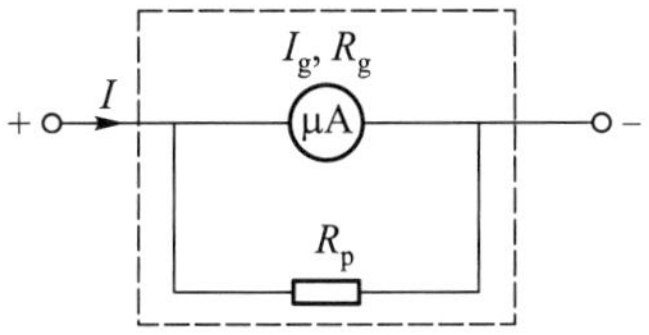

图 5.5.1

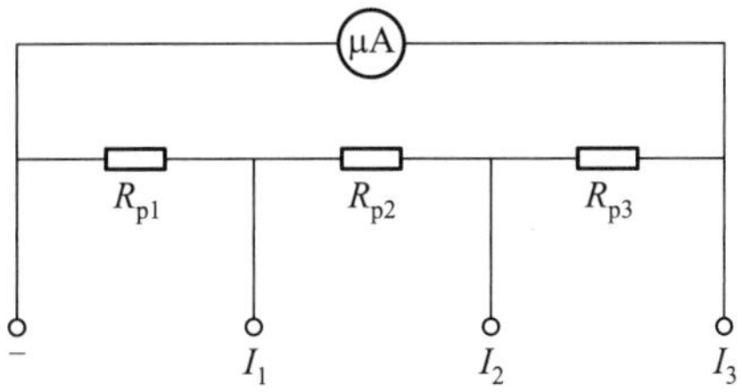

图 5.5.2

2. 改装电压表

改装电压表就是将表头改装成大量程的电压表,其方法是在表头上串联分压电阻 R_s,使得超过表头所能承受的那部分电压降落在 R_s 上.由表头和 R_s 组成的整体就构成了改装后的电压表,如图 5.5.3 所示.

R_s 的大小由改装电压表的量程决定.设改装电压表的量程为 V,由图 5.5.3 可知

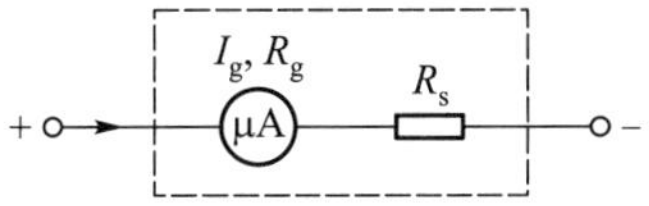

图 5.5.3

$$R_s=\frac{V}{I_g}-R_g \tag{5.5.2}$$

串联不同电阻可得到不同量程的电压表,多量程电压表的改装线路如图 5.5.4 所示,改装多量程电压表时可采用其中的一种.

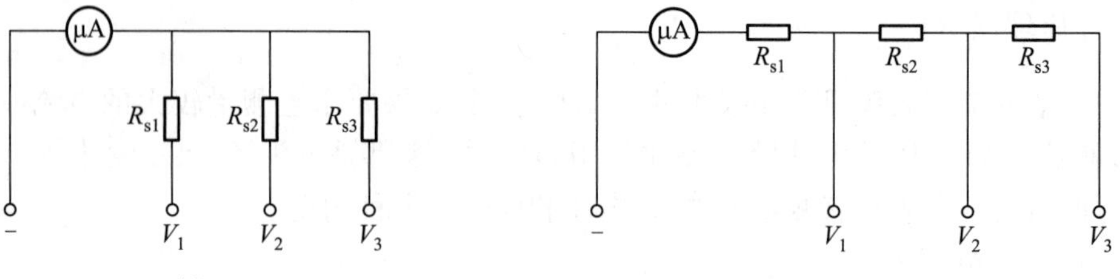

图 5.5.4

3. 改装欧姆表

欧姆表原理电路如图 5.5.5 所示，R_f 为分流电阻，其作用是提高欧姆表的工作电流，它和表头并联可等效为一个电流表，其量程 I'_g、内阻 R'_g分别为

$$I'_g=\frac{R_f+R_g}{R_f}I_g \qquad (5.5.3)$$

$$R'_g=\frac{R_fR_g}{R_f+R_g} \qquad (5.5.4)$$

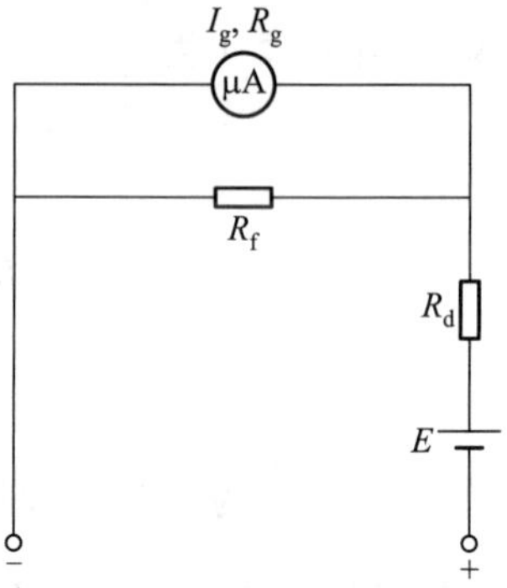

图 5.5.5

R_d 为限流电阻，忽略电源内阻，当接入待测电阻 R_x 时，等效电流表的示数 I_x 为

$$I_x=\frac{E}{R'_g+R_d+R_x} \qquad (5.5.5)$$

对于一定的欧姆表，E、R'_g、R_d 给定，I_x 仅由 R_x 决定，因此由电流表的偏转示数可确定 R_x 的大小，在电流表刻度盘上标出相应电阻的大小，就制成了欧姆表.

由(5.5.5)式可以看出，I_x 与 R_x 是非线性关系，即欧姆表的刻度是非均匀的，而且 R_x 越小，指针偏转越大，当欧姆表短接时，即被测电阻为零时，电流表示数最大，为$\frac{E}{R'_g+R_d}$.设计时，应使此时电流表满偏，即

$$I'_g=\frac{E}{R'_g+R_d} \qquad (5.5.6)$$

因此欧姆表的零刻度对应于电流表满偏处.当被测电阻 R_x 等于 R'_g+R_d 时，$I_x=\frac{1}{2}I'_g$，指针指在表盘的中心位置，所以 R'_g+R_d 又称为欧姆表的中值电阻，用 $R_{中}$ 表示，即

$$R_{中}=R'_g+R_d \qquad (5.5.7)$$

它是欧姆表的一个重要参数，欧姆表的不同量程就是取不同的中值电阻来实现的.

设计组装欧姆表时，应根据中值电阻 $R_{中}$ 及电源 E 的大小，由(5.5.6)、(5.5.3)、(5.5.7)式确定 R_f，R_d 值，但由于欧姆表的电源一般用 1.5 V 的干电池，在使用过程中，电源电压会因消耗而发生变化，为了保证在 E 变化时，欧姆表短接，电

表仍能指在满刻度,设计欧姆表时通常采用图 5.5.6 的线路,R_0 为零欧姆调节电位器.

设电池允许的电压变化范围为 1.6~1.2 V,由图 5.5.6 可知,当 E 由 $E_1=1.6$ V 变为 $E_2=1.2$ V 时,为了使欧姆表短接时电流表仍满偏,R_0 应由 A 端滑向 B 端.R_0 在 A 端时有

$$\frac{R_f+R_g+R_0}{R_f}I_g=\frac{E_1}{R_{中}} \tag{5.5.8}$$

R_0 在 B 端时有

$$\frac{R_f+R_g+R_0}{R_f+R_0}I_g=\frac{E_2}{R_{中}} \tag{5.5.9}$$

由(5.5.8)、(5.5.9)式及给定的 $R_{中}$ 的值可确定出 R_f 和 R_0 的值.

理论上,欧姆表测电阻范围为 0~∞,但欧姆表上电阻的刻度是不均匀的,被测电阻太大或太小,R_x 的少量变化引起的电流变化甚微,使测量误差增大,所以只有在中值电阻附近的一段范围内(通常取$\frac{1}{5}R_{中}\sim5R_{中}$),测量结果才有一定的准确度.为此,实用的欧姆表通常是多量程的,并且为了读数方便,将相邻量程的中值电阻比值取为 10 或 100.

多量程欧姆表通常采用图 5.5.7 的线路.若要测更高阻值的电阻,就要提高电源电压.微安表头改装后,原来的刻度盘就不再适应了,应重新标度量程和刻度.

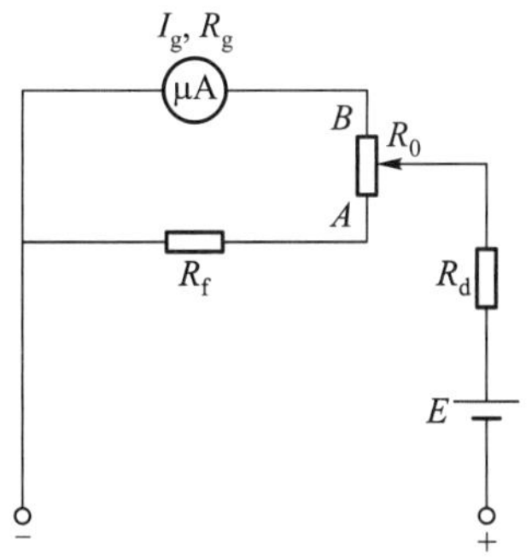

图 5.5.6

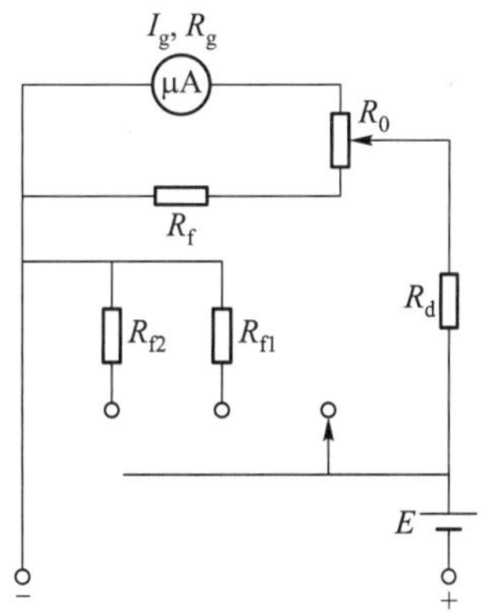

图 5.5.7

4. 电表的校准及级别的确定

改装后的电表由于在改装过程中各种因素的影响,电表会存在误差,需要对电表进行校准.校准的方法是:用一个级别较高的电表作为标准表,和改装表同时连入线路,测线路中的电流(电压,电阻).改变线路中电流(电压,电阻),得到标准表和改装表在各个刻度的示数差(如 $\Delta I=I_x-I'_x$).以改装表的刻度作为横坐标,标准表与改装表的差值为纵坐标作出的曲线称为改装表的校准曲线.作校准曲线时,相邻校准点应用直线连接,校准曲线的画法如图 5.5.8 所示.以后使用这个电表时,根据

校准曲线可以修正电表的读数，得到准确的结果.

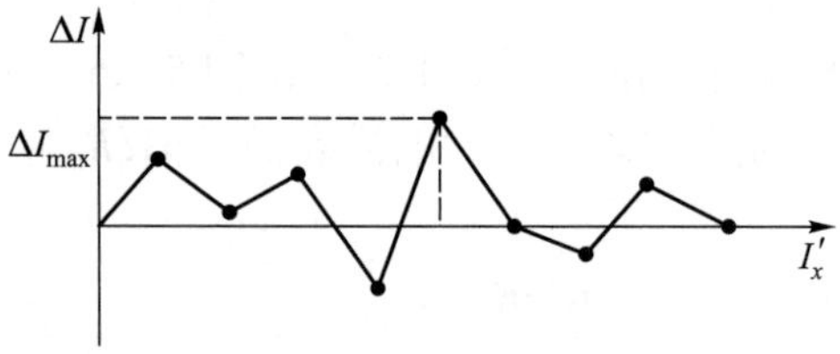

图 5.5.8

可以根据电表的校准曲线确定电表的级别误差，定电表的级别.其方法是在校准曲线上找出各刻度对应的误差，选取最大误差的绝对值除以电表的量程 $\dfrac{|\Delta I_{max}|}{量程}\times100\%$，即为电表的级别误差.根据电表的级别误差可确定改装表的准确度等级，设级别误差为 $a\%$，若 a 小于标准表的级别，则应取标准表的级别作为改装表的级别；若 a 大于标准表的级别，则应向国家规定电表级别靠拢（靠低级，不靠高级），电表的级别通常用一个带数字的圆圈标在电表的面板上，例如 ⓪.⑤ 表示该表为 0.5 级，其级别误差不大于 0.5%.

5. 简易万用表

万用表是一个可以用来测量电流、电压、电阻的多用表，设计时，首先将微安表头改装成量程为 1 mA 和 10 mA 的电流表，以此电流表作为电压挡、欧姆挡的表头，改装电压挡和欧姆挡.改装电流表之前应先测出表头内阻.

图 5.5.9 是多量程万用表的一种设计线路供参考.

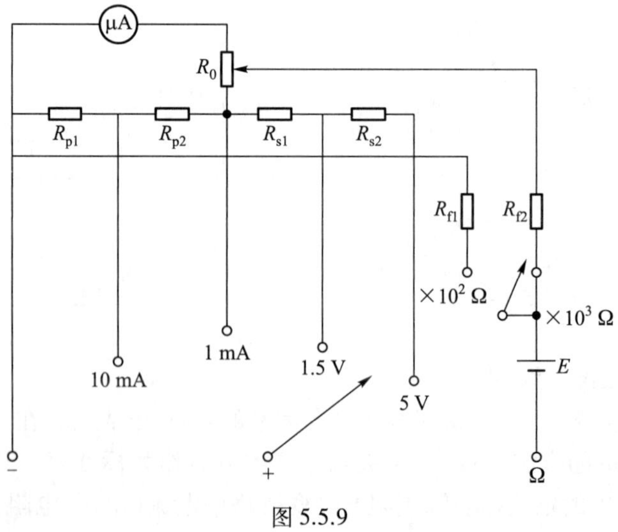

图 5.5.9

计算线路参数时，首先根据电流表的量程 I_1、I_2 及 E 的变化范围确定 R_{p1}，R_{p2} 及 R_0 的大小，然后根据电压表的量程确定 R_{s1}、R_{s2}，根据 E 及电流表的量程确定欧

姆表的中值电阻及 R_{f1}、R_{f2}的值.

【设计方案要求】

1. 画出万用表的设计线路,根据量程要求和实验室给出的表头内阻计算出线路参数.

2. 分别画出校准电流表、校准电压表和欧姆表的线路,列出校准数据表格.

3. 写出校准万用表的实验步骤.

5.6 设计制作热敏电阻温度计

【实验要求】

用非平衡电桥设计和组装热敏电阻温度计,测温范围 0~70 ℃,并用其测量人体温度.

【原理提示】

利用非平衡电桥设计的热敏电阻温度计其原理如图 5.6.1 所示.R_1、R_2和 R 是选定的桥臂电阻,R_T是热敏电阻.当电源电压 E 一定时,非平衡电桥的输出电压 U_T为

$$U_T=E\left(\frac{R_1}{R_1+R_2}-\frac{R}{R+R_T}\right) \tag{5.6.1}$$

从上式可以看出,当温度改变时,热敏电阻 R_T的变化将引输出电压 U_T的变化,因此通过测量 U_T的值可以确定温度的值.一般来说,U_T与温度是非线性关系,但通常可以通过选择电桥的参数(R_1、R_2和 R)使其在一定的温度范围内近似具有线性关系.

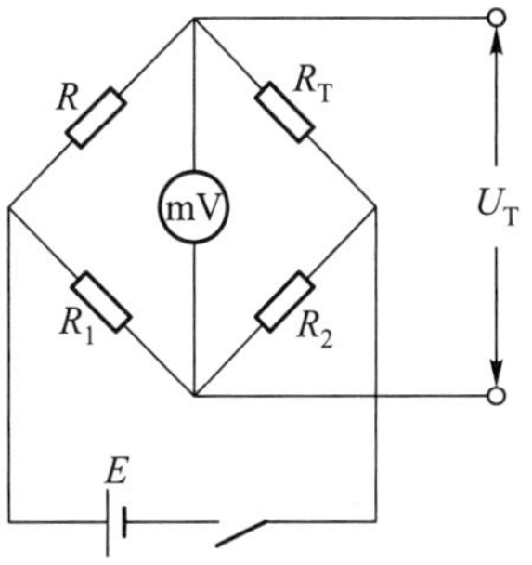

图 5.6.1

【设计方案要求】

1. 画出热敏电阻温度计的线路图.使温度为 0 ℃时,毫伏表读数是零,温度每升高 1 ℃,电压输出增加 2 mV,计算并标出线路参数.

2. 拟定温度计组装的实验步骤.

3. 指出实验中的注意事项.

5.7 设计组装望远镜

【实验要求】

1. 用透镜组成显微镜并测量其放大率.

2. 用透镜组成望远镜并测量其放大率.

【原理提示】

1. 望远镜的光学系统和视放大率

基本的望远系统由物镜和目镜组成,物镜 L_0 的像方焦点 F'_0 与目镜 L_e 的物方焦点 F_e 重合,如图 5.7.1 所示.远处物体发出的光在物镜的后焦平面上所成的倒立缩小的实像作为目镜的物,被目镜成像在无穷远处为一放大的虚像,使视角增大,利于人眼观察.

图 5.7.1 所示的望远镜,物镜和目镜均为会聚透镜,这种望远镜称为开普勒望远镜,它可在目镜的物方焦平面上安装分划板(其上有叉丝和刻度尺)以供瞄准或测量之用.

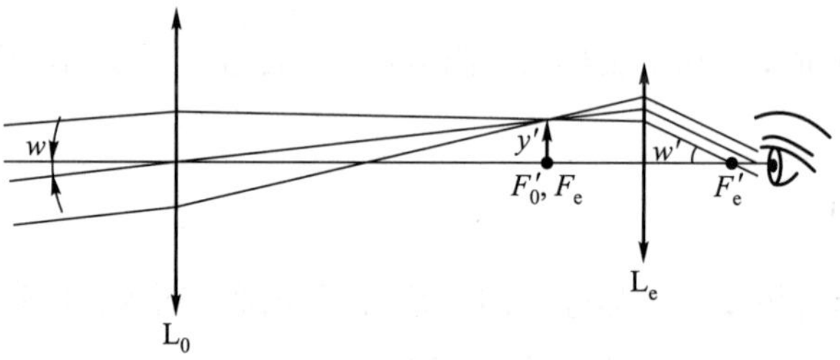

图 5.7.1

望远镜的视放大率 m 定义为最后的虚像对人眼的张角(记为 w')与物体直接对人眼的张角(记为 w)之比,即

$$m=\frac{w'}{w} \tag{5.7.1}$$

对图 5.7.1 所示的望远镜,由于物在无穷远处,则物直接对人眼的张角等同于物对望远镜物镜的张角 w,根据图 5.7.1 的几何光路可知

$$w=\frac{y'}{f_0},\quad w'=\frac{y'}{f_e}$$

因此望远镜的视放大率为

$$m=\frac{f_0}{f_e} \tag{5.7.2}$$

式中 f_0 和 f_e 分别是物镜和目镜的焦距.显然物镜焦距越长,目镜焦距越短望远镜的视放大率越大.

当用望远镜观察有限远处的物体时,望远镜的视放大率可以通过移动目镜把像 y'' 推远到与物 y 在一个平面上时来测量,如图 5.7.2 所示.若望远镜镜筒的长度和望远镜到物体的距离相比可以忽略不计,则有

$$w=\frac{y}{L},\quad w'=\frac{y''}{L}$$

式中 L 为远处物体到目镜的距离.于是可得出物与像共面时的视放大率

$$m=\frac{y''}{y} \tag{5.7.3}$$

根据几何关系还可推出

$$m=\frac{f_0(L+f_e)}{f_e(s-f_0)} \tag{5.7.4}$$

显然此时的放大率与物、像都在无穷远时的视放大率不完全相同,但当物距 s 大于 20 倍物镜焦距时,两者的差别就不明显了.

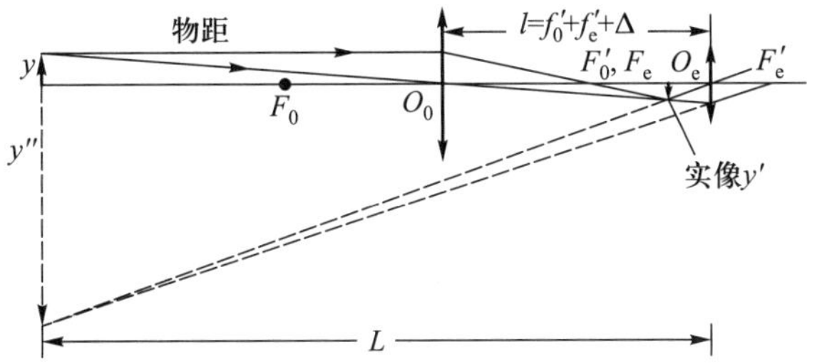

图 5.7.2

2. 显微镜的光学系统和视放大率

显微镜的光学系统如图 5.7.3 所示,它的物镜 L_0 和目镜 L_e 都是会聚透镜.被观察物体 y 位于物镜焦点 F_0 外侧附近,经物镜 L_0 成倒立放大的实像 y' 于目镜物方焦点 F_e 的内侧,再经目镜 L_e 放大成虚像 y'' 于人眼的明视距离处.为了适于观察近处物体,显微镜物镜焦距比较短.

常用显微镜如工具显微镜、读数显微镜等物镜与目镜之间的像平面上安装有分划板以利于瞄准或测量.使用时,要先进行目镜聚焦使分划板叉丝的像位于人眼明视距离处,再调整显微镜筒与被观察物间的距离使被观察物的像清晰并与分划板叉丝的像无视差.

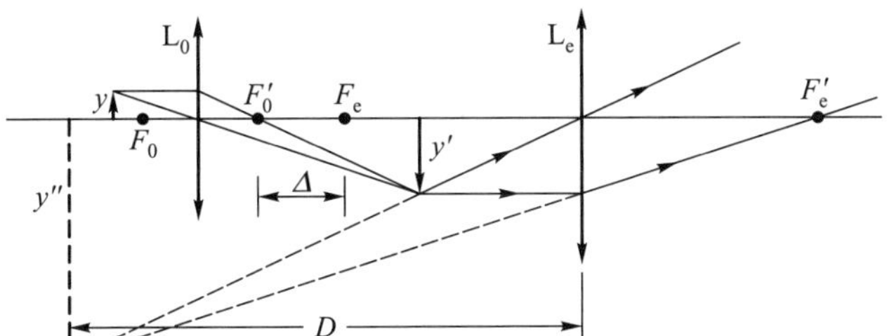

图 5.7.3

显微镜的视放大率 m 定义为最后的虚像和物在明视距离处对人眼的张角之比.由理论计算可得

$$m=\frac{D}{f_e}\frac{\Delta}{f_0}=m_e m_0 \tag{5.7.5}$$

式中 m_e 为目镜放大率；m_0 为物镜放大率.Δ 为显微镜物镜像方焦点 F_0 与目镜物方焦点 F_e 之间的距离，称为光学间隔.D 为明视距离，通常取 $D=250$ mm.由(5.7.5)式知，显微镜物镜、目镜焦距越短、光学间隔越大，其放大倍率越高.

对图 5.7.3 所示的显微镜，通过几何光路可得

$$m=\frac{y''/D}{y/D}=\frac{y''}{y} \tag{5.7.6}$$

实验时可通过一个与主光轴成 45°角的半透半反镜把一米尺成虚像至显微镜的像平面，直接比较测量像长，由(5.7.6)式可求出视放大率.

3. 视放大率的测量方法

3.1　望远镜视放大率的测量

对按图 5.7.2 组装望远镜，选用米尺为被测物，置于物距约 $s=80.0$ cm 处.然后用一只眼睛从望远镜外直接观察竖直米尺，另一只眼睛通过望远镜目镜看米尺的像，缓慢移动目镜，使清晰的米尺像与米尺在同一平面上且无视差.

测出与米尺像上 y 格所对应的实际米尺上的 y''格，根据(5.7.3)式求出望远镜视放大率的实验值.

测出米尺到目镜的距离 L，将 s、f_0、f_e 和 L 代入(5.7.4)式计算组装望远镜的视放大率，可与实验值进行比较.

3.2　显微镜视放大率的测量

按图 5.7.4 组装显微镜，选用微米尺作为被测物体，AB 是测量用米尺.注意应使测量用米尺 AB 所成的像与显微镜设计的成像面重合.调节物距，使通过半反镜 P 看清被测物体的像，且与米尺 AB 所成的像重合且无视差.若微米尺像的 y 格与米尺像的 y''格等大，则显微镜视放大率 $m=\frac{y''t}{yn}$，t 为米尺的分格值($t=1.0$ mm)，n 为微米尺的分格值($n=0.1$ mm).

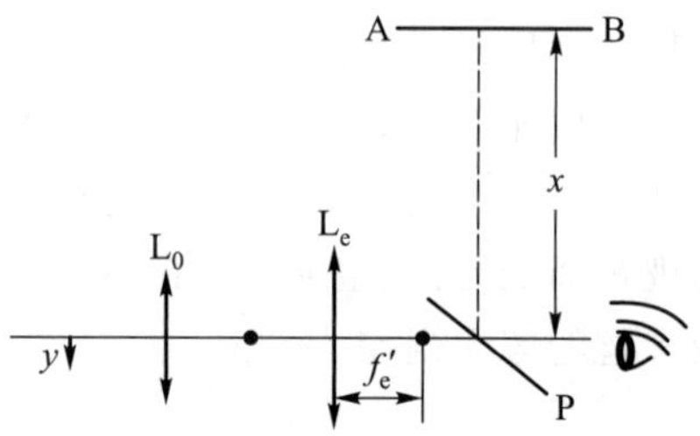

图 5.7.4
y—微米尺；L_0—物镜；L_e—目镜；P—半透半反镜；AB—米尺

测出光学间隔 Δ，由(5.7.5)式计算显微镜的视放大率，可与实验值进行比较.

【设计方案要求】

1. 组装 $m=10$ 的望远镜和 $m=15$ 的显微镜，并测量其视放大率.
2. 画出望远镜和显微镜的设计光路图.
3. 设计组装步骤和测量视放大率的实验步骤.
4. 列出测量数据表格.

5.8 变阻器特性研究

【实验要求】

1. 研究滑线变阻器分压特性

将滑线变阻器连成分压电路，分别测出负载 $R_L=10R_0$，$2R_0$，$0.5R_0$，$0.1R_0$（R_0 为滑线变阻器的总电阻）时，滑线变阻器输出电压随滑动端位置的变化曲线.

2. 研究滑线变阻器限流特性

将滑线变阻器连成限流电路，分别测出负载 $R_L=10R_0$，$2R_0$，$0.5R_0$，$0.1R_0$ 时，线路中电流随滑动端位置的变化曲线.

3. 分析滑线变阻器的分压、限流特性，总结出滑线变阻器作分压、限流时，如何根据负载大小及其电流、电压调节范围，合理选择滑线变阻器，使线路电流、电压既满足调节要求又便于控制.

【设计方案要求】

1. 画出实验线路图.
2. 写出实验步骤.
3. 列出实验数据表格.

5.9 非线性电阻伏安特性研究

【实验要求】

给定下列非线性电阻元件：照明小灯泡、稳压二极管、光敏二极管：
1. 设计实验电路，测出它们的伏安特性曲线.
2. 参考曲线形状，用最小二乘法拟合曲线方程.
3. 研究、总结动态阻值随电压（流）等参量变化的规律.

【原理提示】

1. 非线性电阻元件其电阻值随电压（电流）的变化极其明显，在测量其伏安特性时，要根据其电阻的变化合理选择测量电路，尽量减小测量的系统误差.

2. 物理实验中常见的函数关系有 $y=ax+b$、$y=ax^b$、$y=ae^x$. 依据测量数据用最小二乘法从中选出相关系数最接近 1 的函数作为曲线方程.

3. 观察、分析不同电流（电压）范围的伏安特性曲线，对实验结果进行归纳总结.

【设计方案要求】

1. 画出实验线路图.

2. 写出实验步骤.
3. 列出实验数据表格.

5.10 太阳能电池基本特性研究

【实验要求】

研究硅光电池的主要参数和基本特性,测绘硅光电池的特性曲线,对测量结果进行分析,给出结论.

1. 测定光电池的开路电压 $U_{开}$ 与相对光强的关系.
2. 测定光电池短路电流 $I_{短}$ 与相对光强的关系.
3. 测定入射光一定时,光电池输出功率与负载电阻的关系,并计算填充因子.
4. 测定硅光电池的相对光谱灵敏度,作出相对光谱响应曲线.

【原理提示】

光电池在一定光照下,负载无限大(开路)时,其极间电压称开路电压;若负载电阻为零(即短路),光电池的输出电流称短路电流.

光传感器的输出信号(如光电流)与入射的辐射能通量之比称为光传感器的灵敏度,也称响应度.如果入射光为单色光,则称为光谱灵敏度.光谱灵敏度按波长的分布称为光谱响应,或称光谱灵敏度分布.光谱灵敏度与波长的关系曲线,称为光谱响应曲线,或称光谱灵敏度分布曲线.实际中,通常将光谱响应曲线的最大值定为100%,并求出其他波长下的光谱灵敏度对这一最大值的相对值,据此作出的曲线称为相对光谱响应曲线,或称相对光谱灵敏度分布曲线.

【设计方案要求】

1. 给出硅光电池各个待测物理量的定义、公式和物理意义.
2. 画出测量线路图.
3. 写出实验内容与步骤.
4. 列出数据表格.

5.11 压电陶瓷电致伸缩系数的研究

【实验要求】

1. 用迈克耳孙干涉仪测出压电陶瓷的应变与外加电场的关系曲线.
2. 用最小二乘法求出其准线性区的电致伸缩系数,分析产生不确定度的原因.

【原理提示】

某些固体电介质,如石英、钛酸钡等,当它们受到机械力作用时,一定方向的相对表面上会产生异号的束缚电荷,这种现象称为正压电效应.反之,如果以电场作用在电介质上,则其相关方向上会产生应变,这种现象称为逆压电效应,逆压电效应也常被称作电致伸缩.具有压电效应的压电体有晶体、多晶体或聚合物.

逆压电效应中,晶体应变的大小与所加电场在一定范围内有线性关系:

$$\frac{\Delta l}{l}=\alpha E$$

其中,l 是晶体在应变方向的长度,Δl 是长度增量,E 是电场强度,α 为电致伸缩系数.

【设计方案要求】

1. 给出压电陶瓷电致伸缩系数的定义、公式和物理意义.
2. 画出测量线路图和光路图.
3. 写出实验内容与步骤.
4. 列出数据表格.

5.12 分光计的应用 I

【实验要求】

设计一个使用分光计测量透明液体折射率的实验方案,测量出不同浓度液体的折射率.

【原理提示】

测量液体折射率的方法很多,同学们可以通过查阅相关资料参考不同的测量方法.

在此介绍分光计采用掠入射法测量液体折射率,供参考.如图 5.12.1 所示,等边三棱镜 ABC 的 BC 面为磨砂面,虚线为被测液体,当光线 BO 以 90° 入射角入射时,棱镜内的折射光线为 OO',在 AC 面再折射,出射线为 $O'P$,其折射角为 ϕ,其他入射角小于 90° 的光线的折射角都大于 ϕ,所以在光线 $O'P$ 的右边为暗区.设被测液体的折射率为 n,可证明存在如下关系:

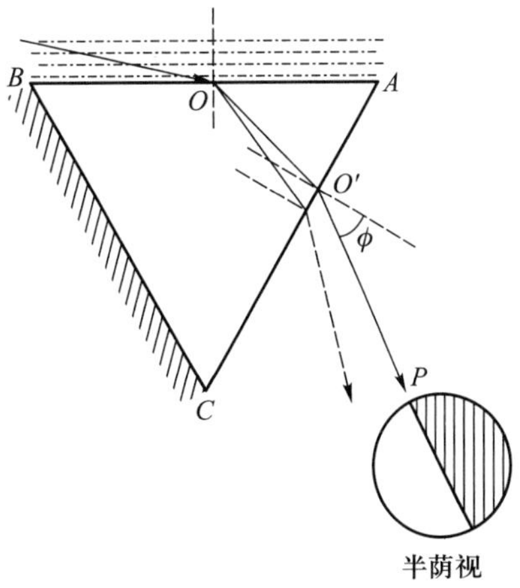

图 5.12.1

$$n=\sin A\sqrt{n'^2-\sin^2\phi}-\cos A\sin\phi \tag{5.12.1}$$

式中 n'和 A 分别是三棱镜的折射率和顶角.

【设计方案要求】

1. 设计一个用分光计测量液体折射率的实验方法,写出所要实施方案的理论依据,推导出相关公式.
2. 提出所需要的仪器设备与器材.
3. 拟出实验步骤.
4. 给出数据处理的方法.拟出数据表格.

5.13 分光计的应用Ⅱ

【实验要求】

用分光计、光栅组成简单的光谱仪(单色仪),并用实验的方法研究其角色散率.

【设计方案要求】

1. 说明光谱仪主要由哪几部分构成;分光计、光栅在组成的简单光谱仪中各起什么作用.
2. 画出光路图,叙述光栅衍射遵循的规律并给出相关公式.
3. 由光栅角色散率定义推导出角色散率公式.
4. 提出所需光源.
5. 拟定实验步骤.

(体现怎样用分光计、光栅组成光谱仪;怎样用实验的方法对角色散率进行研究).

6. 列出实验数据表格.

附表

附表 1　基本物理常量

基本物理常量	符号	数值	单位	相对不确定度 (10^{-6})
真空中光速	c	299 792 458	$m \cdot s^{-1}$	(精确)
真空磁导率	μ_0	12.566 370 614…	10^{-7} $N \cdot A^{-2}$	(精确)
真空介电常量	ε_0	8.854 187 817…	10^{-12} $F \cdot m^{-1}$	(精确)
引力常量	G	6.673 84(80)	10^{-11} $m^3 \cdot kg^{-1} \cdot s^{-2}$	128
普朗克常量	h	6.626 069 5(29)	10^{-34} $J \cdot s$	0.60
元电荷	e	1.602 176 565(35)	10^{-19} C	0.30
玻尔磁子	μ_B	9.274 000 9(31)	10^{-24} $J \cdot T^{-1}$	0.34
里德伯常量	R_∞	10 973 731.568(13)	m^{-1}	0.001 2
玻尔半径	a_0	0.529 177 210(24)	10^{-10} m	0.045
电子质量	m_e	0.910 938 29(54)	10^{-30} kg	0.59
电子荷质比	$-e/m_e$	−1.758 819 62(53)	10^{11} $C \cdot kg^{-1}$	0.30
质子质量	m_p	1.672 621 7(10)	10^{-27} kg	0.59
中子质量	m_n	1.674 927 3(10)	10^{-27} kg	0.59
阿伏伽德罗常量	N_A	6.022 141 2(36)	10^{23} mol^{-1}	0.59
摩尔气体常量	R	8.314 462(70)	$J \cdot mol^{-1} \cdot K^{-1}$	8.4
玻耳兹曼常量,R/N_A	k	1.380 648(12)	10^{-23} $J \cdot K^{-1}$	8.5
摩尔体积(标况)	V_m	22.413 97(19)	L/mol	8.4

附表 2　不同温度下的纯水密度(单位:$\times 10^3$ $kg \cdot m^{-3}$)

t/℃	密度	t/℃	密度	t/℃	密度
0	0.999 87	12	0.999 52	24	0.997 32
1	0.999 93	13	0.999 40	25	0.997 07
2	0.999 97	14	0.999 27	26	0.996 81
3	0.999 99	15	0.999 13	27	0.996 54
4	1.000 00	16	0.998 97	28	0.996 26
5	0.999 99	17	0.998 80	29	0.995 97
6	0.999 97	18	0.998 62	30	0.995 67
7	0.999 93	19	0.998 43	31	0.995 37
8	0.999 88	20	0.998 23	32	0.995 05
9	0.999 81	21	0.998 02	33	0.994 73
10	0.999 73	22	0.997 80	34	0.994 40
11	0.999 63	23	0.997 56	35	0.994 06

附表 3　20 ℃时常用固体和液体的密度（单位：$\times10^{3}$ kg · m^{-3}）

物质	密度	物质	密度	物质	密度
铝	2.699	锡	7.298	乙醇	0.789
铜	8.960	水银	13.546	乙醚	0.714
铁	7.874	钢	7.600~7.900	汽车汽油	0.710~0.720
银	10.500	石英	2.500~2.800	变压器油	0.840~0.890
金	19.320	水晶玻璃	2.900~3.000	氟利昂-12	1.329
钨	19.300	窗玻璃	2.400~2.700	丙酮	0.792
铂	21.450	冰	0.800~0.920	甘油	1.060
铅	11.350	甲醇	0.792	蜂蜜	1.435

附表 4　20 ℃时某些金属的杨氏模量

金属	杨氏模量（$\times10^{11}$ N · m^{-2}）	金属	杨氏模量（$\times10^{11}$ N · m^{-2}）
铝	0.69~0.70	镍	2.03
钨	4.07	铬	2.35~2.45
铁	1.86~2.06	合金钢	2.06~2.16
铜	1.03~1.27	碳钢	1.96~2.06
金	0.77	康铜	1.60
银	0.69~0.80	铸铁	1.72
锌	0.78	硬铝合金	0.71

附表 5　固体物质的线胀系数

物质	温度	线胀系数（$\times10^{-6}$）	物质	温度	线胀系数（$\times10^{-6}$）
金	20	14.2	镍铬合金	100	13.0
银	20	19.0	镍钢（Ni10）	—	13
铜	20	16.7	镍钢（Ni43）	—	7.9
铁	20	11.8	混凝土	-13~21	6.8~12.7
锡	20	21	大理石	25~100	516
铅	20	28.7	玻璃	0~300	810
铝	20	23.0	花岗岩	20	8.3
镍	20	12.8	电木板	—	21~33
黄铜	20	18~19	橡胶	16.7~25.3	77

附表 6　某些固体的比热

物质	温度(℃)	比热	
		kcal/(kg·K)	kJ/(kg·K)
铝	20	0.214	0.895
黄铜	20	0.091 7	0.380
铜	20	0.092	0.385
铂	20	0.032	0.134
生铁	0~100	0.13	0.54
铁	20	0.115	0.481
铅	20	0.030 6	0.130
镍	20	0.115	0.481
银	20	0.056	0.234
钢	20	0.107	0.447
锌	20	0.093	0.389
玻璃		0.14~0.22	0.585~0.920
冰	−40~0	0.43	1.797
水		0.999	4.176

附表 7　常用材料的导热系数

物质	温度/K	导热系数/[W/(m·K)]	物质	温度/K	导热系数/[W/(m·K)]
空气	300	2.60×10^{-2}	黄铜	273	1.2×10^{2}
甘油	273	2.9×10^{-1}	铜	273	4.0×10^{2}
乙醇	293	1.7×10^{-1}	不锈钢	273	0.14×10^{2}
石油	293	1.5×10^{-1}	玻璃	273	0.010×10^{2}
银	273	4.18×10^{2}	橡胶	298	0.16
铝	273	2.38×10^{2}	木材	300	0.04~0.35

附表 8　某些金属和合金的电阻率及其温度系数

金属或合金	电阻率/($\times10^{-6}$ Ω·m)	温度系数/(℃$^{-1}$)	金属或合金	电阻率/($\times10^{-6}$ Ω·m)	温度系数/(℃$^{-1}$)
金	0.024	40×10^{-4}	钨	0.055	48×10^{-4}
银	0.016	40×10^{-4}	铂	0.105	39×10^{-4}
铜	0.017 2	43×10^{-4}	水银	0.958	10×10^{-4}

续表

金属或合金	电阻率/(×10^{-6} Ω·m)	温度系数/(℃$^{-1}$)	金属或合金	电阻率/(×10^{-6} Ω·m)	温度系数/(℃$^{-1}$)
铁	0.098	60×10^{-4}	康铜	0.47~0.51	$(-0.04\sim+0.01)\times10^{-3}$
锡	0.12	44×10^{-4}	镍铬合金	0.98~1.10	$(0.03\sim0.4)\times10^{-3}$
铅	0.205	37×10^{-4}	铜镍铬合金	0.34~1.00	$(0.03\sim0.02)\times10^{-3}$
铝	0.028	42×10^{-4}	钢(0.1%~0.15%)	0.10~0.14	6×10^{-3}
锌	0.059	42×10^{-4}			

附表 9　几种标准温差电偶

名称	分度号	100 ℃时的电动势/mV	使用温度范围/℃
铜-康铜(Cu55-Ni45)	CK	4.26	-200~300
镍铜(Cu9-10Si0.4Ni90)-考铜(Cu56-57Ni43-44)	EA-2	6.95	-200~800
镍铬(Cr9-10Si0.4Ni90)-镍硅(Si2.5-3Co 0.6Ni97)	EV-2	4.10	1 200
铂铑(Pt90Rh10)-铂	LB-3	0.643	1 600
铂铑(Pt70Rh30)-铂铑(Pt94Rh6)	LL-2	0.034	1 800

附表 10　某些物质中的声速

物质	v(m/s)	物质	v(m/s)
空气(0 ℃)	331.45	水(20 ℃)	1 482.9
一氧化碳	337.1	酒精(20 ℃)	1 168
二氧化碳	259.0	铝	5 000
氧	317.2	铜	3 750
氩	319	不锈钢	5 000
氮	337	金	2 030
氢	1 279.5	银	2 680

附表 11　某些物质的折射率（对 $\lambda_D=589.3$ nm）

物质	折射率（n_D）	物质	折射率（n_D）
水（20 ℃）	1.333 0	火石玻璃 F8	1.605 51
乙醇（20 ℃）	1.361 4	重火石玻璃 ZF1	1.647 50
二硫化碳（18 ℃）	1.625 5	重火石玻璃 ZF6	1.755 00
萤石（CaF_2）	1.433 81	方解石（寻常光）	1.658 4
冕玻璃 K6	1.511 10	方解石（非常光）	1.486 4
冕玻璃 K9	1.516 30	晶态石英（寻常光）	1.544 2
重冕玻璃 ZK8	1.614 00	晶态石英（非常光）	1.553 3

附表 12　1 mm 厚石英片的旋光率（20 ℃）

波长/nm	344.1	372.6	404.7	435.9	491.6	508.6	589.3	656.3	670.8
旋光率 ρ	70.59	58.86	43.54	41.54	31.98	29.72	21.72	17.32	16.54

附表 13　光在有机物中偏振面的旋转

旋光物质，溶剂，浓度	波长/nm	$[\rho_s]$	旋光物质，溶剂，浓度	波长/nm	$[\rho_s]$
葡萄糖+水 $c=5.5$ （$t=20$ ℃）	447.0 479.0 508.0 535.0 589.0 656.0	96.62 83.88 73.61 65.35 52.76 41.89	酒石酸+水 $c=28.62$ （$t=18$ ℃）	350.0 400.0 450.0 500.0 550.0 589.0	−16.8 −6.0 +6.6 +7.5 +8.4 +9.82
蔗糖+水 $c=26$ （$t=20$ ℃）	404.7 435.8 480.0 520.9 589.3 670.8	152.8 128.8 103.05 86.80 66.52 50.45	樟脑+乙醇 $c=34.70$ （$t=19$ ℃）	350.0 400.0 450.0 500.0 550.0 589.0	378.3 158.6 109.8 81.7 62.0 52.4

注：表中给出旋光率：$[\rho_s]_\lambda^t=\dfrac{\theta\times100}{lc}$，式中 θ 表示温度为 t ℃时在所给溶液中振动面的旋转角；l 为透过旋光溶液的厚度，以分米为单位；c 为溶液浓度.

附表 14　钠灯光谱线波长表

颜色	波长/nm	相对强度
黄	588.99 589.59	强 强

附表 15　汞灯光谱线波长表

颜色	波长/nm	相对强度	颜色	波长/nm	相对强度
紫外部分	237.83	弱	紫外部分	292.54	弱
	239.75	弱		296.73	强
	248.20	弱		302.25	强
	253.65	很强		312.57	强
	265.30	强		313.16	强
	269.90	弱		334.15	强
	275.28	强		365.01	很强
	275.97	弱		366.29	强
	280.40	弱		370.42	弱
	289.36	弱		390.44	弱
紫	404.66	强	黄绿	567.59	弱
紫	407.78	强	黄	576.96	强
紫	410.81	弱	黄	579.07	强
蓝	433.92	弱	黄	585.93	弱
蓝	434.75	弱	黄	588.89	弱
蓝	435.83	很强	橙	607.27	弱
青	491.61	弱	橙	612.34	弱
青	496.03	弱	橙	623.45	强
绿	535.41	弱	红	671.64	弱
绿	536.51	弱	红	690.75	弱
绿	546.07	很强	红	708.19	弱
红外部分	773	弱	红外部分	1 530	强
	925	弱		1 692	强
	1 014	强		1 707	强
	1 129	强		1 813	弱
	1 357	强		1 970	弱
	1 367	强		2 250	弱
	1 396	弱		2 325	弱

参 考 文 献

1. 庄表中，王惠明.应用理论力学实验.北京：高等教育出版社，2009.
2. 侯秀梅，闫书霞.大学物理实验.郑州：郑州大学出版社，2010.
3. 侯晓强，苏金瑞，马润香.医用物理实验.北京：高等教育出版社，2015.
4. 曹跃祖，赵英必.大学物理实验.北京：北京印刷工业出版社，1998.
5. 丁慎训.大学物理实验（实验部分）.北京：中央广播电视大学出版社，1995.
6. 炉廷济，胡德敬等.大学物理实验.上海：同济大学出版社，2000.
7. 陈守川，田志伟.大学物理实验实验教程.杭州：浙江大学出版社，1995.
8. 马文蔚.物理学（上、中、下）.北京：高等教育出版社，2004.
9. 吴思诚.近代物理实验.北京：北京大学出版社，1999.
10. 王家春，韩继明.大学物理实验.北京：机械工业出版社，1996.
11. 熊永红.大学物理实验.武汉：华中科技大学出版社，2004.
12. 丁慎训，张连芳.物理实验教程.北京：清华大学出版社，2002.
13. 吴泳华.大学物理实验.北京：高等教育出版社，2001.
14. 沈元华. 设计性研究性物理实验教程.上海：复旦大学出版社，2004.
15. 南京大学近代物理实验室.近代物理实验.南京：南京大学出版社，1997.
16. 周孝安.近代物理实验教程.武汉：武汉大学出版社，1998.